Stanislaus von Korn
Schafe in Koppel- und Hütehaltung

Vorwort

Über die Jahrhunderte hinweg hat es die Schafhaltung immer verstanden eine der wirtschaftlichen Gesamtsituation angemessene Funktion zu übernehmen. So war das Schaf im Laufe der Geschichte Saatbettbereiter und Dunglieferant, Wollproduzent, Erzeuger von Fleisch und Milch und in jüngerer Zeit auch Landschaftspfleger.

Damit hat die Schafhaltung auch heute noch eine hohe volkswirtschaftliche wie auch landwirtschaftliche Bedeutung, die sich vor allem in folgenden Funktionen zeigt: Erzeugung von hochwertigem Lammfleisch, Nutzung von freiwerdenden Flächen bzw. Restflächen, die im Rahmen des anhaltenden Strukturwandels anfallen, Erhalt und Pflege von Biotopen und ganzer Kulturlandschaften sowie der flexible Einsatz in unterschiedlichen Betriebsformen, die vom Vollerwerbs- bis zum Hobby-Betrieb reichen.

Die Schafzucht und -haltung wird heute von verschiedenen Personengruppen mit unterschiedlichen Zielen betrieben. Von Berufsschäfern, die stets auf eine hinreichende Wirtschaftlichkeit hinarbeiten müssen, um bestehen zu können; in zunehmendem Maße aber auch von Nebenerwerbslandwirten und Hobbyhaltern, die meist weniger ökonomischen Zwängen ausgesetzt sind und das Schäferhandwerk nur selten erlernt haben.

Um die Schafhaltung wirtschaftlich rentabel betreiben zu können und im großen wie im kleinen Stil auch Freude daran zu haben, bedarf es jedoch fundierter Fachkenntnisse auf den verschiedensten Gebieten. Das vorliegende Fachbuch hat das Ziel möglichst eingängig alle für den Praxisbetrieb relevanten Kenntnisse zu vermitteln; vor allem aus den Bereichen Zucht, Haltung, Fütterung bis hin zur Grünlandwirtschaft, Landschaftspflege, den Marktverhältnissen und der Betriebswirtschaft. Dabei sollen mit der 3. Auflage dieses Buches nicht nur allgemeines Grundwissen, sondern auch aktuelle und weiterführende Erkenntnisse aus Wissenschaft und Praxis dargestellt werden. Sowohl dem Berufsschäfer als auch dem weniger erwerbsorientierten Schafhalter werden damit Informationen und Empfehlungen für eine erfolgreiche Schafhaltung geboten. Aufgrund der strengen Gliederung nach Fachthemen kann das Fachbuch auch als Nachschlagewerk genutzt werden.

Besonderer Dank gilt an dieser Stelle all denjenigen, die ihr Spezialwissen zu einzelnen Kapiteln mit beigetragen haben. Frau Dr. Daniela Bürstel vom Schafherdengesundheitsdienst Baden-Württemberg hat mit ihren Erfahrungen aus der Schafbestandsbetreuung das Kapitel 'Erkrankungen des Schafes' völlig neu überarbeitet und auch Maßnahmen und Empfehlungen in der Herdeführung im Kapitel 'Management auf dem Schafbetrieb' mit eingebracht. Großer Dank gilt auch Dr. Ulrich Jaudas, langjähriger Lehrer an der Landesberufsschule für Tierwirte Stuttgart-Hohenheim (Schäferschule), der das Kapitel 'Fütterung' neu gestaltet und mit seinem fundierten Wissen bereichert hat. Mein aufrichtiger Dank gilt letztlich auch Herrn Dr. Gerhard Stehle vom Veterinäramt Esslingen, der die 'Gesetzlichen Rahmenbedingungen' für die Schafhaltung mit den aktuellen Vorschriften zum Tierschutz, zur Viehverkehrsordnung und zum Lebensmittelrecht bei der Vermarktung verständlich aufbereitet hat.

Dieses Fachbuch richtet sich an alle, die sich für Schafhaltung interessieren und sich für diese Tierart einsetzen: praktische Schafhalter und Berater, die Landwirtschaftsverwaltung, hier insbesondere die Tierzuchtverwaltung, den Naturschutz sowie Schulen und Hochschulen. Auf das alle mit der Schafhaltung befassten Personen auch mit Hilfe dieser Auflage einen Beitrag für eine erfolgreiche Schafhaltung leisten.

Nürtingen, Februar 2016
Stanislaus v. Korn

1 Bedeutung der Schafhaltung

Das Schaf wurde schon früh, etwa 8000 Jahre v. Chr., als eine der ersten Tierarten vom Menschen in den Hausstand übernommen (domestiziert). Die praktisch handhabbare Größe, die leicht zu erfüllenden Ansprüche an Futter und Haltungsumwelt, aber auch die vielseitigen Produkte wie Fleisch, Milch, Wolle, Felle, Dung, Sehnen, Därme etc., haben diesem kleinen Wiederkäuer schon bald einen hohen Stellenwert in der Nutzung von natürlichem Grünland eingeräumt. Dabei handelt es sich nach wie vor vorrangig um ertragsarme Flächen, für die häufig kaum Bewirtschaftungsalternativen bestehen.

1.1 Bedeutung weltweit

Als zahlenmäßig zweithäufigste Nutztierart stellt das Schaf in der Welt noch heute vielerorts seine hohe Bedeutung unter Beweis. Insbesondere in trocken-warmen und gemäßigten Breiten wie in Neuseeland, Australien, Vorder- und Mittelasien, im Mittelmeerraum, im südlichen und östlichen Afrika sowie auf den Britischen Inseln sind deutliche Verbreitungsschwerpunkte zu finden. Das außerordentliche Anpassungsvermögen und die große Rassenvielfalt erlauben dieser Tierart die Besiedlung fast aller geografischen Zonen des Erdballs.

So ist gerade beim Schaf in eindrucksvoller Art und Weise zu beobachten, wie sich durch die Anpassung an die natürlichen Standortverhältnisse die unterschiedlichsten Erscheinungsformen herausgebildet haben:

- Zwergschafe (Haartyp) unter den feuchtheißen Klimaten Westafrikas mit ausreichendem Futteraufwuchs,
- langbeinige Haarschafe im trockenen Sahel zur Überwindung großer Strecken bei der Futtersuche (das weniger dichte Haarkleid der Haarschafe erlaubt unter heißen Klimaverhältnissen eine bessere Wärmeabgabe),
- grobwollige Fettscheiß- und Fettschwanzschafe im vorderasiatischen Raum zur Kompensation langer Futterengpässe über die gespeicherten Fettanlagerungen,
- Fleischschafe mit z. T. feiner Wolle an gemäßigten Standorten (Europa und Ozeanien) zur Ausnutzung guter Futterverhältnisse.

Aber auch aufgrund der variablen Haltungsmöglichkeiten des Schafes, die vom Hütebetrieb über die Koppelhaltung – allein oder im Verbund mit anderen Nutztierarten – bis hin zur Einzel- und ganzjährigen Stallhaltung reichen, wird die Nutzung verschiedenster Standorte über das Schaf möglich.

1.2 Entwicklungen in der deutschen Schafhaltung

Infolge geänderter (agrar-) politischer Rahmenbedingungen war die deutsche Schafhaltung **während der vergangenen 100 Jahre** durch gravierende Veränderungen gekennzeichnet.

Bestände

Mit der Blütezeit der Merinozuchten erreichte die Schafhaltung in Deutschland um 1860 einen Höchstbestand von etwa 28 Mio. Schafen. Seitdem reduzierte sich die Schafzahl in der ersten Hälfte dieses Jahrhunderts – abgesehen von kurzen Aufschwüngen in Spannungszeiten (Kriege, Wirtschaftskrise) – kontinuierlich. Schon um die Jahrhundertwende ließ die Intensivierung der Landwirtschaft der deutschen Schafhaltung immer weniger Raum. Darüber hinaus stellte die Einfuhr ausländischer Qualitätswollen eine ernste Konkurrenz für die deutsche Wolle dar. Weltweit trug aber auch das Aufkommen der Baumwolle und später das der modernen Kunstfasern zu einem Wertverlust der Wolle bei, welche einst das maßgebliche Verkaufsprodukt in der Schafhaltung war. Noch Mitte des 19. Jahrhunderts hatte 1 kg feine Wolle den Wert von etwa 9 kg Fleisch, heute erhält der Schafhalter für Lammfleisch drei- bis viermal so viel wie für die Wolle.

In der Nachkriegszeit nahm die Entwicklung der Schafbestände in Westdeutschland und der ehemaligen DDR einen unterschiedlichen Verlauf (Abb. 1). In **Westdeutschland** gingen die Schafzahlen zurück, da sich aufgrund der weiter fallenden Wollpreise die Einkommenslage der Schafhaltung erheblich verschlechtert hatte. Mitte der 60er-Jahre wurde ein Tiefstand von nur noch 700 000 Schafen erreicht. Mit der Neuausrichtung der Schafhaltung auf das Produktionsziel Lammfleischerzeugung erholte sich der westdeutsche Schafbestand wieder allmählich, sodass 1990 ein Bestand von 1,7 Mio.

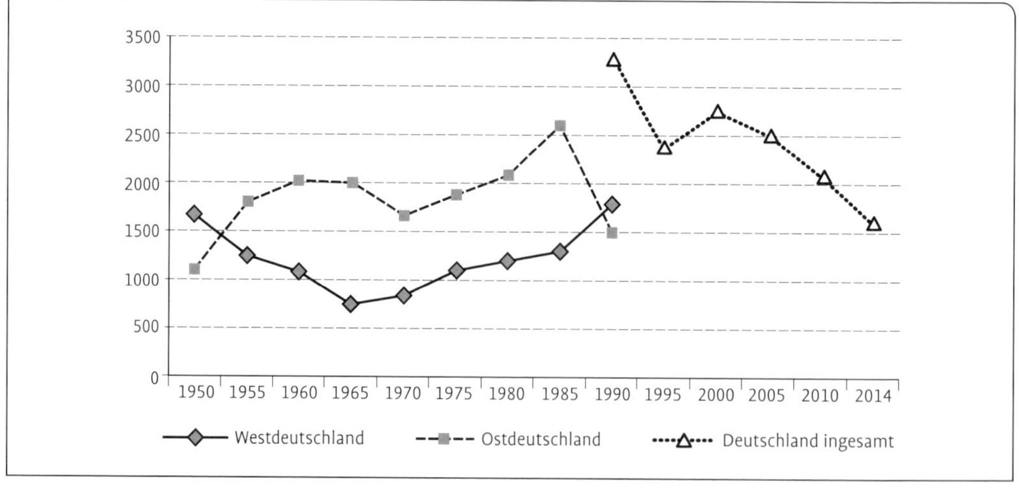

Abb. 1. Entwicklung der Schafbestände in Deutschland (Statistisches Bundesamt 1960–2014).

Schafen gezählt wurde. Unterstützt wurde diese Entwicklung durch die 1980 eingeführte EG-Marktordnung für Schaffleisch und die damit verbundene Mutterschafprämie sowie die zunehmende Verbreitung der Koppelschafhaltung, die der Schafhaltung auch im Nebenerwerb beste Möglichkeiten bot.

Die **ehemalige DDR** schirmte sich, wie auch andere osteuropäische Länder, gegen äußere Markteinflüsse vom Westen ab und konnte so den Wert der Wolle erhalten. Bis zu 100 Mark/kg Wolle wurden hier zeitweise gezahlt. Bei schwerpunktmäßiger Ausrichtung auf Wollerzeugung wurden in der DDR zuletzt (1989) etwa 2,6 Mio. Schafe gehalten. Durch die Öffnung der Grenze im Jahr 1990 brach der Fleisch- und Wollmarkt durch ein überhöhtes Angebot aus Ostdeutschland zusammen, sodass die Erzeugerpreise für Fleisch- und Wolle um mehr als die Hälfte fielen. In den neuen Bundesländern kam es bald zu drastischen Bestandsdezimierungen, die vor allem zur Merzung der zahlreichen Hammelherden führten. 1990 wurden in den ostdeutschen Bundesländern nur noch etwa 1,4 Mio. Schafe gehalten. In den 90er-Jahren fand mit westdeutscher Unterstützung eine beachtliche Anpassung an das Produktionsziel Lammfleischerzeugung statt.

Insgesamt werden heute (2014) in Deutschland 1,6 Mio. Schafe von 10 100 Betrieben gehalten (Statistisches Bundesamt 2014). Dabei sind gemäß Viehzählung jedoch nur die Betriebe mit mehr als 20 Schafen bzw. 2 ha landwirtschaftliche Nutzfläche berücksichtigt. Bayern und Baden-Württemberg sind die Länder mit den meisten Schafen und Betrieben (Abb. 2).

Der seit 1991 anhaltende Rückgang der Schafbestände ist letztlich auch Ausdruck einer vergleichsweise geringen Wettbewerbsfähigkeit sowie einer begrenzten Attraktivität (Hütehaltung) für den Schäfernachwuchs. Einen wesentlichen Einfluss auf die Bestandsrückgänge hatte auch die Agrarreform im Jahr 2005, die eine Umstellung der Mutterschafprämie auf eine flächenbezogene Prämie vorsah.

Preise

Mit der Verschiebung der Preisverhältnisse für Wolle und Fleisch (Westdeutschland ab den 1960er-Jahren, Ostdeutschland ab 1990) hat sich die heutige Zucht und Produktion – abgesehen von der Milchschafhaltung – fast ausschließlich auf die Erzeugung von Lammfleisch ausgerichtet, sodass die Marktleistungen der Schafherden heute zu über 90 % aus dem Verkauf von Schlachtlämmern erbracht wird. Bedingt durch das verminderte Angebot von Schaflämmern legten die Preise für Schlachtlämmer seit etwa 2004 deutlich zu.

Betriebsformen

Seit Anfang/Mitte der 60er-Jahre ist die westdeutsche Schafhaltung auch durch drastische Veränderungen in den Betriebsformen geprägt.

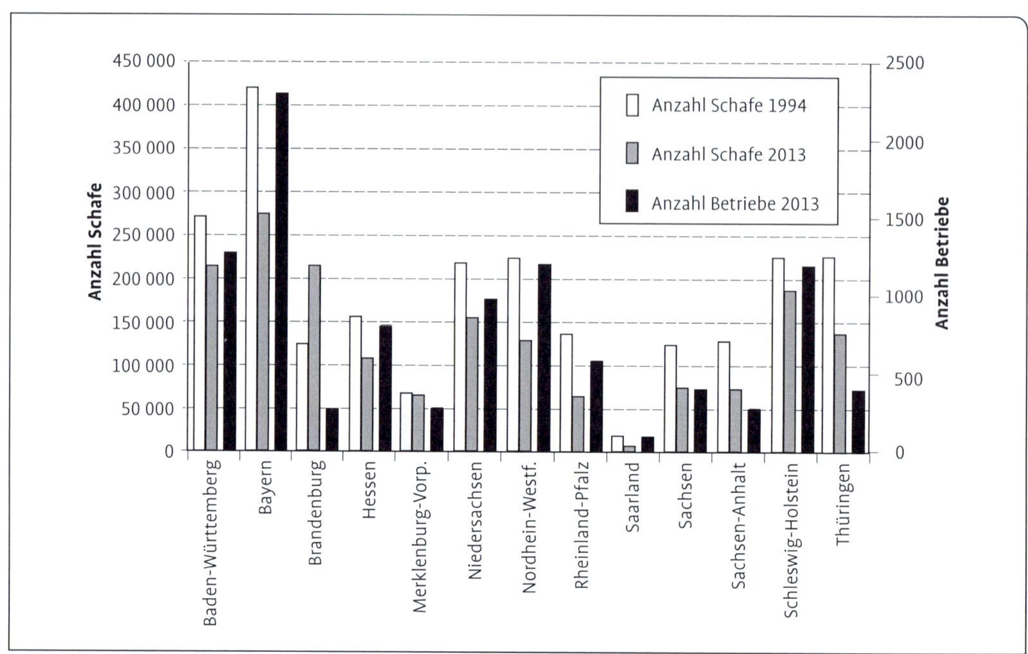

Abb. 2. Anzahl Schafbetriebe und Schafe nach Bundesländern 1994 und 2013 (Statistisches Bundesamt 1995 und 2014).

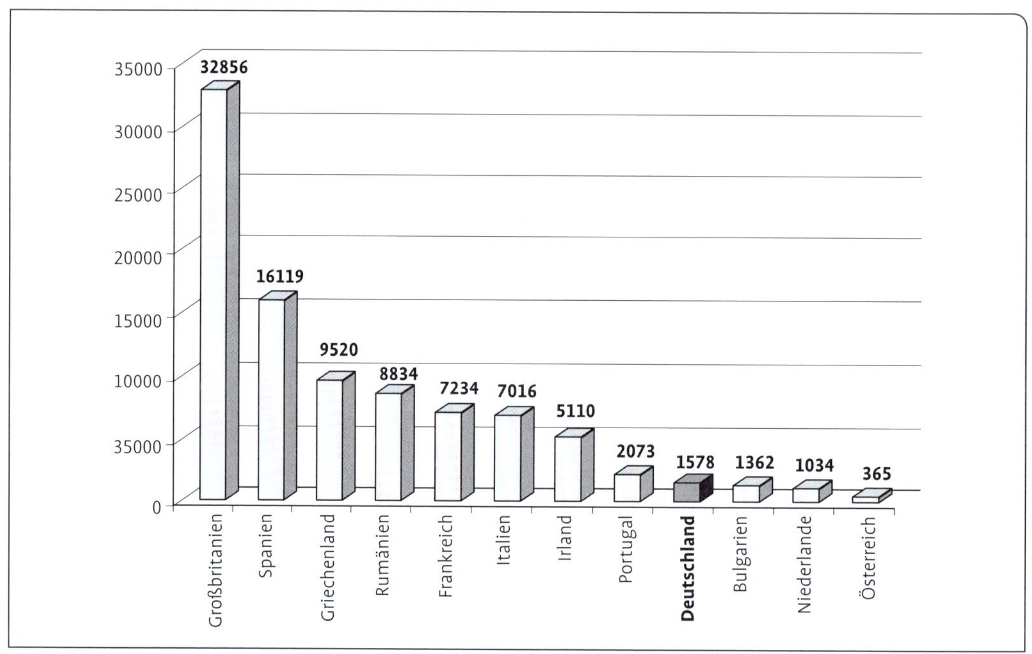

Abb. 3. Schafbestände in ausgewählten Ländern der Europäischen Union in 1000 Stück im Jahr 2013 (FAOstat 2014).

Abb. 4. Schafhaltung in Neuseeland – unter günstigen klimatischen Verhältnissen werden Schafe in Großherden gekoppelt.

So fanden ein starker Ausbau der Koppelhaltung und ein Rückgang der Hütehaltung statt. In der damaligen DDR setzte sich die Koppelschafhaltung hingegen weniger durch; hier wurde wesentlich an der traditionellen Hüteschafhaltung festgehalten.

Funktionen

Besondere Erwähnung verdient heute die Aufgabe der Schafhaltung in der Landschafts- und Biotoppflege. Gerade in jüngster Zeit haben agrar- und umweltpolitische Forderungen diesen Funktionswert wieder in den Vordergrund gerückt, der mit erheblichem volkswirtschaftlichem Nutzen verbunden ist.

Wenn auch das Schaf weniger verbreitet ist als Rind und Schwein, so weist diese Tierart gerade heute doch wesentliche **zukunftsträchtige Werte** auf.

Nennenswert sind vor allem folgende Gesichtspunkte, da die Schafhaltung

- über die Erzeugung von Qualitätsfleisch den bestehenden Verbraucherwünschen bestens gerecht wird,
- im Rahmen der anhaltenden Extensivierungs- und Flächenstilllegungstendenzen als Nutzungsalternative oder Landschaftspfleger Bedeutung findet ohne Überschüsse zu produzieren,
- zur Nutzung von Grenzertragsstandorten und zum Erhalt strukturschwacher Regionen beiträgt (Schafhaltung als Einkommensquelle),
- als kapital- und arbeitsextensives Produktionsverfahren auch in den Nebenerwerbs- und Hobbybetrieb gut einpasst.

Gegenüber anderen Ländern der Europäischen Union verfügt Deutschland nur über einen vergleichsweise geringen Bestand an Schafen. Die größten Schafbestände sind heute in Großbritannien, Spanien, Griechenland, und Rumänien zu finden. Dementsprechend ist auch der Markt durch die Exporte solcher Länder, insbesondere durch Großbritannien, beeinflusst (Abb. 3).

2 Betriebsformen

In den zurückliegenden 100 Jahren haben sich recht unterschiedliche Betriebsformen in der Schafhaltung herausgebildet, die stets als Anpassung an den Standort und die betrieblichen Voraussetzungen zu verstehen ist. Die Betriebsformen lassen sich in Hütehaltung (Wanderschafhaltung), standortgebundene Schafhaltung, Koppelschafhaltung (inkl. Einzelschafhaltung) und ganzjähriger Stallhaltung untergliedern.

Knapp die Hälfte der Schafe werden heute als Koppelschafe in Herden bis ca. 200 Schafen vorwiegend im Nebenerwerb gehalten. Die wesentlich größeren Hüteherden gehören ausschließlich Vollerwerbsbetrieben an, deren Herden durch Familienarbeitskräfte oder von einem entlohnten Schäfer betreut werden. Über die Hälfte aller Schafe werden in Deutschland gehütet.

Während sich in Westdeutschland neben der traditionellen Hütehaltung seit den 60er-Jahren zunehmend auch die Koppelhaltung von Schafen durchsetzte, wurden in der damaligen DDR die Schafe fast ausnahmslos gehütet. Die zumeist großen Herden waren vorrangig Betrieben der Tier- und Pflanzenproduktion wie Landwirtschaftlichen Produktionsgemeinschaften (LPG,) Volkseigenen Gütern (VEG) und anderen kooperativen Einrichtungen angegliedert. Da die Hütehaltung täglich eine Arbeitskraft für die Beaufsichtigung des Weideganges bindet, ist sie angesichts der gestiegenen Lohnkosten für viele Schafhalter im Vollerwerb heute zu kostenintensiv und wird ganz oder teilweise durch die Koppelhaltung ersetzt (Strittmatter 2005).

2.1 Hütehaltung

Die Hütehaltung verlangt neben den allgemeinen Kenntnissen der Schafhaltung besondere Fähigkeiten in der **Hütetechnik**. Zum einen muss mit maßgeblicher Unterstützung der Hütehunde eine kontrollierte Führung der Herde gewährleistet sein, um auf Straßen und Wegen Schaf und Verkehr nicht zu gefährden und den unerwünschten Verbiss angrenzender Kulturpflanzen zu verhindern. Zum anderen muss die Hütetechnik aber auch den Fütterungsansprüchen der Schafe Rechnung tragen, um Leistungsvermögen und Gesundheit der Herde zu erhalten. Dabei ist die Herde so zu lenken, dass sich die Schafe zweimal täglich (vormittags und nachmittags) satt fressen können und dazwischen um die Mittagszeit eine Ruhepause erhalten. Da mit den ständigen Wanderungen ein häufiger Weidewechsel verbunden ist, dürfen die Schafe nur allmählich auf die neue Futtergrundlage umgestellt werden, um Verdauungsstörungen zu vermeiden. Diese Vorsicht ist besonders beim Wechsel auf Kleeweiden zu beachten (Blähgefahr).

Die **Hüteformation** der Herde richtet sich nach den Futterverhältnissen und dem Ausmaß der zu beweidenden Flächen. Auf großen ertragsarmen und auch trittempfindlichen Flächen zieht die Herde weit auseinander (weites Gehüt), wobei die Schafe in Ruhe die nährstoffreichsten Futterstoffe suchen können. Dagegen muss die Herde auf kleinen oder lang gestreckten Flächen eng zusammenbleiben (enges Gehüt) und darf nicht auf benachbarte Bereiche ausweichen.

Die meisten Hüteherden werden während der Weidezeit oder der Wanderbewegung nachts und ggf. auch während der Mittagstunden in **Pferchen** zusammengefasst. Gerade die nächtlichen Pferchplätze sollen trocken sein und jedem Schafe eine Fläche von 1–2 m^2 bieten. Letztlich hängt der Flächenbedarf vor allem von der Pferchdauer, der Beschaffenheit der Pferchfläche (Bodenart, Bewuchs) und der Witterung ab.

Ein Pferch auf einer abgeernteten Ackerfläche hat den Vorteil, dass aufgrund der Bodenstrukturen vergleichsweise trockenere Bedingungen bestehen, die eine Infektionsgefahr für die Klauen mindern. Die Pferchruhe sollte angesichts einer Erregerpersistenz für Moderhinke bei mindestens 14 Tagen liegen (MLR 2012). Während früher die Pferche oft aus Holzhürden hergerichtet wurden, werden heute die Pferche mit leichten und schnell aufzubauenden Elektroknotenzäunen installiert. Ratsam ist die Einrichtung von Pferchen in geschützten und schattigen Bereichen. Ein täglicher Wechsel der Pferchfläche wäre ideal, auf Grünland sogar dringend empfehlenswert.

Grundsätzlich sollte ein Pferch stets in andere Nutzungsformen mit eingebunden sein (Heumahd, Getreideanbau, Ackerfutter), um der Fläche wieder Nährstoffe zu entziehen, die durch den Pferch eingebracht wurden. Andernfalls würde es bei einem mittleren Stickstoffeintrag von 20–33 g/Mutterschaf und Pferchnacht zu einer Nährstoffüberversorgung kommen, was mit den Vorgaben der Düngeverordnung oder dem Bestreben zur Aushagerung von ökologisch wertvollen Flächen nicht vereinbar wäre (siehe auch Kap. 12 Landschaftspflege). Die o. g. Eintragsmengen über den Schafpferch sollten also auf die zulässigen Nährstoffeinträge laut gültiger Düngeverordnung abgestimmt und mit den Landwirten kommuniziert werden, die ihre Flächen für die Schafpferche zur Verfügung stellen.

Die Schafe müssen sich durch Marsch- und Pferchfähigkeit sowie durch Anspruchslosigkeit und Wetterhärte auszeichnen. Weiteste Verbreitung in der Hütehaltung haben die Rassen Merinolandschaf und das Schwarzköpfige Fleischschaf gefunden.

Zum Erwerb eines hinreichenden Einkommens muss ein Berufsschäfer heute mindestens 600 Mutterschafe halten. Aus betriebswirtschaftlicher Sicht fallen in der Hütehaltung zwar nur vergleichsweise geringe Futterkosten an (hohe Anteile absoluten Schaffutters, keine/geringe Pachtkosten, kurze Stallperioden), jedoch bieten sich angesichts des hohen Arbeitszeitbedarfs (ganztägiges Hüten) und der oft ertragsarmen Weidegründe häufig nur begrenzte Möglichkeiten zur Verbesserung der Wirtschaftlichkeit.

Zur Minderung des hohen Arbeitseinsatzes und der damit verbundenen hohen sozialen Belastungen, die durch den ständigen Betreuungsaufwand in der Hütehaltung gegeben sind, können die Herden auch vorübergehend eingekoppelt werden. Dabei kann die Einkoppelungsdauer nur einige Tage (z. B. Wochenende, Feiertage) andauern, sich aber auch über Wochen und sogar Monate (Urlaub, Erkrankung) hinziehen.

Aufgrund der hohen Mobilität, der flexiblen Herdenführung und der vergleichsweise großen Herden hat die Hütehaltung von Schafen für die Landschaftspflege eine besondere Bedeutung (siehe auch Kap. 12 Landschaftspflege).

Dabei sind zwei Formen der Hütehaltung zu unterscheiden: die standortungebundene Schafhaltung mit ihren saisonalen Wanderungen zwischen der Sommer- und Winterweide und die standortgebundene Schafhaltung mit dem alltäglichen Schaftrieb zwischen den naheliegenden Weideflächen, vorwiegend Sommerweiden.

2.1.1 Standortungebundene Schafherden (Wanderschafhaltung)

In der Wanderschafhaltung wechselt die Herde mit dem Futterangebot im jahreszeitlichen Wechsel zwischen Sommer- und Winterweide. So entspricht diese, auch in Deutschland noch praktizierte, traditionelle Form der Schafhaltung heute noch einer nomadischen Herdenhaltung (Transhumanz), wie sie in den trockenen Gebieten Afrikas und Vorderasiens betrieben wird.

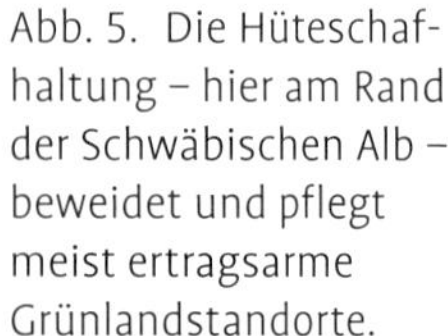

Abb. 5. Die Hüteschafhaltung – hier am Rand der Schwäbischen Alb – beweidet und pflegt meist ertragsarme Grünlandstandorte.

Im Bundesgebiet ist diese standortungebundene Schafhaltung vor allem südlich der Main-Linie verbreitet. Im Verlauf des Jahres lassen sich die oft über mehrere hundert Kilometer langen Wanderwege anhand der verschiedenen Weidestandorte nachzeichnen.

Auf den sog. **Vorsommerweiden** nutzen die Herden von Mitte April bis Mitte Juni ertragsarmes Grünland sowie Ödland, das keiner anderen Nutzung zugeführt werden kann. Typische Vorsommerwieden sind im Fränkischen und Schwäbischen Jura zu finden. Die **Sommerweiden** liegen auf Grenzertragsstandorten der Mittelgebirge, wie z. B. der Schwäbischen Alb, dem Spessart, der Rhön und im Bayerischen Wald. Mit der Beweidung von Wacholderheiden, Magerrasen oder Landschaftsschutzgebieten nehmen die Wanderherden auf den Vorsommer- und Sommerweiden in erheblichem Maße Funktionen in der Landschaftspflege wahr. Die **Herbstweiden** sind vor allem in den Ackerbaugebieten gelegen, wo die Herden von Mitte August bis 11. November (Martini) abgeerntete Getreide- und Hackfruchtschläge nachweiden. Anschließend werden in den klimatisch begünstigten Flusstälern und Seengebieten (z. B. Rhein- und Maintal, Bodensee) die **Winterweiden** aufgesucht, wo die Herden bis in den April hinein den spärlichen Aufwuchs auf meist gepachtetem Grünland nutzen. Meist umfassen die Winterweidegründe ganze Gemarkungen, die von den Gemeinden an die Schäferei verpachtet werden. Eigentümer, die keine Beweidung ihrer Flächen wünschen, können dies mittels eines aufgestellten Strohwischs oder großen Astes deutlich machen. Die Regelung der **Gemeindeweide** ist auch heute noch in den meisten Regionen durch die ursprünglichen Weidegesetze gegeben. Diese räumen den Gemeinden das Recht ein, weidefähige Privatgrundstücke zu einer Gemeindeweide zusammenzufassen und an Schäfer zu verpachten. Auf diese Weise soll die Ausnutzung der Futtergrundlage, die im normalen Landbau übrig bleibt, zur Förderung der Schäferei ermöglicht werden. Liegt hingegen eine Nutzung durch die Flächeneigentümer selbst vor (Feldbestellung, Weide), so sind diese nicht zur Duldung der Gemeindeweide verpflichtet. Herbst- und Winterweiden sind für die Wanderschäferei eine wesentliche Voraussetzung, da sie meist nicht genügend Flächen für die Winterfutterbereitung besitzen, um eine längere Stallhaltung zu betreiben. Dabei bietet die Winterweide auch wirtschaftliche Vorteile durch die Einsparung von Futter- und Stallplatzkosten in Höhe von 67–110 € pro Mutterschaf und Jahr (MLR 2012).

Insbesondere bedingt durch die Wanderbewegungen der standortungebundenen Schafhaltung müssen hier zahlreiche Vorschriften und Gesetze beachtet werden: Viehverkehrsverordnung und Straßenverkehrsordnung bezüglich des Verbringens und Treibens von Schafen, das Naturschutzgesetz sowie die Wald-, Weide- und Landwirtschaftsgesetze der Länder bezüglich Weiderechte und Ordnungswidrigkeiten. Das Treiben von Tieren über Kreisgrenzen hinweg ist genehmigungspflichtig und beim Veterinäramt zu beantragen. Ferner sind Duldungs- bzw. Pachtverträge mit den jeweiligen Landeignern/Gemeinden zu schließen.

Aufgrund der besonderen Haltungsverhältnisse (z. B. keine Stallnutzung) hat die Tierärztliche Vereinigung für Tierschutz e. V. ‚Hinweise für die Wanderschafhaltung in der kalten Jahreszeit' ausgegeben, die Empfehlungen zum Schurtermin (15.5.–30.6.), zum Pferch (Windschutz, trockene Flächen) und zur Nährstoff- und Wasserversorgung der Schafe geben (TVT 2006).

Für den Wanderschäfer treten immer wieder Fragen und Probleme bzgl. der Treibwege, ausreichender Herbst-, Winter- und Sommerweiden, möglicher Pferchflächen und Straßenquerungen auf. Insofern sind die **Triebwegeverhältnisse** im alltäglichen Schäfereibetrieb eine elementare Voraussetzung für einen reibungslosen Ablauf des Arbeitsalltags (OPPERMANN et al. 2004).

Der saisonale Schaftrieb des Wanderschäfers zwischen Sommer- und Winterweide folgt traditionell zwar oftmals denselben Routen, aber in aller Regel nicht über genau festgelegte Wege. Vor allem tierhygienische Gründe sprechen dagegen, da eine Nutzung derselben Flächen von mehreren Schafherden in kurzen zeitlichen Abständen die Infektionsgefahr übertragbarer Klauenkrankheiten (z. B. Moderhinke) deutlich erhöhen würde (MLR 2012). Wichtig erscheint es, tangierte Gemeinden für die Belange der Wanderschafe zu sensibilisieren, um durch grundlegende Voraussetzungen (u. a. Auskunftsmöglichkeiten, Kommunikation) den Schaftrieb zwischen Winter- und Sommerweide zu erleichtern und diese Aspekte bei raumplanerischen Veränderungen (Neubaugebiete, Straßenbau, etc.) zu berücksichtigen. Wenn Straßennetze, Weideverhältnisse oder das Betriebsmanagement keine Fußwanderungen mehr zulassen, müssen die Herden durch teuren LKW- oder Bahntransport zu den nächsten Weideflächen verbracht werden.

Seit den 1970er-Jahren ist die Wanderschafhaltung stark zurückgegangen. Dieser noch anhaltende Rückgang hat im Wesentlichen folgende Gründe:

- Der zunehmende Ausbau der Verkehrswege sowie der Besiedelungsdruck haben die Weideflächen z. T. stark durchschnitten und erschweren die Wanderbewegungen; zudem bestehen heute in einigen Regionen nur noch unzureichende Triebwegenetze.
- Durch die Intensivierung der Flächenbewirtschaftung stehen dem Wanderschäfer immer weniger Weideflächen, insbesondere als Herbstweide, zur Verfügung. So sind kaum noch Stoppeläcker mit Auswuchsgetreide und häufig nur wenig hütetaugliche Zwischenbegrünungen der Äcker (z. B. Ölrettich, Phacelia, Senf) vorhanden.
- Der zunehmende Anbau von Mais für Biogasanlangen schränkt die Möglichkeiten der Weidenutzung im Herbst und Winter vielerorts

deutlich ein. Gleichermaßen wirkt sich das erhöhte Ausbringen von Gülle und Gärresten nachteilig auf die Beweidungsmöglichkeiten aus.

- Das Berufsleben eines Wanderschäfers ist heute nach wie vor durch lange Abwesenheiten von der Familie und vom heimatlichen Umfeld sowie durch wenig Freizeit geprägt. Da solche Arbeitsbedingungen in der heutigen Zeit nicht mehr mit den sozialen Ansprüchen der jüngeren Generation vereinbar sind, sorgt sich die Wanderschäferei um den Nachwuchs.

Da durch das ‚Sesshaftwerden' einige Probleme der Wanderschafhaltung kompensiert werden können, wurden in einigen Bundesländern in der Vergangenheit Förderprogramme (z. B. Stallbau, etc.) aufgelegt, die den Wanderschäfer durch eine Hütehaltung vor Ort dabei unterstützten, seine Existenz zu sichern.

2.1.2 Standortgebundene Schafherden

Die im norddeutschen Raum früher noch praktizierte Gutsschäferei gibt es heute kaum noch, da die hohen Lohnkosten die Wirtschaftlichkeit der Lämmerproduktion unter den heutigen Verhältnissen infrage stellen. Auf dem Gutsbetrieb nutzt das Schaf vor allem absolutes Schaffutter (Wegränder, Böschungen, abgeerntete Getreide- und Hackfruchtfelder usw.) vorwiegend auf gutseigenen Flächen, die sonst ungenutzt blieben.

Die **Bezirksschäferei** hat sich inzwischen in zahlreichen Regionen behauptet. Der eigenständige Bezirksschäfer besitzt meist nur wenig Land, sodass er Weidemöglichkeiten in seiner weiteren Umgebung (bis etwa 40 km) nutzt. Abgesehen von gelegentlichen Pachtflächen wird so größtenteils absolutes Schaffutter verwertet. Häufig bestehen Absprachen mit den Landwirten, die den wertvollen Schafmist bzw. -dung als Gegenleistung für die Beweidung ihrer Flächen erhalten (siehe oben **Pferchen**). Im Gegensatz zur Wanderschafhaltung nutzen die standortgebundenen Schafherden für den alltäglichen Schaftrieb zwischen den einzelnen Weideflächen meist festgelegte Triebwege.

In der **Gemeinde- und Genossenschaftsschäferei** werden die Schafe verschiedener Eigentümer zusammengefasst und von einem Schäfer auf den Gemeindeflächen gehütet. Diese kooperative Form ist heute jedoch nahezu bedeutungslos geworden.

Die auf den Küsten- und Binnendeichen Norddeutschlands betriebene **Deichschäferei** hat während der vergangenen 30 Jahre stark zugenommen. Durch den bodenfestigenden Tritt und den tiefen Verbiss der Schafe gewinnen die Deiche an Stabilität. Auf den Deichen und Deichvorländern, die sich häufig in Staatsbesitz befinden und von Landwirten und Schafhaltern gepachtet sind, werden die Schafe meist nicht gehütet, sondern nur locker beaufsichtigt, da einfache Abtrennungen vorhanden sind.

In der ehemaligen DDR entsprach die Hütehaltung als weitestgehend standortgebundene Form etwa einer Guts- oder Bezirksschäferei.

2.2 Koppelschafhaltung

Die Koppelschafhaltung zeichnet sich im Wesentlichen durch die Haltung der Schafe auf fest oder flexibel eingezäuntem Grünland bzw. Futterflächen aus. Die Anzahl der in der Bundesrepublik gehaltenen Koppelschafe hat sich seit 1970 etwa versechsfacht (!), sodass heute etwa über 50 % der Schafe gekoppelt werden.

Dieser Bedeutungszuwachs ist auf verschiedene Vorzüge der Koppelhaltung zurückzuführen:

- Hervorragende Eignung für den Nebenerwerbsbetrieb und große Beliebtheit bei Hobbyschafhaltern, da kapital- und arbeitsextensiv.
- Gute Nutzungsalternative für frei werdende Flächen (Betriebsaufgabe, Kontingentierung) und ausgezeichnete Nutzungsmöglichkeit von kleinen Parzellen.
- Kein ständiger Betreuungsaufwand, sodass Lohnkosten entfallen und die Arbeitsproduktivität gegenüber der Hütehaltung höher ist.
- Flexible Einpassung in die betrieblichen Verhältnisse über die Wahl von Bestandsgröße und Haltungsintensität.
- Gute Möglichkeiten zur Produktionsintensivierung (Fütterung und Weidewirtschaft, Management).

Für eine erfolgreiche Koppelschafhaltung sind gute Fachkenntnisse zur Gründlandwirtschaft sowie zur Bekämpfung der hohen Verwurmungsgefahr erforderlich.

Aufgrund der flexiblen Verfahrensweisen in der Koppelschafhaltung haben sich vielfältige Formen entwickelt, die sich in folgenden Kriterien unterscheiden:

Im Erwerbstyp:

- kleinere bis mittlere Herdengrößen vorwiegend im Nebenerwerb,
- größere Herden im Haupterwerbsbetrieb.

Im Weidemanagement:

- Weideführung evtl. in Kombination mit Hütehaltung,
- Beweidung nur mit Schafen oder im Verbund mit anderen Tierarten wie Rind, Pferde, Ziege (gleichzeitig oder aufeinanderfolgend),
- Einbeziehung von Ackerfutterflächen.

In der Alterskategorie:

- gemeinsame Haltung von Mutterschafen mit Lämmern,
- ausschließliche Koppelung von Lämmern.

Abb. 6. Die Koppelschafhaltung nutzt vorwiegend intensive Standorte. Die Schafe verteilen sich im lockeren Herdenverbund auf der Weide.

Während die Koppelschafherden nahezu standortunabhängig sind, weist die Hüteschafhaltung eine stärkere Bindung an die natürlichen Standortverhältnisse auf.

2.3 Ganzjährige Stallhaltung

Die ganzjährige Stallhaltung hat in Deutschland bisher nur eine sehr geringe Verbreitung gefunden. Durch die Ausschaltung der direkten und indirekten Umwelteinflüsse, die gezielte Kontrolle und Fütterung, ermöglicht diese Haltungsform eine hohe Intensivierung der Lammfleischproduktion und damit auch hohe Arbeits- und Flächenproduktivitäten. Die ganzjährige Stallhaltung hätte dort Bedeutung, wo Futterflächen und Stallraum in ausreichendem Maß zu Verfügung stehen und diese vergleichweise kapital- und arbeitsintensive Form mit großen Beständen lohnenswert machen.

2.4 Aufzucht- und Mastverfahren

In Anpassung an die jeweiligen Betriebsverhältnisse haben sich in der Schafzucht unterschiedliche Aufzucht- und Mastverfahren entwickelt, die wie folgt zusammengefasst werden:

Aufzuchtverfahren

Die **Natürliche Aufzucht** der Lämmer an der Mutter bis zu einem Alter von drei bis fünf Monaten ist in der Hüte- und Koppelschafhaltung das verbreitetste und bewährteste Verfahren – insbesondere dann, wenn die Mutterschafe einmal pro Jahr ablammen. Die ständige Möglichkeit der Lämmer, an der Mutter zu saugen, spart Futterkosten und Arbeitszeit und führt darüber hinaus zu guten Zunahmen. Bei guter Weide und langer Aufzucht können die Lämmer Schlachtreife erreichen. Allerdings sollten die Bocklämmer mit Eintreten der Geschlechtsreife von der übrigen Herde getrennt oder kastriert werden.

Unter **Frühentwöhnung** versteht man das Absetzen der Lämmer im Alter von sechs bis sieben Wochen. Bei dieser Methode können Rassen mit asaisonaler Brunst sehr bald wieder zugelassen werden, sodass sich die Zwischenlammzeit verkürzt und der jährliche Lämmerertrag erhöht werden kann (3 Ablammungen in 2 Jahren).

Die **Mutterlose Aufzucht** der gesamten Nachzucht (Absetzen der Lämmer nach der Biestmilchaufnahme bis zum zweiten Lebenstag) wird bisher kaum praktiziert, da der Kostenaufwand für die Milchtränke bis zur fünften bis sechsten Woche (Milchaustauscher) und der hohe Arbeitszeitbedarf dieses Verfahren meist unrentabel machen. Der Einsatz von Milchtränkeautomaten würde hier zwar die Arbeitszeit erheblich reduzieren, jedoch eine hohe Festkostenbelastung verursachen. Hingegen ist die mutterlose Aufzucht einzelner Lämmer immer dann ratsam, wenn das Muttertier verendet oder erkrankt ist oder es keine bzw. für Mehrlinge zu wenig Milch abgibt (Problemlämmer). Auf diese Weise gelingt es, die Lämmerverluste zu verringern.

Mastverfahren

Die sogenannte **Sauglämmermast** entspricht der natürlichen Aufzucht von Lämmern an der Mutter bis zur Schlachtreife. Das Verkaufsprodukt muss nach 4–5 Monaten ein Zielgewicht von 40–45 kg erlangt haben. Auf guter Weide bietet gerade das nährstoffreiche Gras den im Spätwinter geborenen Lämmern eine ausreichende Futtergrundlage, um hohe Tageszunahmen zu erreichen. Bei geringerer Weidequalität ist den Lämmern jedoch eine zusätzliche Kraftfuttergabe anzubieten, um deren Wachstumsvermögen ausschöpfen zu können.

Die nach der natürlichen Aufzucht noch nicht schlachtreifen Lämmer werden im Rahmen der Weidemast oder Wirtschaftsmast ausgemästet. Die **Weidemast** wird meist von Betrieben mit Koppelschafhaltung durchgeführt, wo die abgesetzten Lämmer auf guter Weide mit oder ohne Kraftfutter nach sechs bis sieben Monaten Gewichte von 50 kg und mehr erreichen. Da in diesem Alter die Geschlechtsreife bereits eingetreten ist, weiden männliche und weibliche Lämmer getrennt.

Vor allem für grünlandarme Betriebe mit ausreichendem Ackerfutter ist die **Wirtschaftsmast** der Lämmer günstig. Dabei werden die mit drei bis fünf Monaten abgesetzten Lämmer (30 bis 38 kg) im Stall mit einwandfreiem wirtschaftseigenem Grundfutter und einer Kraftfutterergänzung auf Gewichte von 45–50 kg gebracht. Oft sind es Lämmer aus der standortgebundenen Hütehaltung, die im Rahmen der Wirtschaftsmast bis zur Schlachtreife gefüttert werden. Allerdings müssen solche schweren Lämmer aus der Weide- und Wirtschaftsmast angesichts des Markttrends zu leichten Schlachtlämmern oft Preisabschläge hinnehmen und sind überhaupt schwieriger abzusetzen.

Die **Kraftfutter- oder Intensivmast** schließt sich an die verkürzte Säugezeit (Frühentwöhnung) oder die mutterlose Aufzucht der Lämmer an. Nach Muttermilch bzw. Milchtränke werden die Lämmer ausschließlich mit Kraftfutter und Heu gefüttert und erreichen bei Zunahmen von über 350 g/Tag recht früh die Schlachtreife.

In der heute nicht mehr praktizierten **Hammelmast** sind die Lämmer aufgrund der verhaltenen Fütterung erst nach etwa einem Jahr schlachtreif.

Fütterungstechnische Gesichtspunkte zu den verschiedenen Aufzucht- und Mastverfahren sind dem Kapitel 7 „Fütterung und Ernährung“ zu entnehmen.

3 Die Biologie des Schafes

Kenntnisse über Körperbau, -entwicklung und -funktionen sind für jeden, der sich mit Schafen befasst, von besonderer Bedeutung, um Leistungsentwicklungen, Krankheitsauswirkungen sowie Fütterungs- und Haltungsansprüche auch aus biologischer Sicht beurteilen zu können.

3.1 Der Bewegungsapparat

3.1.1 Anatomische Grundlagen

Der Bewegungsapparat dient zur Aufrechterhaltung des Körpers und zur Fortbewegung des Tieres. Er besteht aus dem Skelett und der Körpermuskulatur.

Das Skelett des Schafes setzt sich aus 215 Knochen zusammen und wird in Kopf, Hals, Rumpf, Gliedmaßen und Schwanz unterteilt (Abb. 7). Besondere Erwähnung verdienen in diesem Zusammenhang die Klauen des Schafes, die für die Fortbewegung und das Wohlbefinden von essenzieller Bedeutung sind. Die Gesunderhaltung der Klauen durch regelmäßige Klauenpflege und die Behandlung von Klauenerkrankungen setzen genaue Kenntnisse vom Aufbau der Klaue voraus (Abb. 8).

Die Körpermuskulatur, auch Skelettmuskulatur genannt, stellt das Fleisch des Schafes dar. Durch den Aufbau der Muskelfasern wird sie auch als quergestreifte Muskulatur bezeichnet und erscheint durch den hohen Anteil an eingelagertem Myoglobin rot. Die Skelettmuskulatur kann willentlich gesteuert werden. Im Gegensatz dazu arbeitet die Eingeweide- und Herzmuskulatur, auch glatte Muskulatur genannt, unwillentlich.

Die einzelnen Muskeln des Skelettes setzen sich aus zahlreichen Muskelfasern zusammen, die sich wiederum zu ganzen Muskelbündeln vereinigen. Zwischen den Muskelfasern befinden sich Blutgefäße und Nerven. Bei gut ernährten Tieren lagert sich hier (intramuskulär) auch Fett ab. Die von Bindegewebshüllen umschlossenen Muskelfasern verjüngen sich an den Enden zu Sehnen, die am Knochen befestigt sind.

Beim Fettgewebe unterscheidet man abhängig vom Ablagerungsort im Körper zwischen Unterhautfettgewebe, Bauch- und Beckenhöhlenfett (Talg), intermuskulärem (zwischen den Muskeln) und intramuskulärem Fett (innerhalb der Muskeln, verantwortlich für die Marmorierung des Fleisches).

3.1.2 Entwicklung und Wachstum der Körpergewebe

Während der ersten drei Trächtigkeitsmonate zeigen die Föten nur ein verhaltenes Wachstum. Anschließend beschleunigt sich deren

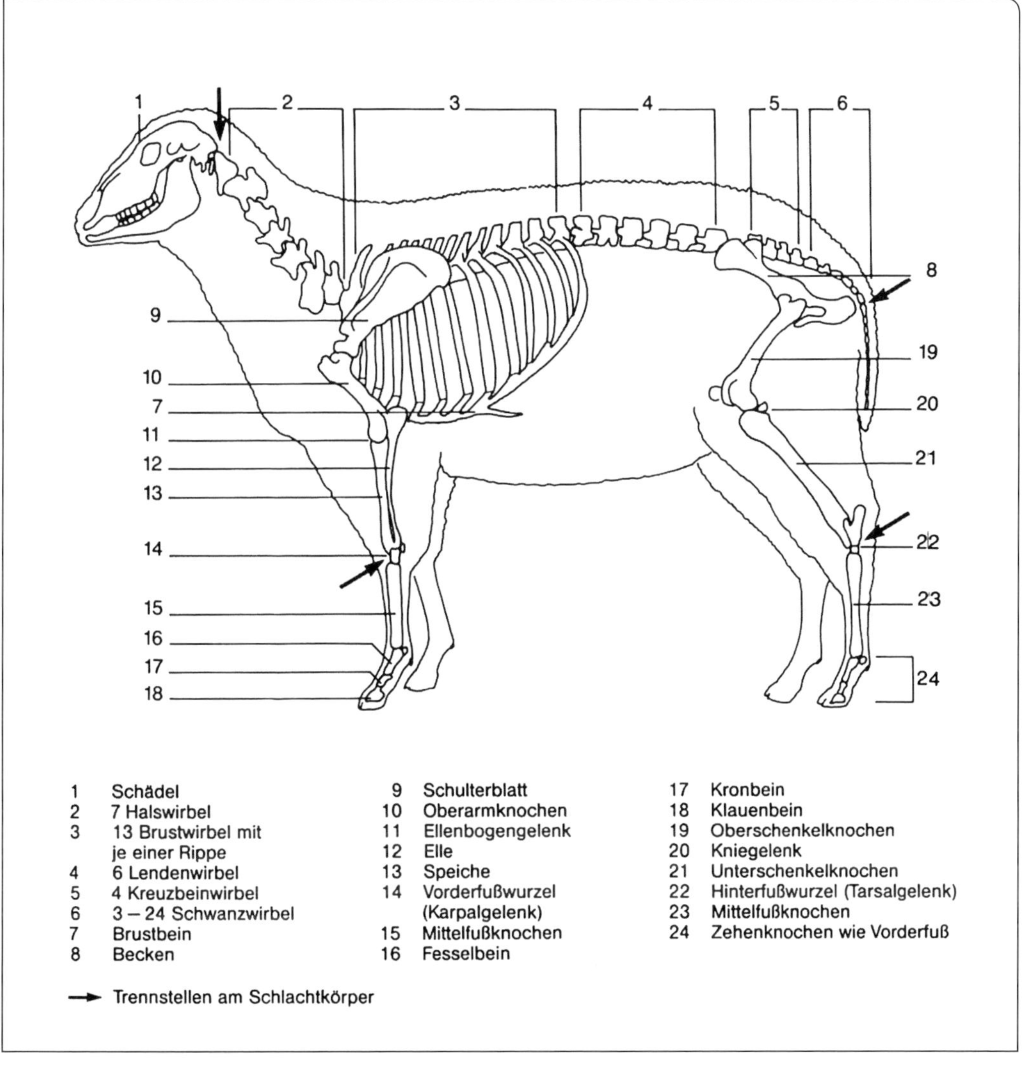

Abb. 7. Das Skelett des Schafes.

Entwicklung aber erheblich, sodass sie ihr Gewicht in den letzten vier bis fünf Wochen mehr als verdoppeln.

Nachdem sich das neugeborene Lamm auf die Lebensbedingungen außerhalb des Mutterleibes eingestellt hat, setzt wieder ein intensives Wachstum ein, sodass das Lamm schon nach 16 bis 20 Tagen sein Geburtsgewicht verdoppelt hat. Mit Erreichen der Geschlechtsreife (etwa 3. bis 5. Lebensmonat) verringern sich jedoch die Tageszunahmen wieder allmählich. Dabei wachsen die einzelnen Körpergewebe, Muskeln (Fleisch im engeren Sinn), Fett und Knochen mit unterschiedlicher Geschwindigkeit, sodass sich die Anteile der Körpergewebe mit zunehmendem Alter verschieben.

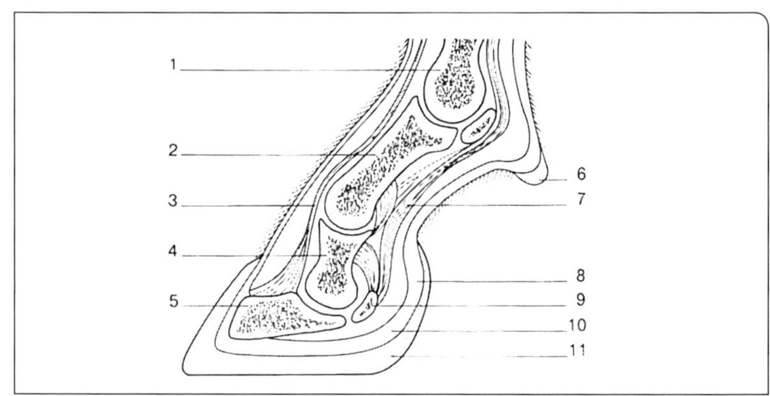

Abb. 8. Der Aufbau einer Schafsklaue.
1 Mittelfußknochen
2 Fesselbein
3 Strecksehne
4 Kronbein
5 Klauenbein
6 Afterklauen
7 Beugesehne
8 Lederhaut
9 Strahlbein
10 Oberhaut
11 Klauenhorn

Wie Abb. 9 zeigt, ist das Muskelwachstum während der Jugendphase am stärksten ausgeprägt. Auch die einzelnen Muskelgruppen wachsen nicht gleichmäßig, sondern je nach erforderlicher Muskelfunktion im gerade erreichten Wachstumsabschnitt überdurchschnittlich schnell. Hier ist von folgender altersabhängiger Reihenfolge in der Entwicklung auszugehen:

- Kopf- und Halsbereich: Milchaufnahme;
- Hintere Rücken- und Keulenpartie: Bewegungsaktivität;
- Bauch, Brust, Verdauungstrakt: Raufutteraufnahme;
- Rückenmuskulatur: höheres Gewicht des Rumpfes;
- Schulter, Hals, Nacken; besonders bei Böcken nach Geschlechtsreife.

Der Anteil des Fettgewebes am lebenden oder ausgeschlachteten Tier nimmt mit zunehmendem Alter zu. Diese Entwicklung geht im Wesentlichen zu Lasten des Muskelanteils. Die Reihenfolge der altersabhängigen Fettablagerungen ist wie folgt:

- Eingeweidefett
- intermuskuläres Fett
- Auflagefett
- intramuskuläres Fett

Mit fortschreitendem Alter verändert sich auch die Fettqualität. Eine anteilige Verringerung der ungesättigten Fettsäuren führt zu einer talgigen Konsistenz des Fettes und zu einem arttypischen Geschmack.

Die Knochen wachsen im Vergleich zu den beiden vorgenannten Gewebearten gleichmäßiger, sodass sich deren Anteil am Gesamttier nur wenig verändert.

Die grobgewebliche Zusammensetzung eines Lammschlachtkörpers bis zu einem Alter von max. sechs Monaten zeigt folgende Anteile:

Fleisch	51–71 %	(∅ 61 %)
Fett	9–29 %	(∅ 19 %)
Knochen	15–18 %	(∅ 17 %)

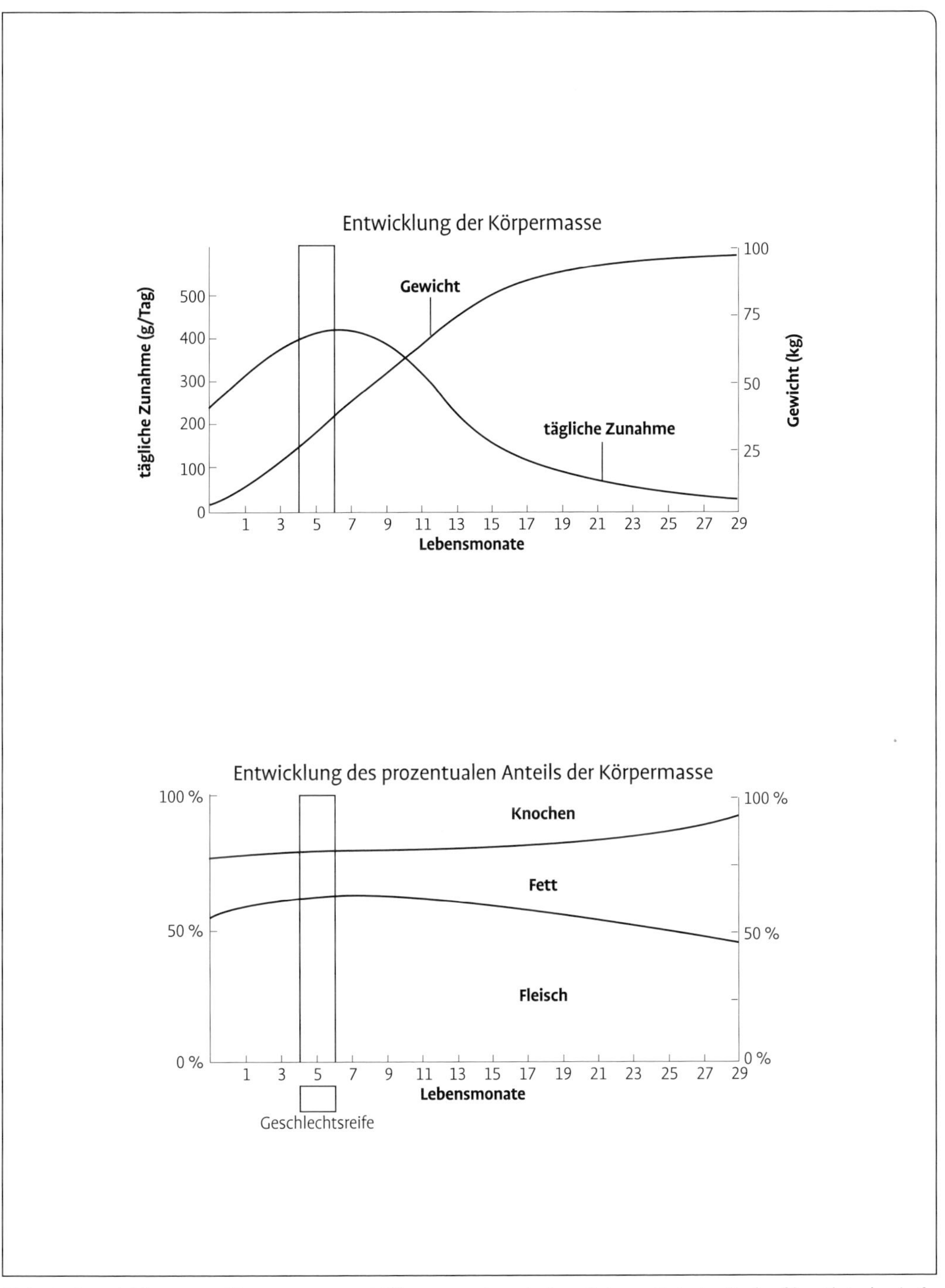

Abb. 9. Entwicklung von Körpermasse und Körpergewebeanteilen. Schematisierter Verlauf bei Fleischschaflämmern mit guter Nährstoffversorgung.

bei jedem Futterwechsel, z. B. Kraftfutter in der Mastperiode. Daher sollten Futterumstellungen nie abrupt erfolgen, sondern in kleinen Schritten vollzogen werden. Dies vermindert die Gefahr von fütterungsbedingten Verdauungsstörungen. Die Pansenschleimhaut resorbiert bereits einige Abbauprodukte (z. B. Fettsäuren, Ammoniak). Die große Masse der Pansenbakterien (5–10 % des Panseninhalts) dient neben dem Zelluloseabbau auch dem Aufbau von Vitaminen. Gleichzeitig sind die Mikroorganismen Eiweißquelle (Bakterieneiweiß) für das Schaf, da stets ein Teil der Kleinlebewesen im Labmagen und Darm mitverdaut wird.

Im Labmagen werden dem Nahrungsbrei Magensaft und im Dünndarm die Sekrete der Bauchspeicheldrüse, des Darmes und der Galle zugesetzt (enzymatische Verdauung). In diesen Abschnitten geschehen vor allem der Abbau und die Resorption von Kohlenhydraten, Eiweißkörpern und Fetten. Im Dickdarm werden nur noch wenige Stoffe durch die Darmwand aufgenommen. Hier wird der Nahrungsbrei durch Wasserentzug eingedickt und über den Enddarm ausgeschie-

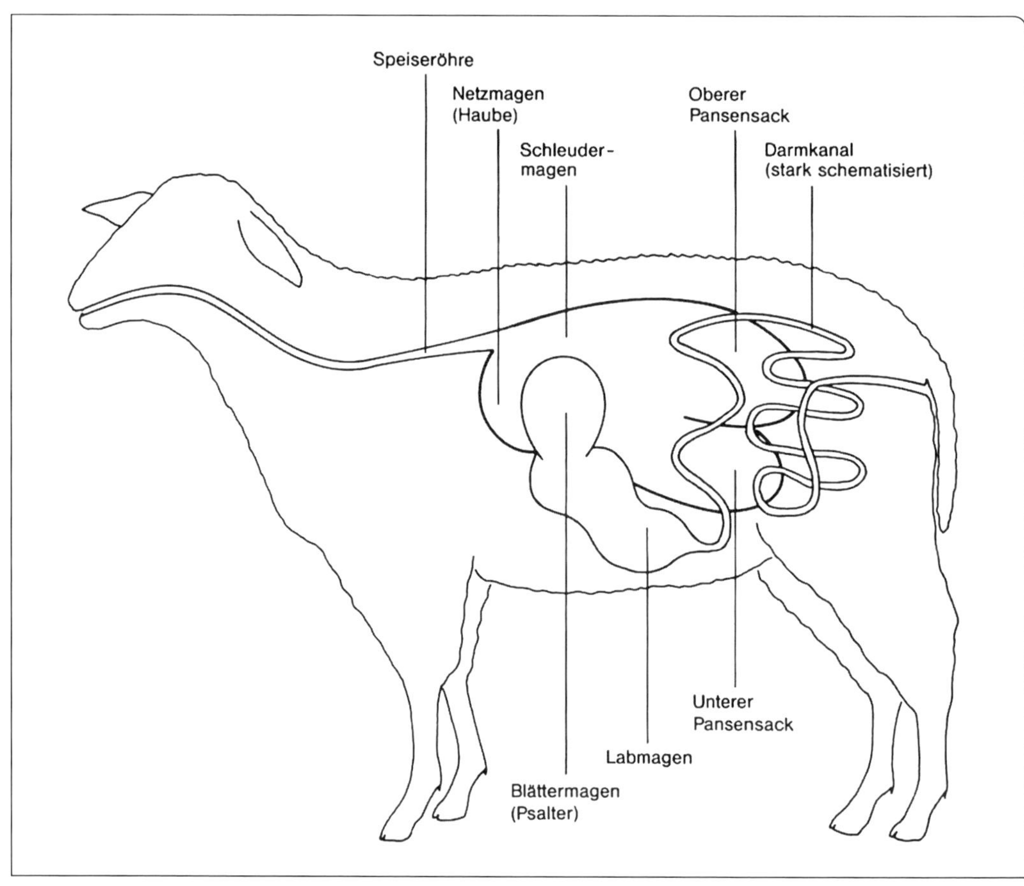

Abb. 12. Die Verdauungsorgane beim Schaf. Der große Pansen füllt vor allem die linke Körperhöhle aus, während die weiteren Mägen sowie der Darmkanal mehr rechtsseitig gelegen sind.

den. Je nach Art der Futtermittel kann die Futterpassage von der Aufnahme bis zum Ausscheiden zwölf Stunden bis mehrere Tage dauern.

3.3 Der Sexualapparat

3.3.1 Die männlichen Geschlechtsorgane und ihre Funktionen

In den paarig angelegten Hoden werden mit Erreichen der Geschlechtsreife Spermien und männliche Geschlechtshormone gebildet. Die Nebenhoden dienen der Ausreifung und Speicherung der Spermien, bis diese beim Deckakt über Samenleiter und Harnröhre zusammen mit den Sekreten der Geschlechtsanhangdrüsen in die Scheide des weiblichen Tieres gelangen. Die gesamte Ejakulatmenge beträgt beim Schafbock nur 1 bis 3 ml, verfügt aber mit etwa 3 bis 4 Millionen Spermien/mm^3 über eine hohe Spermiendichte.

Der aus Schwellkörpern und Harnröhre bestehende Penis liegt im Ruhezustand zurückgezogen in einer Schleife und ist vollständig von der Vorhaut umgeben. Bei der geschlechtlichen Erregung streckt sich

Abb. 13. Die Geschlechtsorgane beim männlichen Schaf.

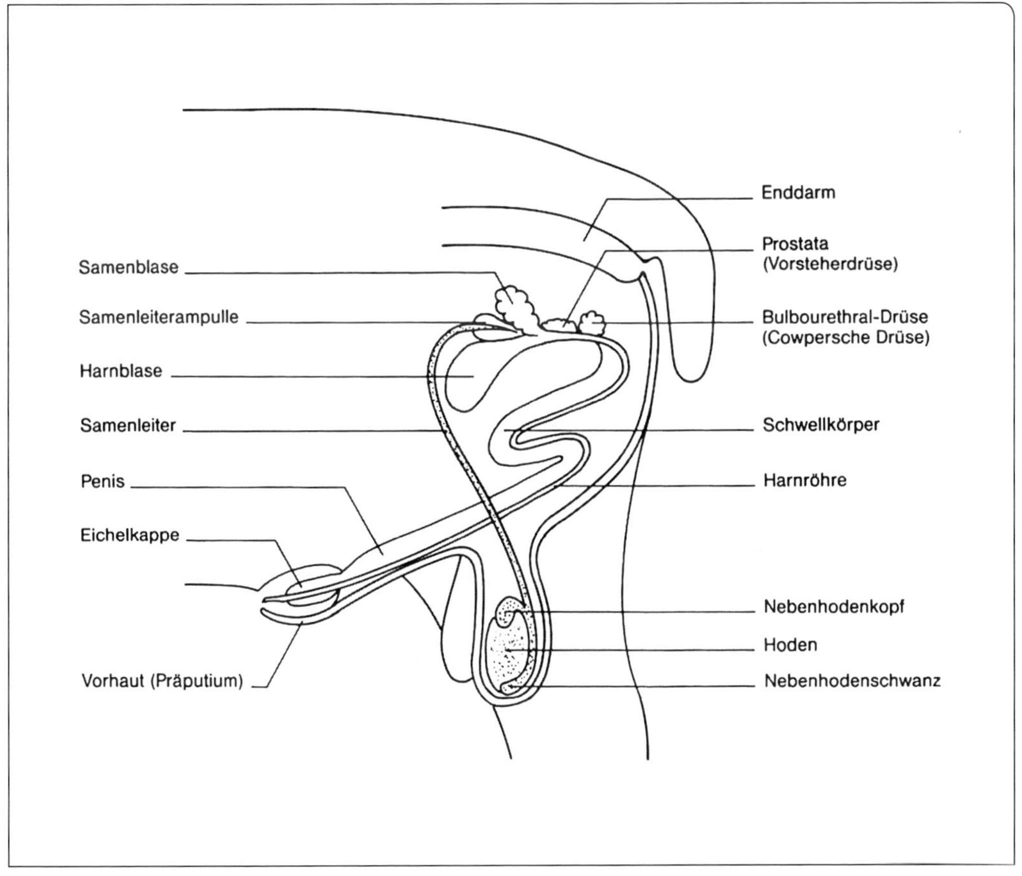

die Penisschleife durch die Blutanfüllung der Schwellkörper. Die Penisspitze wird von einem fadenförmigen Fortsatz der Harnröhre überragt.

3.3.2 Die weiblichen Geschlechtsorgane, ihre Funktion und die Embryonalentwicklung

Von den weiblichen Geschlechtsorganen sind Eierstöcke, Eileiter und Gebärmutterhörner paarig angelegt. Letztere münden in den Gebärmutterkörper. Mit Einsetzen der Geschlechtsreife werden beim weiblichen Schaf in den rundlichen, 1,5 cm großen Eierstöcken (Ovarien) die ersten Follikel gebildet, aus denen nach der Follikelreifung die weiblichen Eier ovuliert werden. Das trichterförmige Ende des Eileiters fängt die ausgestoßenen Eier auf und die Eier wandern durch den Eileiter zu den Gebärmutterhörnern. Da auch die Spermien bereits etwa 30 Minuten nach der Paarung durch Eigenbewegung bis in die Eileiter vorgedrungen sind, findet bereits hier die Befruchtung statt.

Schon etwa 30 Stunden später beginnt die Embryonalentwicklung durch erste Zellteilungen. In der Gebärmutter angelangt, nistet sich das befruchtete Ei nach etwa 14 Tagen in die drüsenreiche Gebärmutterschleimhaut ein, die mit sog. Karunkeln (napfartigen Zapfen) versehen ist. Erst jetzt ist die feste Verbindung des Eies bzw. des Embryos zum mütterlichen Blutkreislauf hergestellt. Bis zu diesem Zeitpunkt können aber bis zu 40 % der befruchteten Eier verloren gehen. Im Laufe der weiteren Entwicklung bilden sich zwei Embryonalhüllen:

- die mit Fruchtwasser gefüllte Amnionhülle (Schafhaut) umgibt den Embryo; darin schwimmend ist dieser vor traumatischen Einwirkungen geschützt,
- die Allantoishülle (Harnsack), die um das Amnion herumragt, Harnabsonderungen aufnimmt und einen Versorgungsstrang aus Blutgefäßen und Nabelstrang ausbildet.

Da die Blutkreisläufe von Mutter und Frucht getrennt sind und Gebärmutterschleimhaut und Embryonalhüllen Erreger und Abwehrstoffe nicht passieren lassen, wird das Lamm zwar keimfrei, aber ohne jeden Immunschutz geboren. Erste Abwehrstoffe (Antikörper = Immunglobuline) nimmt das Lamm in den ersten Lebensstunden mit der Kolostralmilch auf. Die Geburt wird nach einer Tragezeit von etwa 150 Tagen im Wesentlichen vom Lamm selbst ausgelöst.

Die Brunst setzt nach Abschluss der Follikelreife ein. Brunstanzeichen sind Unruhe, gegenseitiges Bespringen, Paarungsbereitschaft, leichte Schwellung der Schamlippen und Schleimabsonderung. Die Brunst hält durchschnittlich 30 bis 36 Stunden an, wobei die Ovulation etwa 25 Stunden nach Brunstbeginn stattfindet. Wenn keine Befruchtung stattgefunden hat, wiederholt sich dieser Sexualzyklus alle 18 bis 21 Tage. Nur bei einigen Rassen, z. B. den Merinos, tritt die

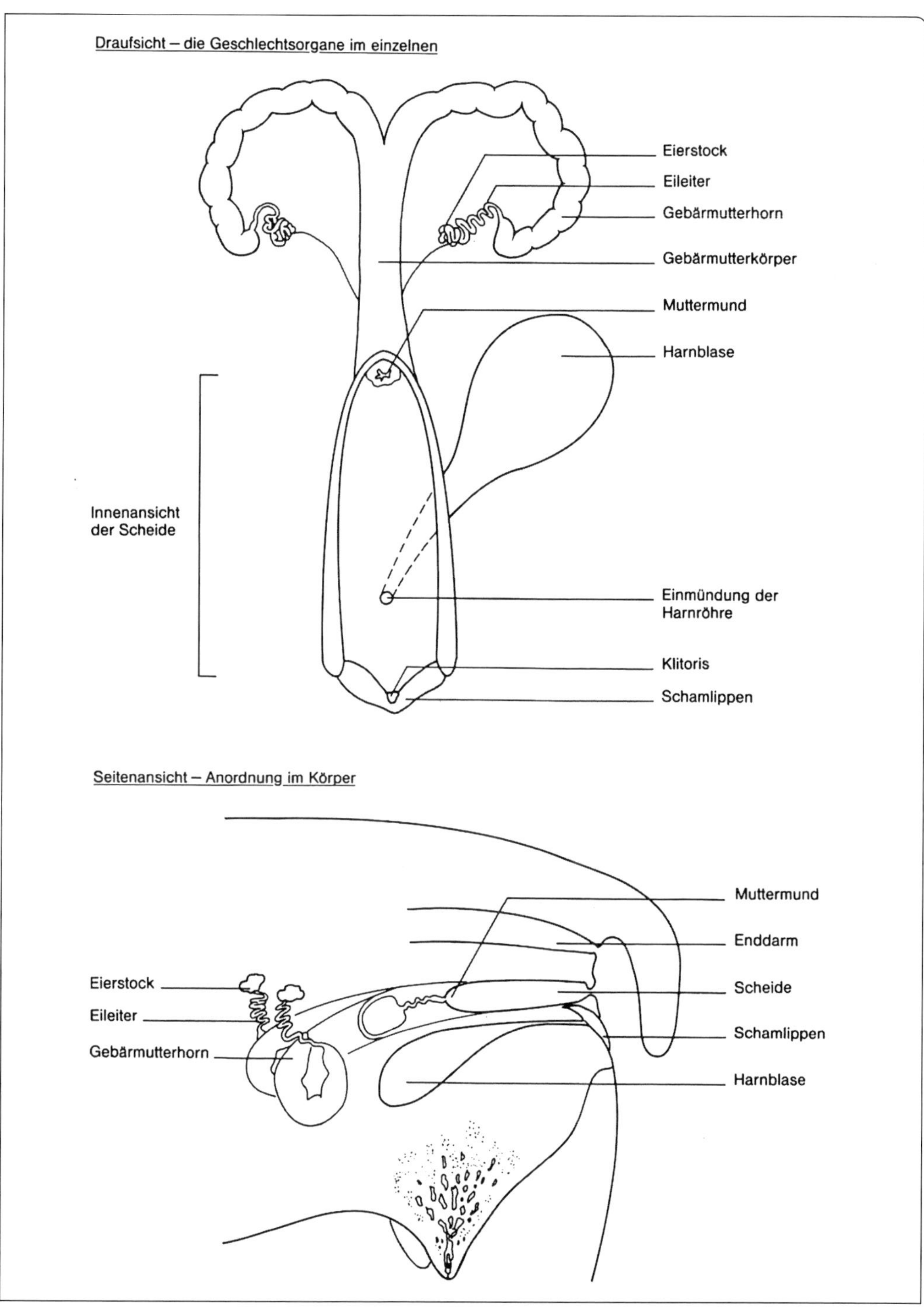

Abb. 14. Die Geschlechtsorgane beim weiblichen Schaf.

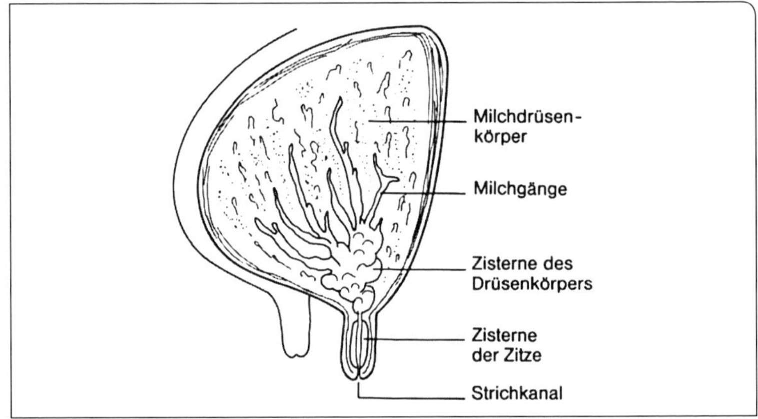

Abb. 15. Der Aufbau der Milchdrüse beim Schaf.

Brunst ganzjährig auf (asaisonales Brunstverhalten). Bei der Mehrzahl der Schafrassen setzt die Sexualaktivität vorwiegend im Herbst bei abnehmender Tageslänge ein (saisonale Brunst), sodass die Lämmer im Frühling geboren werden, wenn gute Futterverhältnisse bestehen.

3.4 Die Milchdrüse

Das beim Schaf paarig angelegte Euter (die Euterhälften sind voneinander getrennt) gliedert sich in den Milch bildenden Drüsenteil, das Milch führende Kanalsystem, die Milch sammelnde Zisterne und die Zitze. Das Drüsengewebe ist Ort der Milchbildung. Es ist stark durchblutet, da die zur Milchsynthese erforderlichen Nährstoffe dem Euter über das Blut zugeführt werden.

Mit Abschluss der ersten Trächtigkeit ist das Euter voll ausgereift und die erste Milchsekretion setzt unmittelbar nach dem ersten Ablammen ein. Die Reizung der Milchdrüse durch Saugen und Stoßen des Lammes bedingt die Ausschüttung des Hormons Oxytocin, das die Milch in die Kanäle und Zisternen einschießen lässt. Eine ähnliche Stimulation wird durch das Anrüsten beim Melken erreicht. Das Mutterschaf bildet kurz vor der Geburt die Kolostralmilch, die reich an Abwehrstoffen und Vitaminen ist. Nach wenigen Tagen verändert sich die Zusammensetzung dieser Milch. Der Gehalt an Abwehrstoffen, Vitaminen und Mineralstoffen nimmt ab. Es handelt sich jetzt um „reife“ Milch.

3.5 Die Haut und Wollfaser

Die Haut baut sich aus der Ober-, Leder- und Unterhaut auf (Abb. 16). Die Oberhaut besteht aus einer dünnen, aber dichten Hornschicht, die Schutz gegen mechanische und chemische Einflüsse bietet. In der darunterliegenden Lederhaut sind die verschiedenen Hautdrüsen (Talg- und Schweißdrüsen), Blutgefäße sowie die Haarfollikel angesiedelt. Aus der Lederhaut wird nach dem Gerben das Leder hergestellt. Den Übergang zum Körper bildet das lockere Bindegewebe der Unterhaut, das die Verschiebbarkeit der Haut auf dem Körper ermöglicht. Die Hautdicke liegt beim Schaf im Durchschnitt bei etwa 2 bis 3 mm. Körperregion, Rasse, Alter, Geschlecht und Konditionszustand beeinflussen die Hautstärke aber erheblich.

Die Haut des Schafes ist mit drei verschiedenen Haartypen bewachsen:

- Stichelhaare an Körperstellen, wo die Haut direkt dem Knochen aufliegt (z. B. Kopf, Beine),

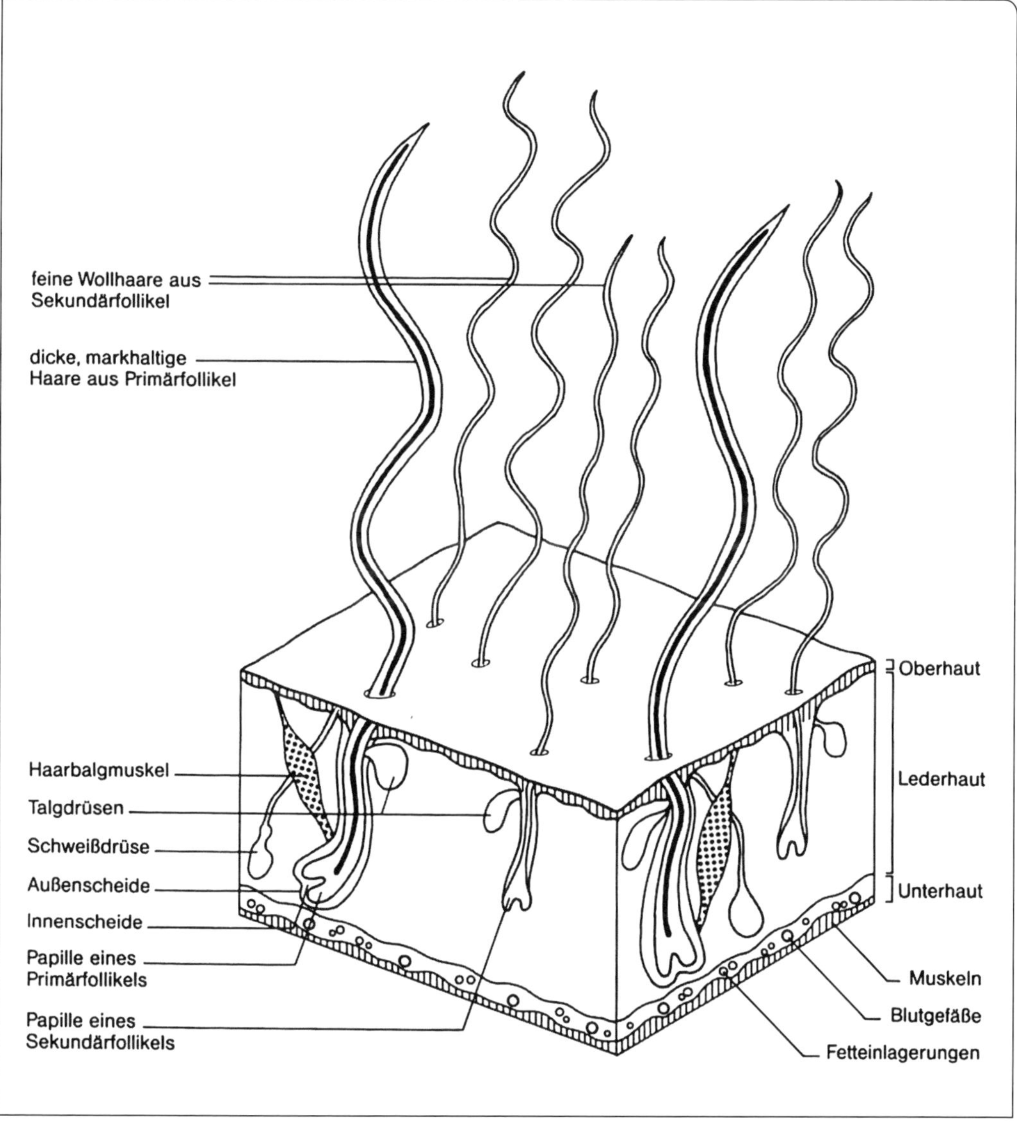

Abb. 16. Querschnitt durch die bewollte Haut des Schafes.

- Grannenhaare, die zwischen den feineren Wollhaaren wachsen und dem Vlies eine dichte witterungsbeständige Struktur verleihen,
- feine, gekräuselte Wollhaare, die als Unter- oder Deckwolle gewachsen sind.

Verantwortlich für die Bildung der Wollfasern sind die Haarfollikel, die als Primär- und Sekundärfollikel auftreten. Während erstere grobe, markhaltige Oberhaare ausbilden, wachsen aus den Sekundärfollikeln, die gruppenweise um ein Primärfollikel herumgelagert sind, die feineren Wollfasern.

Histologisch ist die Wollfaser aus der Schuppendecke, dem Faserstamm und dem Markkanal aufgebaut. Die Schuppendecke setzt sich aus vielen zusammengesteckten Hornschuppen zusammen, die das Haar umhüllen. Der Faserstamm weist zwei verschiedene Zellarten auf, die sog. Para- und Orthocortex. Da sich diese an verschiedenen Stellen des Wollhaares konzentrieren und in ihrer Stabilität und Wachstumsgeschwindigkeit unterscheiden, kommt es zur Kräuselung der Wollfaser. Ein in der Mitte verlaufender Markkanal ist nur in dickeren Wollfasern angelegt. Chemisch setzen sich die Wollhaare aus Eiweißkörpern zusammen.

Aus den gruppenweise zusammenliegenden Haarfollikeln wachsen die Wollhaare zu sogenannten Strähnchen zusammen, die im Verbund mit anderen Strähnchen erst Stäpelchen und dann Stapel ausbilden. Das Wollvlies wird im Wesentlichen durch Bindehaare zusammengehalten.

Um die Haarfollikel sind Talgdrüsen angeordnet, die für die Einfettung des Wollhaares sorgen. Damit ist die Faser wasserabweisend und vor Austrocknung geschützt. Die Sekrete der Talg- und Schweißdrüsen bilden zusammen den Wollschweiß, der die Farbe des Vlieses mitbestimmt. Die Wollqualität ist in Kapitel 10.4 „Wolle“ eingehend beschrieben.

Das Wollwachstum eines gesunden Schafes liegt bei etwa 10 cm Stapellänge pro Jahr. Die Wolle hat für das Tier sowohl eine mechanische, als auch eine isolierende Wirkung. Ab einer gewissen Stapellänge, die unter unseren klimatischen Bedingungen meist nach 10–12 Monaten erreicht ist, beginnt sie zu verfilzen und zu verschmutzen. Dann verliert sie ihre schützende, isolierende Wirkung, die Nässe wird gespeichert und es kann zur Auskühlung und damit verbundenen Atemwegserkrankungen und auch Hautentzündungen kommen. Anstelle der hitzeisolierenden Funktion tritt das Risiko des Hitzestaus. Durch die Schwere der Wolllast sind die Tiere in ihrer Bewegung eingeschränkt. Die Gefahr eines Hautparasitenbefalls steigt. Daher müssen Schafe der Wollrassen mindestens einmal im Jahr komplett geschoren werden (GANTER, M. et. al. 2012).

4 Rassen

Der Begriff „Rasse“ – häufig auch Population genannt – beschreibt eine Gruppe von domestizierten Tieren, die sich in wesentlichen Form- und Leistungsmerkmalen ähnlich sind und eine gemeinsame Zuchtgeschichte haben (Sambraus 2001).

Die Zuchtarbeit baut fast ausschließlich auf der Rasseeinheit auf. Für eine effektive Schafhaltung müssen bei der Wahl der Rasse Leistungsvermögen, Fütterungs- und Haltungsansprüche den Standort- und Betriebsverhältnissen angepasst werden.

4.1 Die Rassenentstehung

Der Mufflon ist die Wildform aller Hausschafe. Wenn auch in Europa heute als z. T. jagdbares Wild verbreitet, so stammt die Urform des Mufflon doch aus dem vorderasiatischen Raum.

Abgesehen von den feinen Unterhaaren trug bzw. trägt der Mufflon noch keine Wolle, sondern grobe grannenartige Haare. Die Fähigkeit zur Bildung feiner Oberwolle konnte somit erst durch Mutation (sprunghafte Veränderung im Erbgut) und züchterische Bearbeitung dieser Veranlagung durch den Menschen entstehen.

Die Entwicklung einzelner Rassen ist im Wesentlichen an die natürlichen Standortverhältnisse gebunden, die auch heute noch Zuchtauswahl und Haltungsform mitbestimmen. Dabei sind besonders Nährstoffaufwuchs und Witterungsverhältnisse für die Ausbildung typischer Rassekennzeichen wie Gewicht, Größe und Vliescharakter entscheidend. In Anpassung an die verschiedenen Standorttypen in Deutschland (Küstenbereiche, trockene Geest- und Heidegebiete, Moorregionen, intensive Ackerbaustandorte, ertragsarme Mittelgebirgslagen, Alpengebirgszüge) hat sich eine große Rassenvielfalt herausgebildet, die von kleinen, genügsamen Heideschafen bis hin zu gut doppelt so schweren, anspruchsvollen Fleischrassen reicht. Mit mehr als vierzig Rassen liegt die Zahl der von den Zuchtverbänden betreuten Rassen in Deutschland etwa viermal höher als die des berühmten Schaflandes Neuseeland, das mit etwa 30 Mio. Schafen über einen fast 20fach höheren Schafbestand verfügt.

In der ehemaligen DDR hatten Betriebsstruktur und strenge Leistungszucht die Rassenvielfalt stark dezimiert. Etwa 90 % des Gesamtbestandes gehörten nur zwei Rassen an (Merinofleisch- und Merinolangwollschaf).

Das breite Spektrum der in Deutschland gehaltenen Rassen wird in die Kategorien Merinoschafe, Fleischschafe, Milchschafe, Landschafe und ausländische Rassen eingeteilt. Die Bestandszahlen und Anteile der zehn wichtigsten Rassen in der Bundesrepublik sind in Abb. 17 dargestellt.

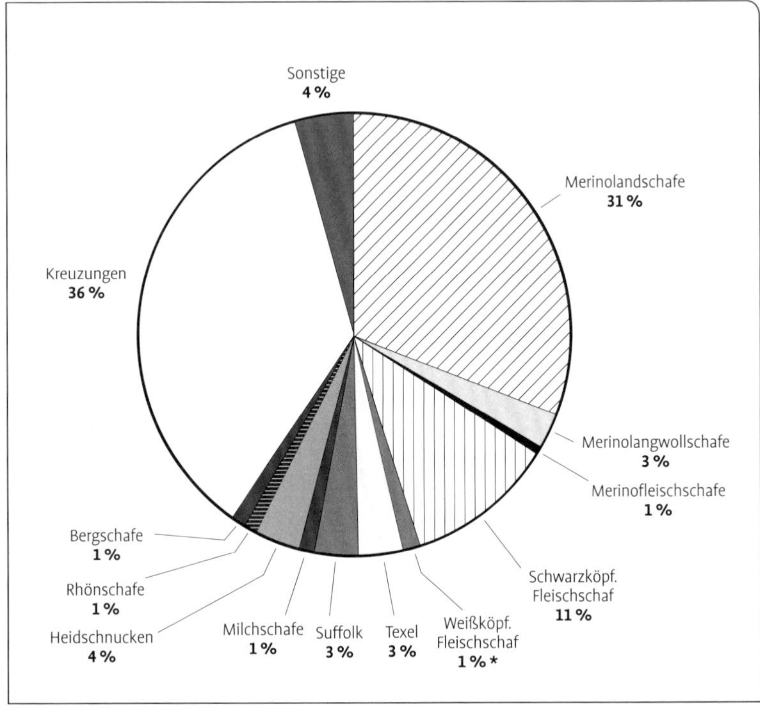

Abb. 17. Anteile der wichtigsten Schafrassen am Gesamtschafbestand in Deutschland (VDL 2010)

4.2 Merinos

Merinos sind Schafrassen mit edelster Wolle und einer Feinheit von höchstens 28 µm. Die Vorfahren aller Merinoschafe stammen aus Spanien (Ovejas merinos = Wanderschafe), wo sich unter den kontinentalen Klimaverhältnissen sowie infolge steter Zuchtarbeit und Förderung die Anlage zur Bildung hochwertiger Wollen entwickeln konnte.

Angesichts steigender Wollpreise im 18. und 19. Jahrhundert wurden Merinos schon bald zahlreich in andere Länder eingeführt, wo wiederum eine züchterische Anpassung an die jeweiligen Produktionsverhältnisse stattfand. Mit abnehmender Wertschätzung der Wolle wurde jedoch auch die Fleischleistung vieler Merinorassen verbessert, sodass diese Rassen bis heute ihre Konkurrenzfähigkeit erhalten konnten. Der Erhalt ausgezeichneter Wolleigenschaften sowie gute Wachstums- und Schlachtleistungen haben den deutschen Merinorassen heute im Ausland großes Interesse verschafft.

Das Merinolandschaf

Zuchtgeschichte und Verbreitung. Das Deutsche Merinolandschaf ist im Wesentlichen auf Kreuzungen der im 19. Jahrhundert eingeführten Merinos mit südwestdeutschen Landschafen (Zaupelschaf, Niederrheinisches Marschschaf) zurückzuführen. Im Laufe der Entwicklungsgeschichte haben aber auch englische Fleischrassen und das

Merinofleischschaf diese Rasse beeinflusst. Heute noch als 'Württemberger' bekannt, ist das Merinolandschaf besonders im süddeutschen Raum (Baden-Württemberg, Bayern, Rheinland-Pfalz, Hessen) verbreitet, wo es zumeist im Rahmen der Wanderschafhaltung sowohl ertragsarme Mittelgebirgslagen als auch Ackerbaustandorte nutzt. Seit Mitte der 90er-Jahre wurden auch in den östlichen Bundesländern nennenswerte Merinolandschafbestände aufgebaut. Mit einem Anteil von 30 % am Gesamtschafbestand (etwa 80 % in Süddeutschland) stellen die Merinolandschafe die stärkste Rasse in Deutschland dar.

Zuchtziel. Ein mittelgroßes bis rahmiges Schaf mit langem, breitem Rücken, guter Rippenwölbung und Flankentiefe sowie guter Bemuskelung der Außen- und Innenkeule. Der Kopf trägt den typischen Wollschopf. Weiße Merinowolle mit ausgeglichener Feinheit von 26 bis 28 µm.

Eigenschaften und Leistungen. Die Rasse ist durch Widerstands-, Pferch- und Marschfähigkeit geprägt und besonders für die Hütehaltung geeignet. Das Merinolandschaf hat sich aber auch in anderen Haltungsformen bewährt.

Durch gute Fruchtbarkeits- und Aufzuchtleistung sowie asaisonale Brunst ist eine hohe kontinuierliche Lämmerproduktion gewährleistet. Auch Wachstum und Wollertrag sind hoch einzustufen.

Das Merinolangwollschaf

Zuchtgeschichte und Verbreitung. Anfang der 70er-Jahre setzte man sich in der ehemaligen DDR das Ziel, ein Schaf mit halbfeiner Wolle (Sortiment BC-CD) zu züchten, um damit den Anforderungen der wollverarbeitenden Industrie zu entsprechen. Mitte der 80er-Jahre war aus der Kombinationszüchtung von Merinolandschaf mit Nordkaukasischem Fleischwollschaf, Lincoln (englische Langwollrasse) und Corriedale (in Neuseeland aus Merinos und englischen Langwollrassen gezüchtet) die junge Rasse Merinolangwollschaf hervorgegangen. Im Vergleich zum Merinoland- und Merinofleischschaf weist das Merinolangwollschaf einen höheren Reinwollertrag, eine größere Stapellänge und eine etwas gröbere Wolle auf. In der ehemaligen DDR war es vor allem in den südwestlichen Mittelgebirgslagen in den Bezirken Erfurt, Gera, Suhl und Chemnitz anzutreffen. Etwa 40 % des Schafbestandes der ehemaligen DDR gehörten 1988 der Rasse Merinolangwollschaf an. Bis heute ist die Rasse in Westdeutschland kaum verbreitet. In den östlichen Bundesländern kann sich die Rasse nur noch in seiner Zuchtheimat Thüringen behaupten. Bei anhaltend rückläufiger Bedeutung zählten 2005 aber noch 2,5 % aller Schafe zu der Rasse Merinolangwollschaf.

Zuchtziel. Ein mittelgroßes, rahmiges Schaf mit langem Rücken im Zweinutzungstyp „Wolle-Fleisch" stehend. Hohe Wollerträge und guter Wollbesatz von Bauch und Flanken bei einer Feinheit von 28 bis 32 µm.

Eigenschaften und Leistungen. Durch gute Widerstands- und Marschfähigkeit vor allem für die Hütehaltung geeignet. Bessere Eignung für niederschlagsreichere Gebiete als das auch in der ehemaligen DDR verbreitete Merinofleischschaf. Weitgehend asaisonale Brunst, gute Fruchtbarkeit und Fleischleistung.

Das Merinofleischschaf

Zuchtgeschichte und Verbreitung. Das Merinofleischschaf wurde aus dem Merinokammwollschaf und einem in Frankreich gezogenen Merinoschlag (Mérinos précoce) gezüchtet. Letztere trugen bereits hohe Anteile englischer Fleischrassen in sich.

In Westdeutschland beschränkt sich das Verbreitungsgebiet des Merinofleischschafes auf Niedersachsen und hier vorwiegend auf die intensiven Ackerbau- und Grünlandstandorte im Raum Hannover-Hildesheim-Braunschweig. In Ostdeutschland war das Merinofleischschaf zu Zeiten der DDR bis auf Thüringen fast flächendeckend verbreitet (etwa 50 % des Schafbestandes). Bis zum Jahr 2005 hatte sich der Bestand jedoch im gesamten Bundesgebiet auf 0,5 % des Schafbestandes reduziert, da die Rasse, bedingt durch hohe Futteransprüche, starkes Klauenwachstum und aufgrund des besonders dichten Wollkleides für die ganzjährige Weidehaltung weniger geeignet erscheint und höhere Ansprüche an die Haltung stellt. Der Rückgang veranlasste die Gesellschaft zur Erhaltung alter und gefährdeter Haustierrassen e. V. (GEH) die Rasse in den Beobachtungsstatus einzustufen (GEH 2012). Die Zentrale Dokumentation Tiergenetischer Ressourcen in Deutschland zählte 2013 noch einen Bestand von 7177 Mutterschafen und 118 Böcken (TGRDEU 2014).

Zuchtziel. Ein mittelgroßer, besonders breiter Rahmen, tiefe Flanken und voll bemuskelte Innen- und Außenkeulen. Kopf mit Wollschopf. Feinste weiße Wolle im Merinocharakter von ausgeglichenem A-AB-Sortiment (22–26 µm).

Eigenschaften und Leistungen. Widerstandsfähig, Eignung für Hüte-, Koppel- und ganzjährige Stallhaltung. Beste Wachstumsleistung und Schlachtkörperqualität, hohe Fruchtbarkeitsleistungen und asaisonale Brunst. Die Doppelleistung – feinste Wolle und hohe Fleischleistung – ist beim Merinofleischschaf bestens gelungen. Der vorwiegend auf Wollleistung gezüchtete, ostdeutsche Rassetyp unterschied sich von der westdeutschen Zuchtrichtung durch ein etwas niedrigeres Reifegewicht (∅ 110–130 kg), geringere Ablammergebnisse (140–160 %), aber auch durch einen höheren Reinwollertrag (∅ 3–5 kg).

4.3 Fleischschafe

Die rückläufigen Wollpreise gaben die entscheidenden Impulse für eine stärkere Betonung der Fleischleistung in der Schafzucht. Zur Beschleunigung dieser Zuchtrichtung wurden noch im 19. Jahrhundert englische Fleischrassen nach Deutschland eingeführt, aus denen schon bald das Deutsche Schwarzköpfige Fleischschaf und das Deutsche Weißköpfige Fleischschaf hervorging. Weitere Fleischrassen wie Texel, Blauköpfiges Fleischschaf und Suffolk haben in der Bundesrepublik erst nach 1960 Bedeutung gefunden. Gegenüber den Ausgangsrassen der Herkunftsländer sind die in Deutschland gezüchteten Fleischschafrassen größer, breiter und damit robuster und marschfähiger.

Das Deutsche Schwarzköpfige Fleischschaf

Zuchtgeschichte und Verbreitung. Das Deutsche Schwarzköpfige Fleischschaf fand Mitte des 19. Jahrhunderts in seinem heute noch bestehenden Stammzuchtgebiet Westfalen sowie in Ostpreußen seinen Ursprung, wo es maßgeblich aus den englischen kurzwolligen, schwarzköpfigen Fleischrassen Oxford und Hampshire entstand. Als zweitstärkste Rasse ist es im Bundesgebiet weit verbreitet, schwerpunktmäßig in Nordrhein-Westfalen, Hessen, Niedersachsen, Mecklenburg-Vorpommern, Brandenburg, Rheinland-Pfalz und Schleswig-Holstein.

Zuchtziel. Ein mittelrahmiges, wüchsiges Schaf mit breitem und tiefem Rumpf, breiter Brust und langem, gut bemuskeltem Rücken. Die vollen Innen- und Außenkeulen reichen tief herunter. Kopf und Beine sind schwarz und größtenteils unbewollt. Die weiße Crossbred-Wolle ist von ausgeglichenem C-CD-Sortiment.

Eigenschaften und Leistungen. Die „Schwarzköpfe" besitzen eine gute Widerstandsfähigkeit, sind weide-, marsch-, pferch- und anpassungsfähig an verschiedene Standorte und in Hüte- und Koppelhaltung weit verbreitet, sodass sie wohl als die vielseitigste Rasse bezeichnet werden kann. Gute Wüchsigkeit und Schlachtkörperqualität, Frühreife und hohe Fruchtbarkeitsleistungen bei langer Brunstsaison prägen den Leistungscharakter der Rasse. Böcke werden häufig in der Kreuzungszucht zur Erzeugung wüchsiger Lämmer eingesetzt. Die Herausbildung eines schweren Wirtschaftstyps an ertragsreicheren Standorten und die eines kleineren Schlages auf leichteren Böden sind in der Schwarzkopfzucht als Anpassungsreaktion an die unterschiedlichen Futterverhältnisse der vielfältigen Verbreitungsorte zu verstehen. Eine überhöhte Nährstoffversorgung führt zur schnellen Verfettung des Schlachtkörpers.

Das Weißköpfige Fleischschaf

Zuchtgeschichte und Verbreitung. Das Deutsche Weißköpfige Fleischschaf ist aus der Veredlungskreuzung norddeutscher Marschschafe (vorwiegend dem Wilstermarschschaf) mit den englischen langwolligen Fleischrassen Cotswold und Leicester im vorigen Jahrhundert hervorgegangen. Die Rasse ist in den norddeutschen Küstenbereichen beheimatet, wo sie Außen- und Binnendeiche, Deichvorland und Marschen im Rahmen der Deichschäferei und Koppelhaltung nutzt bzw. pflegt.

Zuchtziel. Das Zuchtziel weist ein mittel- bis großrahmiges, breites und tiefes Schaf mit langem Rücken aus, das allgemein gut bemuskelt ist. Die Stirn ist bewollt, die Unterbeine sind unbewollt. Die lange weiße Wolle, auch als Eiderwolle bekannt, wird in das CD-DE-Sortiment eingestuft.

Eigenschaften und Leistungen. Das raue, feucht-maritime Klima verlangt vor allem in der Deichschäferei Widerstandsfähigkeit und Wetterhärte. Durch Tritt und Biss trägt es zur Erhaltung der Deichanlagen bei, gleichzeitig dient es der Vorlandkultivierung. Geeignet für die Herden- und Koppelhaltung ist es frühreif, fruchtbar und frohwüchsig und zeigt gute Schlachtkörperqualitäten. Zwecks besserer Ausnutzung üppiger Futterverhältnisse werden besonders in den Marschgebieten seit Jahren ausländische Fleischrassen (Berichon du Cher) und Texel eingekreuzt.

Solche Maßnahmen haben bereits zu einer merklichen Verdrängung der Weißköpfigen Fleischschafe geführt.

Das Texelschaf

Zuchtgeschichte und Verbreitung. Ursprungsort dieser Rasse ist die holländische Kanalinsel Texel, wo Mitte des 19. Jahrhunderts nach Einkreuzung englischer Fleischrassen (Leicester, Lincoln) in eine bodenständige Population das Texelschaf entstand. Die Zucht des Deutschen Texelschafes begann erst Anfang der 60er-Jahre mit der Einfuhr dieser Rasse in die Bundesrepublik. Die hervorragende Fleischleistung führte aber bald zu einer stürmischen Verbreitung – besonders im norddeutschen Raum.

Zuchtziel. Ein mittel- bis großrahmiges Fleischschaf mit kurzem Hals, unbewolltem und nicht zu breitem Kopf (Gefahr von Schwergeburten). Der Rumpf ist lang und breit und wie die Außen- und Innenkeulen voll bemuskelt. Die weiße Crossbred-Wolle hat eine Feinheit von 33 bis 36 µm.

Eigenschaften und Leistungen. Besonders hervorzuheben ist die ausgezeichnete Schlachtkörperqualität, bedingt durch hohe Fleischfülle und geringe Verfettung. Aber auch hohe Zuwachsleistungen und Widerstandsfähigkeit sowie Frühreife und gute Fruchtbarkeit bei streng saisonaler Brunst prägen den Leistungscharakter dieser Fleischrasse. Die besondere Eignung des Texelschafes für die Koppelschafhaltung hat im Bundesgebiet zur Verbreitung dieser Haltungsform beigetragen. Für die Hütehaltung ist diese Rasse weniger geeignet. Texelböcke werden oft zur Erzeugung von Lämmern mit hoher Schlachtkörperqualität in der Kreuzungszucht eingesetzt.

Suffolk

Zuchtgeschichte und Verbreitung. Suffolks stammen ursprünglich aus der gleichnamigen englischen Grafschaft im Südosten des Königreiches. In Deutschland wird die Rasse erst seit etwa Mitte der 1990er-Jahre vermehrt gezüchtet und ist heute – wie auch das Texelschaf – im ganzen Land mit ca. 3,3 % am Gesamtschafbestand verbreitet.

Zuchtziel. Ein mittelgroßes bis großes, sehr wüchsiges Fleischschaf mit tiefschwarzem, unbewolltem, keilförmigem Kopf. Der Rumpf ist lang und breit und zeigt einen ausgeprägten Fleischansatz. Das Suffolkschaf hat tiefschwarze unbewollte Beine.

Eigenschaften und Leistungen. Suffolks sind frühreif, fruchtbar und saisonal brünstig. An intensiven Standorten zeichnet es sich durch hohe Zunahmen und sehr gute Schlachtkörperqualitäten aus. Die weiße Crossbred-Wolle weist einen C-CD Feinheit von 30–34 µm auf. Suffolks haben sich in der Koppel- und Hütehaltung bewährt und werden zunehmend als Bockrasse bei Gebrauchskreuzungen zur Verbesserung der Fleischleistung eingesetzt.

Die nachfolgend genannten Fleischschafrassen haben in Deutschland aufgrund der geringeren Verbreitung nur eine nachgeordnete Bedeutung. Der jeweilige Rasseanteil am Gesamtschafbestand liegt bei ca. 1 % und darunter.

Das **Deutsche Blauköpfige Fleischschaf** wird im Bundesgebiet erst seit Anfang der 70er-Jahre gezüchtet. Es stammt direkt von der französischen Rasse 'Blue du Maine' ab, die einst aus der Kreuzung verschiedener Landrassen der Westküste Frankreichs mit englischen Fleischrassen entstand.

Als mittel- bis großrahmiges Fleischschaf ist es frühreif und verfügt über gute Fruchtbarkeit bei saisonaler Brunst, hohe Zunahmen und Schlachtkörperqualitäten. Die 'Blauköpfe' tragen eine weiße Crossbred-Wolle mit einer C-CD-Feinheit. Die Rasse ist für die Koppelhaltung gut geeignet.

Die ausgesprochene Fleischrasse **Charollais** stammt aus Frankreich und ist erst in jüngster Zeit nach Deutschland gekommen. Kopf und Unterbeine sind unbewollt. Besondere Eigenschaften sind Frühreife, Fruchtbarkeit, saisonale Brunst sowie die volle Bemuskelung. Kurze, weiße Crossbred-Wolle im B-BC-Sortiment (27–30 µm).

Die französische Fleischrasse **Ile de France** eignet sich aufgrund von Frohwüchsigkeit und besonderer Muskelausprägung, insbesondere der Keulen, für die Erzeugung hochwertigster Schlachtlämmer. In Deutschland werden Ile de France-Böcke vor allem in der Kreuzungszucht zur Anpaarung an rahmige Mutterrassen eingesetzt.

Das früher unter den Landrassen geführte **Leineschaf** ist heute zu den Fleischschafen zu zählen, da es nach Veredelungskreuzung mit

Texel- und Milchschaf jetzt über eine höhere Fleischleistung verfügt. So spricht man heute auch von dem 'verbesserten Leineschaf'. Gleichzeitig brachte die Aufkreuzung eine bessere Eignung für die Koppelhaltung.

Die Rasse ist mittel- bis großrahmig, hat einen unbewollten Kopf und ist sehr widerstands- und anpassungsfähig. Desgleichen zählen Fruchtbarkeit und Frühreife zu den nennenswerten Eigenschaften des „verbesserten Leineschafs". Die Crossbred-Wolle besitzt eine C-CD-Feinheit (31–36 µm).

Der ursprüngliche Typ des Leineschafes gilt bei einem noch vorhandenen Bestand von 1330 Mutterschafen im Jahr 2011 als extrem gefährdet.

4.4 Milchschafe

Ostfriesisches Milchschaf

Zuchtgeschichte und Verbreitung. Die Abstammung des Ostfriesischen Milchschafs geht vorrangig auf die norddeutschen Marschschafe zurück. Obwohl es inzwischen weit über den ostfriesischen Raum hinaus verbreitet ist, lautet die offizielle Rassebezeichnung heute Ostfriesisches Milchschaf. Die Hauptzuchtgebiete liegen zwischen Weser und Ems (vor allem Ostfriesland), im Rheinland, in Westfalen und auch in einigen süddeutschen Regionen.
Zuchtziel. Die Zucht ist auf ein großrahmiges Schaf mit unbewolltem Kopf, langem, breitem Rumpf mit guter Rippenwölbung, fester Nierenpartie und leicht abfallender Kruppe ausgerichtet. Das Euter ist breit angesetzt, der Schwanz als typisches Kennzeichen lang und unbewollt. Die lange, weiße Wolle entspricht einer Crossbred-Wolle vom Sortiment CD (32–38 µm).
Eigenschaften und Leistungen. Wenn auch die Milchschafe der Systematik nach den Landschafen zuzuordnen sind, so sind diese doch wegen ihrer außerordentlichen Leistungsveranlagung deutlich davon abzuheben. Die Milchleistung liegt bei einer Laktationslänge von 230 Tagen bei 500–700 kg Milch, 6,6 % Fett und 4,9 % Eiweiß. Milchschafe sind als sehr fruchtbare Rasse mit streng saisonaler Brunst und ausgeprägter Frühreife bekannt. Die hohen Leistungen dieser Rasse sind u. a. auch auf die gute individuelle Betreuung der Tiere in Klein- und Kleinstherden (Koppel- oder Einzelhaltung) zurückzuführen. Neben dem weißen Farbschlag gibt es auch eine kleine Population mit schwarzbrauner Wolle.

Lacaune

Zuchtgeschichte und Verbreitung. Die aus dem Südosten Frankreichs stammende Rasse ist vor allem durch die Erzeugung des Roquefortkäses bekannt geworden. Während in Frankreich ca. 1,2 Mio. Lacaune-

Schafe gehalten werden, ist diese Rasse in Deutschland bisher nur vereinzelt zu finden.
Zuchtziel. Ein frohwüchsiges und anpassungsfähiges Milchschaf, welches zum Hand- und Maschinenmelken geeignet ist. Unbewollter schlanker Kopf mit langen horizontal abstehenden Ohren, breiter Rücken und bewolltem Schwanz.
Leistungen und Eigenschaften. Lacaune-Milchschafe sind eine spätreife Rasse mit langer Brunstsaison. Die Milchleistung liegt zwischen 400 und 600 kg bei sehr hohen Fettgehalt (8 %). Die überwiegend weiße Wolle hat eine Feinheit von 28–34 µm.

4.5 Landschafe

Die Gruppe der Landschafe umfasst allgemein Rassen, die in ihren typischen Verbreitungsgebieten auf eine sehr lange Zuchtgeschichte zurückblicken. Dabei weist meist schon die Rassenbezeichnung auf deren Bodenständigkeit hin. Bestandszahlen und Bedeutung der Landschläge sind im 20. Jahrhundert stark zurückgegangen, da sie vielerorts mit den aufkommenden Leistungsrassen nicht mehr konkurrieren konnten. Nur an extremen und ertragsarmen Standorten haben sich diese Rassen bisher vereinzelt behauptet. Seit Anfang der 80er-Jahre bemüht man sich jedoch wieder verstärkt, die Existenz noch verbleibender Landrassenpopulationen zu sichern (Zuchtberatung; finanzielle Förderungen). Dabei gilt es nicht nur, ein Kulturgut zu bewahren, sondern vielmehr die wertvollen Eigenschaften, die das Landschaf befähigen, selbst schwierigste Standorte zu nutzen. Unter Ausnutzung der ausgeprägten Widerstandsfähigkeit, Genügsamkeit und Vitalität gewinnen gerade diese Rassen heute wieder besondere Bedeutung in der Landschaftspflege. Auch die recht harten Klauen der meisten Landschafrassen sind in diesem Zusammenhang vorteilhaft.

Die Heidschnucken

Zuchtgeschichte und Verbreitung. Die Heidschnucken gliedern sich in drei Rassen:

Für die **Graue Gehörnte Heidschnucke**, die einst über weite Teile Norddeutschlands verbreitet war, wurde 2013 noch eine Bestandszahl von 4850 Mutterschafen und 230 Böcken gemeldet (TGRDEU 2014). Dabei ist diese Heidschnucke heute jedoch auch an anderen Standorten Deutschlands zu finden. An trockenen, sandigen Heidestandorten trägt sie – oft noch in Hütehaltung – zur Erhaltung dieser Kulturlandschaften bei.

Die **Weiße Hornlose Heidschnucke**, eine vom Aussterben bedrohte, aber wieder leicht erstarkte Rasse, ist besonders in niedersächsischen Feuchtgebieten zu Hause. Auch Moorschnucke genannt, leistet dieses Schaf inzwischen in verschiedenen Bundesländern einen entscheidenden Beitrag zur Erhaltung und Wiederbelebung der Moore.

Tab. 2: Leistungsangaben zu den in Deutschland am stärksten verbreiteten Rassen

	MERINOS		
	Merinolandschaf	Merinofleischschaf	Merinolangwollschaf
Anteil am Schafbestand in % (2010)	30,9	0,5	2,6
Reifegewicht (kg)			
Mutterschafe	75–85	70–85	70–80
Böcke	120–140	120–140	110/130
Mittlere tägl. Zunahme in g/Tg	300–400	300–400	300–400
Ablammergebnis in %[1)]	120–180	130–180	130–160
Alter bei Erstzulassung in Monaten	10–15	10–15	8–12
Jahresschurertrag bei Mutterschafen in kg	4–5	5–6	8–9
Reinwollertrag in %	47	43/48	55
Feinheit in Mikron (µm)[2)]	26–28	22–26	26–34
Sortiment	AB-B	A-AB	BC-C

	FLEISCHRASSEN				
	Schwarzköpf. Fleischschaf	Weißköpf. Fleischschaf	Texel	Blauköpf. Fleischschaf	Suffolk
Anteil am Schafbestand in % (2010)	11,1	1,3	3,3	0,2	3,3
Reifegewicht (kg)					
Mutterschafe	70–85	75–90	70–80	75–85	70–85
Böcke	110–135	120–150	110–135	120–140	100–130
Mittlere tägl. Zunahmen in g/Tag	300–400	300–400	300–350	300–350	300–350
Ablammergebnis in %[1)]	120–180	150–200	150–200	160–200	150–190
Alter bei Erstzulassung in Monaten	10–12	8–10	8–10	8–10	8–10
Jahresschurertrag bei Mutterschafen in kg	4–5	5–6	4–4,5	4–4,5	4–4,5
Reinwollertrag in %	55	62	60	55	60
Feinheit in Mikron (µm)[2)]	33–35	36–40	33–36	33–35	33–35
Sortiment	C-CD	CD-DE	C-CD	C-CD	C-CD

	MILCHSCHAFE	**LANDRASSEN**		
	Ostfriesisches Milchschaf	Heidschnucke	Rhönschaf	Bergschaf
Anteil am Schafbestand in % (2005)	1,1	3,4	0,5	1,0
Reifegewicht (kg)				
Mutterschafe	75–90	40–45	55–65	65–70
Böcke	100–200	70–80	85–95	80–110
Mittlere tägl. Zunahmen in g/Tag	350–400	150–250	200–300	250–350
Ablammergebnis in %[1)]	200–230	110	120–140	160–220
Alter bei Erstzulassung in Monaten	7–10	18	12–18	8–12
Jahresschurertrag bei Mutterschafen in kg	4–5	2,0–2,5	3,5–4,5	4,5–5,5
Reinwollertrag in %	60	58	55	65
Feinheit in Mikron (µm)[2)]	32–38	38–40	33–36	34–38
Sortiment	CD	D-E	C-D	CD-D

[1)] Unterschiede bedingt durch Haltungsform: Höhere Ablammergebnisse in der Koppel- als in der Hüteschafhaltung
[2)] 1 Mikron (µm) = 1/1000 mm

Die kleine Population der **Weißen Gehörnten Heidschnucke** ist vorwiegend im Raum Weser-Ems verbreitet.
Beschreibung der Rassen. Alle drei Rassen sind kleine, mischwollene Landschafe mit kleinem, länglichem Kopf, tiefem Rumpf, feinem Knochenbau und harten Klauen. Die grobe Mischwolle hat eine D-E-Feinheit. Hervorzuheben ist die ausgesprochene Widerstandskraft und Genügsamkeit. Die Nährstoffversorgung kann im Wesentlichen über den Verbiss der ertragsarmen Heide- bzw. Moorvegetation sichergestellt werden. Das Fleisch wird aufgrund seines wildbretartigen Geschmacks sehr geschätzt. Heidschnucken sind saisonal fruchtbar und vergleichsweise spätreif. Sie eignen sich vorwiegend für die Hüte-, aber auch für die Koppelhaltung.

Das Rhönschaf

Zuchtgeschichte und Verbreitung. Das Rhönschaf hat sich auf den leichten Urgesteinsböden der Rhön und den angrenzenden Mittelgebirgen entwickelt. Diese, lange Zeit vom Aussterben bedrohte Rasse ist vorwiegend noch in der hessischen und bayrischen Rhön sowie im benachbarten Thüringen beheimatet – einige Herden auch darüber hinaus.
Beschreibung der Rasse. Ein mittelrahmiges Schaf mit unbewolltem, schwarzem Kopf und weißen, unbewollten Beinen. Schlichte, weiße Landschafwolle im C-D-Sortiment (33–36 µm). Anspruchslos, marsch- und widerstandsfähig ist es an raue Mittelgebirgsverhältnisse gut angepasst. Als Landschafrasse ist das Rhönschaf recht fruchtbar und zeigt eine lang ausgedehnte Brunstperiode. Die Rasse eignet sich für die Koppel- und Hütehaltung.

Das Bergschaf

Zuchtgeschichte und Verbreitung. Das deutsche Bergschaf ist aus verschiedenen Bergschafrassen, u. a. aus dem Zaupel- und Bergamaskerschaf, entstanden. Als weiße, braune oder bunte Rasse ist es vorrangig in den bayerischen Alpenregionen zu finden.
Beschreibung der Rasse. Ein mittelgroßes Schaf mit ramsnasigem Kopf und breiten Hängeohren. Das Braune Bergschaf steht im leichten Typ des Weißen Bergschafes. Die Unempfindlichkeit gegenüber hohen Niederschlägen in Höhenlagen ist bedingt durch die lange, schlichte CD-D-Wolle. Wertvolle Eigenschaften wie Steig- und Trittsicherheit im Gebirge, Frühreife, hohe Fruchtbarkeit und asaisonale Brunst, haben dieser Rasse auch in anderen Zuchtgebieten Bedeutung verschafft.

Weitere Landschafrassen

Die sehr kleinen Populationen der nachfolgend genannten Landschafrassen sind vom Aussterben stark bedroht und haben nur eine sehr begrenzte, hauptsächlich regionale Bedeutung.

Erwähnt werden sollte das mittelgroße **Coburger Fuchsschaf**, das – vor allem im süddeutschen Raum beheimatet – wegen seiner rötlich schimmernden, schlichten Wolle bekannt ist. Es hat sich in ertragsarmen Mittelgebirgslagen gut bewährt und ist saisonal brünstig.

Das heute noch im Emsland zu findende **Bentheimer Landschaf** ist ein hochbeiniges, weißes Landschaf mit schwarzen Abzeichen um die Augen, das wegen seiner Genügsamkeit bestens zur Nutzung kargen Grünlandes auch in Feuchtgebieten geeignet ist.

Die aus Ostpreußen stammenden, sehr kleinwüchsigen **Skudden** sowie die **Rauwolligen Pommerschen Landschafe** sind besonders widerstandsfähig, genügsam und bestens angepasst an ärmste Heide- und Moorstandorte. Hingewiesen sei auch noch auf die sehr kleine Population der **Waldschafe**, die seit 1987 von der Bayerischen Herdbuchgesellschaft züchterisch betreut wird. Dabei handelt es sich um ein klein- bis mittelgroßes, schlichtwolliges Schaf mit asaisonaler Brunst, das wegen seiner Herkunft auch Bayerwaldschaf genannt wird.

Neben den Landesschafzuchtverbänden setzt sich die **Gesellschaft zur Erhaltung alter und bedrohter Haustierrassen e. V.** für die Zucht gefährdeter Landschafrassen ein.

4.6 Weitere ausländische Rassen

Insbesondere durch das vermehrte Aufkommen von Hobbyzüchtern und -haltern sind in leicht zunehmendem Maße ausländische Schafrassen in Deutschland anzutreffen.

Nennenswert ist das aus Großbritannien stammende **Shropshireschaf**, das ähnlich, aber kleinrahmiger ist als das Schwarzköpfige Fleischschaf. Die Rasse wird besonders zur Pflege von Weihnachtsbaumkulturen eingesetzt, da Shropshire keine Nadelbaumtriebe verbeißt. Das **Kamerunschaf** ist ein kastanienrotes Haarschaf aus Westafrika. Bedingt durch Anspruchslosigkeit, Widerstandsfähigkeit und gute Bemuskelung hat die Rasse in Deutschland Beachtung gefunden. **Soay-Schafe** sind eine alte schottische Rasse, die wegen ihres mufflonartigen Wildcharakters und ihrer ausgesprochenen Genügsamkeit auch in Deutschland Freunde gefunden haben. Ebenso die in Schottland beheimateten, sehr robusten **Scottish Blackface** sowie die vierhörnigen **Jacobschafe** (Großbritannien) haben sich unter den Rahmenbedingungen der letzten Jahre einen Namen gemacht.

Weitere Rassenbeschreibungen sind der Internetseite der Vereinigung Deutscher Landesschafzuchtverbände (VDL 2014, www.schafe-sind-toll.de) zu entnehmen.

5 Zucht

Die Zucht ermöglicht es, die erbliche Veranlagung von Tieren bzw. Rassen in bestimmten Leistungseigenschaften zu verbessern. Dazu werden im Folgenden die biologischen, gesetzlichen und organisatorischen Hintergründe sowie die praktischen Möglichkeiten aufgezeigt.

5.1 Allgemeine Grundlagen

5.1.1 Vererbung

Träger der Erbanlagen sind die stets paarig angelegten Chromosomen. Das Schaf besitzt 54 Chromosomen (27 Chromosomenpaare jeweils eine Paarhälfte vom Vater, die andere von der Mutter). Darunter ist auch ein Geschlechtschromosomenpaar, das bei weiblichen Tieren als XX und bei männlichen als XY auftritt. Bei der Befruchtung trägt das Spermium des Bockes entweder das X-Chromosom, das dann zur Ausbildung eines weiblichen Tieres führt oder das Y-Chromosom, das einen männlichen Nachkommen entstehen lässt. Somit entscheidet die Geschlechtsinformation der männlichen Keimzelle (Spermium) über das Geschlecht der Nachtzucht.

Auf den Chromosomen liegen die Gene, die für die Ausprägung einzelner Eigenschaften und Leistungen verantwortlich sind. Dabei ist zu unterscheiden, ob ein Merkmal durch ein bzw. nur wenige Gene oder durch eine größere Anzahl von Genen bestimmt wird.

Im ersten Fall handelt es sich um sog. Qualitative Merkmale wie Farbe, Behornung, Blutgruppe usw., die nach den Mendelschen Regeln vererbt werden. Bei bekanntem Erbgang ist die Übertragung gewünschter Merkmalsformen auf die nächste Generation einfach. Im zweiten Fall spricht man von quantitativen Merkmalen. Hierzu zählen alle mengenmäßig erfassbaren Leistungen, so z. B. die Mast- und Schlachtleistungen. Aufgrund deren hoher wirtschaftlichen Bedeutung verdienen diese Merkmale besondere Beachtung. Jedoch ist gerade die Vererbung dieser Leistungseigenschaften meist schwierig zu steuern, da deren Ausprägung nicht nur von zahlreichen Erbanlagen abhängt, sondern auch von der Umwelt beeinflusst wird. Für die Zuchtauslese bestens veranlagter Tiere ist es nun von höchstem Interesse, in welchem Maße die Erbanlagen (nicht die Umwelteinflüsse) Leistungsunterschiede in einem Merkmal bewirken.

Dieser schätzbare Erblichkeitsgrad wird Heritabilität (h^2) genannt und nimmt Werte zwischen 0 und 1 an. Eine niedrige Heritabilität (nahe 0) zeigt an, dass die Leistungsvariation fast ausschließlich auf Umwelteinflüsse zurückzuführen ist, also weniger erblich bedingt ist. Hohe Werte liegen dann vor, wenn die Leistungsunterschiede in starkem Maße auf den qualitativ unterschiedlichen Erbanlagen beruhen, sodass eine Zuchtauswahl lohnenswert ist (siehe Reinzucht). In der Abb. 18 ist das Heribilitätsniveau der wichtigsten quantitativen Merkmale wiedergegeben.

Der züchterische Fortschritt ist nun umso größer,

- je höher der Erblichkeitsgrad einer Leistungseigenschaft ist (z. B. auch durch Verminderung der Umwelteinflüsse),
- je mehr Tiere für die Leistungskontrolle und die anschließende Zuchtauswahl zur Verfügung stehen, um mit größter Sicherheit die Bestveranlagten zu erkennen (zahlreiche Prüfergebnisse in großen Rassen),
- je aufschlussreicher und genauer die Leistungskontrolle ist,
- je kürzer die Zeit bis zur Übertragung der Leistungsveranlagung auf die nächste Generation ist (kurzes Generationsintervall bei früher Zuchtbenutzung der Nachkommen).
- je höher die Selektionsintensität ist – also nur die besten Tiere zur Weiterzucht herangezogen werden – und damit ein großer Unterschied zwischen der Ausgangspopulation und den selektierten Tieren besteht (Selektionsdifferenz, siehe auch Abb. 19).

Folglich ist der Zuchtfortschritt (auch Selektionserfolg genannt) rechnerisch nach folgender Gleichung zu kalkulieren:

$$\mathbf{SE = SD \times h^2/Gi}$$

SE = Selektionserfolg
SD = Selektionsdifferenz
h^2 = Heritabilität
Gi = Generationsintervall in Jahren

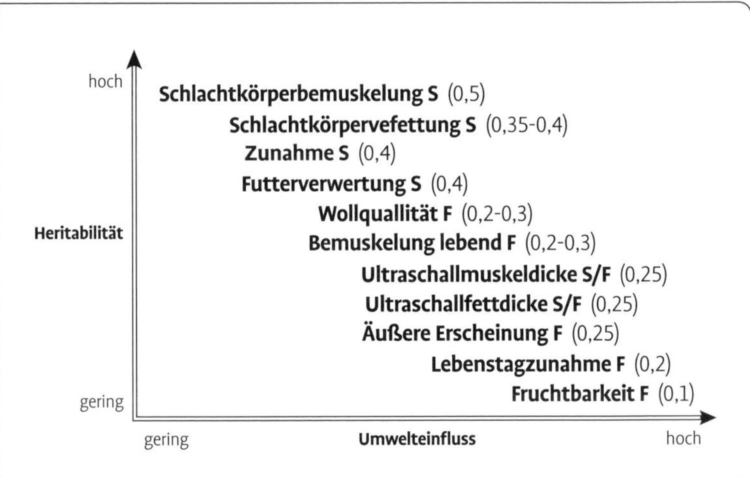

Abb. 18. Heritabilität ausgewählter Merkmale aus der Schafzucht (Wilkens und Ruten 2013; Romberg 2009). S= erhoben auf Stationsprüfung F= erhoben bei Feldprüfung

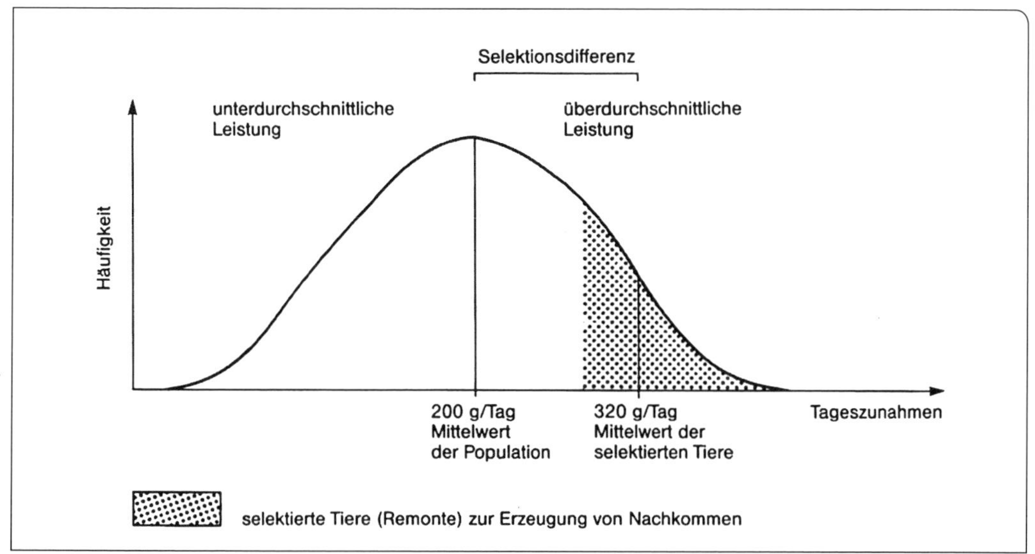

Abb. 19. Das Prinzip der Selektion (dargestellt an einer schematisierten Häufigkeitsverteilung für quantitative Merkmale – Beispiel Tageszunahmen).

5.1.2 Zuchtmethoden

Reinzucht

Die Reinzucht ist das tragende Zuchtverfahren der deutschen Schafzucht. Reinzucht liegt immer dann vor, wenn die Zucht innerhalb einer Rasse (Population) auf die im Zuchtziel festgelegten Eigenschaften ausgerichtet ist, ohne dass Fremdgene anderer Rassen mit hereingenommen werden. Der Zuchtfortschritt wird über die Auswahl der überdurchschnittlich veranlagten Tiere (Selektion) erreicht, die dann zur Erzeugung der nächsten Nachkommengeneration dienen. Dabei lassen sich im Rahmen der Reinzucht vor allem die hocherblichen Merkmale verbessern, während Merkmale mit niedrigem Erblichkeitsgrad auf diese Weise nur in geringem Maße zu steigern sind. Grundsätzlich ist der Selektionserfolg aber auch von den Leistungsdifferenzen (Variation) zwischen den Zuchttieren abhängig. So erlauben große Unterschiede eine sichere Identifizierung der besser veranlagten Tiere in größerer Anzahl, während das bei kaum vorhandenen Leistungsunterschieden (geringe Variation) entsprechend schwieriger ist.

Die Beziehungen der Merkmale zueinander machen die gleichzeitige Berücksichtigung mehrerer Merkmale bei der Zuchtarbeit erforderlich. Stehen die Merkmale in erwünschter, positiver Beziehung (Korrelation) zueinander, kann durch die Selektion auf ein Merkmal gleich ein zweites mitverbessert werden. Nachteilig sind dagegen unerwünschte Korrelationen, die zu deutlichen Begrenzungen des Zuchterfolges führen können. Beispielhaft dafür sei die negative Beziehung zwischen der Fruchtbarkeit beim Mutterschaf und der Lämmervitalität genannt, die eine gleichzeitige Steigerung der Ablamm-

und Aufzuchtleistung problematisch werden lässt. Weitere Beispiele sind in Tab. 3 aufgeführt.

In kleinen, reingezüchteten Populationen besteht häufig die Gefahr, dass infolge geringer Tierzahlen die Verwandtschaftsbeziehungen zwischen den Zuchttieren immer enger werden, sodass zunehmend **Inzucht** betrieben wird. Dabei können ab einem bestimmten Inzuchtgrad (> 10 %) gehäuft Erbfehler und Leistungsabnahmen (Inzuchtdepressionen) auftreten, die zu Gegenmaßnahmen zwingen (z. B. gezielte Anpaarung nicht oder kaum verwandter Tiere, Einbeziehung von Fremdgenen usw.). In großen Populationen können dagegen über die breitere Zuchtbasis gute Zuchtfortschritte in der Reinzucht erreicht werden, da i. d. R. gute Selektionsmöglichkeiten bestehen.

Kreuzungszucht

In der Kreuzungszucht gehören Mutterschaf und angepaarter Bock verschiedenen Rassen an. Dabei kann die Wirtschaftlichkeit der Lammfleischerzeugung durch zweierlei Wirkungsmechanismen verbessert werden:

- Ausnutzung von Populationsdifferenzen: unterschiedliche Leistungsveranlagungen verschiedener Rassen können in einem Kreuzungsnachkommen vereint werden, das gilt z. B. für das Merkmal Schlachtkörperqualität.
- Nutzung von Kreuzungseffekten: das Leistungsniveau der Kreuzungsnachkommen liegt über dem der reingezüchteten Eltern. Dieser, auch Heterosis genannte Effekt ist auf eine spezielle Kombinationseignung von Rassen oder Linien zurückzuführen und wirkt sich besonders bei Merkmalen mit geringem Erblichkeitsgrad (z. B. Fruchtbarkeit, Vitalität) aus.

Tab. 3: Beispiele für erwünschte und unerwünschte Beziehungen zwischen Leistungseigenschaften in der Schafzucht

positive (erwünschte) Merkmalsbeziehungen	negative (unerwünschte) Merkmalsbeziehungen
– mit erhöhter Mastleistung ist die Schlachtkörperqualität leicht verbessert – je höher das Geburtsgewicht, desto höher die Gewichtszunahme und die Schlachtleistung – bei höherem Geburtsgewicht sind die Lämmer vitaler als bei geringerem Geburtsgewicht – die Futterverwertung verbessert sich mit steigenden Tageszunahmen – je besser das Mutterverhalten ist und je eher die erste Biestmilch aufgenommen wird, desto besser der Aufzuchterfolg – je höher das Schlachtkörpergewicht, desto höher der Anteil wertvoller Teilstücke	– mit steigender Ablammleistung nimmt der Aufzuchterfolg (Vitalität der Lämmer) ab – je höher die Gewichtszunahme, desto häufiger treten Gliedmaßenveränderungen auf – mit zunehmenden Mastleistungen vermindern sich Widerstandsfähigkeit und Belastbarkeit – mit abnehmendem Fettanteil nimmt der Knochenanteil am Schlachtkörper zu – bei höheren Milchleistungen ist eine Verminderung der Fleischfülle festzustellen – je höher die Geburtsgewichte, desto häufiger sind Schwergeburten – je feiner die Wollhaare, desto geringer der Reinwollertrag (Rendement)

Je nach Ziel und Zweck der Kreuzungen werden die nachfolgend beschriebenen Kreuzungsverfahren unterschieden:
Veredlungskreuzung: Nur vorübergehender Einsatz von Böcken einer fremden, leistungsstarken Rasse, um bestimmte, wertvolle Veranlagungen in einer bodenständigen Rasse zu verbessern oder überhaupt nutzen zu können (Blutauffrischung). Beispielhaft hierfür stehen die frühen Einkreuzungen von französischen Berrichon du Cher-Böcken in das Weißköpfige Fleischschaf.
Kombinationskreuzung: Kontinuierliche Kreuzung zweier oder mehrerer Rassen bis eine Rassenkombination erreicht ist, in der die wertvollen Eigenschaften der beteiligten Populationen in erwünschtem Maße ausgeprägt (kombiniert) sind. Mit der daraus entstandenen neuen Rasse gilt es, vor allem eine optimale Anpassung an die vorherrschenden Produktionsverhältnisse zu erzielen. Die meisten heute existierenden Rassen sind ursprünglich aus Kombinationszüchtungen hervorgegangen.
Verdrängungskreuzung: Durch die dauerhafte Anpaarung von Böcken einer Rasse, welche die angestrebten Leistungseigenschaften zeigen, wird der Genanteil der vorhandenen Rasse immer geringer, bis er vollständig verdrängt ist. Zahlreiche leistungsschwache Rassen (besonders Landrassen) wurden auf diese Weise verdrängt.
Alle drei genannten Zuchtverfahren werden nach Abschluss der Kreuzungsphase in Reinzucht weitergeführt.
Gebrauchskreuzung: Mit der Gebrauchskreuzung werden im Gegensatz zu den vorgenannten Kreuzungszuchten Endprodukte i. d. R. zur Schlachtung erzeugt. Je nach Anzahl der herangezogenen Rassen wird zwischen Zwei- und Dreirassen-Kreuzungen unterschieden. Ziel der Zweirassen-Kreuzung ist vor allem die Verbesserung der Mast- und Schlachtleistung. Dazu werden Böcke typischer Fleischrassen (Schwarzköpfiges Fleischschaf, Texel, Suffolk usw.) an Mutterschafe genügsamer Rassen (z. B. Landrassen) angepaart, die in Anpassung an die mäßigen Futterverhältnisse ihres Herkunftsstandortes kein hohes Fleischleistungsvermögen ausbilden konnten. Die daraus hervorgehenden Kreuzungslämmer (sog. F1 = 1. Kreuzungsgeneration) verfügen neben guter Wüchsigkeit auch über eine überdurchschnittliche Vitalität, die als Heterosis zu werten ist. Der Erfolg der Zweirassen-Kreuzung ist besonders dann gegeben, wenn aus sehr fruchtbaren Mutterrassen zahlreiche Lämmer geboren werden.

Im Rahmen der Dreirassenkreuzung werden die weiblichen F1-Kreuzungslämmer nicht als Endprodukt genutzt, sondern in einer nächsten Stufe als Kreuzungsmütter (abermals) mit einem Fleischrassebock angepaart. Auf diese Weise können unter Ausnutzung des Heterosiseffekts wertvolle Muttereigenschaften, wie z. B. Fruchtbarkeit, Mütterlichkeit, Anspruchslosigkeit und Fitness, bei den Kreuzungsmüttern verbessert werden.

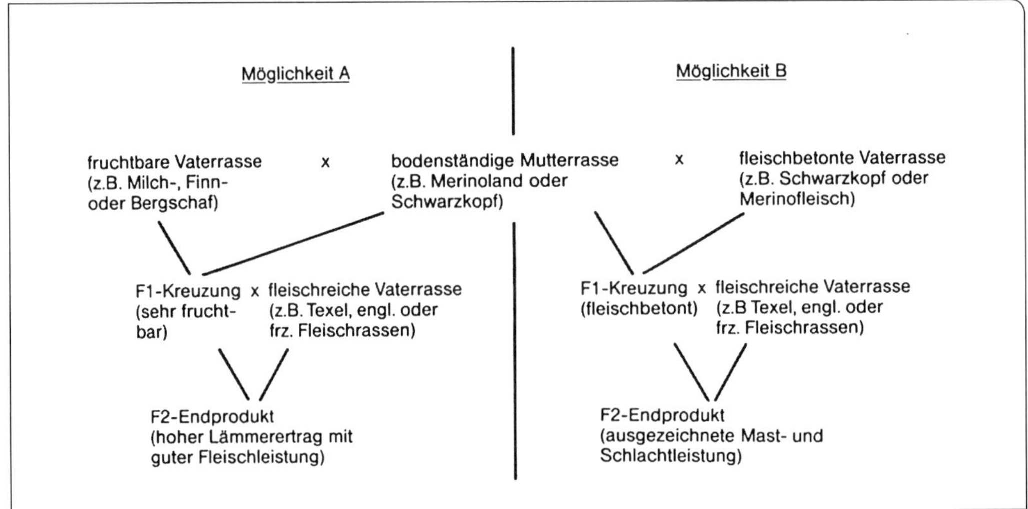

Abb. 20. Beispiele erfolgreicher Rassenkombinationen im Rahmen einer Dreirassenkreuzung.

Ein hoher Lämmerertrag ist aber auch durch die Anpaarung von Böcken besonders fruchtbarer Rassen an eine bodenständige Mutterrasse zur Erzeugung von Kreuzungsmüttern zu erreichen. Die Aufkreuzung der daraus hervorgehenden F_1-Lämmer mit typischen Fleischrasseböcken führt zu besten Schlachtleistungen bei den Kreuzungslämmern (Endprodukt). Werden anstatt fruchtbarer Vaterrassen Fleischböcke schon zur Erzeugung der Kreuzungsmuttern eingesetzt, so ist die Mast- und Schlachtleistung der Endprodukte noch weiter verbessert – jedoch bei geringerer Lämmerzahl (siehe auch Abb. 20).

Organisationsaufwand und Struktur der Tier- bzw. Schafzucht haben in der Bundesrepublik bisher nur zu einer begrenzten Verbreitung von Kreuzungsverfahren geführt, obwohl deren Überlegenheit in wissenschaftlichen Untersuchungen mehrfach bewiesen wurde, siehe auch Tab. 4 (Henseler 2014, Zupp 2005). Gerade die britische Schafzucht, die fast ausschließlich auf Kreuzungszucht basiert, zeigt uns, dass über die einzelnen Stufen der Zwei- und Dreirassen-Kreuzung auch eine hervorragende Anpassung an die unterschiedlichen Standortverhältnisse zu erreichen ist (Stratifikation).

In Tab. 4 sind Beispiele für die Über-/Unterlegenheit von Kreuzungstieren genannt. Für typische Schlachtkörpermerkmale (z. B. Rückenmuskelfläche, Bewertung der Keule) sind beim Einsatz fleischbetonter Vaterrassen z. T. noch ausgeprägtere Überlegenheiten bei den Kreuzungslämmern (Texel × Merinoland) von 14–17 % (v. Korn u. a. 1996) nachzuweisen. Zur Beurteilung der Gesamtmuskelmasse sollte jedoch auch die Rückenlänge berücksichtigt werden.

Hinweise für die Praxis:

- In der Praxis und in wissenschaftlichen Studien wird dokumentiert, dass der Einsatz von fleischreichen Vaterrassen weniger die

Abb. 21. Rechts: Finnisches Landschaf (F) – sehr fruchtbar. Mitte: Schwarzköpfiges Fleischschaf (SKF) Links: Einfachkreuzung F × SKF, bei gleichem Alter im Wachstum überlegen (Heterosis).

Tab. 4: Kreuzungsüberlegenheit von Mutterschafen (a) und Mastlämmern aus Einfachkreuzungen (ausgedrückt in % gegenüber der verwendeten Mutterrasse)

a) Fruchtbarkeit von Kreuzungsmuttern

Vaterrasse	Mutterrasse	Quelle	Ablammergebnis
Texel ×	Deutsches Milchschaf	(1)	+16 %
Deutsches Milchschaf ×	Schwarzk. Fleisch.	(1)	+ 6 %
Finnisches Landschaf ×	Schwarzk. Fleisch.	(1)	+25 %
Bergschaf ×	Texel	(2)	+23 %
Texel ×	Bergschaf	(2)	– 4 %

b) Mastleistung und Schlachtleistung von Kreuzungslämmern

Vaterrasse	Mutterrasse	Quelle	tägliche Zunahme	Schlachtausbeute	Fleischanteil
Schwarzköpf. Fleisch. ×	Merinolandschaf		+ 4 %	–3 %	+1 %
Blauköpf. Fleisch. ×	Merinolandschaf	(3)	– 6 %	+2 %	+1 %
Schwarzköpf. Fleisch ×	Merinolandschaf	(3)	+ 2 %	0 %	+2 %
Suffolk ×	Merinolandschaf	(4)	+ 2 %	+1 %	+2 %
Texel ×	Merinolandschaf	(4)	– 5 %	+3 %	+5 %
Texel ×	Bergschaf	(4)	+12 %	–	+8 %
Suffolk ×	Bergschaf	(5)	+12 %	–	+ 2 %
Ile de France ×	Schwarzköpf. Fleisch.	(5)	– 2 %	+1 %	+ 3 %
Texel ×	Schwarzköpf. Fleisch.	(6)	– 1 %	+3 %	+ 9 %
Weißköpf. Fleisch. ×	Schwarzköpf. Fleisch	(6)	+ 3 %	+2 %	+ 2 %
Ile de France ×	Merinolandschaf	(6)	+ 2 %	+6 %	+ 6 %
Suffolk ×	Merionolandschaf	(7)	+ 2 %	0 %	+ 2 %
Texel ×	Merinolandschaf	(7)	0 %	+1 %	+11 %

(1) Hessische Landesanstalt für Tierzucht (1985); (2) Rottmann et al. 1992; (3) Burgkart 1998; (4) v. Korn et al. 1996; (5) Ringhofer 2011; (6) Zupp 2005; (7) Henseler 2014

Mastleistung fördert, sondern vor allem durch hohe Schlachtleistungen (Fleisch- und Fettanteil) bei ihren Nachkommen überzeugen. Überlegenheiten zeigen hier besonders die Rassen Texel und Ile de France.

- Die jeweils eingesetzten Vaterrassen zur Erzeugung wüchsiger Mastlämmer müssen immer auf die betrieblichen Verhältnisse angepasst sein. So kann das höhere Fleischbildungsvermögen der Kreuzungslämmer nur ausgeschöpft werden, wenn auch den höheren Futteransprüchen dieser Mastlämmer Rechnung getragen wird, z. B. durch beste Weiden, Einsatz von nährstoffreichem Trocken- und Grünfutter sowie Silagen oder im Rahmen der arbeitsteiligen Abgabe von Lämmern in Regionen mit besserer Futtergrundlage bzw. in spezielle Mastbetrieben. Weiterhin ist zu berücksichtigen, dass Kreuzungslämmer von typischen Koppelschaf-Vaterrassen (z. B. Texel) vor allem wegen der geringeren Marschfähigkeit in Hüteherden mit großem Aktionsradius nur bedingt geeignet sind. Auch muss die strenge Saisonalität der meisten Vaterrassen beachtet werden (ggf. geringere Deckaktivität in den Sommermonaten).
- Für die Bewertung der Gebrauchskreuzung von bodenständigen Mutterrassen mit fleischreichen Vaterrassen sollte möglichst das gesamte Spektrum der wirtschaftlich relevanten Leistungsmerkmale beachtet werden. Dafür schlagen Zupp (2005) und Henseler (2014) einen Index bestehend aus gewichteten Mast- und Schlachtmerkmalen vor, der eine Gesamtrangierung der verschiedenen Kreuzungsvarianten zulässt (Abb. 22).
- Kreuzungslämmer überzeugen nicht nur durch eine überlegene Mast- und Schlachtleistung, sondern zeigen auch eine größere Fitness und Vitalität (Heterosis), was zudem ökonomisch vorteilhaft ist. Im gleichen Kontext sollten die überlegenen Fruchtbarkeiten

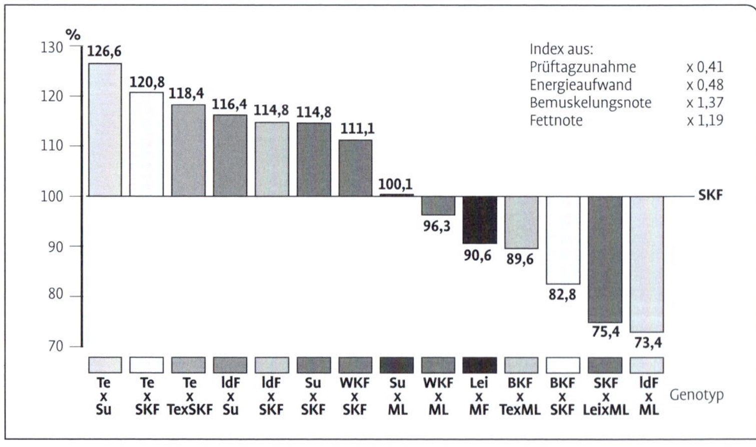

Abb. 22. Rangierung der Genotypen nach qualitätsorientiertem Index (mit Wichtung) auf der Basis der Bocklämmer.

von weiblichen Kreuzungslämmern beachtet werden. Jedoch ist auch zu berücksichtigen, dass sich solche Kreuzungslämmer von saisonalen Bockrassen nur bedingt in einen asaisonalen Produktionsrhytmus integrieren lassen. Hier hat die asaisonale Vaterrasse Ile de France Vorteile.

5.2 Die überbetriebliche Organisation der deutschen Schafzucht

5.2.1 Einrichtungen und Organisationen der Schafzucht

Höchste staatliche Einrichtung für die deutsche Tierzucht ist das Tierzuchtreferat des Bundesministeriums für Ernährung und Landwirtschaft, das u. a. für die Förderung und Koordination der deutschen Tierzucht sowie die Tierzuchtgesetzgebung zuständig ist.

Den Landwirtschaftsministerien der Länder obliegt die Durchführung und Überwachung der Gesetze. In einigen Bundesländern, wie z. B. in Baden-Württemberg, Bayern, Sachsen und Hessen, werden diese Aufgaben direkt von der Staatsverwaltung durch nachgeordnete Behörden der Ministerien (Regierungspräsidien, Landesämter) übernommen. In anderen Bundesländern, wie z. B. in Niedersachsen und Schleswig-Holstein, sind es die Landwirtschaftskammern, die als Selbstverwaltungskörperschaften des öffentlichen Rechts die Tierzuchtverwaltung, mit Ausnahme finanzieller Förderungsmaßnahmen, betreiben.

Diese oberen Tierzuchtbehörden unterstehen in den Bundesländern untere Fachbehörden, i. d. R. Tierzucht- bzw. Landwirtschaftsämter, die für die eigentliche Durchführung von Förderungsmaßnahmen (Beratung, Überwachung usw.) verantwortlich sind.

Wichtige staatliche Einrichtungen für die Tier- bzw. Schafzucht sind auch die Mastprüfungsanstalten.

Erste Ansprechpartner für die Schafhalter sind die Züchtervereinigungen, die einen freiwilligen Zusammenschluss von Züchtern und Haltern bilden und nicht auf einen wirtschaftlichen Geschäftsbetrieb ausgerichtet sind. In der Schafzucht sind dies die Landesschafzuchtverbände, deren Funktion nicht nur in der Förderung der Stammherden besteht, die als Basis für die gesamte Landeszucht zu verstehen sind. Im Einzelnen übernehmen die Verbände folgende Aufgaben:

- Durchführung von Leistungsprüfungen, Feststellung des Zuchtwertes und Veröffentlichung der Ergebnisse
- Führung der Zuchtbücher für die im Zuchtverband gezüchteten Rassen
- Durchführung der Kör- und Absatzveranstaltungen für Zuchtschafe
- Organisation von Tierschauen
- Förderung des Zucht- und Nutztierverkaufs
- Interessenvertretung der Schafhalter auf Landes- und Bundesebene
- Beratung zur Zucht, Haltung, Fütterung und Förderungen

- Vermittlung von Schafscherern und Wollannahmestellen
- Unterstützung in sozialen Fragen wie Berufsgenossenschaft, Alterskasse usw.

Die 17 deutschen Schafzuchtverbände sind in der Vereinigung Deutscher Landesschafzuchtverbände (VDL) zusammengeschlossen. Die Vereinigung soll besonders zur bundeseinheitlichen Koordination von Förderungsmaßnahmen sowie zur Beratung vorstehender Behörden beitragen und dabei die Interessen der deutschen Schafhalter vertreten. Die VDL sowie die einzelnen Landesschafzuchtverbände unterstützen also die Schäfer und deren Existenz auf breitem Feld. Dennoch hat sich ein Großteil der Schäfer keinem Landesverband angeschlossen, um so wiederum deren Einsatz zu fördern. Anschriften der Verbände sind im Anhang aufgeführt.

5.2.2 Das Tierzuchtgesetz

Die nachfolgenden Ausführungen stellen den derzeit aktuellen Stand (Sept. 2014) der Tierzuchtgesetzgebung dar.
Das Tierzuchtgesetz regelt die Zuchtmaßnahmen mit dem Ziel (§ 1)
- die Leistungsfähigkeit der Tiere unter Berücksichtigung der Tiergesundheit zu erhalten und zu verbessern,
- die Wettbewerbsfähigkeit der tierischen Erzeugung zu verbessern,
- dass die von Tieren gewonnenen Erzeugnisse den an sie gestellten qualitativen Anforderungen entsprechen und
- eine genetische Vielfalt zu erhalten.

Gemäß dem Gesetz zur Neuordnung des Tierzuchtrechts vom Dezember 2012 sind für den Schafzüchter insbesondere folgende Bestimmungen von Bedeutung:
- Ein **Zuchttier** ist gemäß § 2 definiert als ein Tier, das in einem Zuchtbuch bzw. Zuchtregister eines Zuchtverbandes eingetragen ist oder für die Eintragung in die Hauptabteilung eines Zuchtbuches vorgemerkt ist.
- Jeder Züchter, der zur Mitwirkung an der züchterischen Arbeit bereit ist, hat im jeweiligen Tätigkeitsbereich eines Zuchtverbandes das **Recht auf Mitgliedschaft**. Dabei ist jedes reinrassige Tier eines Mitglieds in die Hauptabteilung des Zuchtbuches einzutragen – soweit die gestellten Anforderungen an das Zuchttier erfüllt sind (§ 6).
- Ein **Zuchttier** darf nach § 12 zur Erzeugung von Nachkommen nur
  - **angeboten oder abgegeben** werden, wenn es dauerhaft so gekennzeichnet ist, dass seine Identität festgestellt werden kann,
  - abgeben werden, wenn es von einer Zucht- oder Herkunftsbescheinigung der Zuchtorganisation begleitet ist. Letztere Bestim-

mung ist nicht erforderlich, wenn bei weiblichen Tieren der Abnehmer auf eine Zucht- und Herkunftsbescheinigung verzichtet.

D. h. selbst nachgezogene Schafe oder Böcke dürfen im eigenen Bestand zur Erzeugung von Nachkommen eingesetzt werden ohne dass sie in einem Zuchtbuch eingetragen sind.

- **Samen darf nur abgegeben werden** von Besamungsstationen oder Samendepots unter der Berücksichtigung tierseuchenrechtlicher Bestimmungen an Tierhalter oder Besamungsstationen/ Samendepots (§ 13). Samen muss von einem Zuchttier stammen, das einer Leistungsprüfung und Zuchtwertschätzung unterzogen wurde oder für einen Prüfeinsatz vorgesehen ist.
- **Samen darf zur Besamung nur verwendet** werden durch Tierärzte, Fachagrarwirte für Besamungswesen, Besamungsbeauftragte oder Tierhalter. Tierhalter dürfen den Samen nur im eigenen Bestand einsetzen und müssen mit Erfolg an einem Kurzlehrgang für künstliche Besamung teilgenommen haben (§ 14).

Hervorzuheben sind außerdem folgende Bestimmungen:

- Die Durchführung der Leistungsprüfungen und der Zuchtwertschätzung wird in die Hand der Zuchtorganisationen (Zuchtverbände) übertragen (§ 7). Damit sollen insgesamt die Rechte und die Verantwortung der Zuchtorganisationen gestärkt werden, um so die Entwicklung leistungsfähiger und wettbewerbsfähige Zuchtprogramme zu unterstützen.
- Für die Anerkennung von Zuchtorganisationen (Zuchtverbände) müssen diese nach § 7 alle Voraussetzungen für eine effektive Zuchtarbeit erbringen. Dazu zählen u. a. ein geeignetes Zuchtprogramm (Zuchtziel, Zuchtmethode, Umfang der Population, Prüfungswesen) sowie ausreichende personelle und technische Möglichkeiten.
- Zur Erhaltung tiergenetischer Ressourcen wird u. a. die Einführung eines Monitoring über die genetische Vielfalt (§ 9) eingeführt – z. B. von Schafrassen und die Gefährdung kleiner Schafbestände.
- Die Ermächtigung an die Länder die Gemeinden zur Vatertierhaltung zu verpflichten, entfällt.

Wenn auch heute keine staatlichen Vorschriften mehr die Körung von Zuchtböcken erforderlich machen, so führt man doch vonseiten der Verbände weiterhin die Körung durch. Grund dafür sind die hohen Zuchterfolge, die in den letzten Jahrzehnten bei vorgeschriebener Körung erreicht wurden. Auch wird dem Züchter bzw. Käufer anhand des Körergebnisses und der anschließenden Einstufung in Prämienklassen eine bessere Werteinschätzung der Böcke geboten.

5.2.3 Herdbuch- und Gebrauchsherden

In der deutschen Schafzucht ist zwischen sog. Herdbuchzuchten (auch Stammzuchten genannt) und der Landeszucht (auch Gebrauchszuchten genannt) zu unterscheiden. Herdbuchherden stellen die Zuchtbasis dar, mit denen die eigentliche Zucht (Leistungsprüfung, Zuchtwertschätzung und Selektion) betrieben wird. Sie haben die Aufgabe, die Landeszucht mit Zuchttieren zu versorgen, um diese am Leistungsfortschritt, der in den Stammzuchten erreicht wurde, teilhaben zu lassen. Um dieser Aufgabe in ausreichendem Maße gerecht werden zu können, müssen im Durchschnitt mindestens 4 % einer Rasse als Herdbuchschafe geführt werden. Unterschiedliche Populationsgrößen, Nutzungseinrichtungen und Fruchtbarkeitsleistungen verändern jedoch diese Mindestzahl, sodass in der Praxis der Herdbuchanteil der verschiedenen Rassen stark variiert. So verfügen größere verbreitete Rassen meist über einen Herdbuchanteil unter 4 %, während Rassen mit kleineren Beständen z. T. deutlich darüber liegen.

Erste Voraussetzung für den Herdbuchbetrieb ist die Mitgliedschaft in einem anerkannten Schafzuchtverband. Die Zuchttiere müssen zwecks eindeutiger Identifikation gekennzeichnet sein. Die Bockzuteilung ist so zu organisieren, dass die Abstammung der Nachkommen eindeutig ist. Ferner ist der Züchter verpflichtet, bei einwandfreier züchterischer Arbeit die erforderlichen Aufzeichnungen in einem Stallbuch zu machen und diese wahrheitsgetreu der Verbandsgeschäftsstelle mitzuteilen. Auf der Grundlage dieser Angaben wird das eigentliche Herd- bzw. Zuchtbuch von dem zuständigen Schafzuchtverband geführt und gibt über alles Auskunft, was über das Schaf bekannt ist (Besitzer, Abstammung, Leistungen usw.). Die Eintragung eines Tieres in das Herd- bzw. Zuchtbuch ist nach dem geltenden Tierzuchtgesetz nicht mehr von dessen Leistung abhängig.

Aus der zentralen Herdbuchverwaltung können nun Informationen für verschiedene Zwecke (Zuchtbescheinigung, Kataloge) herausgefiltert und zusammengestellt werden.

5.2.4 Körung, Absatzveranstaltungen und Schauen

Die staatlich zwar nicht mehr vorgeschriebene, von den Verbänden aber weiterhin praktizierte Körung findet meist in Verbindung mit den Absatzveranstaltungen statt. Die entsprechenden Termine werden von den Schafzuchtverbänden vorwiegend im Frühjahr bekanntgegeben, da zu dieser Jahreszeit (nach Winter- bzw. Frühjahrslammung) eine große Anzahl der Jungböcke das Jährlingsalter erreicht haben.

Zu Beginn der Kör- und Absatzveranstaltung werden die Zuchtböcke im Rahmen der Fellprüfung gewogen und bewertet. Anhand dieser Daten wird ein erster Zuchtindex für die Jungböcke errechnet. Bei der Körung werden die Böcke nach Rassen, Alter und ggf. Art der Prüfergebnisse in Gruppen zusammengefasst und einzeln einer Körkommission vorgeführt. Nach Bewertung des gesamten äußeren Erscheinungsbildes, einschließlich der Wolle, vergibt die Kommission für jeden Bock das Urteil „gekört“, „nicht gekört“ oder „vorläufig nicht gekört“ und für die gekörten Böcke eine Wertklasse (I–III). Zuvor wird noch von einem Tierarzt die anatomische Beschaffenheit der Hoden hinsichtlich deren Funktionsfähigkeit geprüft. Bei der anschließenden Prämierung werden die Böcke innerhalb Wertklassen und Altersgruppen gegenübergestellt und untereinander rangiert (a, b, c...). Dabei werden auch Wollsieger und Gesamtsieger bestimmt. Für den Züchter ist es dabei von besonderem Interesse, dass sein Bock im Wettbewerb mit den anderen Böcken ein möglichst gutes Prämierungsergebnis (z. B. I a oder I b) erzielt. Zum einen wird der Züchter so in seiner Zuchtarbeit bestätigt, zum anderen erzielen hoch prämierte Böcke meist überdurchschnittlich hohe Preise bei der Auktion. Noch entscheidender wird aber der Verkaufspreis durch das Auftriebsgewicht der Böcke bestimmt. So überzeugen kapitale Böcke, die schwer und großrahmig auftreten, den Züchter und Käufer oft mehr, als die Prämierungs- und Leistungsprüfungsergebnisse. Jedoch führen solche Kaufentscheidungen schon mittelfristig zu immer höheren Reifegewichten, die ggf. eine verminderte Fitness und Marschfähigkeit (Fundamentsschwächen) und höhere Futteransprüche zur Folge haben.

Züchter und Gebrauchsschafhalter haben nun auf der nachfolgenden Absatzveranstaltung beste Gelegenheit, aus dem breiten Angebot einen geprüften Zuchtbock zur Verbesserung der Leistungsfähigkeit ihrer Herden auszuwählen und zu erwerben (Auswahl von Böcken siehe Kap. 6.4.1)

Abb. 23. Schafauktion.

Abb. 24. Aufstellung der prämierten Merinoland-Eliteböcke 2015.

Im Rahmen der Kör-, Absatzveranstaltungen und Schauen werden Kataloge ausgegeben, die ausführliche Informationen über die Einzeltiere liefern.

Die in den Verkaufskatalogen abgekürzten und verschlüsselten Leistungsangaben sind heute weitestgehend gemäß Tab. 5 bundesweit vereinheitlicht, um damit ein allgemeines Verständnis der Angaben über alle Zuchtgebiete hinweg zu schaffen. Davon abweichende Zeichen sind in den Katalogen erklärt.

Besonders hervorzuheben sind die Eliteauktionen, die für die größeren Rassen einmal jährlich stattfinden. Hier messen sich nur die besten Böcke einer Rasse aus den verschiedenen Zuchtverbänden (Prämierungen), um anschließend über die Auktion in anderen Herden integriert zu werden. Die Auswahl der Böcke für eine solche Elite ist streng und richtet sich im Wesentlichen nach den vorliegenden Leistungsergebnissen.

Schauen dienen dem Züchter, aber auch dem Zuchtverband, sich einen Überblick über den Leistungs- und Entwicklungsstand der Zucht im eigenen Verbandsgebiet sowie im Vergleich zu anderen Zuchtgebieten zu verschaffen. Die Prämierungen einzelner Zuchttiere sind neben den Leistungsangaben als hervorzuhebende Qualitätskriterien zu werten und in den Katalogen der Absatzveranstaltungen vermerkt.

5.2.5 Leistungsprüfungen

Gemäß der geltenden Verordnung über die Leistungsprüfungen und die Zuchtwertfeststellung (siehe auch Tierzuchtgesetz) werden bei Schafen bundesweit die Zuchtwertteile Fleischleistung oder Milchleistung, Wollleistung oder Fellqualität und die Zuchtleistung sowie bei Böcken die äußere Erscheinung und die Eignung zur Landschaftspflege festgestellt.

Leistungsprüfungen sind die Voraussetzung für die Verbesserung wirtschaftlich bedeutender Leistungseigenschaften. Im Rahmen von Leistungsprüfungen werden Informationen zu einem Zuchttier auf dem Schafbetrieb, am Körort (Feldprüfung) oder auf einer Prüfstation (Stationsprüfung) erhoben. Dabei können auch Verwandtschaftsbeziehungen zwischen Tieren genutzt werden, sodass neben der sog. Eigenleistungsprüfung auch Nachkommen- und Geschwisterprüfungen sowie die Elternleistungen Informationen über die erbliche Veranlagung des Zuchttieres liefern. Die verschiedenen Leistungsangaben inkl. der Bewertung der äußeren Erscheinung werden in einem Zuchtwert zusammengefasst.

Da das Einkommen der Schäfer ohne Prämien zu über 90 % aus dem Schlachttierverkauf resultiert, stehen hier vor allem die Merkmale der Lammfleischerzeugung im Vordergrund. Dazu zählen Zucht-, Mast- und Schlachtleistung.

Zuchtleistungsprüfung

Von den o. g. Leistungsabschnitten übt die Fruchtbarkeit bzw. Zuchtleistung den größten Einfluss auf die Wirtschaftlichkeit der Lammfleischerzeugung aus. Aufgrund der geringen Erblichkeit der Zuchtleistung wird dieses Merkmal aber nur selten in der Zuchtwertberechnung berücksichtigt. Die Fruchtbarkeit kann für das einzelne Mutterschaf oder die gesamte Herde ausgedrückt werden.

Für das Einzeltier sind vor allem die auf dem Züchterbetrieb erhobenen Kriterien Erstlammalter, Zwischenlammzeit sowie Zahl der geborenen und bis zum 42. Tag aufgezogenen Lämmer von Bedeutung. In den Katalogen der Absatzveranstaltungen gibt eine meist mit Fk (Fruchtbarkeit) gekennzeichnete Zahlenreihe (z. B. Fk 3/3/6/5, siehe Tab. 5) Auskunft über die Fruchtbarkeitsleistung.

Die Herdenfruchtbarkeit wird anhand von Kennzahlen ausgedrückt, die sich aus dem Verhältnis verschiedener Maßzahlen berechnen. Die wichtigsten sind:

$$\text{Befruchtungsziffer} = \frac{\text{„gelammte Schafe“}}{\text{„zugelassene Schafe“}} \times 100$$

$$\text{Fruchtbarkeitszahl} = \frac{\text{„geborene Lämmer“}}{\text{„gedeckte Schafe“}} \times 100$$

$$\text{Ablammergebnis} = \frac{\text{„geborene Lämmer“}}{\text{„gelammte Schafe“}} \times 100$$

$$\text{Produktivitätszahl} = \frac{\text{„aufgezogene Lämmer“}}{\text{„zugelassene Schafe“}} \times 100$$

$$\text{Aufzuchtziffer} = \frac{\text{„aufgezogene Lämmer“}}{\text{„geborene Lämmer“}} \times 100$$

Tab. 5: Vereinheitlichte Angaben in den Katalogen der Absatzveranstaltungen und Körblätter (siehe auch Abb. 25)

Zeichen/Abkürzungen	Merkmal	Erläuterungen
A1	Zuchtbuchabteilung	A1 Hauptbuch
ARR/ARQ	Scrapie Resistenz Genotyp	ARR/ARQ = G2 (siehe Tab. 8)
BLUP: 103/114/97/112	BLUP-Zuchtwerte	103: Prüftagszunahme 3 % über MW 114: Futterverwertung 14 % besser als MW 97: Bemuskelungsnote 3 % unter dem MW 112: Fettnote 12 % besser als der MW
DE01 08 000 05059	Registrier-Nr. gemäß Viehverkehrsordnung	DE Deutschland 08 Bundesland Baden-Württ. 000 05059 individuell, z. B. Region und Betrieb
E/Z/D/V	Geburtstyp	Einling, Zwilling, Drilling, Vierling
EMF: 100/41/410/110	Eigenleistungsprüfung Mast- und Schlachtleistung Feld	100: Alter in Tagen bei Wiegung 41: Gewicht in kg bei Wiegung 410: Lebenstagszunahme in g 110: 10 % über Vergleichsgruppe (VG)
EMS: 105/110	Eigenleistungsprüfung Mast- und Schlachtleistung Station	105: Prüftagszunahme 5 % über VG 110: Futterverwertung 10 % besser als VG
Fk: 3.0/3/5/5/167	Fruchtbarkeit	3,0 Lebensjahre/3 Ablammungen/ 5 Lämmer geboren/5 Lämmer aufgezogen/167 % geborene Lämmer bezogen auf die Lebensjahre
LL	Gesamtlaktationsleistung	Melktage/Milch-kg/Fett %/Fett kg/Eiweiß %/ Eiweiß kg
ML: 2/150/547/6,0/33/5,4/29	Milchleistung	2 Laktationen mit je 150 Melk-tagen/547 kg Milch/6,0 % Fett/33 kg Fett/5,4 % Eiweiß/29 kg Eiweiß
MLS, TEX, OMW, ...	Rassencode	MLS Merinolandschaf TEX Texel OMW Ostfries. Milchschaf...
NMS: 128/96/117/112	Nachkommenprüfung Mast- und Schlachtleistung Station	128: Prüftagszunahme 28 % besser als VG 96: Futterverwertung 4 % schlechter als VG 117: Bemuskelungsnote 17 % unter VG 112: Fettnote 12 % besser als VG
NN, NS	Spider Lamb Genotyp (bei Suffolk)	NN = reinerbig gesund NS = mischerbig gesund
S*/S+/*/+	Prämierungsergebnisse	Sieger auf Bundes-/Landesschau/ Prämiert auf Bundes-/Landesschau
TI, ZI	Teilindex bzw. Zuchtindex	Auf einer Basis von 100 Punkten (Standardabweichung = 10 Punkte) z. B. ZI 160: Zuchtindex 60 Pkt. über Mittel
US-EMF	Ultraschall-Eigenleistungsprüfung Feld	Absolute USM/relative USM/absolute USF/relative USF

Tab. 5: Vereinheitlichte Angaben in den Katalogen der Absatzveranstaltungen und Körblätter (Fortsetzung) (siehe auch Abb. 25)

Zeichen/Abkürzungen	Merkmal	Erläuterungen
USF	Ultraschall-Fettauflage	in mm
USM	Ultraschall-Muskeldicke	in mm
VGW, ABW	Vergleichswert, Abweichung	Abweichungen der Leistung von einem Vergleichswert
WBE: 8/8/7	Noten aus der subjektiven Bewertung aus Skala von 1–9	Wolle 8, Bemuskelung 8, Äußere Erscheinung 7
WKL	Wertklasse	I bis III
WS*/WS+/N*/N+	Prämierungsergebnisse	Wollsieger auf Bundes-/Landesschau Sieger Nachzuchtsammlung auf Bundes-/Landesschau
 Z R 112 E 133/110/116 F 110/102/108 M 120	Zuchtwerte: Relativzuchtwerte R Reproduktion E Exterieur F Fleischleistung (Feld) M Mütterlichkeit bzw. 42 Tage Säugeleistung	Relativzuchtwerte auf der Basis von 100 Punkte: R: Anz. gebor. Läm. (112): 12 % über PM E: Wollqualität (133): 33 % über PM Bemuskelung (110): 10 % über PM Äußere Erscheinung (116): 16 % über PM F: Tägliche Zunahme (110): 10 % über PM Ultraschall Fettdicke (102): 2 % besser als PM Ultraschall Muskeldicke (108): 8 % über PM M: 42 Tage-Säugeleistung (120): 20 über PM

PM = Populationsmittel MW = Mittelwert
VG = Vergleichsgruppe

119 **DE 01 08 006 21081 BW-Y A** **SUF**
männlich E 23.02.2014

WBE: 7/8/8 WK: I
ARR/ARR
EMF: 100/49,0/440/124 TI-HGS: 124.0 ZI: 149
US-EMF: 32.0/-/6.0/-
Z R - E -/-/- F 108/106/100 M -

Gewicht: WBE: Index: WKL: Prämie:

DE 01 08 000 26818 BW-SJ Z
WBE: 7/8/7
ARR/ARR
NMS: 110/102/111/103 ZI: 148

BW0807433387 BW-WS Z
WBE: 8/7/8
BW08075637 BW-SJ Z
WBE: 7/6/7 Fk: 7,0/6/10/9

DE 01 08 005 10345 BW-Y Z
WBE: 7/8/7
Fk: 3,1/3/4/4
Z R 101 E 106/108/104 F -/-/- M -

SH0809972250 SH9 Z
WBE: 7/7/7
BW0807910248 BW-Y E
WBE: 7/7/7 Fk: 7,0/8/14/13

Abb. 25. Beispiel aus einem Versteigerungskatalog des Landesschafzuchtverbandes Baden-Württemberg 2014 für die Rasse Suffolk, Erläuterungen siehe Tab. 5

Fleischleistungsprüfung
Die Fleischleistungsprüfung wird am Zuchttier (Eigenleistungsprüfung) und/ oder in einer Prüfgruppe an seinen Geschwistern (Geschwisterprüfung) oder Nachkommen (Nachkommenprüfung) durchgeführt.
Zur Fleischleistung zählen Mast- und Schlachtleistung, die im Feld und/oder auf einer Prüfstation getestet werden.

Im Gegensatz zur Stationsprüfung ist die **Feldprüfung** (Leistungserfassung auf dem Züchterbetrieb bzw. am Ort der Körung) vergleichsweise billig und ermöglicht die Prüfung zahlreicher Tiere. Jedoch lassen diese Prüforte lediglich die einfache Erfassung von Gewichten zur Berechnung der täglichen Zunahme und eine Bewertung der Bemuskelung am Lebendtier zu. Die täglichen Zunahmen berechnen sich entweder

- aus nur einem Gewicht bei einem angestrebten Alter von 120 Tagen (max. sieben Monate) und bei Abzug einer Geburtsgewichtspauschale
- oder aus zwei Wägungen im Abstand von mindestens acht Wochen.

Die Bemuskelung von Keule, Rücken und Schulter wird bei Prüfungsende nach einem Punkteschema subjektiv bewertet. Die gewonnenen Informationen können als Eigenleistungs- oder Geschwisterprüfung genutzt werden. Im Rahmen von Feldprüfungen wurden in den letzten 10 Jahren auch vermehrt mittels Ultraschall die Rückenfett-

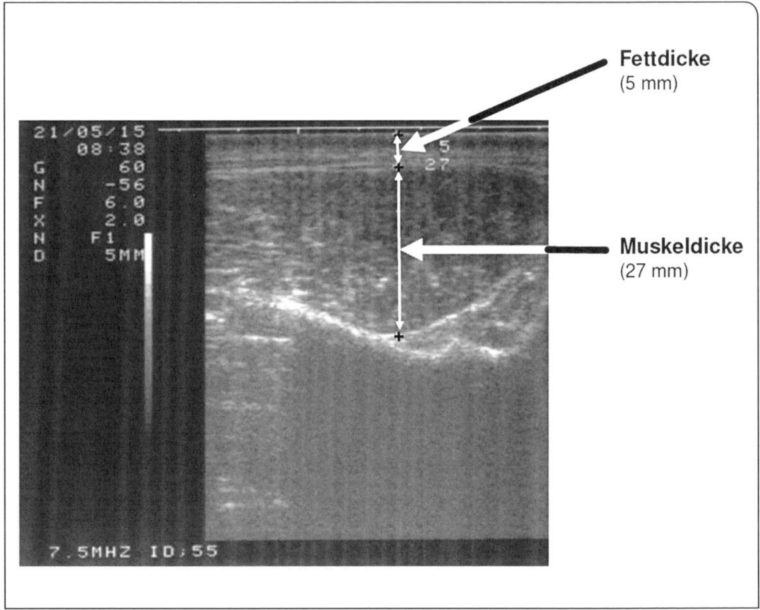

Abb. 26. Ultraschallbild zur Messung des subkutanen Auflagefettes und der Rückenmuskeldicke.

auflage sowie die Muskeldicke erfasst, um am lebenden Tier die Schlachtkörperqualität noch objektiver bewerten zu können. Vor allem dort, wo Prüfstationen geschlossen wurden und wo ein hoher Kostendruck herrscht; kann diese Methode von Bedeutung sein. In Ländern wie Großbritannien, Neuseeland oder Dänemark ist die Ultraschallmessung für eine breite Erfassung von Schlachtkörperwerten bereits fest in die Zuchtprogramme integriert (v. Korn et al. 2005). Die Genauigkeit und Beziehung solcher Ultraschalldaten zum tatsächlichen Befund ist letztlich jedoch begrenzt, sodass diese Technik meist nur als Hilfsmittel zur Bestimmung der Schlachtleistung herangezogen wird. Auch ist zu berücksichtigen, dass die Ultraschallmessungen die Arbeitszeit von Zuchtwarten auf den Betrieben erfordert.

Ziel der **Stationsprüfung** ist es, die wirtschaftlich bedeutsamen Kriterien der Mast- und Schlachtleistung unter standardisierten Fütterungs- und Haltungsbedingungen zu erheben. Vorteilhaft dabei ist die exakte Erfassung von Merkmalen, die – im Gegensatz zu den Feldprüfungen auf den Betrieben – nicht durch unterschiedliche Betriebsverhältnisse beeinflusst wird. Auch können auf einer Station Kriterien gemessen werden, deren Erhebung im Feld kaum zu organisieren ist (z. B. Schlachtwerte). Nachteilig sind dagegen die hohen Prüfkosten und der recht geringe Prüfumfang der Stationsprüfung.

Nachdem in den vergangenen 10 Jahren fünf Prüfanstalten für Schafe ihre Arbeit eingestellt haben, gibt es derzeit (2014) in Deutschland noch sieben solcher Mastprüfungsanstalten (MPA): Laage (Mecklenburg-Vorpommern), Groß-Kreutz (Brandenburg), Iden (Sachsen-Anhalt), Schöndorf (Thüringen), Neumühle (Rheinland-Pfalz, auch für Hessen), St. Johann (Baden-Württemberg), Grub (Bayern). Jährlich durchlaufen ca. 1000 Lämmer diese Stationen.

Auf Prüfstationen werden i. d. R. Nachkommen oder Halbgeschwister der zu prüfenden Zuchtböcke eingestallt, da andernfalls zur Erfassung der Schlachtleistung der Zuchtbock selber geschlachtet werden müsste. Dazu werden acht männliche Nachkommen (Halbgeschwister) eines möglichen Zuchtbockes bei einem Gewicht von 18 bis 20 kg und einem Alter von sieben bis acht Wochen einer Station angeliefert (Anlieferungsgewicht und -alter können zwischen den einzelnen Stationen variieren), wo folgende Merkmale erhoben werden:

- Durchschnittliche tägliche Zunahme bei Kraftfutter ad libitum im Gewichtsabschnitt von 20 bis 42 kg (Landschafe 20 bis 30 kg).
- Futterverwertung als Futterenergieaufwand (MJ ME) pro kg Gewichtszunahme.
- Von mindestens fünf der acht Halbgeschwister werden folgende Schlachtparameter erhoben:
  - Bewertung des Schlachtkörpers unter Berücksichtigung der Fleischfülle und der Verfettung nach einem DLG-Punkte-Schema,

- Schlachtausbeute (Anteil des Schlachtkörpergewichtes am Nüchterungsgewicht),
- Gewicht des Nieren-Beckenhöhlen-Fettes,
- Fläche des Rückenmuskels zwischen 5. und 6. Rippe,
- zusätzlich ggf. auch Teilstückgewichte und Schlachtkörpermaße.

Bocklämmer, die während der Prüfmastperiode überdurchschnittliche Leistungen zeigten und keine Konstitutions- und Erscheinungsmängel aufweisen, können als eigenleistungsgeprüft den Züchtern zurückgegeben werden (kombinierte Nachkommen- und Eigenleistungsprüfung). Aus Kosten- und Hygienegründen ist dies aber nicht bei allen Stationen möglich.

Die Ergebnisse der Mastprüfungsanstalten sind getrennt nach Rassen und Stationen in Tab. 6 aufgeführt. Unterschiedliche Haltungsbedingungen (Einzel- oder Gruppenhaltung, Einstreu oder Lochblechboden), Gruppenzusammensetzungen und Fütterungsbedingungen machen die Ergebnisse verschiedener Stationen noch nicht voll vergleichbar. Zuchtverbände und Prüfstationen arbeiten jedoch an einer weiteren Vereinheitlichung der Prüfungskonditionen.

Die Leistungsentwicklungen weisen bei allen Rassen während der vergangenen Jahre/Jahrzehnte kontinuierliche Steigerungen auf.

Tab. 6: Ergebnisse der Nachkommenprüfungen in den Mastprüfungsanstalten St. Johann (Baden-Württemberg-BW), Grub (Bayern – BY) und Iden (Sachsen-Anhalt – SA) 2013

Rassen und Stationen	Anzahl Prüfgrp.	Prüfdauer (Tage)	Alter bei Prüfbeginn (Tage)	Tgl. Zunahme im Prüfabschnitt (g/Tag)	Nährstoffverbrauch (MJ ME/kg)	Schlachtausbeute* (%)	Nierenfettmenge (g)	Rückenmuskelfläche (cm^2)
Merinolandschaf								
BW	32	55	48	438	31,6	52,1	207	18,0
BY	168	47	54	452	32,7	47,4	205	15,3
SA	13	48	46	433	38,0	46,5	140	–
Schwarzköpf. Fleischschaf								
BW	8	49	52	445	32,9	51,6	118	18,9
BY	23	48	58	478	31,9	48,7	235	15,1
SA	16	48	47	492	33,0	46,3	107	–
Suffolk								
BW	16	48	60	468	31,2	52,5	189	18,1
BY	8	43	57	498	31,5	48,8	157	18,8

* St. Johann (BW): Berechnung der Schlachtausbeute mit Kopf

Informationen über die Fleischleistung eines Bockes sind den Katalogen der Kör- und Absatzveranstaltungen gemäß den in Tab. 5 und Abb. 25 gegebenen Erläuterungen zu entnehmen.

Da durch die großen Nachkommengruppen (8 Lämmer) zur Prüfung eines Bockes die Prüfungskapazitäten schnell ausgelastet sind, gibt es Bestrebungen, die Nachkommenprüfung stärker durch die Eigenleistungsprüfung zu ersetzen. Die Schlachtleistung der Zuchttiere müsste dann über die Bewertung am Lebendtier, die Ausschlachtung von Geschwistern oder den Einsatz technischer Hilfsmittel (Ultraschall, siehe Feldprüfung) erfolgen.

Wollleistungs- und Fellqualitätsprüfung

Die Wollleistungsprüfung umfasst die Merkmale Ausgeglichenheit, Farbe und Feinheit, die am Tier anhand einer Notenskala von 1 (sehr schlecht) über 5 (durchschnittlich) bis 9 (ausgezeichnet) z. B. auf einer Körveranstaltung beurteilt wird. Darüber hinaus werden Wolllänge, Dichte sowie Wollfehler festgestellt (siehe auch Kap. 10.4.4 Beurteilung der Wolle). Für die Gesundheit des Schafes sind vor allem ausreichende Wolldichte und eine gute Bewollung von Bauch und Oberarm wichtig.

Milchleistungsprüfung

Die Milchleistungsprüfung wird gemäß der Verordnung über Leistungsprüfungen und Zuchtwertfeststellung bei Schafen und Ziegen sowie den Vorgaben des International Committee for Animal Recording (ICAR) durchgeführt. Dabei ist die 150 Tage-Leistung aus mindestens 5 über die Laktation verteilten Milchkontrollen zu errechnen. In Deutschland kommt dabei vorwiegend die Durchführungsmethode D zur Anwendung, wobei nur ausgewählte Tiere einer Herde über eine Laktation (meist 2. Laktation) geprüft werden. Diese Methode ist sehr flexibel, da der Betriebsleiter oder ein amtlicher Probennehmer die Milchkontrolle durchführen kann und die Milchschafe auch während der Säugephase geprüft werden können. Die Lämmer müssen dann jedoch 12 Stunden vorher weggesperrt sein. Alternativ wird auch die Methode A (amtlicher Test der Gesamtherde) in Anspruch genommen. Die Leistungsprüfung soll die Milchleistung des Ostfriesischen Milchschafs sowie des Lacaune in Deutschland fördern.

5.2.6 Bestimmung und Erfassung äußerer Merkmale

Die äußerlich erkennbaren Merkmale können beschrieben oder bewertet werden.

Bei der **Beschreibung** werden unabhängig vom Zuchtziel Einzelheiten zu Typ und Körperform sowie verschiedene Wollmerkmale am lebenden Tier festgehalten. Die Körperform wird – wie es meist auf Absatzveranstaltungen üblich ist – in einem Rechteckschema notiert, wobei das Rechteck den Körper des Schafes vereinfacht darstellt. Wie Abb. 27 zeigt, können darauf zahlreiche beschreibende Zeichen eingetragen werden. Davon abweichend bedient man sich in Süddeutschland etwas abgewandelter Zeichen, die in einer Umrisszeichnung eines Schafes eingetragen werden.

Typ und Körperform können auch anhand eines Punktesystems mit einer Punkteskala von 1 bis 9 beschrieben werden. Die Beschreibung nach Punkten sollte linear erfolgen, da so die Bezifferung exakte und nachvollziehbare Auskunft über die Merkmalsausprägung gibt (z. B. Merkmal Körpergröße 1 = sehr klein, 5 = durchschnittliche Körpergröße, 9 = sehr groß). Die wesentlichsten Merkmale zur Beschreibung von Typ, Körperform und Wolle sind in Abb. 28 aufgeführt.

Die Wolleigenschaften selbst sind in Kap. 10.4.3 näher beschrieben.

Eine **Bewertung** äußerer Merkmale orientiert sich – im Gegensatz zur Beschreibung – am Zuchtziel. D. h. Tiere, die dem Zuchtziel bestens entsprechen, erhalten die höchsten Noten. Auf der Notenskala von 1–9 wird also ein Schaf(-bock) mit einer rassetypischen Körpergröße in diesem Merkmal mit 8 oder 9 bewertet (= gut bzw. ausgezeichnet), während bei der *Beschreibung* nur übergroße Tiere diese Noten erhalten.

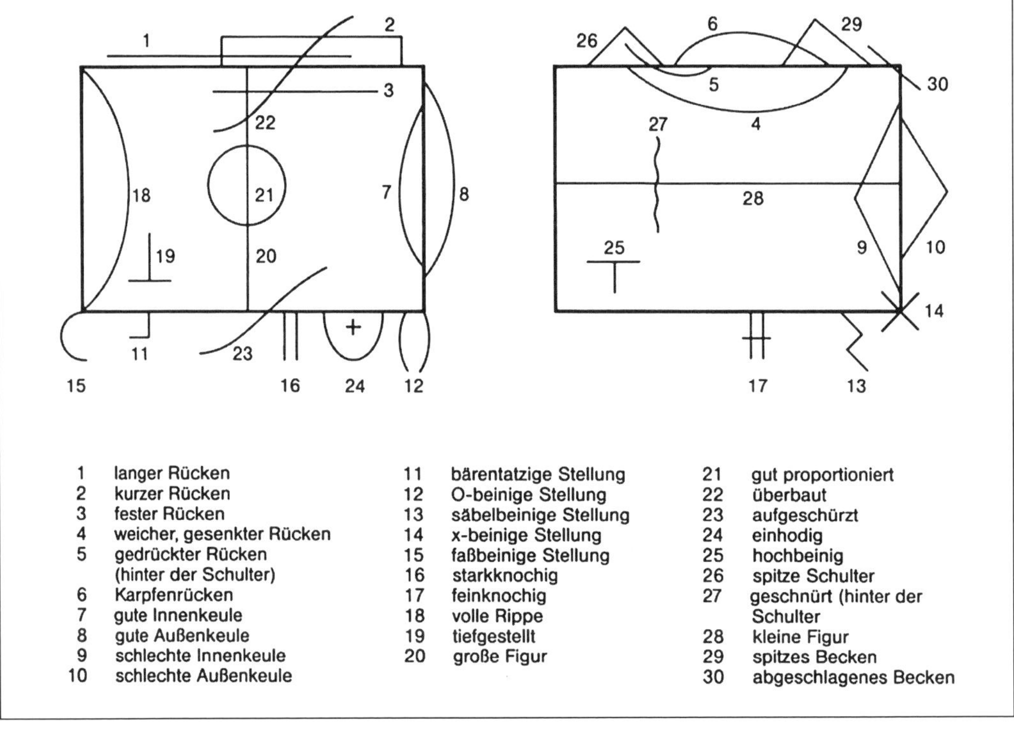

Abb. 27. Die Beurteilung von Schafen nach dem Rechteckschema.

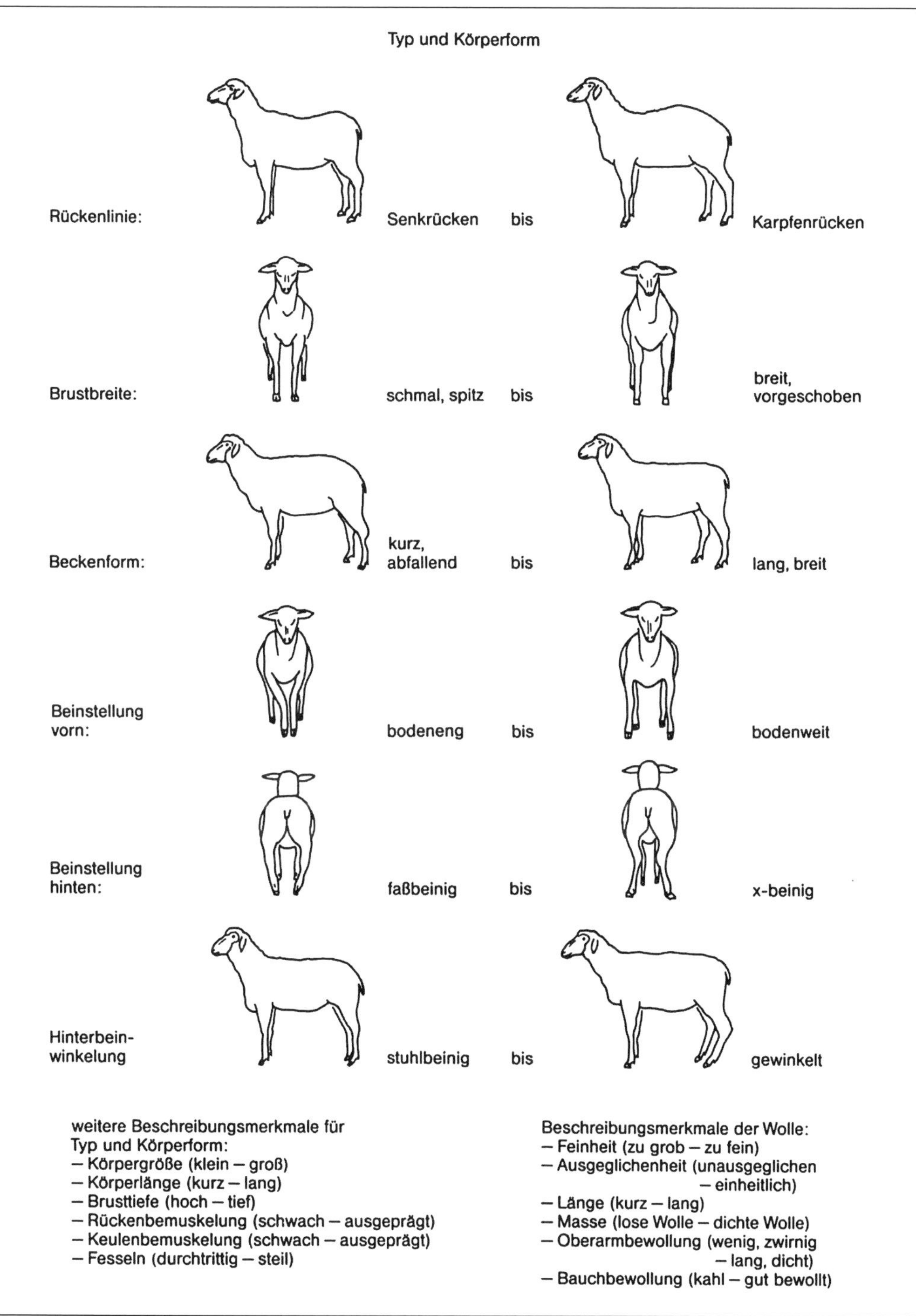

Abb. 28. Merkmale zur Beschreibung von Typ und Körperform sowie der Wolle.

Für die biometrisch-statistische Verrechnung im Rahmen der Zuchtarbeit kommt der linearen Beschreibung der Exterieurmerkmale die größte Bedeutung zu.

Eine Beurteilung (Beschreibung oder Bewertung) von Zuchttieren sollte letztlich nicht als Fehlersuche verstanden werden, sondern vielmehr das Gesamterscheinungsbild erfassen. Ein erfahrener Züchter wird einen Zuchtbock auch mit leichten Fehlern nicht ablehnen, wenn dieser seiner Herde andere wertvolle Eigenschaften bringt und die geringen Mängel des Bockes die Leistungsfähigkeit seiner Herde nicht beeinträchtigen.

5.2.7 Feststellung des Zuchtwertes

Der Zuchtwert (auch Index genannt) wird anhand der Ergebnisse aus den Leistungsprüfungen festgestellt und beschreibt die erblich bedingte wirtschaftliche Leistungsfähigkeit eines Bockes. Wenn auch die Feststellung des Zuchtwerte nach dem heute gültigen Tierzuchtgesetz nicht mehr Voraussetzung für männliche Zuchttiere ist, so ist in diesem Wert doch weiterhin die umfassendste Grundlage für die Zuchtauswahl sowie für eine effektive Beratung und Information der Schafhalter zu sehen.

Die Ermittlung des Zuchtwertes befindet sich in der Schafzucht derzeit im Umbruch. So wird der bisher angewandte Selektionsindex seit dem Jahr 2014 durch das BLUP-Zuchtwertschätzverfahren abgelöst.

Da aber bei einigen Rassen, deren Datengrundlage für die BLUP-Zuchtwertschätzung nicht ausreicht, der sogenannte Selektionsindex noch kalkuliert wird, soll dieser nachfolgend noch erläutert werden:

a) Erhebung von Leistungsdaten im Rahmen der Leistungsprüfung (Feld, Station, Eigenleistungs- u./o. Nachkommenprüfung) für die Merkmale
   - Fleischleistung: Wachstumsleistung, Schlachtkörperwert,
   - Milchleistung: (nur bei Milchschafen anstatt der Fleischleistung) Fettmenge (Milch),
   - Zuchtleistung: nur in einigen Zuchtgebieten in der Indexberechnung: Ablamm- und Aufzuchtergebnis,
   - Wollqualität: Feinheit, Farbe, und Ausgeglichenheit.

b) Korrektur der Merkmale der Fleischleistungen, um die nicht genetischen Einflüsse auf die Leistungen eines Bockes auszuschalten. So sollten mindesten Unterschiede im Alter und Geburtstyp ausgeglichen werden.

c) Berechnung von Leistungsabweichungen in den gemessenen Merkmalen von einem Vergleichsmittel. Das Vergleichsmittel entspricht der durchschnittlichen Leistung der gleichzeitig geprüften Böcke.

d) Gewichtung der o. g. Leistungsabweichungen mit genetisch-ökonomischen Faktoren, in denen folgende Parameter berücksichtigt werden:
   - die Heritabilität (Erblichkeit); die Zucht auf hoch erbliche Merkmale ist erfolgreicher, als die auf weniger erbliche Eigenschaften.
   - die verwandtschaftliche Beziehung der Informanten (Eigenleistung, Nachkommen, Verwandte) und die Prüfmethode; Ergebnisse von Nachkommenprüfungen auf Station(größere Anzahl) haben beispielsweise einen höheren Informationswert als lediglich die subjektive Bewertung der Bemuskelung im Rahmen der Eigenleistungsprüfung im Feld.
   - der wirtschaftliche Wert eines Merkmals, der sich aus dem jeweiligen Zuchtprogramm ergibt; z. B. hat die Fleischleistung einen höheren wirtschaftlichen Wert als die Wollleistung.

e) Zusammenfassung der für die einzelnen Merkmalskomplexe errechneten Teilzuchtwerte zu einem Gesamtzuchtwert, der in Indexpunkten ausgedrückt wird. Dieser wird auf der Basis von 100 Punkte und einer Standartabweichung von 20 Punkten berechnet. D. h. unterdurchschnittliche Zuchtwerte weisen einen Zuchtwertindex von unter 100 Punkten auf, überdurchschnittliche mehr als 100 Punkte.

Aufgrund der regional etwas unterschiedlichen Zuchtwertkalkulation sind die ausgewiesenen Zuchtwerteindices jedoch i. d. R. nur innerhalb eines Zuchtgebietes voll vergleichbar.

Mit dem Aufbau einer bundesweit gemeinsamen Herdbuchführung (Programm OVICAP) für fast die gesamte deutsche Schafzucht durch das ViT (Vereinigte Informationssystem Tierzucht in Verden) konnten Abstammungs- und Leistungsdaten aus den verschiedenen Zuchtgebieten so angeglichen und verknüpft werden, dass die Voraussetzung für eine bundesweite Zuchtwertschätzung nach der **BLUP-Zuchtwertschätzmethode** geschaffen war. Mittels der BLUP-Methode (best linear unbiased prediction = beste lineare unverzerrte Schätzung), die sich bei anderen Tierarten bereits bewährt hat und in den Schafländern Australien, Neuseeland und Großbritannien auch schon fester Bestandteil in der Schafzucht ist, können Zuchtwerte besonders genau und sicher geschätzt werden. Die hohe Schätzgenauigkeit ist dadurch gegeben, dass

- die Leistungsdaten aller verfügbaren verwandten Tieren mit einbezogen werden (Nutzung des gesamten Pedigrees auch über das Zuchtgebiet hinaus)
- und alle relevanten und dokumentierten Umwelteffekte (Geburtstyp, Alter, Jahr, Saison, Betrieb, ...) gleichzeitig geschätzt und damit berücksichtigt werden.

Dabei ist auch hier die Genauigkeit der Zuchtwertschätzung umso höher, je mehr Eigen- und Verwandtenleistungen vorliegen. So kann nun auch der Zuchtwert eines Jungbockes durch Einbeziehung des Pedigrees ohne Eigenleistung geschätzt werden (bei begrenzter Genauigkeit).

Die Zuchtwerte werden als sogenannte Relativzuchtwerte (wie beim Selektionsindex auf der Basis von 100 Punkten und einer Standardabweichung von 20 Punkten) kalkuliert. Damit sind nun für die folgenden 8 wirtschaftlich bedeutenden Merkmale (Wenzler 2014) staatlich anerkannte Zuchtwerte vorgesehen:

Reproduktion (R)	Anzahl geborener Lämmer
Exterieur (E)	Wollqualität, erfasst bei der Herdbuchaufnahme oder Körung
	Bemuskelung, erfasst bei der Herdbuchaufnahme oder Körung
	Äußere Erscheinung, erfasst bei der Herdbuchaufnahme oder Körung
Fleischleistung (F)	Tägliche Zunahme, erfasst in den Betrieben
	Ultraschall Fettdicke, erfasst in den Betrieben
	Ultraschall Muskeldicke, erfasst in den Betrieben
Mütterlichkeit (M)	Mütterlichkeit bzw. Säugeleistung anhand des 42-Tagegewichts der Lämmer (derzeit nur bei ausgewählten Rassen in Bayern)

Ergebnisse der Mast- und Schlachtleistungsprüfung auf Station werden erst in den Folgejahren in die Zuchtwertschätzung einbezogen.

Züchter und Käufer können die Zuchtwerte den Zuchtbescheinigungen, dem Arbeitsblatt aus dem Herdbuchprogramm und den Katalogen entnehmen. Neuerdings auch online im OviCap-Züchtermodul. Dort werden auch die Sicherheit der Zuchtwerte und die Anzahl der ihnen zugrunde liegenden Informationen ausgewiesen.

In der Schafzucht ist die Vergleichsstruktur für eine Zuchtwertschätzung nicht optimal, da eng verwandte Tiere (Nachkommen eines Bockes) i. d. R. nur innerhalb der gleichen Herde zu finden sind (Wilkens und Ruten 2013). Damit ist es schwierig zu differenzieren, ob eine überlegene Leistung des Bockes bzw. seiner Nachkommen durch seine erbliche Veranlagung oder durch die guten betrieblichen Verhältnisse zu erklären ist. Je breiter aber verwandte Tiere über verschiedene Herden verteilt sind und je mehr nicht verwandte Tiere innerhalb der Herde zu finden sind, desto mehr Vergleichsmöglichkeiten sind gegeben.

Eine noch recht neuartige Methode zur Prüfung der erblichen Veranlagung ist die **Genomische Zuchtwertschätzung**. Dabei wird geprüft, an welchen Stellen im Genom die DNA (Erbstrang) welche Bausteine (Basen) aufweist und bei welcher Basenkonstellation einzelne Leistungsmerkmale besonders ausgeprägt sind. So kann also direkt aus einem Gewebematerial (meist Blutprobe) auf die Leistungsveranlagung eines Tieres geschlossen werden. In der Milchrinderzucht ist diese Methode bereits fest in die Zuchtprogramme integriert. In der Schafzucht sind Länder wie z. B. Australien und Neuseeland dabei diese Methode zur Anwendungsreife zu bringen. Auch in Frankreich wird für die Zucht der Lacaune-Milchschafe die Genomische Selektion entwickelt. Ein dafür erforderlicher Untersuchungschip wurde mit der Fa. Illumina bereits entwickelt (50K SNP Chip), der für verschiedene Rassen verwendbar ist. In der deutschen Schafzucht ist eine verbesserte Zuchtwertschätzung mittels der Genomischen Selektion für quantitative Merkmale (Fruchtbarkeit, Fleisch-, Milch-, Wollleistung) vorerst nicht zu erwarten, da hier noch diverse Voraussetzungen fehlen (Testherden, Forschungsarbeiten, ...).

Sogenannte qualitative Merkmale, die nur durch ein oder wenige Gene bestimmt sind, lassen sich jedoch durch Untersuchungen am Genom bereits feststellen. So ist die Analyse möglich von

- diversen **Erbfehlern** wie
  - Spider Lamb Syndrom (SLS) bei Suffolk und Hampshire-Schafen,
  - Mikrophthalmie (MO, Kleinäugigkeit) bei Texel-Schafen.
- **Resistenzgenen** wie das
  - Prionproteingen – Scrapie Resistenz-Test (siehe Kap. 5.2.8) oder
  - Moderhinke- und Endoparasiten-Resistenzgene.
- bestimmte **Leistungsgene** wie das
  - Boorola-Gen (Fruchtbarkeitsgen, dass eine höhere Wurfgröße bewirkt) oder
  - Doppellendergen (überdurchschnittliche Muskelfülle).

Solche Einzelgentest werden von verschiedenen Unternehmen (z. B. Agrobiogen) angeboten.

5.2.8 Zucht auf Scrapie-Resistenz

Die Scrapie-Erkrankung (siehe Kap. 13.6) wird von einem krankmachenden Eiweißkörper (Prionprotein) verursacht. Im Gegensatz zur verwandten BSE-Erkrankungen des Rindes konnten beim Schaf Genotypen mit unterschiedlichen Resistenzgraden gefunden werden. In Folge dessen wurde zwischen 2001 und 2005 die Zucht auf Scrapie-Resistenz von der EU verpflichtend eingeführt. Zwar konnte auf diese Weise die Resistenz-Genotypen in den Schafzuchten deutlich erhöht werden, jedoch wurden so auch viele wertvolle Zuchten dezimiert, da in der Zucht meist nur noch Zuchttiere mit den hohen Resistenz-Genotypklassen G1 und G2 (siehe Tab. 8) eingesetzt bzw. zugelassen waren. Das EU-Recht wurde heute (2015) jedoch von der verpflichtenden Anwendung zur Freiwilligkeit verändert, womit aber auch die Bezuschussung der Genotypisierung von Schafen entfällt.

Bisher wurden fünf verschiedene für das Scrapie-Risiko bedeutsame Genvarianten (=Allele) des PrP-Gens identifiziert. Die Bezeichnungen der Allele ergeben sich aus den Aminosäuren auf Chromosom 13 an den Positionen 136, 154 und 171 des Prionproteins (siehe Tab. 7).

Das ARR-Allel steht für hohe Scrapie-Resistenz, das VRQ-Allel für die höchste Scrapie-Empfänglichkeit. Da ein Chromosom aus zwei DNS-Strängen aufgebaut ist, besitzt ein Schaf immer zwei Allele, die den Genotyp bestimmen. Gemäß des Berichtes des Bundeslandwirtschaftsministerium (BMELV 2015) wurden in Deutschland von 2001 bis Mitte 2015 229 Scrapie-Fälle diagnostiziert.

Tab. 7: Identifizierte Allele der Scrapie-Resistenz.

	Position des Prionproteins (PrP)			Allel	Resistenz
	136	154	171		
Aminosäure	Alanin (A)	Agninin (R)	Arginin (R)	ARR	hoch
	Alanin (A)	Histidin (H)	Glutamin (Q)	AHQ	↓
	Alanin (A)	Arginin (R)	Histidin (H)	ARH	
	Alanin (A)	Arginin (R)	Glutamin (Q)	ARQ	
	Valin (V)	Arginin (R)	Glutamin (Q)	VRQ	gering

Tab. 8: Die Resistenzlage der Scrapie-Genotypklassen

Genotypklasse	PrP-Genotyp	Resistenz
G1	ARR/ARR	sehr hoch
G2	ARR/AHQ	
	ARR/ARH	hoch
	ARR/ARQ	
G3	AHQ/AHQ	
	AHQ/ARH	
	AHQ/ARQ	mittel
	ARH/ARH	
	ARH/ARQ	
	ARQ/ARQ	
G4	VRQ/ARR	gering
G5	VRQ/ARH	
	VRQ/AHQ	am geringsten
	VRQ/ARQ	
	VRQ/VRQ	

6 Management auf dem Schafbetrieb

Auf dem Schafbetrieb werden an den Schäfer hohe Anforderungen zur Gestaltung eines reibungslosen Produktionsablaufes gestellt. Hier bedarf es vor allem fundierter Kenntnisse und Erfahrungen in der Auswahl von Zuchttieren sowie in den alltäglichen praktischen Maßnahmen.

6.1 Dokumentation

Jeder Schafhalter sollte die Vorkommnisse (Ablammungen, Abgänge, usw.), Abstammungs- und Leistungsdaten regelmäßig und systematisch notieren! Erst eine solche Dokumentation ermöglicht einen Überblick über Entwicklung und Stand der Herdenleistung (Produktionskontrolle, Optimierungsansätze) und liefert erforderliche Entscheidungsgrundlagen für Selektion und Herdenmanagement. Dabei sollten in einem **Stallbuch** folgende Informationen festgehalten werden:

- Nummer des Mutterschafes, des Vaters und der Mutter
- Geburtsdatum, zumindest Geburtsjahr
- Nummer des Deckbockes und dessen Rasse bei Kreuzungen
- Dauer und Datum der Bockzuteilung
- Datum der Ablammungen
- Geschlecht, Verwendung und ggf. Abgangsursachen der Lämmer
- Behandlungsmaßnahmen
- Zwischenlammzeit und Erstlammalter (optional)
- Wollleistung nach erster Jahresschur (optional)

Darüber hinaus ist in einem **Weidebuch** die Dokumentation der Weideführung (wann welche Flächen mit welchen Tieren beweidet wurden) zu empfehlen. Für einen Herdbuchbetrieb ist ein großer Teil der Datendokumentation obligatorisch. Gemäß EU-Verordnung wird heute auch die Führung eines **Bestandregisters** (siehe Abb. 29) vorgeschrieben. Teil A umfasst Angaben zum Betrieb, Teil B beinhaltet Angaben zum Verbringen von Schafen und in Teil C müssen nach Einführung der elektronischen Kennzeichnung alle gekennzeichneten Schafe dokumentiert werden (Überprüfung im Rahmen von Cross-Compliance-Kontrollen). Entsprechende Vordrucke sind bei den Verbänden oder Veterinärämtern zu erhalten.

Nach der Viehverkehrsordnung ist eine regelmäßige Dokumentation des Tierbestandes vorgeschrieben. Jeweils zu Jahresbeginn ist der aktuelle Schafbestand als **Stichtagsmeldung** an ein Zentralregis-

Bestandsregister (ViehVerkV vom 3. März 2010, § 37 Abs. 1 und Anlage 11)

für Schafe ☐ **A. Angaben zum Betrieb** für Ziegen ☐ Seite ....

Name:		Nutzungsart:			Gesamtzahl am Stichtag:	1. Januar....................	
Anschrift:		☐ Zucht	☐ Milch	☐ Mast		Schafe:	Ziegen:
Registriernummer nach § 15 oder § 26 Abs. 2:	0 8				bis 9 Monate		
					10-18 Monate		
					ab 19 Monate		

B. Angaben zum Verbringen von Schafen und Ziegen[1)]

Lfd. Nr.	Datum des Zugangs oder des Abgangs	Zugang	Abgang		Kennzeichen des Tieres oder der Tiere[3)]	Anzahl	Bemerkungen[2)]
		Name und Anschrift oder Registriernummer des vorherigen Tierhalters	Name und Anschrift oder Registriernummer des Übernehmers	Name und Anschrift oder Registriernummer des Transportunternehmers, Kfz-Kennzeichen des Transportmittels			
1	2	3	4	5	6	7	8

Hinweise zum Führen des Bestandsregisters für Schafe und Ziegen (Teil A und Teil B)

Teil A:

- Angaben zum Betrieb:
  - Name, Anschrift und Registriernummer des Betriebes
  - Nutzungsart, Mehrfachnennungen möglich
  - Gesamtzahl an Schafen zum 1. Januar eines Jahres bzw. Gesamtzahl an Ziegen zum 1. Januar eines Jahres

Teil B:

- Angaben zum Verbringen von Schafen und Ziegen:
  - Bei Verbringungen (Zugang und Abgang) ist das Datum in Spalte 2 und das Kennzeichen des Tieres oder der Tiere in Spalte 6 zu erfassen. Name, Anschrift oder die Registriernummer des vorherigen Tierhalters ist bei einem Zugang in Spalte 3 einzutragen. Bei einem Abgang ist in der Spalte 4 Name, Anschrift oder die Registriernummer des Übernehmers zu erfassen.
  - Beim Abgang bzw. Verkauf von Schafen bzw. Ziegen mit weißer Betriebskennzeichnung wird zudem in Spalte 7 die Anzahl der Tiere der jeweiligen Lieferung mit deren Betriebskennzeichnung (Spalte 6) festgehalten.
  - Bei Tieren mit individueller Kennzeichnung (gelbe Ohrmarken) sind die entsprechenden Tiere mit ihren Kennzeichen einzutragen.
  - Verendungen von Zukaufstieren können im Teil B unter Bemerkungen (Spalte 8) eingetragen werden. Nachweise können auch durch Abholscheine der Tierkörperbeseitigungsanstalten erbracht werden, sofern dort alle erforderlichen Angaben enthalten sind.
  - Die vorgeschriebenen Eintragungen zum Verbringen von Schafen und Ziegen (Abgang bzw. Zugang) können entfallen, wenn dem Bestandsregister jeweils Originale oder Kopien der Begleitpapiere in chronologischer Reihenfolge und durchnummeriert beigefügt sind, sofern alle geforderten Angaben enthalten sind.

Abb. 29 Bestandsregister des LKV Baden-Württemberg.

Zur Dokumentation der Anwendung von Arzneimitteln ist der vom behandelnden Tierarzt ausgestellte „Abgabe- und Anwendungsbeleg" aufzubewahren. Die jeweilige Anwendung der Medikamente ist im Bestandsbuch einzutragen, das auch elektronisch geführt werden kann, einschließlich der genauen Identität des behandelten Tieres beziehungsweise der Tiergruppe sowie der für diese Anwendung geltenden Wartezeit. Diese Dokumentationspflicht gilt auch für apothekenpflichtige Medikamente, die nicht über den Tierarzt bezogen wurden, zum Beispiel homöopathische Arzneimittel.

Seite ....

Name:		Registriernummer nach § 15 oder § 26 Abs. 2:	0	8										

C. Angaben zu im Betrieb geborenen und/ oder verendeten Schafen und Ziegen[4)]

Lfd. Nr.	Kennzeichen des Tieres	Geburtsjahr	Datum der Kennzeichnung	Rasse	Genotyp, soweit bekannt	Tod [5] (Monat und Jahr)	Ersatzkennzeichen	Bemerkungen
1	2	3	4	5	6	7	8	9

4) Ersatz der Angaben durch Vorlage des Zuchtbuches mit diesen Angaben möglich.
5) Ersatz der Angaben durch Beifügen des Lieferscheins der Tierkörperbeseitigung möglich.

D. Angaben im Fall der Überprüfung

Datum der Überprüfung:	Zuständige Behörde:
	Unterschrift des Vertreters der zuständigen Behörde:

Hinweise zum Führen des Bestandsregisters für Schafe und Ziegen (Teil C und Teil D)

Das Bestandsregister ist nach Art. 5 der VO (EG) Nr. 21/2004 stets auf dem aktuellen Stand zu halten und muss der Anlage 11 der ViehVerkV entsprechen. Das umseitige Muster ist als Kopiervorlage verwendbar.

Das Bestandsregister muss chronologisch aufgebaut und mit fortlaufenden Seitenzahlen versehen sein. Es kann in gebundener Form, als Loseblattsammlung oder elektronisch geführt sein. Die Eintragungen sind unverzüglich nach Ausführung der aufzeichnungspflichtigen Tätigkeiten in dauerhafter Weise vorzunehmen. Die Bestandsregister sind für die Zeit ihrer Verwendung und danach mindestens drei Jahre aufzubewahren. Die Frist beginnt mit dem 31. Dezember des Jahres in dem die letzte Eintragung gemacht wurde.

Angaben zum Betrieb: Name, Anschrift und Registriernummer des Betriebes

Teil C:
- Angaben zu im Betrieb geborenen und/oder verendeten Schafen und Ziegen:
  - Erfassung der Alttiere: Zuchtschafe und –ziegen mit Betriebskennzeichnung werden erfasst (Spalte 2 und 3), keine Umkennzeichnung der Alttiere
  - Im Bestand geborene Lämmer sind spätestens mit 9 Monaten oder vor dem Verbringen aus dem Betrieb mit den erforderlichen Angaben ins Bestandsregister einzutragen:
    - Schafe und Ziegen, die älter als 12 Monate werden, sind mit den individuellen Ohrmarken einzutragen.
    - Schafe und Ziegen, die bis zu einem Alter von 12 Monaten im Inland geschlachtet werden, sind mit der Bestandskennzeichnung in Spalte 2 einzutragen. Für alle ab 1.1.2008 geborenen Tiere muss zusätzlich das Datum der Kennzeichnung (Spalte 4) erfasst werden. Ggf. wird in Spalte 5 die Rasse und in Spalte 6 der Genotyp, soweit bekannt, eintragen.
    - Soweit die Angaben identisch sind, können mehrere Tiere in einer Zeile zusammengefasst werden.
  - Die Daten verendeter Tiere werden mit dem Todesdatum (Spalte 7) ergänzt. Bei verendeten Schafen und Ziegen mit Betriebskennzeichnung wird das Kennzeichen (Spalte 2), das Todesdatum (Spalte 7) und die Anzahl der Tiere mit dem jeweils gleichen Betriebskennzeichen (Spalte 9) eingetragen. Nachweise können auch durch Abholscheine der Tierkörperbeseitigungsanstalten erbracht werden, sofern dort alle erforderlichen Angaben enthalten sind.
  - Verendete Lämmer, die noch nicht gekennzeichnet werden müssen, werden nicht in das Bestandsregister aufgenommen.
  - Für Herdbuchbetriebe kann Teil C durch die Vorlage des Zuchtbuches ersetzt werden, sofern dort alle erforderlichen Angaben enthalten sind.

Teil D:
- Angaben im Fall der Überprüfung:
    - Die Spalten/Felder: Datum der Überprüfung, zuständige Behörde, Unterschrift des Vertreters der zuständigen Behörde müssen zur Verfügung stehen (siehe Mustervorlage Vorderseite)

Rechte Seite:
1 Merinolandschaf-Bock. Die Zucht hat in den letzten Jahren einen relativ rahmigen, z.T. schweren Typ hervorgebracht.
2 Jungbock der Rasse Merinofleischschaf. Trotz der hervorragenden Doppelleistung von Fleisch und Wolle ist die Rasse in den alten Bundesländern nur begrenzt verbreitet, in den neuen Bundesländern jedoch weiterhin von großer Bedeutung.
3 Schwarzköpfiges Fleischschaf in der Koppelhaltung. Bedingt durch seine Widerstands- u. Marschfähigkeit ist es ebenso für die Hütehaltung geeignet.
4 Weißköpfiges Fleischschaf mit Lamm, das vor allem im norddeutschen Küstenbereichen gehalten wird.
5 Suffolk. Seit mehreren Jahren gewinnt diese englische Rasse wegen ihrer guten Mast- und Schlachteigenschaften in Deutschland an Bedeutung.
6 Texelschaf: typisches Koppelschaf, das für seinen hohen Schlachtkörperwertes bekannt ist.
7 Das Blauköpfige Fleischaf "Bleu du Maine" überzeugt durch gute Fleischleistungen.
8 Ile de France-Schaf: großrahmiges Fleischschaf mit sehr feiner Wolle.

ter (HIT-Datenbank) zu melden. Jedes Schaf, das den Bestand verlässt, muss von einem Dokument begleitet sein, ausgestellt vom abgebenden Betrieb und weitergegeben an den aufnehmenden Betrieb. Die sorgfältige Aufbewahrung dieser **Begleitpapiere** beziehungsweise deren Kopien erfüllt die Pflicht zur Dokumentation der Zu- und Abgänge. Die Aufnahme von Schafen aus einem anderen Bestand ist über die eigene Dokumentation hinaus innerhalb von 7 Tagen auch an das Zentralregister zu melden (siehe auch Kapitel 15).

6.2 Kennzeichnung der Schafe

Die Kennzeichnung von Schafen ist aus zwei Gründen erforderlich:

- Einzeltierkennzeichnung als Voraussetzung für die züchterische Entwicklung der Population (Zuchtverband) und der Herde (Zuchtbetrieb) sowie für die praktische Herdenführung und Dokumentation. Nur durch die eindeutige Kennzeichnung der Tiere können in den Zuchtunterlagen tierindividuelle Informationen zugeordnet und der Betriebsprozess überprüft werden.
- Gemäß der Viehverkehrsordnung, um mit Hilfe der Tierkennzeichnung den Seuchengefahren entgegen zu wirken. Grundsätzlich gilt die doppelte Kennzeichnung, davon eine elektronische in Form eines kleinen integrierten Transponders. Üblich ist die Kombination von einer elektronischen Ohrmarke mit einer herkömmlichen **Ohrmarke**, beide gelb mit tierindividueller Nummer. Für zur Schlachtung bestimmte Tiere genügt bis zum Alter von 12 Monaten eine einfache weiße Ohrmarke mit der Betriebsnummer (siehe auch Kap. 15).

Wenn auch die Schafhalter sich lange gegen die **elektronische Kennzeichnung** gewehrt haben, so scheint diese den Anforderungen an eine eindeutige Kennzeichnung doch am besten gerecht zu werden. Sie ermöglicht eine individuelle, automatisch lesbare Identifizierung eines Tieres und die Zuordnung von Daten, wie z. B. Geburts-, Abstammungs- oder Behandlungsdaten. Darüber hinaus können über die elektronischen Kennzeichnungen Schnittstellen zu Herdenmanagementprogrammen hergestellt und damit ein Datentransfer zum Zuchtverband oder weiteren Meldestellen (z. B. der HIT-Datenbank) eingerichtet werden.

Allerdings benötigt man für das Ablesen Lesegeräte, die bis auf 5 bis 12 cm an das Tier herangeführt werden müssen. Beim Einsatz solcher mobilen oder stationären Lesegeräte sollten Lesereichweite, Lesegeschwindigkeit und Übertragungsmöglichkeit auf Managementprogramme geprüft werden. Elektronische Lesegeräte sind nicht zwingend notwendig, da die tierindividuellen Nummern auch mit dem Auge abgelesen werden können.

Bei den elektronischen Kennzeichnungsmöglichkeiten spielen in der Schafhaltung im Wesentlichen drei Systeme eine Rolle:

1

2

3

4

5

6

7

8

1

2

3

4

5

6

7

8

- *Die elektronische Ohrmarke:* Dabei handelt es sich um Ohrmarken, die selbst einen Transponder tragen. Diese sind mit üblicher Zange einfach zu setzen, weisen aber durch Ausreißen höhere Verlustraten auf. Es ist derzeit aber dennoch das praktikabelste elektronische Verfahren für kleine Wiederkäuer, da auch die Rückgewinnung beim Schlachten unproblematisch ist.
- *Fußfessel:* elektronische Fußfesseln sind bei Schafen einfach anzulegen. Diese sind jedoch nicht zugelassen, wenn die Tiere in den innergemeinschaftlichen Handel (EU-Staaten) verkauft werden. Deshalb ist für solche Tiere, die ins EU-Ausland verkauft werden sollen gleich eine Kennzeichnung elektronischer Ohrmarke oder Bolus zu empfehlen.
- *Der Bolus:* Das Setzen eines Bolus (Keramikzylinder) mittels Schlundsonde muss von einer sachkundigen Person (z. B. Tierarzt) durchgeführt werden, da es andernfalls zu Verletzungen oder Totalverlusten kommen kann. Daher ist der Bolus in einigen Bundesländern (noch) nicht erlaubt. Auch ist zu berücksichtigen, dass die Bolusapplikation erst vorgenommen werden kann, wenn der Pansen voll ausgebildet ist und die Tiere ein gewisses Mindestgewicht erzielt haben. Die Kennzeichnung muss hingegen bis spätestens 9 Monate nach Geburt erfolgen.
- *Injektate,* die z. B. in der Schwanzfalte subkutan gesetzt werden, sind aufgrund der hohen Verlustraten und der schwierigen Wiederfindung am Schlachtkörper bei Schafen und Ziegen derzeit noch nicht praktikabel und nicht zugelassen.

Grundsätzlich sind folgdende Kombinationen von Kennzeichnungsmaßnahmen gemäß der Viehverkehrsordnung einsetzbar (siehe Farbtafel 3):
- Zwei Ohrmarken, eine davon elektronisch (mit Transponder)
- Fußfessel ohne Transponder und Ohrmarke mit Transponder
- Fußfessel mit Transponder und Ohrmarke ohne Transponder
- Bolus und visuelle Fußfessel (ohne Transponder)
- Bolus und visuelle Ohrmarke (ohne Transponder)

Das **Tätowieren der Ohren** ist in Kombination mit der elektronischen Ohrmarke oder als zweite Kennzeichnung noch zugelassen (nur bei innerhalb von Deutschland verbrachten Tieren). Bei dieser dauerhaften Kennzeichnung werden Buchstaben oder Zahlen, die aus feinen Metallstiften bestehen, in eine Tätowierzange eingelegt und in die Ohrinnenseite eingedrückt. Die Tätowierfarbe wird anschließend an diesen Stellen einmassiert. Diese Methode ist jedoch vergleichsweise zeitaufwendig und lässt die Kennzeichnung bei pigmentierter Haut nur schwer erkennen. In Herdbuchbeständen erhalten die Lämmer im linken Ohr die Herdbuchnummer der Mutter und ggf. Angaben zum

Linke Seite:
1 Graue gehörnte Heidschnucken sind klein bis mittelgroß. Ihre grobe Wolle wird oft für Teppiche verwendet.
2 Weiße gehörnte Heidschnucken sind kleinrahmig. Sie wurden in Norddeutschland erfolgreich zur Pflege von Heideflächen eingesetzt.
3 Das mittel- bis kleinrahmige, anspruchslose Rhönschaf ist für raue Mittelgebirgslagen gut geeignet.
4 Das Coburger Fuchsschaf hat heute nur noch einen Bestandsumfang von etwa 20 Herden mit gut 1000 Tieren (Sambraus 1989)
5 Das Ostfriesische Milchschaf zeichnet sich durch einen unbewollten schmalen Kopf und einen unbewollten Schwanz aus.
6 Das Weiße Bergschaf hat grobe Wolle, die auch bei hohen Niederschlagsmengen nicht verfilzt.
7 Shropshire-Schafe sind rumpfig und gut bemuskelt. Oft wird die robuste Rasse zur Pflege von Weihnachtsbaumkulturen eingesetzt.
8 Kamerunschafe sind feingliedrig und sehr robust. Sie zeigen ein ausgeprägtes Fluchtverhalten, Koppelzäune sollten hoch genug sein.

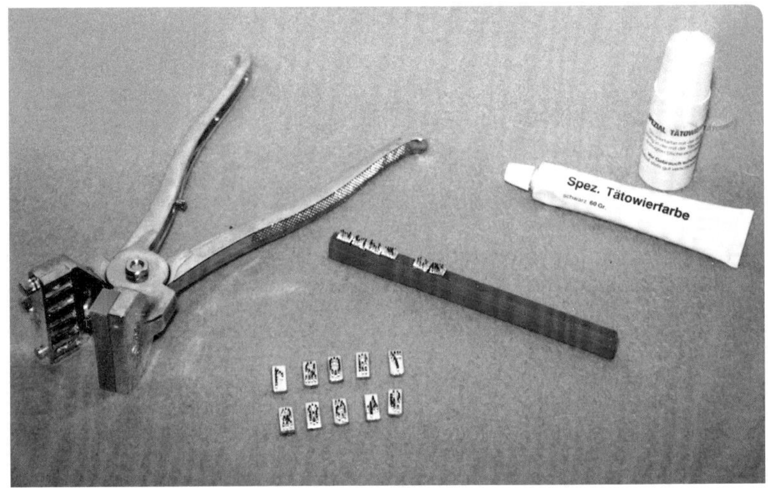

Abb. 30. Tätowierwerkzeug. Von links nach rechts: Tätowierzange, fünfstellig (fasst bis zu fünf Ziffern). Ziffern, aus vielen Nadeln bestehend, werden in die Tätowierzange eingelegt. Ziffernetui, darin werden die Nadelziffern ohne Beschädigungsgefahr aufbewahrt. Tätowierfarbe, die auf die im Ohr eingestanzte Nummer (aus Nadelstichen) gerieben wird. Tätowierstift (Rollball) wird auch zum Einbringen der Tätowierfarbe verwendet.

Geburtsjahr, -typ und der Geburtssaison. Im rechten Ohr wird die eigene Herdbuchnummer eintätowiert.

Weit **sichtbare Fellstempel** bieten sich vor allem nach der Ablammung an, um die Lämmer stets ihren Mutterschafen zuordnen zu können. Dazu werden mit Hilfe von Zahlenstempeln und auswaschbarer Farbe (Siromark) einheitliche Fellnummern auf die Längsseite der Lämmer und ihrer Mutter gedruckt. Diese Identifikation ist jedoch nur begrenzt haltbar (6–10 Wo.) und bei Langwollrassen schwierig. Die Fellkennzeichnung mit Farbstiften oder Farbsprays bietet sich nur zur schnellen Markierung ausgewählter Schafe (Krankheit, Behandlung, Merzung usw.) an und ist nur kurzzeitig haltbar. Sie ist jedoch eine wichtige Managementhilfe in vielen Betrieben.

Das **Kerben der Ohren** nach einem Kerbschlüssel ist heute gemäß § 6 Tierschutzgesetz verboten.

6.3 Herdenmanagementprogramme

Für eine effiziente Datenführung und einen optimierten Produktionsablauf werden heute auch Herdenmanagementprogramme für die Schafhaltung angeboten (z. B. Agrocom, DSP Agrosoft). Diese bieten einen schnellen Überblick über Herden- und Einzeltierleistungen, betriebswirtschaftliche Daten, Analysen (unterstützt durch Grafiken) sowie Hinweise für eine termingerechte Herdenführung. Darüber hinaus können hier alle Maßnahmen (Impfungen, Behandlungen, Parasitenkontrollen, Klauenpflege, ...) dokumentiert werden; so auch die heute aufzeichnungspflichtigen Medikamenteneinsätze, Bestandsgrößen und Flächenbewirtschaftungspläne (siehe Kap. 6.1).

Die Vorteile eines solchen Herdenmanagementprogramms sind aber nur dann zu nutzen, wenn die Daten regelmäßig eingepflegt werden und sich der Anwender in die Programme einarbeitet. Besonders hilfreich sind solche Programme, wenn eine Verbindung zu den Daten der elektronischen Kennzeichnungen (Ohrmarken, ...) geschaffen wird, sodass eine automatisierte Kopplung zwischen Kennzeichnungsdaten und Herdenbewirtschaftungsprogramm besteht (siehe Kap. 6.2) und meldepflichtige Daten über Schnittstellen zu den jeweiligen Zuchtverbänden und behördlichen Einrichtungen (z. B. HIT-Datenbank) hergestellt werden.

Grundsätzlich ist ein systematisch betriebenes Herdenmanagementsystem ein wirksames Instrument zur Sicherung und kontinuierlichen Steigerung des Betriebserfolgs, das der Analyse und Dokumentation interner Prozesse dient, wenig Schreibarbeit und Zettelwirtschaft bedarf und einen schnellen Datenaustausch ermöglicht.

Noch besteht jedoch vielerorts das Grundproblem, dass die Schäfer für die elektronische Betriebsführung bisher kaum Computertechnik eingesetzt haben und die technischen Lösungen zur Erfassung, Speicherung und zum Transfer von Daten in der Schafhaltung wenig bekannt sind.

Die Bereitschaft Herdenmanagementprogramme in der Schafhaltung einzusetzen hängt auch entscheidend von dem hier erforderlichen Service ab. Dabei sind insbesondere die Bereiche Installation, Wartung, Betreuung bei der Einarbeitung und beim Auftreten von Problemen zu nennen.

Vor dem Erwerb eines Herdenmanagementprogramms ist zu empfehlen sich eine Testversion zusenden zu lassen oder downzuloaden, um Praktikabilität und Umgang einschätzen zu können.

6.4 Selektion von Zuchttieren

6.4.1 Auswahl der Zuchtböcke

Kör- und Absatzveranstaltungen bieten beste Gelegenheit, sich einen Überblick über den jeweiligen Zuchtbockjahrgang zu verschaffen. Hier kann der Kaufinteressent vergleichen und unter Berücksichtigung von Abstammung, Zuchtwert bzw. Leistungen, Erscheinungsbild und Wollqualität abwägen, welcher Bock für die eigene Herde am geeignetsten ist. Dabei hilft die Rangierung nach den Kör- und Prämierungsklassen (Ia, Ib, Ic,...; IIa, IIb, IIc,...) die Böcke in ihrem Leistungsbild zu bewerten und zu unterscheiden. Bei der Auswahl eines Zuchtbockes muss sich der Schafhalter Klarheit über die Vorzüge und Fehler seiner Herde verschafft haben, um mit dem neuen Zuchtbock bestimmte Eigenschaften in dem Mutterschafbestand verbessern zu können. Gleichzeitig gilt es zu beurteilen, ob sich ein eventueller leichter Mangel des angestrebten Bockes in der eigenen Herde nachteilig auswirken könnte oder kompensiert werden kann. Nur in den seltensten Fällen ist ein in jeder Hinsicht optimaler Bock zu finden! Da „der Bock die halbe Herde ist", sollte die Zuchtbockauswahl sehr gewissenhaft vorgenommen werden.

Der kaufinteressierte Schafhalter sollte sich nicht nur durch das rahmige Erscheinungsbild und das meist hohe Auftriebsgewicht einzelner Böcke zum Kauf verleiten lassen. Im Hinblick auf die Auktion sind die gekörten und zum Verkauf anstehenden Jungböcke auf dem Zuchtbetrieb durch beste Haltung und hohe Nährstoffversorgung in eine überdurchschnittliche Form gebracht worden, die beim Gebrauchsschafhalter unter weniger optimalen Bedingungen zum Teil stark nachlassen kann.

Gemäß gültigem Tierzuchtgesetz dürfen in Gebrauchsschafherden grundsätzlich auch nicht gekörte Böcke eingesetzt werden. In Zuchtbetrieben ist hingegen nur der Einsatz von Böcken zugelassen, die in einem Zuchtbuch eingetragen sowie gekört sind und damit über eine Zuchtbescheinigung verfügen.

In der Gebrauchsschafhaltungen sollte die kurzfristigen Vorteile aus dem Einsatz selbstgezogener ungekörter Böcke (keine Kosten durch Zuchtbockzukauf, ggf. einfacheres Verfahren) nicht über die damit verbundenen mittelfristigen Nachteile (Böcke ohne Leistungsprüfung garantieren keinen Fortschritt, Kosten für die Bockaufzucht, ggf. vermehrte Verwandtschaftsanpaarungen) hinwegtäuschen. Die Mehrkosten für den Erwerb eines hochwertigen geprüften Bockes fließen durch bessere Schlachtlammqualitäten und gute Nachzuchten bald wieder in die eigene Tasche zurück.

Grundsätzlich sollte bei der Auswahl der Böcke für die Mutterschafe, neben den Leistungskriterien auch geprüft werden, ob Rahmen und Typ miteinander harmonieren und enge verwandtschaftliche Beziehungen (Inzucht) ausgeschlossen sind.

6.4.2 Auswahl weiblicher Schafe

Die Selektion von weiblichen Zuchtlämmern ist gleichermaßen für die Entwicklung der Herde von Bedeutung und hat ebenso sorgsam wie die Bockauswahl zu erfolgen. Bei einer mittleren Nutzungsdauer von 5 Jahren müssen durchschnittlich jährlich etwa 20 % der Mutterschafe durch Mutterlämmer ersetzt werden. Wichtigste Abgangsgründe sind nachlassende Leistungsfähigkeit (etwa ab dem 5. Zuchtjahr), Erkrankungen, schlechte Mütterlichkeit, Zahnausfall (altersbedingt), Wollfehler oder unvermeidbare Verluste. Durchlaufen die zu merzenden Altschafe noch eine abschließende Mastphase, können diese schlachtreif gefüttert und meistens besser verwertet werden.

Zur Verbesserung der Herdenleistung sollte die weibliche Nachzucht von Mutterschafen abstammen, die sich durch hohe Ablamm- und Aufzuchtergebnisse, gute Muttereigenschaften, hohe Gewichtszunahmen bei den Lämmern (bedingt durch hohe Milchleistung), gute Wolleigenschaften und Euterausbildung sowie Langlebigkeit ausgezeichnet haben.

6.5 Klauenpflege

Im Gegensatz zu ursprünglichen Haltungsbedingungen führen heute die Beweidung vorwiegend weicher Böden (Weiden, Stall), die geringere Herdenbewegung, besonders in der Koppelhaltung sowie die vergleichsweise intensive Nährstoffversorgung dazu, dass das Klauenhorn schneller nachwächst als es abgenutzt wird. Um dabei Fehlstellungen der Klauen und das Eindringen von Schmutz und Bakterien zu vermeiden, müssen die Klauen regelmäßig nachgeschnitten werden. Nur so lassen sich Wohlbefinden, Leistungsfähigkeit und Gesundheit der Herde erhalten.

Das Längenwachstum der Klaue beträgt in etwa 1 cm in 2–5 Monaten. Dabei wächst das Wandhorn schneller als das Sohlenhorn. Bei mangelndem Abrieb wächst das Wandhorn über die Sohlenfläche, sodass die typische Tütenform entsteht. Hier kann eine natürlich Klauenkorrektur durch Abbrechen entlang der Knicklinie erfolgen. Schlägt das Klauenhorn nach außen um, entstehen beim Abbrechen Risse, in die Keime eindringen können. Das Missverhältnis zwischen Abnutzung und Hornwachstum führt ohne regelmäßige Klauenpflege zu Formveränderungen und Klauenschäden, deren Korrektur sehr aufwendig, für das Tier häufig schmerzhaft und unter Umständen irreparabel ist. Je nach Rasse und Bodenbeschaffenheit ist ein Pflegeschnitt 1–3-mal im Jahr notwendig. Dieser sollte rechtzeitig vor belastenden Situationen, wie z. B. dem Austrieb auf die Weide erfolgen (Strobel 2009).

Es gibt verschiedene Methoden, um Schafe zur Klauenpflege zu fixieren. Einzeltiere können im Sitzen ausgeschnitten werden. Dabei

Abb. 31. Schafwendebox der Fa. Allié-Agrartechnik GmbH. Die Schafe gelangen aus einem Treibgang in die Wendebox und können hier mühelos zur Klauenbehandlung auf den Rücken gedreht werden.

umfasst die linke Hand den Hals des Schafes, die rechte Hand greift in die Kniefalte. Dann wird das Schaf angehoben und auf den Steiß gesetzt. Es gibt verschiedene Abwandlungen dieser Methode, die z. B. auch das „Umsetzen“ schwerer Schafe problemlos ermöglichen. Sitzend auf einer Hinterbacke mit hängendem Kopf verfällt das Tier in einen fast hypnotischen Zustand, der es für Klauenpflege und Behandlung ausreichend ruhig stellt. Die sitzende Position belastet gerade voll gefressene, hochtragende oder lungenkranke Schafe. Alle Arbeiten sollten daher zügig und nicht an voll gefressenen Schafen durchgeführt werden.

Eine etwas rückenschonendere Methode ist die Verwendung von Ausschneidestühlen, bzw. einem Autoreifen, an den das Schaf rücklings herangeführt und langsam hineingekippt wird.

Für die Herdenbehandlung und die Behandlung in Rückenlage gibt es eine Vielzahl von Klauenpflegeständen, die ab ca. 1800 € zu bekommen sind.

Die besten Werkzeuge sind die, mit denen der Klauenpfleger gut umgehen kann (Strobel, 2009). Dabei kommen Klauenmesser und Klauenscheren mit unterschiedlichen Klingen zum Einsatz. Auch die Anwendung von Winkelschleifern mit feinem Schleifpapier ist bei geübten Klauenpflegern üblich.

Vor dem Klauenschnitt sollte sich jeder den anatomischen Aufbau der Klauen vor Augen halten (siehe Kap. 3.1).

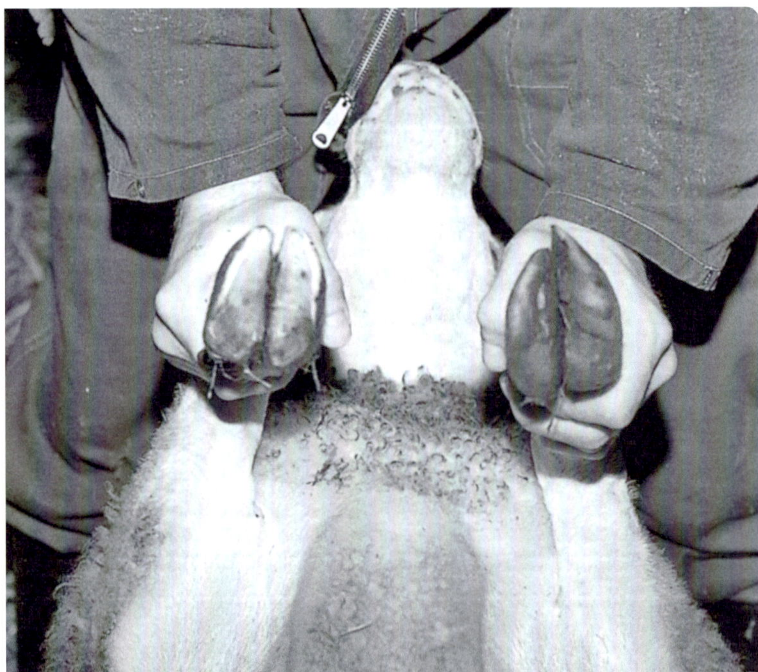

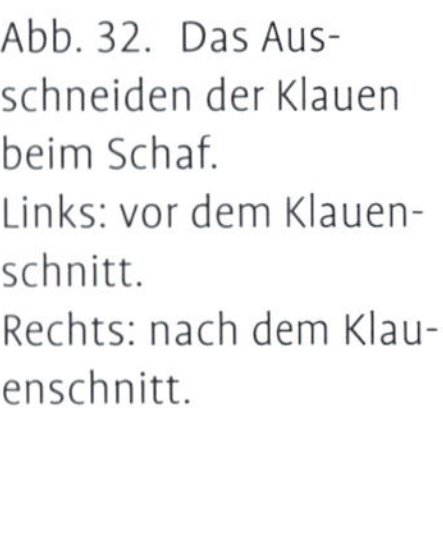

Abb. 32. Das Ausschneiden der Klauen beim Schaf. Links: vor dem Klauenschnitt. Rechts: nach dem Klauenschnitt.

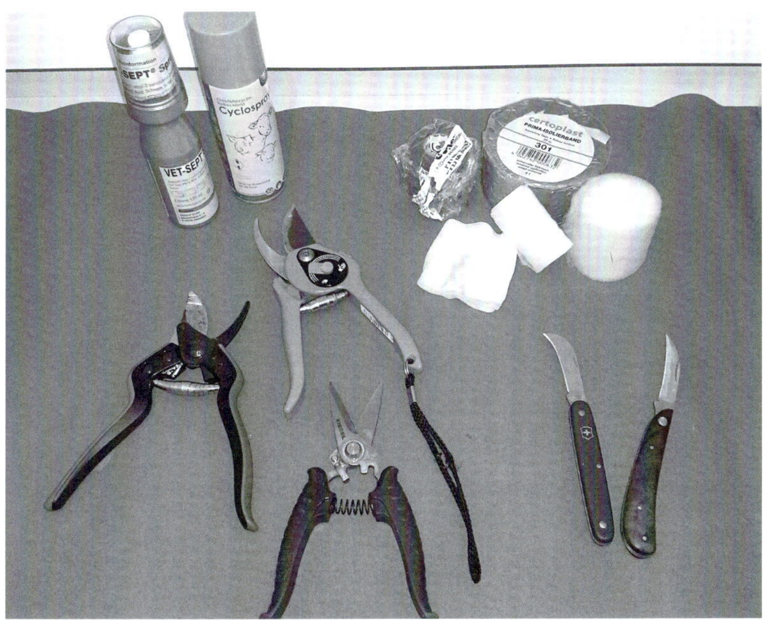

Abb. 33. Klauenpflegeutensilien: Desinfektionsspray und antibiotikahaltiges Wundspray, verschiedene Varianten an Klauenscheren und Messern, sowie Verbandmaterial (Gazetupfer, Watte, Binde, Coflex und teerhaltiges Isolierband).

Der meist überlappende Tragrand muss auf die Höhe der Klauensohle zurückgeschnitten werden. Die Innenseite der Klauen ist etwas anzuschrägen, damit der in den Zwischenklauen eingetretene Schmutz beim Laufen wieder herausfallen kann. Die Klauenspitze sollte schließlich etwas gekürzt werden, um einem Einreißen des Horns vorzubeugen. Klauentaschen werden bis zum Anschluss an das gesunde Horn eröffnet. Geschont werden sollten Sohle und Ballen.

Beim reinen Pflegeschnitt ist es nicht notwendig die Oberfläche abzutragen, bis die Sohle blank ist. Bei zu starkem Schnitt reagiert das Schaf mit verstärkter Hornproduktion.

Besteht schon eine Entzündung im Klauenspalt oder am Kronsaum reicht der reine Pflegeschnitt der Klaue nicht mehr aus. Ziel dieser Klauenpflege bei Infektionen ist es, die bakterielle Infektion schnell unter Kontrolle zu bringen (Strobel 2009). Die Ansteckung weiterer Tier soll vermieden werden. Es werden lose Hornteile entfernt und das infizierte Gewebe für die örtliche Behandlung freigelegt. Dabei werden nach Möglichkeit und im Gegensatz zu früherer Lehrmeinung keine weiteren blutenden Lederhautverletzungen gesetzt. Es erfolgt eine örtliche und/oder systemische Behandlung und nach deren Abschluss etwa 7 Tage später eine Kontrolle des Behandlungserfolges und eine vollständige Klauenkorrektur. Dabei stellt sich die Situation deutlich übersichtlicher da und die Lederhaut kann geschont werden. Die Wiederherstellung der Klaue erfolgt in deutlich kürzerer Zeit.

Hinkt ein Tier und es können keine typischen Klaueninfektionen erkannt werden, ist der blutige Schnitt notwendig. Liegen auf den

Bei vielen in deutschen Schafhaltungen verbreiteten Rassen werden die Schwänze der Mutterschafe heute noch kupiert, da diese meist sehr lang und stark bewollt sind und, insbesondere unter der Geburt, verschmutzen können. Dabei unterscheidet man zwischen der blutigen Kupiermethode, bei der der Schwanz mit einem scharfen Messer zwischen zwei Wirbeln abgetrennt wird. Hier ist zu beachten, dass ohne anschließendes Veröden starke Blutungen aus der Schwanzarterie entstehen können und durch die offene Wunde die Gefahr von aufsteigenden Infektionen und Fliegenmadenbefall besteht.

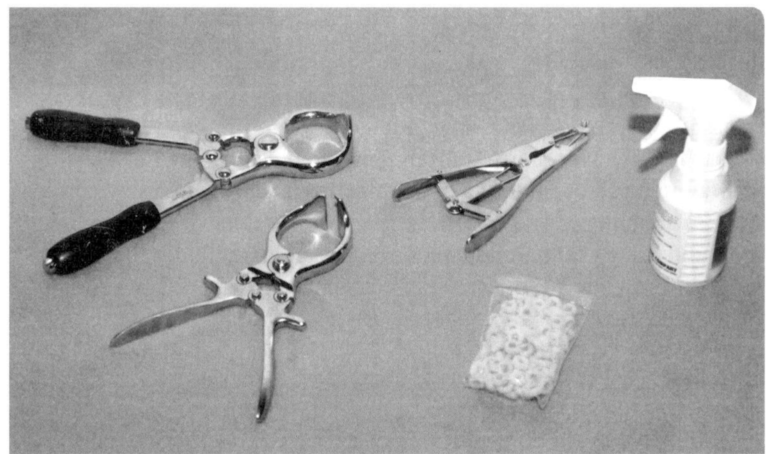

Abb. 36 Kupier- und Kastriermaterialien. Von links nach rechts: Kastrierzangen gibt es in unterschiedlichen Ausführungen (Burdizzo-Zange) – hier leichte und schwere Form der Marke ‚Aesculap'. Mit der Gabelzange können Gummiringe geöffnet und zwecks Kupieren über den Schwanz gezogen werden. Jod-Spray, leicht zu handhaben in einer Pumpflasche.

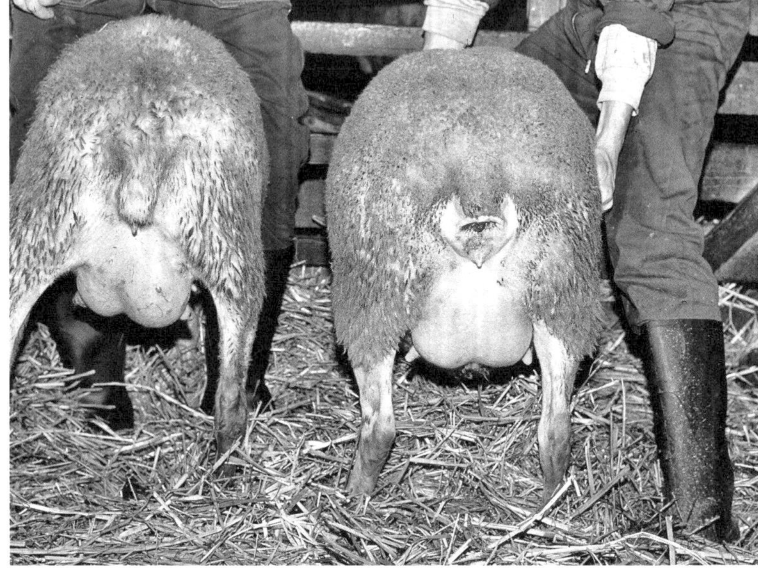

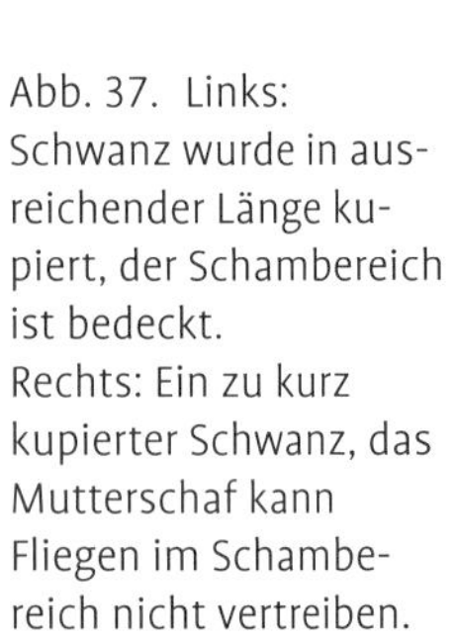

Abb. 37. Links: Schwanz wurde in ausreichender Länge kupiert, der Schambereich ist bedeckt. Rechts: Ein zu kurz kupierter Schwanz, das Mutterschaf kann Fliegen im Schambereich nicht vertreiben.

Häufiger als die unblutige Methode, kommen die Gummiringe zum Einsatz. Dabei werden die straffen Ringe auf eine Gabelzange gespannt und zwischen zwei Wirbeln platziert. Durch das Unterbinden der Blutzufuhr stirbt das Schwanzende nach 8–14 Tagen ab. Manche Lämmer zeigen in den ersten Tagen nach Anwendung mehr oder weniger starke Beeinträchtigung in ihrem Verhalten.

Bei beiden Methoden sollte der Schwanz so lang belassen werden, dass die Scheide der Mutterschafe noch voll bedeckt bleibt. Als Richtmaß kann man das Auslaufen der Schwanzfalte nehmen und dann einen Wirbelspalt tiefer ansetzen. Wird der Schwanz bei den Muttertieren zu kurz kupiert, besteht die Gefahr von Scheidenvorfällen in der Hochträchtigkeit. Auch hat das Schaf bei fehlendem Schwanz keine Möglichkeiten zur Fliegenabwehr im After-Schwanzbereich.

6.7 Kastrieren

Auch das betäubungslose Kastrieren von unter 4 Wochen alten Bocklämmern ist laut aktuellem Tierschutzgesetz noch erlaubt. Eine Novellierung des Tierschutzgesetzes sieht allerdings auch hier das generelle Verbot dieser Maßnahme vor.

Durchgeführt wird die Kastration der männlichen Bocklämmer in Herden, in denen die Mast in getrennt geschlechtlichen Gruppen oder eine frühzeitige Trennung von den Mutterschafen nicht durchführbar ist. Als Methode der Wahl gilt hier in den Betrieben die unblutige Methode unter Verwendung der Burdizzozange. Hierbei werden die Samenstränge auf beiden Seiten für etwa eine Minute abgequetscht. Um nicht den gesamten Hodensack zum Absterben zu bringen, müssen beide Seiten einzeln und etwas versetzt gequetscht werden. Die Blutgefäße und Samenleiter veröden und die Hoden werden inaktiv.

Die Anwendung der Gummiringe zur Kastration ist verboten.

6.8 Fortpflanzung und Lämmeraufzucht

6.8.1 Deckperiode

Die Decksaison wird vorrangig durch die Rasse und deren Brunstverhalten festgelegt. Arbeits- und betriebswirtschaftliche Faktoren können aber ebenfalls die Rittzeit und damit auch die arbeitsintensive Ablammzeit beeinflussen. Die meisten Schafe gehören in der Regel saisonalen Rassen an, deren Brunst meist im Herbst einsetzt und mit rasseabhängig unterschiedlicher Dauer, bis in das Frühjahr andauert. Über die Sommermonate zeigen Muttertiere dieser Rassen keinerlei Paarungsaktivität und auch die Libido der Zuchtböcke ist herabgesetzt. Verschiedene Schafrassen, z. B. das Merinolandschaf, zeigen einen asaisonal andauernden Brunstzyklus, bei dem Anpaarungen das gesamte Jahr über möglich sind. Höchste Befruchtungserfolge sind aber stets in der Zeit von Mitte September bis Mitte Dezember zu erwarten.

Eine Stimulation der Brunst kann über eine Flushing Fütterung (Protein und Energie, siehe auch Kap 7.2.2) etwa vier Wochen vor Beginn der Decksaison ausgelöst werden. Diese kann angewendet werden, um das Ablammergebnis und die Befruchtungsfähigkeit zu verbessern, kann jedoch außerhalb der Saison keine Brunst auslösen oder die Tiere synchronisieren. Auch der Bockeffekt kurz vor Beginn der natürlichen Brunstperiode im Herbst kann eine Synchronisation der Muttertiere bewirken, ist jedoch auch von weiteren Faktoren (Alter, Jahreszeit, Ort, Rasse) abhängig.

Die Anwendung von Lichtprogrammen hat in der extensiven Schafhaltung keine Bedeutung.

Auch die Verwendung von Hormonen zur Brunsteinleitung und -synchronisation mittels progesterongetränkter Scheidenschwämmchen findet nur in ausgewählten Zuchtprogrammen, die mit Besamung und ET arbeiten, ihre Anwendung, da es in Deutschland kein zugelassenes Präparat dafür gibt.

Der Befruchtungserfolg entscheidet über das Ablammergebnis, womit der Deckperiode eine hohe wirtschaftliche Bedeutung zukommt. Daher sollten sowohl die Mutterschafe, als auch die in den Ritt kommenden Zuchtböcke optimal auf die Decksaison vorbereitet sein.

Dies bedeutet, dass nur Tiere in bester Zuchtkondition in den Deckeinsatz gebracht werden sollen. Die Mutterschafe und der Bock müssen in einem optimalen Ernährungszustand (BCS 3–4) stehen, eine gute Allgemeingesundheit und Klauengesundheit sind Vorraussetzung. Ist dies nicht der Fall, kann es zu einer herabgesetzten Befruchtungsfähigkeit und einem vermindertem Geschlechtstrieb bei den Böcken, sowie schlechteren Ovulations- und Befruchtungsraten bei den Schafen kommen. Die körperliche Kondition der Mutterschafe wirkt sich also direkt auf das Ablammergebnis aus (MLC 1993). Gleiches gilt für die altersbedingte Abnahme der Zuchtleistung beider Geschlechter nach etwa fünf Zuchtjahren. Vor Einteilung in die Deckgruppen sollten die Mutterschafe genau angeschaut werden und Tiere mit Zahn- oder Euterproblemen, sowie Tiere, von denen in der letzten Lammung Probleme bekannt geworden waren, aussortiert und gemerzt werden. Gleiches gilt für Böcke, bei denen Hodenveränderungen in der Kontrolle tastbar sind.

Auch das Alter bei Erstzulassung der Nachzucht spielt bei der Ablammung eine wesentliche Rolle. Schaflämmer erreichen im Regelfall im Alter von 5–8 Monaten die Geschlechtsreife. Diese ist aber nicht gleichzusetzen mit der Zuchtreife, die rasseabhängig zwischen dem 7. und 11. Lebensmonat liegen kann. Jungschafe sollten bei Erreichen der Zuchtreife mind. zwei Drittel ihres rassetypischen Endgewichtes erreicht haben. Nach einer gesunden Jugendentwicklung und angemessener Fütterung werden so Erstanpaarungen relativ früh möglich. Ein zu frühes Belegen der Zutreter kann Wachstumsstillstand beim

Muttertier, Leistungseinbußen und geringe Geburtsgewichte bei den Lämmern zur Folge haben.

Um hohe Ablammergebnisse und eine planbare Ablammperiode zu erreichen, sollte das Verhältnis zwischen Bock und Mutterschafen passen. Dabei sollten einem Lammbock nicht mehr als 25 Muttern, einem Altbock etwa 50 bis max. 80 Schafe zugeteilt werden.

Mit der Anwendung von Farbkissen im Deckgeschirr, oder alternativ, bei handzahmen Böcken, dem Einfärben der Brust mit Farbe alle 2–3 Tage, kann die Deckarbeit der Zuchtböcke erfasst werden. Böcke, die nicht Aufspringen, können frühzeitig erkannt und zur Untersuchung vorgestellt werden. Des Weiteren können beim Wechsel der Farbe nach etwa drei Wochen umbockende Mutterschafe und deren Anzahl erfasst und die Ursachen dafür frühzeitig untersucht werden.

Der „ freie Sprung“ ist die einfachste Methode des Bockeinsatzes in der Herde. Dabei sollte der Bock über einen Zeitraum von vier Wochen im Deckeinsatz bleiben, um möglichst alle Schafe einmal in Brunst zu erwischen. In Gebrauchsherden werden abhängig von der Herdengröße auch mehrere Böcke gleichzeitig in den Deckeinsatz gebracht. Hier besteht allerdings die Gefahr, dass nur der ranghöhere (ältere) Bock das Deckgeschäft übernimmt. Die anderen Böcke (besonders Lammböcke) sind dann von der Paarungsaktivität mehr oder weniger ausgeschlossen. Ist der dominante Bock nun reduziert fruchtbar, kann es auch bei gutem Bock:Mutterschafverhältnis zu reduzierten Trächtigkeitsraten kommen (Hoy, 2009).

In Zuchtbetrieben muss die Identifikation des Vatertieres eindeutig gegeben sein. Neben der aufwendigen und teuren Abstammungsuntersuchung über Blut- oder Gewebeproben, kann hier auch die Bildung einer Gruppe von etwa 40 Tieren vorgenommen und diese Gruppe einem Bock zugeteilt werden. Diese Möglichkeit wird auch „Klassensprung“ genannt. Ein zeitlich versetzter Einsatz verschiedener Böcke in der Herde kann diese Voraussetzung ebenso erfüllen.

Der „Sprung aus der Hand“, bei dem die Mutterschafe täglich gezielt aus der Herde herausgesucht und einem Bock zugeteilt werden, ist ein sehr aufwendiges Verfahren und wird heute nur noch vereinzelt praktiziert.

Auch die Verwendung eines Suchbockes, der mittels einer umgebundenen Bockschürze (Abb. 38) am Deckakt gehindert wird, kommt nur noch im Zuge der künstlichen Besamung zum Einsatz.

Die Länge des Deckeinsatzes in der Herde hängt von den betriebs- und arbeitswirtschaftlichen Strukturen ab. Soll die Arbeitsspitze „Ablammung und Aufzucht“ auf einen engen Zeitraum konzentriert werden, bietet sich ein kurzes Intervall von etwa 4 Wochen an. Gleichzeitig gestaltet sich die Einteilung in Leistungsgruppen, z. B. bei der Fütterung, einfacher. Geht es allerdings, z. B. bei den Selbstvermarktern, um eine Versorgung des Lammfleischmarktes über einen länge-

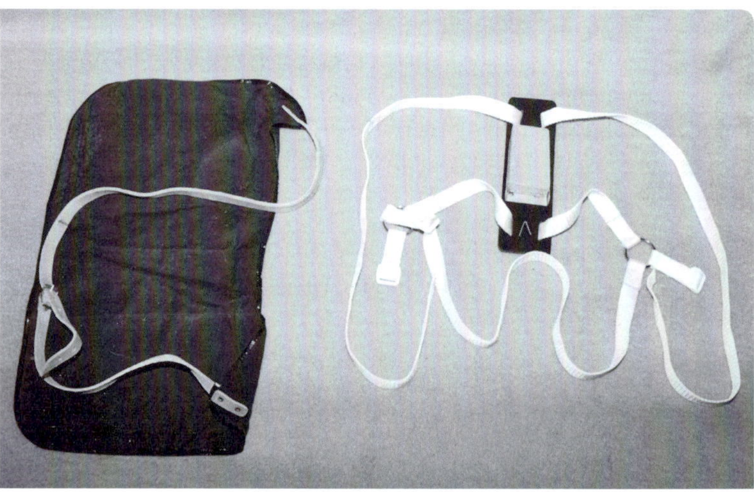

Abb. 38. Links: Bockschürze. Sie wird dem Bock umgeschnallt, wenn er lediglich die brünstigen Mutterschafe kennzeichnen und nicht decken soll. Rechts: Deckgeschirr mit Farbkissen. Es wird dem Bock vor die Brust geschnallt. Beim Bespringen der Mutterschafe werden diese auf dem Rücken farbig markiert.

ren Zeitraum, ist die Rittzeit besser länger zu wählen. In dieser Periode werden auch Tiere gedeckt, die z. B. später in Brunst gekommen sind. Der Anteil tragender Schafe wird dadurch höher. Das dauerhafte Verbleiben der Böcke in der Herde kann aber zu einem Ermüden der Geschlechtslust und damit zu geringerer Deckaktivität führen.

6.8.2 Trächtigkeit

Die Trächtigkeit dauert durchschnittlich 150 Tage, wobei Schwankungen zwischen dem 145–154. Tag, abhängig von Alter, Rasse und Anzahl der Früchte, normal sind. Dabei findet in den ersten beiden Dritteln der Trächtigkeit die Ausbildung der Körperform und die Organentwicklung statt. Das Größenwachstum und die Gewichtszunahme erfolgt erst im letzten Drittel. Durch den erhöhten Platzbedarf der wachsenden Lämmer in der Gebärmutter wird der Pansen immer mehr eingeengt. Die Raufutteraufnahme ist gerade bei mehrlingstragenden Mutterschafen eingeschränkt. Ebenso steigt der Energiebedarf der Feten. Dies erfordert, um Stoffwechselerkrankungen des Muttertieres vorzubeugen, eine angepasste, nährstoffreiche Fütterung. Grundsätzlich müssen die Mutterschafe auch während der Trächtigkeit in einer konstanten Kondition bleiben. Dabei sollten Muttertiere mit Einlingen zum Ende der Trächtigkeit einen BCS von 3–3,5, mehrlingstragende Schafe eher einen BCS von 3,5–4 aufweisen. Unzureichend ernährte Muttern gebären meist kleine, schwache Lämmer und geben qualitativ schlechtere Biestmilch. Bei zu mastig gefütterten Schafen kommt es häufiger zu Geburtsschwierigkeiten.

Eine frühzeitige Trächtigkeitsfeststellung hilft bei der Trennung von tragenden und leeren Schafen. Eine Differenzierung zwischen Einlings- und Mehrlingsträchtigkeiten kann bei der Einteilung von Ablammgruppen von Vorteil sein. Die Trächtigkeitsdiagnose sollte einfach und schnell durchführbar sein und eine sichere Diagnose liefern. Dies ist heutzutage schon ab dem 30. Trächtigkeitstag mit Ultraschallgeräten möglich und dank der bildgebenden Technik auch eine Unterscheidung in Einling/Mehrlinge möglich. Die Untersuchung erfolgt von außen auf der rechten Seite vor dem Euter und die Untersuchungsdauer richtet sich bei Herdenuntersuchungen häufig nach der Zutriebsgeschwindigkeit. Die in der Schweinepraxis oft zur Anwendung kommenden Echolotgeräte sind für die Trächtigkeitsuntersuchung beim Schaf wenig geeignet, führen sie doch aufgrund des mit Flüssigkeit gefüllten Pansen und der engen Nachbarschaft zur Harnblase häufig zu falschen positiven Ergebnissen. Ab einer Trächtigkeitsdauer von etwa 100 Tagen kann man durch Abtasten des Bauchraumes häufig Fruchtbewegungen oder Knochenteile des Lammes fühlen. Bringt man den Bauch des Mutterschafes zum Schwingen, fühlt man häufig den Gegenstoß der Frucht.

Die Progesteronbestimmung ab dem 17. Trächtigkeitstag ist ein sehr früher Hinweis auf eine bestehende Trächtigkeit, da aber gerade in diesem Zeitraum noch Fruchtresorptionen stattfinden, ist diese Aussage langfristig recht ungenau.

Während des letzten Trächtigkeitsdrittels sollten die Mutterschafe schonend behandelt werden. Behandlungen oder das Treiben durch Engpässe sind möglichst zu vermieden, da es durch Drängen und Stoßen zu Verlammungen kommen kann. Notwendige Behandlungen, wie z. B. Muttertierimpfung oder das Ausscheren der Schwänze, sollten daher in ruhiger Umgebung und ohne viel Stress vonstatten gehen. Bewegung in dieser Phase fördert die Fitness der Mutterschafe und sorgt für leichtere Geburten.

Die Umstallung tragender Tiere in eine andere Umgebung ist nicht ratsam. Sie sollte höchstens bis zur frühen Trächtigkeit stattgefunden haben, damit das Schaf noch in der Lage ist, die Biestmilch mit den stallspezifischen Abwehrstoffen anzureichern.

6.8.3 Geburt

Zur Vorbereitung auf die Lammzeit ist der Stall zu reinigen und bei Bedarf zu desinfizieren. Nur einwandfreie Einstreu sollte zum Einsatz kommen. Es müssen genügend Ablammbuchten für die ersten Tage nach der Geburt vorhanden sein, sodass eine enge Mutter-Kind-Bindung entstehen kann. Bei Bedarf und sehr kalter Witterung sollten einige Wärmelampen bereitgehalten werden.

Findet die Ablammung auf der Weide statt, ist es ratsam, den Muttertieren und Lämmern einen Witterungsschutz zur Verfügung zu stellen.

Bei stark bewollten oder auch nicht kupierten Rassen empfiehlt sich eine Schwanzschur vor der Geburt. Dies erleichtert die Geburtsüberwachung und später dem Lamm das Auffinden des Euters. Auch

Rechte Seite:
1 Allflex mini-Sheep
2 Ritchey Kliktag
3 CA_Ohrmarke mit Datamars
4 Allflex BTL für dickohrige
5 CA Multiflex L rote
6 Schafe und Lämmer können mit solchen auswaschbaren Farben für Selektions- und Zuordnungszwecke im Betrieb vorrübergehend markiert werden.
7 Die Nummer der Mutter kennzeichnet das Lamm durch einen Fellstempel.

die Geburt und ggf. nötige Geburtshilfe können nach einer Schwanzschur hygienischer stattfinden. Ebenso sollten die Klauen zu diesem Zeitpunkt noch einmal kontrolliert und bei Bedarf behandelt werden. Eine Muttertierimpfung, z. B. gegen Closdtridieninfektionen, ist etwa 4 Wochen vor Beginn der Ablammperiode durchzuführen.

Während der Ablammzeit sollte eine Geburtsüberwachung gewährleistet sein, um auch bei Geburtsproblemen schnell eingreifen zu können. Hierfür müssen die benötigten Instrumente (Gleitgel, lange Einmalhandschuhe, saubere Geburtsstricke) in einer Box im Stall bereitgelegt werden. Der Vorrat an eingefrorener Biestmilch sollte am Beginn jeder Lammzeit von älteren, gesunden Mutterschafen erneuert werden. Alternativ können auch Spezialmilchaustauscher verwendet werden.

Als Anzeichen der nahenden Geburt werden einige Tage vorher ein Anschwellen des Euters, verminderte Futteraufnahme, Unruhe und ein Absondern von der Herde beobachtet. Die Bauchdecke senkt sich, das Schaf bekommt einen eher birnenförmigen Körperumfang. Finden viele Ablammungen gleichzeitig statt, kann man auch ein „Stehlen" von Lämmern durch zwar in der Geburt befindliche, aber noch nicht abgelammte Mutterschafe beobachten. Hier sollte umgehend eine Trennung zur Wiederherstellung der Mutter-Kind-Bindung stattfinden.

Abb. 39. Ablammbuchten.

LKV BW
DE 01 08 999
99999
LKV BW
DE 01 08 999
99999
DE 01 08 999 99999
1

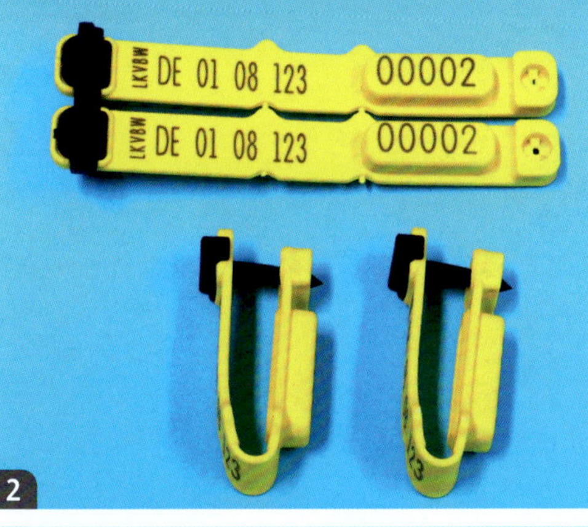
LKVBW DE 01 08 123 00002
LKVBW DE 01 08 123 00002
2

LKV BW
DE 00 00 108
99999
LKV BW
DE 01 08 999
99999
3

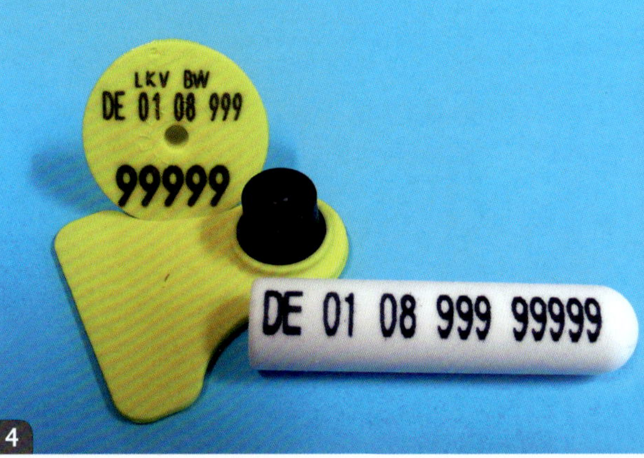
LKV BW
DE 01 08 999
99999
DE 01 08 999 99999
4

5
LKV BW
DE XYZ
1234567

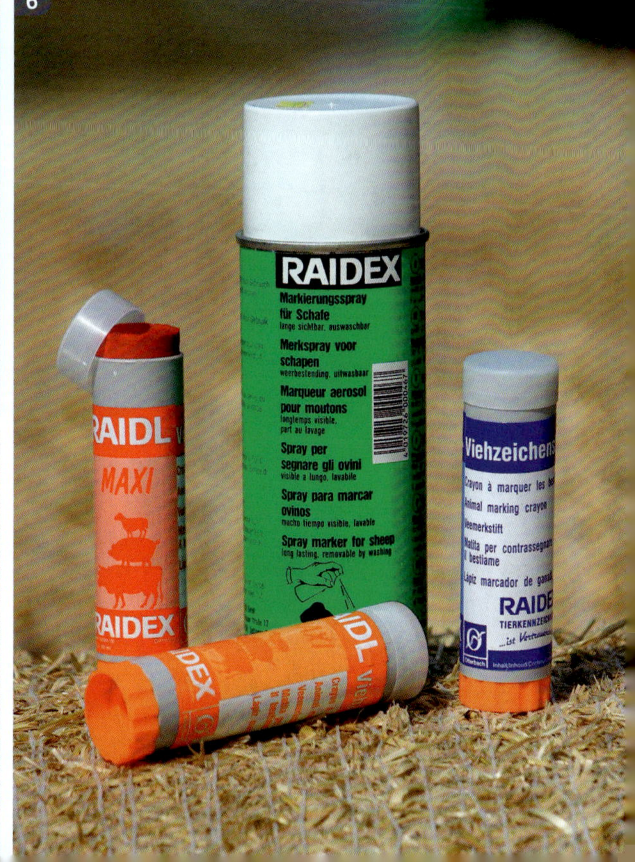
6
RAIDEX
Markierungsspray
für Schafe
Merkspray voor
schapen
Marqueur aerosol
pour moutons
Spray per
segnare gli ovini
Spray para marcar
ovinos
Spray marker for sheep
RAIDL
MAXI
RAIDEX
Viehzeichen
RAIDE

7

Der Geburtsvorgang selber wird in drei Phasen unterteilt. In der von außen kaum erkennbaren *Öffnungsphase* erschlafft die Muskulatur der Gebärmutter und die Öffnung des Muttermundes beginnt. Das Lamm wird in Geburtsposition gebracht. Die Klauen schieben sich in den Geburtskanal. Mutterschafe zeigen in dieser Phase wenig Fresslust, Unruhe, häufigen Kot- und Harnabsatz und einen ständigen Wechsel zwischen Liegen und Stehen. Schmerzäußerungen sind selten, häufiger hört man bereits jetzt das typische „Lammblöken".

Wenn die Fruchtblasen im Schamspalt sichtbar werden und platzen, beginnt die *Austreibungsphase*. Der Druck des Lammes gegen das Becken löst reflektorisch die Freisetzung von Oxytocin aus und die Wehentätigkeit wird verstärkt. Gleichzeitig wird die Bauchpresse ausgelöst und die Frucht wird geboren. Mit dem Einsetzen der Bauchpresse gehen die Tiere meist in Seitenlage, wodurch die Schubkraft verstärkt wird und das Lamm leichter durch das Becken gleitet. Dabei kommen Lämmer überwiegend in Vorderendlage (Kopf auf den Vorderfüßen, Klauen zeigen nach untern) auf die Welt, eine Hinterendlage (Klauen zeigen nach oben) führt aber ebenfalls zu einer problemlosen Geburt.

Diese Phase der Geburt dauert beim Schaf etwa eine Stunde, Mehrlinge folgen im Abstand von ca. 15–30 Minuten. Wenige Minuten nach Geburt des Lammes steht das Muttertier auf und fängt an das Lamm zu belecken. Dies dient zum einen der Anregung des Kreislaufes des Lammes, zum anderen zum Austausch des Geruchs, an dem sich Mutter und Kind in den nächsten Wochen erkennen.

Etwa ein bis zwei Stunden nach der Geburt geht die Nachgeburt ab. Die Nachgeburten sollten grundsätzlich eingesammelt und über die Tierkörperbeseitigungsanstalten (TKBA) beseitigt werden, um eine Verbreitung von Krankheiten (z. B. Q-Fieber) zu verhindern. Die *Nachgeburtsphase* dauert etwa eine Woche, in der sich die Gebärmutter langsam regeneriert und ist durch den Ausstoß von Lochialflüssigkeit gekennzeichnet.

Linke Seite:
1 Durch die Beweidung des Deichvorlandes tragen die Schafe zur Landgewinnung bei. Das empfindliche Ökosystem wird geschont.
2 Deichschäferei. Durch den ständigen Verbiss der Grasnarbe und den verdichtenden Tritt der Schafsklaue wird die Festigkeit des Deichs verbessert.
3 Koppelschafhaltung. Wenn sich die Herde möglichst gleichmäßig verteilt, ist eine hohe Ausnutzung des Flächenertrags möglich.
4 Eine Hüteherde. Im engen Gehüt muss die Herde enge Wege passieren. Vor allem auf offener Fläche wird die Herde maßgeblich durch die Hütehunde gelenkt.

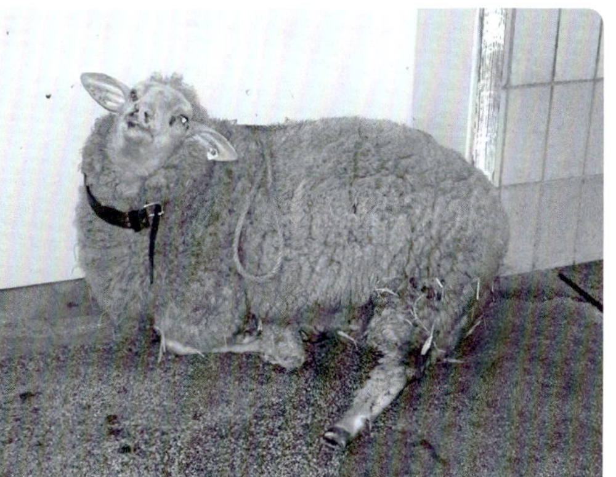

Abb. 40. Bauchpresse beim Schaf während der Austreibungsphase.

Störungen der Geburt

Die Geburt beim Schaf läuft in aller Regel komplikationslos ab. Dennoch wird in rund 20 % aller Geburten ein Eingreifen nötig (Ganter u. Winkelmann, 2008). Grundsätzlich sollte jedoch so wenig wie möglich eingegriffen werden und während der Geburtsüberwachung stets die Ruhe bewahrt werden. Ein zu frühes Eingreifen führt häufig zu schwerwiegenden Komplikationen. Eine unterstützende Geburtshilfe sollte immer nach der 3 × 30 min.-Regel erfolgen:

- Eingreifen, wenn 30 min. nach Beginn der Bauchpresse/dem Platzen der Fruchtblase kein Lamm geboren ist (Abwarten, wenn keine Abweichungen).
- Eingreifen, wenn 30 min. nach der Kontrolle das Lamm noch nicht geboren ist.
- Eingreifen, wenn 30 min. nach dem ersten Lamm kein weiteres geboren wurde.

Auch wenn der Geburtsvorgang bei halb ausgetriebenem Lamm ins Stocken gerät, sollte eingegriffen werden. Ein zu langes Abwarten bzw. ein Übersehen der Geburt kann zu Sauerstoffmangel beim Neugeborenen führen, was mit verminderter Vitalität einhergehen kann. Im schlimmsten Fall kann es zum Tod des Lammes oder sogar des Muttertieres führen.

Ein Eingreifen in die Geburt verlangt einige hygienische Mindestanforderungen. Hierbei geht es sowohl um den Schutz von Mutter und Lamm, als auch des Geburtshelfers vor Infektionserregern, die

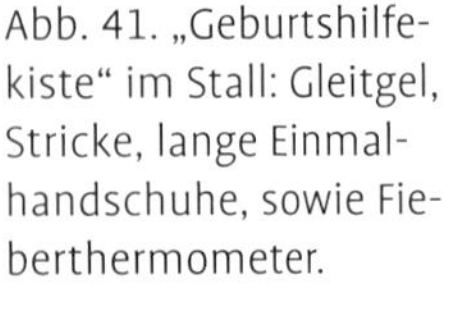

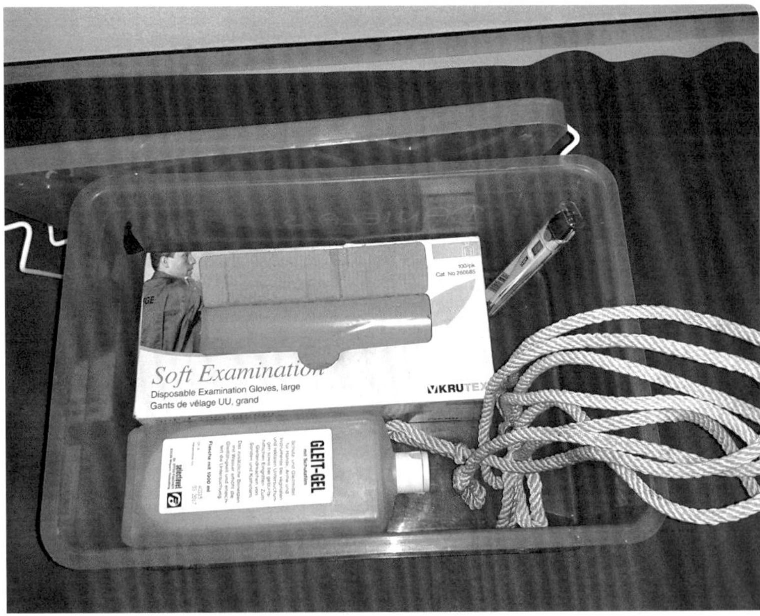

Abb. 41. „Geburtshilfekiste“ im Stall: Gleitgel, Stricke, lange Einmalhandschuhe, sowie Fieberthermometer.

Tab. 9: Mögliche Geburtsstörungen und geburtshilfliche Maßnahmen

Geburtsstörung		Geburtshilfe
Scheidenvorfall (immer vor der Geburt), Lamm kann nicht geboren werden, Harnabsatzschwierigkeiten beim Muttertier, aufsteigende Infektion		Zurückverlagern der Scheide, wenn Muttermund noch nicht geöffnet: Scheidenverschluss, engmaschige Geburtsüberwachung
Lamm ist zu groß	relativ	Schonender Zug, ggf. leichtes Drehen des Lammes, viel Gleitmitteleinsatz
	absolut	Kaiserschnitt
Fehllagen des Lammes/der Lämmer (Abb. 42)		Zurückdrücken und Wiederherstellen einer natürlichen Geburtsposition, viel Gleitmittel
Mangelhafte Öffnung des Muttermundes		Zunächst abwarten, ggf. vorsichtig dehnen, medikamentelle Unterstützung durch Tierarzt möglich
Wehenschwäche des Muttertieres		Wehentätigkeit durch Betasten des Muttermundes anregen (Steng, 1986), Geburt durch Zughilfe unterstützen, medikamentöse Unterstützung durch den Tierarzt
Gebärmuttervorfall (nach der Geburt)		Verletzungen vermeiden, kühlen, mit einem sauberen Handtuch eng umwickeln, Zurückverlagerung am hochgelagerten Schaf und Verschluss durch den Tierarzt
Nachgeburtsverhalten (Nachgeburt ist nach 12 Std. noch nicht abgegangen)		Nur vorsichtiger Abnahmeversuch (starkes Ziehen kann zum Verbluten führen!), sonst Abschneiden, wenn möglich Einlegen von Uterusstäben, Antibiotika

auf den Menschen übertragen werden können. Die Tiere sollten auf sauberem Untergrund stehen und die Scheide und Umgebung gründlich mit warmem Wasser (Entspannung der Muskulatur) gereinigt werden. Auch der Geburtshelfer sollte sich die Hände gründlich waschen. Das Tragen von langen Einmalhandschuhen ist immer empfehlenswert, ist aber mindestens in Fällen von Aborten und Totgeburten zu beachten. Die Hände sollten großzügig mit Gleitmittel eingeschmiert werden. Bei schwierigen Geburten sollte ausreichend Gleitmittel bzw. Fruchtwasserersatz in die Gebärmutter eingebracht werden. Lageberichtigungen dürfen nur während der Wehenpause, der Auszug dann mit den Wehen erfolgen. Gewaltanwendungen und starker Druck können zum Reißen der dünnen Gebärmutterwand führen. Sind die eigenen Maßnahmen nicht erfolgreich, ist der Haustierarzt hinzuzuziehen.

Ist ein Eingreifen während der Geburt erfolgt, schließt sich in jedem Falle eine letzte Kontrolle der Geburtswege an. Dabei sollte auf Geburtsverletzungen geachtet und das Vorhandensein weiterer Lämmer überprüft werden.

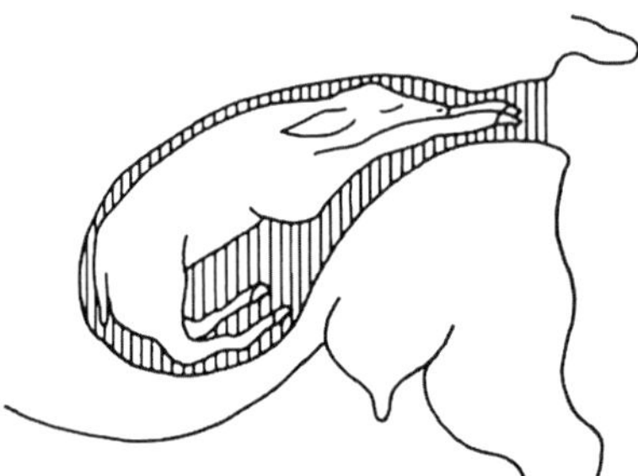

Normale Vorderendlage: die vorgeschobenen Vorderfüße werden zuerst sichtbar, die Klauen zeigen nach unten.

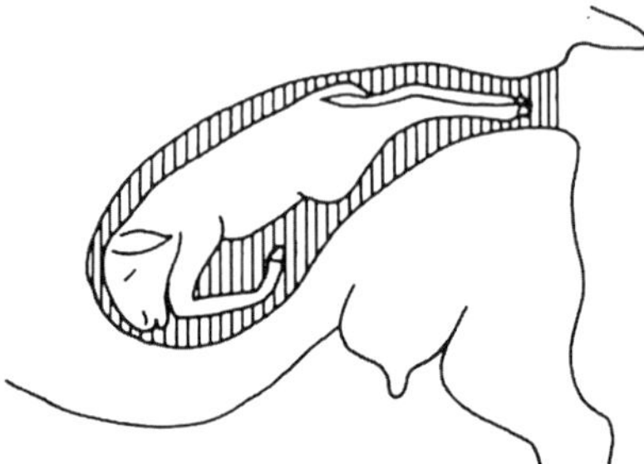

Normale Hinterendlage: die Klauen der Hinterbeine zeigen nach oben.

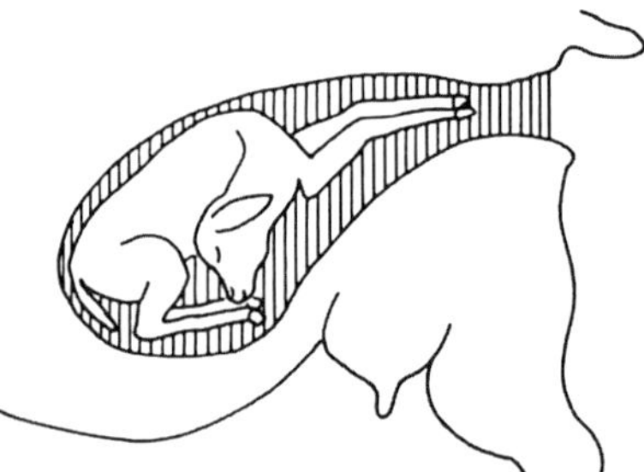

Anormale Kopfseitenhaltung: das Lamm kann so nicht geboren werden, der Kopf muß nach vorn geführt werden.

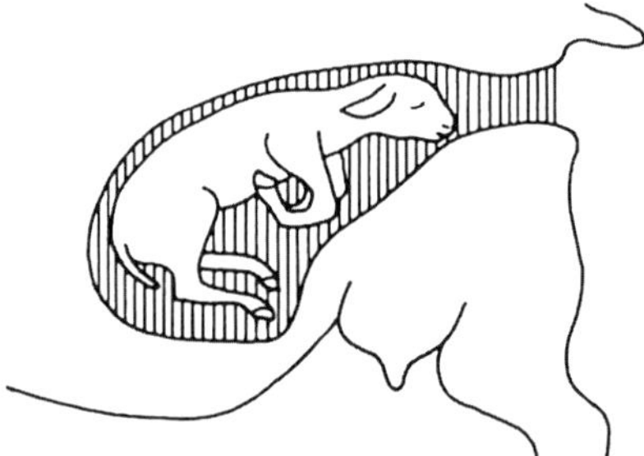

Anormale Haltung der Vorderbeine: die untergeschlagenen Vorderbeine müssen für die Geburt nach vorn gebracht werden.

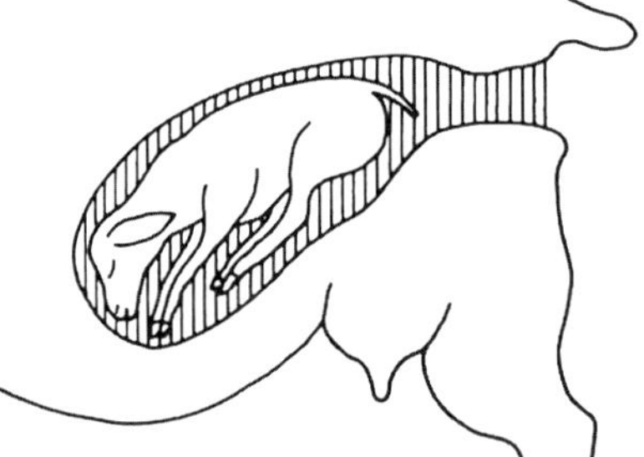

Anormale Hinterendlage mit beidseitiger Beugehaltung der Hinterbeine: für die Geburt muß die normale Hinterendlage hergestellt werden.

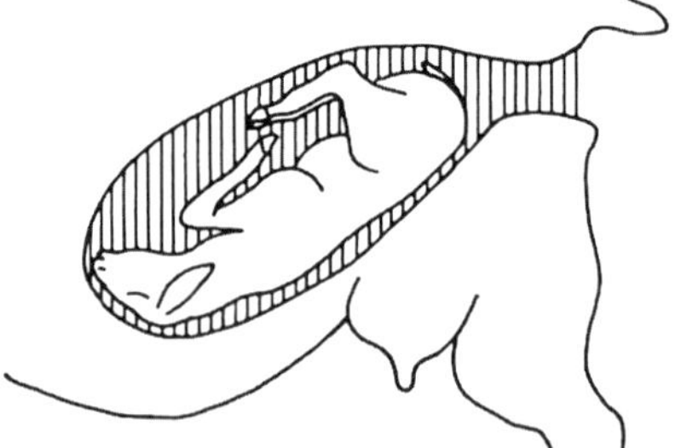

Anormale Hinterendlage mit Beugehaltung der Hinterbeine in Rücklingslage: das Lamm kann erst nach Herstellung einer normalen Geburtslage geboren werden.

Abb. 42. Normal- und Fehllagen des Lammes bei der Geburt.

6.8.4 Versorgung der neugeborenen Lämmer

Unmittelbar nach der Geburt nimmt das Muttertier mit dem Neugeborenen Kontakt durch Belecken auf. Eine schlechte Mutter-Kind-Bindung, also eine schlechte Erstversorgung der Lämmer durch das Muttertier (Biestmilch) steigert die Lammverluste in den ersten Lebenstagen erheblich. Neuere Untersuchungen haben gezeigt, dass durchschnittlich 19 % der Lämmer, vor allem während der ersten Lebenstage, verenden (Schafreport Baden-Württemberg 2011). Das Normalverhalten der Schafe dient dazu, die Grundbedürfnisse des Lammes möglichst schnell zu bedienen. Dazu gehört das Trockenlecken des Lammes sowie die Präsentation des Euters zur raschen Biestmilchaufnahme (Hoy, 2009) Eine frühzeitige und ausreichende Aufnahme des Kolostrum ist überlebenswichtig, da nur in den ersten Lebensstunden die Darmschranke des Lammes offen ist, für die Aufnahme der Abwehrstoffe und auch die Qualität der Muttermilch nach dem ersten Tag rasch nachlässt. Ohne die Aufnahme der schützenden Biestmilch sind die Lämmer den Stallkeimen ohne Schutz ausgesetzt. Erste Aufstehversuche erfolgen in der Regel nach 10–20 Minuten und der Saugreflex ist in den ersten Lebensstunden am stärksten ausgeprägt.

Abb. 43. Durch die Desinfektion des Nabels können Keime nicht mehr in den Körper des Lammes eindringen. Am besten den Nabel in eine Desinfektionslösung tauchen.

Zur besseren Ausbildung der Beziehung zwischen Schaf und Lämmern, sollte der Schafhalter insbesondere Mehrlingsmütter einige Tage in eine Einzelbox/Ablammbox mit ihren Lämmern unterbringen. Hier kann dann auch die Kontrolle des Euters erfolgen und die erfolgreiche Milchaufnahme besser beobachtet werden. Zur Überprüfung der Milchaufnahme kann der Bauch des Lammes abgetastet werden. Hier ist unten links vor dem Brustkorb der gefüllte Labmagen zu fühlen. Lässt das Mutterschaf ein Saugen nicht zu, sollte man das Tier für die Saugphase der Lämmer mehrmals täglich fixieren, bis das Lamm akzeptiert wird.

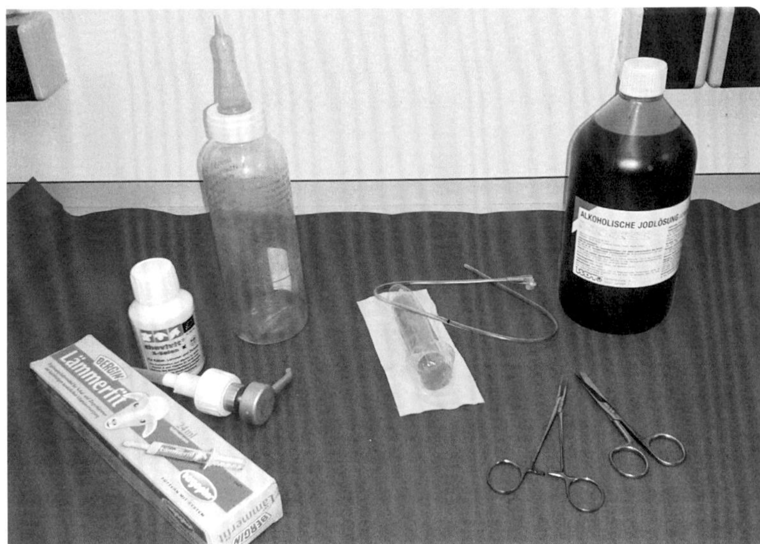

Abb. 44. Lämmererstversorgung: Jodlösung, Schere und Klemme zur Nabelversorgung, Schlundsonde und Einmalspritze oder Nuckelflasche für die Biestmilchgabe, verschiedene „Starter-“ Präparate.

Abb. 45. In einer Ablammbox kann sich die Beziehung zwischen Mutterschaf und Lamm bzw. Lämmern ungestört entwickeln.

Abb. 46. In der Lämmerstube können sich die Lämmer vor der übrigen Herde zurückziehen und mit bestem Heu und ggf. Kraftfutter zugefüttert werden.

Gerade nach schweren und langen Geburten kann es beim Lamm zu verzögerter Atmung kommen, auch Fruchtwasser in den Atemwegen kann zu Atemnot führen. Durch das Über-Kopf-Hängen der Lämmer und vorsichtiges Schwenken kann das eingeatmete Fruchtwasser abfließen, Reste der Eihaut und Schleim im Rachenbereich können vorsichtig ausgestrichen werde. Hier ist ein hygienisches Arbeiten gefordert. Kalt-Wasser-Güsse in den Nacken des Lammes regen zusätzlich das Atemzentrum an.

Die Desinfektion des Nabels sollte durch Tauchen in z. B. alkoholische Jodlösung erfolgen. Dies verhindert das Eintreten von Keimen und führt zu einer schnellen Austrocknung. Sollte der Nabel sehr lang abgerissen sein, kann man diesen auf etwa 6 cm mit einer sauberen Schere einkürzen. Eine Nabeldesinfektion sollte in Problembetrieben auf jeden Fall gewissenhaft durchgeführt werden.

Sehr kleine, schwache Lämmer, aber auch schwergeborene Lämmer zeigen meist eine herabgesetzte Vitalität und einen schlechten Saugreflex. Hier ist eine besondere Versorgung gefragt. Zur Vermeidung einer Unterkühlung sollte das Lamm teilweise trocken gerieben und anschließend unter eine Wärmelampe verbracht werden. Eine Unterkühlung liegt vor, wenn die Körpertemperatur unter 37 °C fällt. Hier ist Eile geboten.

Steht das Lamm noch nicht, hat aber einen guten Saugreflex, kann man es durch Ansetzen am Euter zur Kolostrumaufnahme bringen. Ist dies nicht möglich, sollte man frühzeitig mittels Flasche oder bei sehr schwachen Lämmern mittels einer Sonde („Lammretter“) das erste Kolostrum verabreichen. In kritischen Fällen kann eine Glucoselösung (Energieversorgung) injiziert werden. Auch Vitaminpräparate, die im

Handel als sogenannte „Starter“ angeboten werden, können die Abwehrkräfte unterstützen.

6.8.5 Mutterlose Aufzucht

Nicht angenommene, mutterlose oder auch lebensschwache Lämmer müssen künstlich aufgezogen werde. Auch Euterverletzungen, -entzündungen oder verschlossene Strichkanäle sowie überzählige Lämmer können der Grund dafür sein, dass Lämmer ohne die Mutter aufgezogen werden müssen. Die Fütterung der Lämmer mit Ersatzmilch (MAT oder Kuhmilch) erfolgt mithilfe von Flaschen, aus Eimern oder auch am Tränkeautomaten. Zuvor muss in den ersten 1–2 Tagen jedoch eine Biestmilchversorgung der Lämmer organisiert werden. Diese kann über das Anlegen einer Kolostrumbank (eingefrorene Milch von älteren Mutterschafen ist bei −18 °C etwa 4 Monate haltbar) gewährleistet werden. Ist dies nicht möglich, kann man auf Handelspräparate oder auch Biestmilch von der Kuh zurückgreifen.

Ein „Unterstoßen“ dieser Lämmer unter andere Schafe gelingt häufig nur, wenn diese ein Lamm verloren haben, sehr gute Mutterinstinkte aufweisen und das Lamm gut mit der Nachgeburt der „neuen“ Mutter eingerieben wird.

Nach den ersten Lebenswochen treten Erkrankungen bei den Lämmern seltener auf, allerdings muss die gesamte Aufzuchtperiode weiterhin genau beobachtet werden, um beim Auftreten erster Krankheitsanzeichen sofort Maßnahmen ergreifen zu können. Andernfalls können die Krankheitserreger schnell auf den gesamten Lämmerbestand übergreifen. Treten in der Herde bestimmte Erkrankungen immer wieder auf, sind, wenn möglich, vorbeugende Schutzimpfungen empfehlenswert. Auch eine optimale Fütterung muss hier berücksichtigt werden.

7 Fütterung und Ernährung

Aufgrund des hohen Kosten- und Arbeitsaufwands und der starken Einflussnahme auf die Leistung muss der Schafhalter der Futterversorgung seiner Herde besondere Beachtung schenken.

7.1 Futtermittel

7.1.1 Zusammensetzung und Bewertung der Futtermittel

Die Futtermittel setzen sich aus den in Tab. 10 dargestellten Stoffgruppen zusammen.

Wird den Futtermitteln das Wasser entzogen, so verbleibt die Trockensubstanz, in der die Nährstoffe enthalten sind. Der Trockensubstanzgehalt bestimmt die Sättigungswirkung, doch ist auch das Wasser unentbehrlicher Bestandteil einer Futterration. Bei hohem Wasseranteil der Futtermittel, wie z. B. jungem Weidegras oder Zwischenfrüchten, können Schafe ihren Wasserbedarf auch ohne Tränke decken. Wasser- und Trockensubstanzgehalt können bei den verschiedenen Futtermitteln jeweils von unter 10 % bis über 90 % schwanken.

Die anorganische Rohasche enthält die Mineralstoffe.

Bei den organischen Nährstoffen ist neben dem Angebot im Futter auch die **Verdaulichkeit** entscheidend. Diese Maßzahl beschreibt den Anteil der Nährstoffe, der aus dem Verdauungstrakt in den Körper aufgenommen und verwertet werden kann. Der nicht verdaute Teil wird mit dem Kot wieder ausgeschieden. Bei einer ausgeglichenen zusammengesetzten Futterration liegt die Verdaulichkeit beim Schaf bei etwa 80 %. Deshalb ist es üblich, nicht nur die Futterwerte, sondern auch die Bedarfsnormen in Rohnährstoffwerten anzugeben, wobei der Verlust durch den unverdaut ausgeschiedenen Anteil bereits berücksichtigt ist.

Die Mikroorganismen im Pansen (siehe Kap. 3.2, Abschnitt „Der Verdauungsvorgang“) verarbeiten das **Rohprotein** im Futter, d. h. das Eiweiß und andere stickstoffhaltige Stoffe wie z. B. auch Harnstoff, zu

Tab. 10: Zusammensetzung der Futtermittel mit Angaben für 1 kg Wiesenheu, 1. Schnitt

Wasser 130 g			Trockensubstanz 870 kg		
		organische Nährstoffe			anorganische Bestandteile
	Rohprotein (Eiweiß)	Rohfett	Stickstofffreie Extraktstoffe	Rohfaser	Rohasche
	97 g	21 g	410 g	268 g	74 g

besonders hochwertigem Eiweiß. Dieses Mikroorganismen-Eiweiß wird im Darm in Form von Aminosäuren aufgenommen und über den Blutkreislauf zu den Orten der Eiweißsynthese transportiert, wie zum Muskelaufbau oder zum Euter, wo aus diesen besonders wertvollen Aminosäuren das Milcheiweiß aufgebaut wird.

Gerade das Jungtier ist auf genügend große Mengen an Eiweiß angewiesen, um sein Wachstumsvermögen ausschöpfen zu können.

Übersteigt jedoch das Eiweißangebot im Futter den Bedarf des Tieres, wird dieses Überangebot unter großen Verlusten nur als Energiequelle genutzt. Darüber hinaus kann ein zu hohes Eiweißangebot im Futter die Verdauung stören und zu Gesundheitsschäden (Breiniere, Leberbelastung) führen.

Das **Rohfett** enthält außer Fett auch noch etwas Wachse, Harze usw. Es hat einen hohen Energiegehalt, ist aber in den üblichen Futtermitteln für Schafe eher gering enthalten. Ein zu hoher Fettgehalt kann die mikrobielle Verdauung des Schafes stören. Mehr als 4–5 % Rohfett sollte die Futterration nicht enthalten.

Die Gruppe der **N-freien Extraktstoffe** besteht überwiegend aus den Kohlehydraten Zucker und Stärke. Sie dienen der Versorgung mit Energie für Bewegung, Körperwärme und Stoffwechselarbeit. Überschüsse werden in Form von Fett als Körperreserve gespeichert.

Die als **Rohfaser** ermittelte Stoffgruppe enthält Bestandteile der Pflanzenzellwände, insbesondere Zellulose und Lignin (Holzstoff). Mithilfe der mikrobiellen Verdauung im Pansen kann das Schaf die Zellulose aufschließen und damit leistet die Rohfaser einen wichtigen Beitrag zur Energieversorgung des Schafes. Mit zunehmendem Pflanzenwachstum nimmt die Dicke der Zellwände und damit der Rohfasergehalt der Futterpflanzen zu, insbesondere in stark belasteten Pflanzenteilen wie Stängel und Halmen. Das selbst für die Pansenmikroorganismen unverdauliche Lignin nimmt dabei überproportional zu und verkrustet zunehmend die Zellulosefasern und den Zellinhalt, sodass mit zunehmendem Rohfasergehalt der Nährstoffaufschluss im Pansen immer schwieriger wird. Trotzdem ist eine Mindestmenge an Rohfaser für die Funktion des Pansens notwendig. Es sollen mindestens 18 % der Rations-Trockenmasse aus Rohfaser bestehen, davon sollte etwa die Hälfte aus strukturierter, d. h. genügend grober Rohfaser bestehen, also aus Rohfaser in Halmfutter wie Grünfutter, Heu, Grassilage und auch Maissilage. Rohfaser aus Pellets, Grünmehl, Rübenblatt usw. ist zu wenig strukturiert, um die Pansenfunktion zu fördern.

Für sehr viele Futtermittel findet sich die Zusammensetzung in den Futterwerttabellen. Bei Handelsfuttermitteln sind die Werte z. B. auf dem Sackaufkleber angegeben.

Für den Schafhalter kann es besonders aufschlussreich sein, wirtschaftseigene Futtermittel wie Heu und Silage untersuchen zu lassen, weil die Gehalte der darin enthaltenen Nährstoffe je nach Boden, Witterung, Düngung, Schnittzeitpunkt, usw. stark von den Durchschnittswerten der Futterwerttabellen abweichen können.

Besonders wichtig für den Futterwert ist der **Energiegehalt**, zu welchem die verschiedenen Nährstoffgruppen in unterschiedlichem Maße beitragen. Der Schafhalter muss aber nun nicht selbst das Energieangebot aus den Analysenergebnissen herleiten, sondern er findet die Energiewerte bereits in den Futterwerttabellen bzw. im Ergebnis einer in Auftrag gegebenen Futteruntersuchung.

Entscheidend für den Futterwert ist nicht die gesamte im Futter enthaltene Bruttoenergie, da mit Kot, Harn und Gärgasen je nach Futtermittel unterschiedliche Energiemengen wieder verloren gehen. Erst die übrig bleibende **Umsetzbare Energie (ME)** steht dem Schaf im Stoffwechsel zur Verfügung zur Aufrechterhaltung seiner Lebensfunktionen und für die vom Menschen genutzten Leistungen. Gemessen wird die Energie in Joule bzw. in Mega-Joule (1 MJ = 1 Million Joule)

7.1.2 Mineralstoffe und Vitamine

Die ausgewogene Versorgung mit Mineralstoffen und Vitaminen ist für die Gesundheit und Leistung der Tiere ebenso wichtig wie die Versorgung mit den oben genannten Hauptnährstoffen.

Das Schaf benötigt **Mineralstoffe** zum Aufbau von Körpersubstanz, vor allem der Knochen. In kleineren Mengen, aber genauso wichtig, braucht es Mineralstoffe zur Steuerung der Körperfunktionen, wie zum Beispiel zur Reizleitung in den Nerven. Bei der Mineralstoffversorgung ist zu beachten, dass nicht nur Mängel auftreten können, sondern dass auch das Überangebot eines einzelnen Mineralstoffes zu Störungen führen kann. So ist während der Trächtigkeit ein Überangebot von Calcium Ca im Verhältnis zum Phosphor P zu vermeiden. Dagegen ist im Futter von Bocklämmern gerade umgekehrt ein Überschuss an Phosphor unbedingt zu vermeiden.

Deshalb ist die Kenntnis der Mineralstoffgehalte im Futter von Bedeutung. Bei vielen Futtermitteln wie z. B. Getreide oder Körnerleguminosen genügen die Angaben der Futterwerttabellen den Anforderungen der Fütterungspraxis. Beim Grundfutter vom Grünland jedoch hängen die Mineralstoffgehalte weitgehend von der Zusammensetzung der Grünlandvegetation aus Gräsern, Kräutern und Leguminosen sowie vom geografischen Standort ab.

Deshalb sind die Tabellenwerte nur Durchschnittswerte, von denen die tatsächlichen Mineralstoffgehalte im Einzelfall weit abweichen können. Aus diesem Grund sollten Heu und Silagen vom Grünland zumindest auch auf Ca- und P-Gehalte untersucht werden. Die dadurch ermöglichte gezielte Mineralstoffergänzung erlaubt Einsparungen, welche die Mehrausgaben für die Mineralstoffanalyse wieder ausgleichen. Ganz zu schweigen von den positiven Auswirkungen dieser bedarfsgerechten Mineralstofffütterung auf die Gesundheit und Leistungsfähigkeit der Schafe. Sind schon Probleme mit Weidetetanie aufgetreten, ist auch der Mg-Gehalt zu untersuchen.

Die **Vitamine** sind als Wirkstoffe für viele Körperfunktionen unentbehrlich. Beim Schaf ist auf eine ausreichende Versorgung mit den Vitaminen A, D und E über das Futter zu achten. Alle übrigen Vitamine werden vom Schaf selbst mithilfe der Pansenmikroorganismen aufgebaut.

Vitamin A kommt zwar in den Futterpflanzen kaum vor, doch enthalten viele Futterpflanzen, vor allem junges Grünfutter sehr viel Karotin, welches im Schaf zu Vitamin A umgewandelt wird. Bei der Futterkonservierung durch Trocknen und in etwas geringerem Masse beim Silieren wird der Carotingehalt reduziert und nimmt während der Lagerzeit noch weiter ab. Da Vitamin A die Funktion der Schleimhäute fördert und so für Wachstum, Fruchtbarkeit und Gesundheit unentbehrlich ist, muss insbesondere bei der Winterfütterung auf eine genügende Versorgung geachtet werden. Neugeborene Lämmer benötigen besonders viel Vitamin A zur Krankheitsabwehr. Sie sind über die Muttermilch gut mit diesem Vitamin versorgt, sofern die Mutter selbst genügend Karotin mit dem Futter aufnimmt.

Vitamin D steuert den Kalziumstoffwechsel. Ein Mangel führt vor allem bei wachsenden Lämmern zur Rachitis. Da Vitamin D unter dem Einfluss des Sonnenlichtes im Tier aus einer Vorstufe gebildet, ist diese Knochenweiche bei Weidetieren eher selten, bei Stallhaltung ist ein Ausgleich über das Futter notwendig. Vitamin E wirkt an der Steuerung des Stoffwechsels mit und hat besondere Bedeutung für die Funktion der Geschlechtsorgane. Ein gutes Angebot an Vitamin E findet sich im Grünfutter und in den Keimen von Getreide.

7.1.3 Beschreibung der Futtermittel

Energie- und Eiweißgehalt sind die maßgeblichen Qualitätskriterien der Futtermittel. In der praktischen Fütterung sind die Futtermittel so zusammenzustellen, dass die Gesamtration den Anforderungen entspricht.

Futter vom Grünland

Grünfutter liefert die Futtergrundlage während der gesamten Vegetationszeit und darüber hinaus. Es ist das preiswerteste Futter, weshalb ein langer Weidegang im Jahr wirtschaftlich günstig ist. Gräser, Kräuter und Leguminosen bilden den Grünlandbestand. Ihre Anteile werden durch die Nutzungsart und die Düngung beeinflusst und bestimmen den Futterwert, der aber auch stark vom Wachstumsstadium abhängt, siehe auch Kap. 8 Grünlandwirtschaft.

Futter vom Grünland lässt sich als **Heu und Silage** haltbar machen. Die Konservierung belastet die Fütterung durch zusätzliche Kosten und durch kein Verfahren lässt sich die Qualität des Frischfutters verbessern, sondern es treten immer Nährstoffverluste auf. Rechtzeitiger Schnitt ist entscheidend für den Futterwert (siehe Kap. 8.4). Gerade an Schafe darf nur beste Silage verfüttert werden. Verschimmelte oder durch Nachgärung erwärmte Silage kann schwere Gesundheitsschäden hervorrufen. Die meisten Listeriosefälle gehen auf solche schlechte Silage zurück.

Grundfutter vom Acker

Grünfutter vom Acker ist meist weniger artenreich als solches vom Grünland. Leguminosen wie Rotklee oder Luzerne werden aus ackerbaulichen Gründen häufig in Reinbeständen angebaut. Gemenge aus Leguminosen mit Gräsern sind im Futterwert ausgeglichener und sind auch leichter zu konservieren. Für die Beweidung sind diese Bestände meist wenig geeignet.

Zwischenfrüchte aus dem Stoppelfutterbau, wie zum Beispiel blattreicher Raps, bilden ein nährstoffreiches, aber strukturarmes Grundfutter. Zum Silieren eignet es sich deshalb nur bedingt und zur Beweidung ist eine allmähliche Gewöhnung der Schafe notwendig. Eine rohfaserreiche Vorweide oder eine Zufütterung von Stroh ist hilfreich. Winterharte Zwischenfrüchte können bis in den Winter beweidet werden und helfen, die teure Stallzeit zu verkürzen. Die damit verbundene Düngung des Ackers durch Kot und Harn ist ein weiterer Vorteil.

Praktisch verschwunden ist die Nutzung von Wintergetreideaufwuchs in der Form des Saatenhütens. Da aber dieses Weideverfahren – richtig durchgeführt – Vorteile für den Getreideanbau haben kann, wäre gerade im Biologischen Landbau diese Art der Nutzung zu prüfen.

Futterrüben sind energiereich und hoch verdaulich. Bei den Schafen sind sie sehr beliebt und werden oft noch über die normale Sättigung hinaus gefressen. Um die Gefahr einer Pansenübersäuerung (Acidose) zu vermeiden, sind die Schafe langsam anzugewöhnen, und es ist auf einen Rohfaserausgleich zu achten. Die harten Zuckerrübenkörper werden von den Schafen weniger gern gefressen. **Rübenblatt** enthält im Gegensatz zum Rübenkörper mehr Eiweiß. Der Gehalt von nur 11–12 % Rohfaser verlangt einen entsprechenden Ausgleich. Rübenblatt von abgeernteten Zuckerrübenfeldern hat seine einstige große Bedeutung für die Schaffütterung verloren, weil die heutigen Ernteverfahren kein weidefähiges Blatt hinterlassen.

Möhren bieten viel Energie, sind reich an Karotin und werden von Schafen sehr gerne gefressen. **Kartoffeln** lassen sich roh an Schafe verfüttern. Traditionell werden auch abgeerntete und durchgeeggte Kartoffelfelder abgehütet. Aufgrund ihres Stärkegehalts sind die Kartoffeln ein vorzüglicher Energielieferant. Wie bei Rüben ist die Gefahr der Acidose zu berücksichtigen. Kartoffeln sind schmutzarm zu füttern. Grüne Teile und Keime dürfen nicht verfüttert werden.

Silomais gehört zu den ertragreichsten Futterpflanzen und liefert ein energiereiches Grundfutter. Entscheidend für den Futterwert ist ein hoher Trockenmassegehalt der Silage. Maissilage hat ein sehr enges Ca-P-Verhältnis, sodass bei Bocklämmern häufig Harnsteine auftreten, wenn nicht durch einen Ca-Ausgleich gegengesteuert wird.

Stroh ist geprägt durch den hohen Rohfasergehalt. Bei genügendem Angebot zum Selektieren kann der von den Schafen aufgenommene Anteil jedoch immerhin noch einem Heu von etwas unterdurchschnittlichem Futterwert entsprechen. Gerstenstroh ist in dieser Hinsicht am wertvollsten. Unkrautbesatz, z. B. bei Stroh aus dem ökologischen Getreidebau, erhöht gerade für Schafe den Futterwert beträchtlich.

Handelsfuttermittel

Diese relativ teuren Futtermittel dienen vor allem dazu, die Grundfutterration gezielt mit Energie oder Eiweiß zu ergänzen.

Nur in der Intensivmast bilden Handelsfuttermittel wie Getreide die Futtergrundlage. Zu den besonders energiereichen Futtermitteln zählen Futtermittel mit einer Energiedichte von mindestens 10 MJME/kg Trockensubstanz wie Körnergetreide und Körnerleguminosen. Zur Eiweißergänzung eignen sich neben den Körnerleguminosen vor allem die Nebenerzeugnisse aus der Ölgewinnung, unter denen sich das Sojaextraktionsschrot gleichzeitig durch ein hohes Energieangebot auszeichnet. Auch künstlich getrocknete Luzerne kann den Eiweißbedarf ergänzen.

Genaue Angaben zu den Futterwerten der großen Vielfalt an Futtermitteln vermittelt die DLG-Futterwert-Tabelle (siehe Anhang, Tab. 54).

Getreide

Getreidekörner sind gut verdaulich und zeichnen sich durch eine hohe Energiedichte aus. Der Rohproteingehalt ist eher gering und schwankt je nach Getreideart, Sorte und Anbauverhältnissen um 10–12 %. Damit ist Getreide besonders für die gezielte Erhöhung der Energiekonzentration einer Futterration geeignet.

Getreidekörner sind relativ arm an Calcium aber reich an Phosphor. Dieses Ungleichgewicht kann bei intensiv mit Getreide gefütterten Bocklämmern zu Harnsteinen führen, wenn keine ausgleichende Calcium-Fütterung erfolgt. Bei laktierenden Mutterschafen dagegen ist dieser reiche Phosphorbeitrag zur Ration erwünscht.

Ein sehr hoher Anteil von Körnermais in der Ration führt zu öligem und gelblichem Körperfett von Schlachtlämmern.

Muffig riechende oder gar sichtbar verschimmelte Getreidepartien sind von der Verfütterung auszuschließen. Zunehmend tritt bereits auf dem Feld ein Befall mit Pilzen, vor allem Fusarien auf, der bei der Verfütterung die Gesundheit der Tiere ernsthaft gefährden kann. Bei Verdacht eines solchen Befalles ist eine Laboruntersuchung angebracht.

Getreidekörner werden von den Schafen am liebsten gequetscht gefressen und so auch am besten verwertet. Getreide kann auch ganzkörnig gefüttert werden, geschrotet wird es den Ansprüchen des Schafes nicht gerecht. Wegen seiner staubigen Konsistenz wird Getreideschrot weniger gern gefressen und es führt im Pansen zu einer unerwünscht schnellen Ansäuerung.

Körnerleguminosen

Der Energiegehalt von Ackerbohnen, Erbsen und Süßlupinen entspricht etwa dem von Getreide, der Rohproteingehalt ist dagegen 2–3-mal höher. Damit können diese heimischen Futtermittel den Eiweißgehalt einer Ration vollständig ergänzen. Dies ist besonders wichtig für ökologisch wirtschaftende Betriebe, denen der Zukauf von anderen Eiweiß ergänzenden Futtermitteln wie z. B. Sojaschrot nicht möglich ist.

Nebenerzeugnisse

Zur Gewinnung von Speiseöl und -fett wird den Ölfrüchten das Fett entzogen, heute in aller Regel mithilfe eines Lösungsmittels. Zurück bleibt „Extraktionsschrot", welches nur noch sehr wenig Fett enthält, während der Anteil des Rohproteins entsprechend angestiegen ist. So enthält Sojaextraktionsschrot – meist einfach als „Sojaschrot" bezeichnet – weniger als 2 % Fett, aber über 40 % Rohprotein. Dadurch ist Sojaextraktionsschrot hervorragend geeignet, ein Eiweißdefizit in der Ration auszugleichen. Ähnlich gut zur Eiweißergänzung geeignet und gerade in der Lämmermast bewährt ist Rapsextraktionsschrot, allerdings ist die Energiekonzentration deutlich geringer. Mit der zunehmenden Verbreitung von dezentralen Pflanzenölpressen stehen vermehrt „Expeller" und „Kuchen", vor allem von Raps und Sonnenblumen, zur Verfügung. Auch diese eignen sich gut zur Eiweißergänzung in der Schaffütterung, doch ist ihr Rationsanteil durch den höheren Fettgehalt begrenzt.

Die bei der Mehlherstellung anfallende Kleie hat traditionell eine wichtige Rolle für die Verfütterung gespielt, doch ist der Marktpreis für Kleie häufig zu hoch für einen wirtschaftlichen Einsatz.

Wird bei der Verarbeitung der Zuckerrübe dem zerkleinerten Rübenkörper der Zuckersaft entzogen, verbleiben die noch stark wasserhaltigen Schnitzel, die meist getrocknet in den Handel kommen. Während der Rohproteingehalt gering ist, beruht der Futterwert dieser Trockenschnitzel auf ihrem Gehalt an Zellwandkohlehydraten, die für das Schaf als Wiederkäuer gut verdaulich sind. Dadurch sind sie eine hervorragende Energiequelle in der Schaffütterung. Im Pansen erfolgt der Abbau langsamer als bei Zucker und Stärke, sodass die Mikroorganismen eine langsam aber stetig fließende Energiequelle haben, während der Säuregrad kaum zunimmt.

Bei der Kristallisation des Zuckersirups verbleibt am Schluss die Melasse als zähe schwarze Flüssigkeit. Wichtigster Bestandteil ist Zucker. Melasse und Trockenschnitzel werden meist gemischt als Melasseschnitzel in den Handel gebracht. Für Schafe ist das Einweichen von Trocken- und Melasseschnitzeln nicht notwendig. In zunehmendem Maße werden Pressschnitzel zur Fütterung eingesetzt. Da sie nicht getrocknet sind, sondern nur ein Teil des Wassers abgepresst wurde, sind sie rasch verderblich. Frisch sind sie sofort zu verfüttern. Sie lassen sich aber auch als Silage konservieren.

Obsttrester wurden lange Zeit unterschätzt. Sie haben einen guten bis sehr guten Futterwert und sind für die Schaffütterung bestens geeignet. Es sind Energiefuttermittel ähnlich den Pressschnitzeln. Heimischer Apfel- und Birnentrester wie auch Traubentrester ohne Kämme kann im Herbst frisch verfüttert werden, eignet sich aber auch gut zum Silieren.

Bei der Bierherstellung fallen die eiweißreichen Malzkeime an sowie der Biertreber, welcher recht preisgünstig angeboten wird. Er ist ein eiweißreiches Futter zur Ergänzung einer energiereichen Futtergrundlage wie z. B. Maissilage. Der wasserreiche Treber muss frisch rasch verfüttert werden, eignet sich aber auch zum Einsilieren. Dabei ist mit einem deutlichen Essigstich der Trebersilage zu rechnen, die aber von den Schafen trotzdem gerne angenommen wird.

Das Angebot an Schlempen aus der Brennerei hat mit der Produktion von Bioethanol zugenommen. Frischschlempen haben zwar bezogen auf die Trockensubstanz einen ansprechenden Eiweißgehalt, aber aufgrund des sehr hohen Wassergehaltes, der mangelnden Struktur und der geringen Lagerfähigkeit haben sie in der Schaffütterung wenig Bedeutung.

Mischfuttermittel

Unter den im Handel angebotenen Mischfuttern kommen in der Schafhaltung vor allem die Ergänzungsfuttermittel und die Mineralfuttermittel infrage. Alleinfuttermittel, die für den Einsatz ohne Zufütterung weiterer Futtermittel vorgesehen sind spielen als Lämmermastfutter eine Rolle und in geringerem Umfang als Milchaustauschfuttermittel bei der mutterlosen Lämmeraufzucht.

Die Ergänzungsfuttermittel dienen zur Aufwertung und Komplettierung betrieblicher Futtermittel, wie z. B. Grundfutter und Getreide mit Energie, Eiweiß, Mineralstoffen und Vitaminen. Durch gezielte Kombination lässt sich eine vollwertige Ernährung der Schafe erreichen. Auch mit der Fütterung von Mineralfuttermitteln wird das Ziel verfolgt, unzureichende Gehalte in der Ration bedarfsgerecht zu ergänzen.

Der Einsatz von Mischfuttermitteln für Rinder ist wegen des höheren Kupfergehalts sorgfältig abzuwägen. Kupferhaltige Mineralfuttermittel für Rinder sollten bei Schafen nicht eingesetzt werden.

7.2 Praktische Fütterung

Schafe haben den Ruf, für die Verwertung ertragsarmer Standorte hervorragend geeignet zu sein. Doch in bestimmten Leistungsphasen, wie der Hochträchtigkeit und der Laktation der Mutterschafe oder dem Wachstum der Lämmer stellt auch diese Tierart hohe Ansprüche

Abb. 47. Bewertung der Körperkondition.

Tabelle zur Bewertung der Körperkondition:
(Die Konditionsnote ergibt sich als Mittelwert aus der Note für die Lendenwirbelsäule und der Note für das Brustbein)

Beurteilung der Lendenwirbelsäule	Note
 Äußerste Abmagerung. Knochen sehr stark hervorstehend. Die trockene Haut klebt auf den Wirbeln.	0
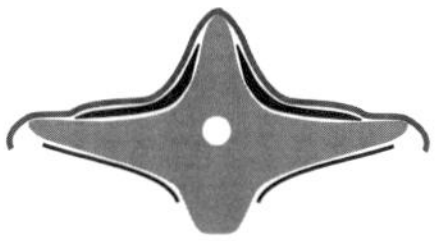 Die Querfortsätze stehen zu 3/4 ihrer Länge hervor, zwischen den Querfortsätzen sind die Einbuchtungen deutlich zu sehen.	1
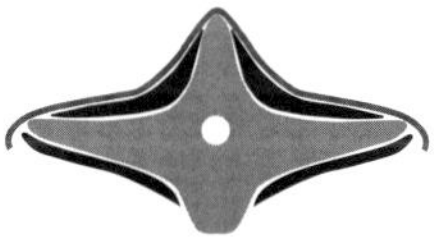 Die Querfortsätze stehen nicht mehr hervor, die Zwischenräume sind nicht mehr eingebuchtet, lassen sich aber noch eindrücken. Der Wirbelwinkel ist über dem Wirbelkörper leicht gefüllt.	2
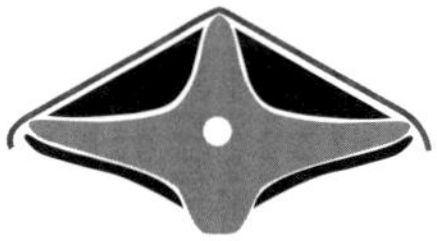 Der Wirbelwinkel ist vollständig ausgefüllt, ohne sich hinauszuwölben. Die Enden der Querfortsätze lassen sich noch ertasten.	3
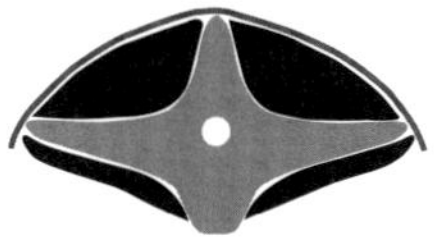 Die Enden der Dornfortsätze sind kaum mehr zu ertasten. Der Rücken zeigt sich breit und flach. Noch keine Rückenrinne.	4
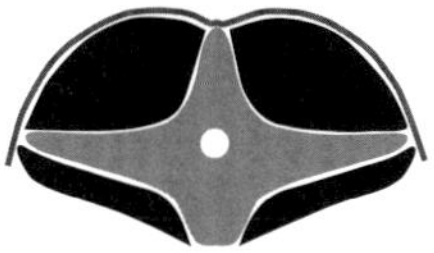 Stark ausgebildete Rückenrinne.	5

an die Nährstoffversorgung. Bei den Mutterschafen ist es aber normal und von der Natur so vorgesehen, dass das Tier während solcher Phasen in einem gewissen Umfang auch auf die eigenen Körperreserven zurückgreifen kann, welche in den weniger anspruchsvollen Phasen wieder aufgefüllt werden.

Um die Fütterung an diesen natürlichen Rhythmus anzupassen, gilt es die Körperkondition der Tiere im Auge zu behalten. In den Phasen hohen Nährstoffbedarfes dürfen die Mutterschafe an Kondition verlieren, um danach sich wieder zu erholen, aber keineswegs zu verfetten. Dies ist der Leistungsfähigkeit eines Mutterschafes genauso abträglich wie übermäßiges Abmagern.

Gerade bei bewollten Schafen ist die korrekte Einschätzung der Körperkondition nicht immer leicht und es lohnt sich auch für den erfahrenen Schäfer, zusätzlich zum Augenschein auch mit den Händen den Ernährungszustand zu prüfen. Hierfür eignet sich besonders der Bereich der Lendenwirbelsäule im rippenfreien Bereich zwischen Brustkorb und Hüfte. Mithilfe einer Bewertungstabelle (siehe Abb. 47 „Bewertung der Körperkondition") lässt sich der jeweilige Konditionszustand auch in einer Punktenote ausdrücken. Diese Art der Bewertung wird auch als BCS (Body Condition Score) bezeichnet.

7.2.1 Futteransprüche

Die Nährstoffansprüche eines Schafes lassen sich unterteilen in den **Erhaltungsbedarf** zur Aufrechterhaltung lebensnotwendiger Körper- und Stoffwechselfunktionen sowie den zusätzlichen **Leistungsbedarf** für Wachstum, Trächtigkeit, Milch- und Wollproduktion.

Der Bedarf steigt mit dem Gewicht und der Leistung sowie bei ungünstigen Haltungsbedingungen wie Wind, Nässe und Stress.

Zur Erstellung bedarfsgerechter Rationen müssen die verfügbaren Futtermittel so zusammengestellt werden, dass die jeweiligen Nährstoffansprüche des Schafes gedeckt werden. Bei der Stallfütterung ist hierfür die Rationsberechnung hilfreich. Auf der Weide gilt es, das Futterangebot des Grünlandes richtig einzuschätzen und den Schafen durch geschicktes Koppeln oder Hüten bedarfsgerecht zuzuteilen.

Lämmer sind in den ersten Lebenswochen auf Nahrung bester Qualität und Verdaulichkeit angewiesen sind, die sie natürlicherweise mit der Muttermilch erhalten. Der Pansen und die Mikroorganismen müssen sich bei ihnen noch entwickeln. Dann kann das Schaf als Wiederkäuer dank der mikrobiellen Verdauung Zellulose aufschließen und damit pflanzliches Futter nutzen, ohne in Nahrungskonkurrenz zum Menschen zu treten. Im Gegensatz zum Schwein und zum Geflügel ist das Schaf auch unabhängig von der Qualität des Futtereiweißes. Es wandelt minderwertiges Pflanzeneiweiß und sogar Nichtprotein-Stickstoffverbindungen in für die menschliche Ernährung hochwertiges Eiweiß in Form von Fleisch und Milch um.

Um die Vorteile des Wiederkäuers zu nutzen, muss die Schaffütterung neben der Deckung des Nährstoffbedarfs immer auch die **Pflege des Pansenlebens** beachten. Verschmutztes Futter kann das Pansenleben empfindlich stören und Schimmelpilze können den Pansen sogar völlig stilllegen.

Die Rohfaser im Futter (siehe „Zusammensetzung und Bewertung von Futtermitteln") spielt eine besondere Rolle für die mikrobielle Verdauung des Schafes. Sie sorgt durch ihre **wiederkäuergerechte grobe Struktur** für genügend Kauaktivität und Speichelbildung und regt die Pansenwände zur Bewegung an. Im Innern des Pansens bildet sie eine stabile, aber vom Pansensaft durchströmbare Faserschicht, an welche sich die Zellulose abbauenden Bakterien heften. Der Aufbau einer solchen stabilen Fasermatte ist die Basis für eine schafgerechte Pansenfunktion. Übermäßige Fütterung von strukturarmen, stärke- oder zuckerreichen Futtermitteln wie z. B. Getreide, Melasseschnitzeln oder Äpfeln führt zur gefährlichen Pansenübersäuerung (Acidose), von Schäfern meist als „Steifwerden" der Schafe bezeichnet. Ein **Futterwechsel** soll immer in möglichst kleinen Schritten erfolgen, um der Anpassung der Mikroorganismen im Pansen und dem Umbau des Verdauungsgewebes genügend Zeit zu geben. Dies gilt für den Austrieb auf die Frühjahrsweide oder für die Nutzung von Fallobst im Herbst ebenso wie für die Erhöhung der Kraftfuttergaben.

Die **Futteraufnahme** entscheidet darüber, ob das Schaf bei gegebenen Futtermitteln auch genügend Nährstoffe aufnimmt. Hat das Schaf einen hohen Energiebedarf, z. B. aufgrund einer hohen Säugeleistung, so hat es auch mehr Hunger und nimmt mehr Futter auf. Auch die Schmackhaftigkeit beeinflusst die Futteraufnahme. Begrenzend wirkt aber letztlich der Füllungsgrad des Verdauungstraktes, der von der Menge der aufgenommenen Trockensubstanz bestimmt wird.

Der **Wasserbedarf** ist von der Futterart, der Witterung und dem Leistungsstadium des Schafes abhängig. Bei hohem Wassergehalt des Futters wie z. B. junger Weide und gemäßigten Frühjahrstemperaturen kann selbst für säugende Mutterschafe keine Tränke notwendig sein. Heiße Tage und zunehmender Trockensubstanzgehalt der Weidepflanzen machen eine zusätzliche Wasserversorgung notwendig. Im Stall benötigt ein Mutterschaf 2 bis 8 Liter Wasser täglich, je nach Futtergrundlage. Bei säugenden Mutterschafen kann die Wasseraufnahme noch darüber liegen, vor allem wenn auch Kraftfutter gefüttert wird.

Die **Mineralstoffversorgung** erfolgt vor allem über das Grundfutter und muss notwendigenfalls gezielt über eine zusätzliche Mineralfuttergabe ergänzt werden. Meist ist aber der Mineralstoffgehalt im Grundfutter nicht bekannt. Dann wird den Schafen sehr pauschal Mineralfutter zugeteilt, ohne zu wissen, ob dies in der Menge korrekt oder zu viel oder überhaupt notwendig ist. In der Fütterungspraxis wird dann häufig nach dem Prinzip „viel hilft viel" verfahren, was meist unwirtschaftlich ist und nicht selten auch den Tieren schadet.

Einige Grundregeln helfen den Mineralfutterbedarf von Schafen einzuschätzen: Zur Versorgung mit Natrium brauchen Schafe stets Viehsalz zur freien Aufnahme, eventuell abgesehen von Küstenweiden. Zeitweilig auftretender Luxuskonsum legt sich auch wieder. Alle Leguminosen (Kleearten, Luzerne) sind reich an **Calcium Ca**, sodass bei hohem Leguminosenanteil im Grundfutter eine Ergänzung mit phosphorreichem Mineralfutter angebracht ist. Der Gehalt an **Phosphor P** im Grundfutter ist stark düngungsabhängig. Bei langjähriger intensiver Düngung kann Grünland hohe Phosphorgehalte aufweisen, sodass der Bedarf auch ohne Phosphor im Mineralfutter gedeckt ist. Im Gegensatz dazu besteht auf extensivem Grünland wie Heiden und Magerrasen meist ein hoher Bedarf an zusätzlichem Phosphor. Getreide, Getreidenebenprodukte und Maissilage bieten reichlich Phosphor. Regionsweise kann ein Mangel an **Selen** auftreten. Durch mit Spurenelementen aufgewertetes Viehsalz wird dieser Mangel meist wirkungsvoll und preisgünstig ausgeglichen. Treten bei den Tieren Symptome von Selenmangel auf (Weißmuskelkrankheit der Lämmer), ist die notwendige Selenergänzung mit dem Tierarzt abzusprechen. Wenn auf jungem Grünland wiederholt Schafe mit Weidetetanie festliegen, sind die Tiere mit zusätzlichem **Magnesium** zu versorgen, bereits vier Wochen vor dem geplanten Weideaustrieb beginnend. **Kupfer** ist ein lebensnotwendiger Mineralstoff. Doch tritt bei Schafen selten ein Mangel auf, während ein Überangebot schadet. Mineralfutter für Schafe müssen kupferfrei sind. Mineralfutter für Rinder eignen sich deshalb nicht für Schafe und auch Mischfutter für Rinder haben für Schafe häufig zu hohe Kupfergehalte. Treten bei der Verfütterung von Rückständen aus der Brauerei und Brennerei (Treber, Schlempen) Vergiftungsprobleme auf, ist zu prüfen, ob zu hohe

Tab. 11: Richtwerte zur täglichen Versorgung von Mutterschafen (70 kg) mit Energie, Rohprotein und Mineralstoffen (DLG 2005)

Leistungsstadium	Verzehr kg TM	Energie[1] MJ ME	Rohprotein[1] g	Ca g	P g	Na g	Mg g
güst oder niedertragend	1,0–1,4	10,4	120	5,0	3,0	1,0	1,0
Hochtragend (letzte 6 Wo.)							
mit 1 Lamm	1,4–1,6	14,6	170	7,0	4,0	1,5	2,0
mit 2 Lämmern	1,5–1,8	17,0	190	11,0	5,0	1,5	2,0
Säugend (1.-8. Wo.)							
mit 1 Lamm	1,6–2,0	18,4	260	8,0	5,0	2,0	2,0
mit 2 Lämmern	2,0–2,2	22,4	340	11,0	7,0	2,5	2,0

[1] je 10 kg Lebendmasse steigt oder fällt die erforderliche Versorgung um 1,1 MJ ME und 10 g Rohprotein

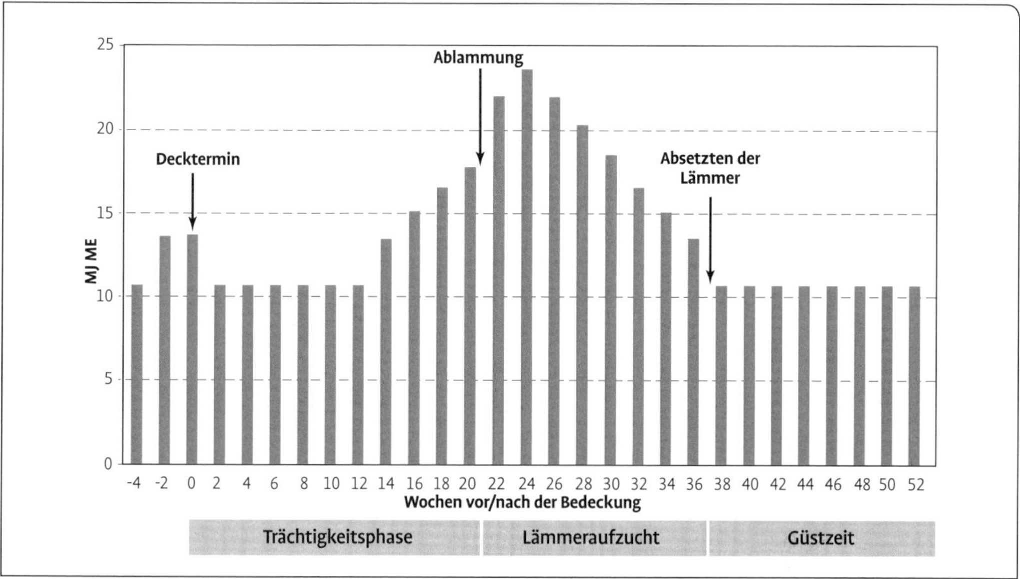

Abb. 48. Energieversorgung der Mutterschafe im Laufe eines Produktionsjahres.

Kupferrückstände aus den Verarbeitungsanlagen die Ursache sein können.

7.2.2 Fütterung der Mutterschafe

Ziel ist die langjährige Nutzung der Schafmütter mit einer hohen Anzahl gut entwickelter Lämmer.

Die Fütterung der Mutterschafe ist geprägt durch die Leistungsphasen Güstzeit, Deckzeit, niedertragend, hochtragend und Säugezeit. Das Nähr- und Mineralstoffangebot ist an diese Phasen anzupassen (siehe Tab. 11). Der wechselnde Energiebedarf ist in Abb. 48 dargestellt.

Bei saisonalen Schafrassen deckt sich der Produktionszyklus mit einem Jahr und die einzelnen Leistungsphasen sind bestimmten Jahreszeiten zugeordnet. Wenn bei der Nutzung asaisonaler Rassen mehr als eine Lammzeit im Jahr stattfindet, ändert sich diese Bindung an die Jahreszeiten und damit auch die jeweilige Futtergrundlage. Wird auch eine intensivere Nutzung asaisonaler Mutterschafe angestrebt durch dreimalige Ablammung in zwei Jahren, verkürzt sich entsprechend auch der Produktionszyklus.

Je mehr Schafe sich gleichzeitig im selben Leistungsabschnitt befinden (bei kurzer Deck- und Ablammperiode), desto besser lassen sich Gruppen zur jeweils angemessenen Ernährung zusammenfassen.

Fütterung güster (leerer) Mutterschafe

Nach dem Absetzen der Lämmer ist es normal, dass die Körperreserven der Mutterschafe deutlich zurückgegangen, häufig auch erschöpft sind.

Jetzt können die Tiere sich erholen, sie sollen aber keineswegs hohe Zunahmen zeigen. Eine Körperkondition der Note 2 entsprechend (siehe Abb. 47) soll noch nicht überschritten werden. Hierfür genügt es, den Erhaltungsbedarf zu decken, wodurch auch bereits der tägliche Eiweißbedarf für das Wollwachstum von 6 bis 10 g enthalten ist.

Fütterung der Mutterschafe während der Deckzeit
Nach der verhaltenen Fütterung während der Güstzeit fördert ein um etwa 30 % erhöhtes Energieangebot die Fruchtbarkeit der Mutterschafe. Etwa vier Wochen vor der Paarung kann man mit 1,2 MJME pro Tag (entsprechend zum Beispiel etwa 120 g Hafer) zusätzlich zur Erhaltungsfütterung beginnen und diese Zugabe bis zur geplanten Paarung auf 5 MJME pro Tag (entsprechend etwa 500 g Hafer) steigern. Für diese **Stoßfütterung (Flushing)** eignen sich energiereiche Futtermittel wie Getreide oder Melasseschnitzel. Sojaextraktionsschrot liefert in diesem Fall zwar auch die benötigte Energie, aber darüber hinaus auch teures Eiweiß, das aber nicht benötigt wird.

Die Stoßfütterung muss zu einer Verbesserung der Körperkondition des Mutterschafes führen. Anzustreben ist eine Steigerung der Konditionsnote von 2 auf 3–4 (siehe Abb. 47). Durch diese Konditionsverbesserung werden vom Eierstock vermehrt Eizellen freigesetzt (erhöhte Ovulationsrate), das Einnisten der befruchteten Eizellen und

Tab. 12: Futterrationen für güste und niedertragende Mutterschafe (kg/Tier/Tag)

Futtermittel	Ration							
	1	2	3	4	5	6	7	8
Weidegras (späte Weide)	6,0	–	–	–	–	–	–	–
Heu (gute Qualität)	–	1,0	0,7	–	–	–	–	–
Heu (mäßige Qualität)	–	–	–	1,0	1,0	1,5	1,8	–
Grassilage (35 % TS)	–	–	–	–	2,0	–	–	–
Maissilage (21 % TS)	–	–	3,0	–	–	–	–	4,0
Rübensilage (20 % TS)	–	–	–	2,5	–	–	–	–
Gehaltsfutterrüben	–	2,2	–	–	–	0,4	–	–
Stroh	–	–	–	–	–	–	–	0,7
Mineralfutter (vitaminiert)	–	0,02	0,02	0,02	0,02	0,02	0,02	0,02
Rationsinhalte:								
– Trockensubstanz (kg)	1,6	1,2	1,3	1,4	1,2	1,6	1,5	1,5
– Rohfaser (%)	35	21	19	26	32	40	36	32
– Rohprotein (g)	135	138	126	122	136	112	120	125
– Energie (MJ ME)	13,9	12,7	13,8	12,9	14,6	11,8	13,5	14,0

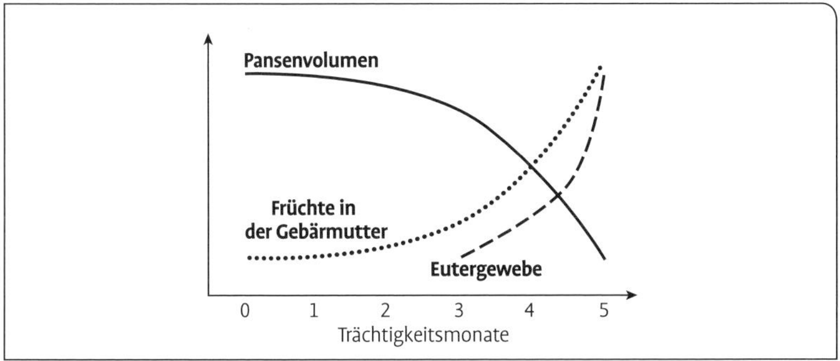

Abb. 49. Entwicklung der Früchte, des Pansens und des Eutergewebes im Verlauf der Trächtigkeit.

der Gebärmutter gefördert und der embryonale Frühtod gemindert. Damit wird das Ablammergebnis über die gesteigerte Anzahl tragender Mutterschafe und eine erhöhte Mehrlingshäufigkeit verbessert.

Bei saisonalen Rassen wird durch die Stoßfütterung die Brunst vorzeitig eingeleitet. Auch tritt die Brunst dann meist intensiver mit deutlicheren Anzeichen auf.

Bei Mutterschafen, die schon vor der Stoßfütterung in zu guter Kondition stehen oder gar fett sind, bleibt das Flushing wirkungslos. Nach der Paarung ist die Energiezulage wieder abzubauen und zwei Wochen später einzustellen, weil sonst mit erhöhter embryonaler Sterblichkeit zu rechnen ist.

Bei einmaliger Ablammung pro Jahr fällt die Deckzeit meist in den Herbst. Häufig ist hier die Stoßfütterung auf natürliche Weise gegeben, zum Beispiel durch den Wechsel auf frisches Grünland nach Sommertrockenheit.

Fütterung niedertragender Mutterschafe

Bis etwa zur 12. Trächtigkeitswoche entwickeln sich bei den Embryonen zwar Organe und Gliedmaßen, doch bedarf die geringe Entwicklung der Fruchtmasse (siehe Abb. 49) kaum zusätzlicher Nährstoffe. Damit genügt eine Fütterung auf Erhaltung im normalen Ernährungszustand (Konditionsnote 3). Gut ernährte Schafe (Konditionsnote 4) dürfen in dieser Zeit sogar bis zu 5 % abnehmen, ohne dass dies das Ablammergebnis negativ beeinflusst. Durch eine knappe Fütterung lassen sich gefährliche Verfettungen vermeiden und die Aufnahme von Raufutter wird trainiert. „Besser fit statt fett!“ Selbst auf extensivem Grünland von Heiden und Magerrasen ist eine Zufütterung von Kraftfutter abträglich.

Fütterung hochtragender Mutterschafe

Es ist üblich aber falsch, das Ablammen als Signal abzuwarten, um sich erst dann um die Fütterung des säugenden Schafes zu kümmern. Bereits die Fütterung in der Hochträchtigkeit stellt die Weichen für die Säugezeit und muss die Grundlagen schaffen für eine erfolgreiche

Lämmeraufzucht. Mängel in dieser Phase lassen sich nach der Geburt nicht mehr beheben.

Die Fütterung in der Hochträchtigkeit hat drei Bedingungen zu berücksichtigen (siehe Abb. 49 „Entwicklung der Früchte, des Pansens und des Eutergewebes").

Der Nährstoffbedarf der Früchte, die sich jetzt rasch entwickeln, steigt zunehmend an. In gleicher Weise steigt auch der Nährstoffbedarf für den Neuaufbau des Eutergewebes. Die Auswirkungen eines Nährstoffmangels in der Hochträchtigkeit auf die Entwicklung des Euters können durch eine verstärkte Fütterung während der Säugezeit nicht mehr ausgeglichen werden. Dem steigenden Nährstoffbedarf steht das abnehmende Vermögen des Mutterschafes gegenüber, Futter aufzunehmen, weil die sich vergrößernde Gebärmutter dem Pansen in der Bauchhöhle zunehmend Platz wegnimmt.

Eine mangelnde Versorgung kann in diese Phase folgenreich sein:

- zu leichte Lämmer sind anfälliger und ihre Saugschwäche regt die Milchbildung nicht genügend an.
- Beim Mutterschaf ist die Wollqualität beeinträchtigt und bei den Früchten ist die Anlage der Wollfollikel gestört, die damit zeitlebens eine geringere Wollleistung erwarten lassen.
- Die verringerte Neubildung von Euterdrüsengewebe führt zu einer um bis zu einem Drittel verringerten Milchleistung, die auch durch verbesserte Fütterung in der Säugezeit nicht mehr ausgeglichen werden kann. Schon bei der Geburt setzt der Milchfluss nur verzögert ein und der Milchmangel führt zu unmütterlichem Verhalten.
- Um dem Energiemangel zu begegnen, baut der Körper des Mutterschafes vermehrt Körperfett ab, das aber in dieser Situation nur unvollständig zur Energiegewinnung genutzt werden kann. Dabei entstehen giftige Stoffwechselprodukte, die der Leber schaden und durch Einwirkung auf das Gehirn des Schafes die Futteraufnahme hemmen, obwohl das Schaf gerade jetzt mehr fressen müsste. Solche hochträchtigen Schafe fallen durch ihre verringerte Fresslust auf und auch nach der Geburt steigern sie oft nur zögernd die Futteraufnahme. Dadurch ist auch die Milchleistung gemindert und die Entwicklung der Lämmer verzögert.
- Schafe, die güst und niedertragend zu viel Fett angesetzt haben, sind besonders gefährdet.

Die durch den Energiemangel und übermäßigen Fettabbau verursachte, als Acetonämie oder Ketose bezeichnete Stoffwechselstörung wird herkömmlicherweise auch als „Zwillingskrankheit" bezeichnet, weil sie bei Mehrlingsträchtigkeiten bevorzugt auftritt. Dieser Teufelskreis kann bis zur Futterverweigerung mit Festliegen und Tod führen. Auch wenn die Folgen bei jungen Schafen nicht ganz so dramatisch sind, nimmt die Leber in jeder weiteren Hochträchtigkeit zusätzlich

Schaden, was auf die Dauer zum Totalausfall des Mutterschafes führt.

Um dem in der Hochträchtigkeit so gefährlichen Energiemangel zu begegnen, muss das Schaf deutlich mehr Nährstoffe aufnehmen. Da aber die Aufnahme von Futtermasse nicht mehr entsprechend gesteigert werden kann, ist die Konzentration der Nährstoffe im Futter zu erhöhen:

- Ab dem Tag 80 der Trächtigkeit durch langsam zunehmende Energieversorgung „anheizen“
- jetzt ist die Zeit für das beste Grundfutter
- Bewegung hilft, den Appetit anzuregen
- wenn im Produktionszyklus eine begrenzte Menge an Kraftfutter pro Mutterschaf zur Verfügung steht, ist dieses besser jetzt einzusetzen, als erst nach dem Ablammen.
- wird der zunehmende Appetitverlust eines hochträchtigen Schafes bemerkt, kann durch die Eingabe von Propionsäurepräparaten verhindert werden, dass das Tier weiter in den Teufelskreis der Acetonämie abgleitet.

Wird allerdings ein Schaf mit Einlingsträchtigkeit einer Zwillingsträchtigkeit entsprechend ernährt, können zu schwere Lämmer und verfettete Mutterschafe mit Geburtsproblemen die Folge sein. Bei Beständen, in denen genetisch bedingt vorwiegend Einlinge zu erwarten sind, wie zum Beispiel in einer Heidschnuckenherde, ist die intensive Fütterung in der Hochträchtigkeit mit Vorsicht zu handhaben.

In nicht wenigen Betrieben hat sich das „Scannen“ als frühe und sichere Trächtigkeitsdiagnose bewährt, um die zum Abschluss der Deckzeit leer gebliebenen Schafe zu identifizieren. Gelingt beim Scannen zusätzlich die Trennung in Einlings- und Mehrlingsträchtigkeiten, wird es möglich, die hoch trächtigen Mutterschafe gezielt zu füttern. Es ist aber für manchen Betrieb nicht einfach, die Herde in Leistungsgruppen aufzuteilen.

Gebärparese und Mineralstoffversorgung in der Trächtigkeit

In der letzten Phase der Trächtigkeit besteht ein hoher Bedarf an Calcium (Ca) für das starke Knochenwachstum der Lämmer. Vor der Geburt kommt der sehr hohe, schlagartig einsetzende Ca-Bedarf für die einschießende Milch dazu. Diese Menge an Calcium kann nicht vollständig aus dem Futter geliefert werden, sondern es müssen Ca-Reserven aus den Knochen ins Blut ausgelagert werden. Ist jedoch die Ca-Versorgung des Mutterschafes während der Trächtigkeit hoch, bedingt durch bereits hohe Ca-Gehalte im Grundfutter und zusätzlich ein hohes Ca-Angebot im Mineralfutter, so kommt die Ca-Mobilisierung im Knochen zum Stillstand und kann auch nicht kurzfristig aktiviert werden, wenn die Geburt naht. Da Calcium auch eine wichtige

Rolle für die Funktion von Nerven und Muskeln spielt, können Schafe mit akutem Calciummangel im Blut festliegen. Häufiger allerdings tritt der Ca-Mangel nicht so dramatisch in Erscheinung, sondern es treten durch Wehenschwächen Geburtsschwierigkeiten auf, die gar nicht mit einem Ca-Mangel in Verbindung gebracht werden.

Deshalb ist während der Trächtigkeit die Fähigkeit zur Ca-Mobilisierung durch eine knappe Ca-Versorgung über das Futter aktiv zu halten. Auch ist das Ca-P-Verhältnis zu beachten, das in dieser Phase nicht mehr als 2:1 betragen soll. Ein Ca-reiches Grundfutter, wie zum Beispiel Luzerneheu, ist mit P-reichem Mineralfutter auszugleichen. Mineralfutter für die Lämmermast ist mit seinem weiten Ca-P-Verhältnis für trächtige Mutterschafe nicht geeignet!

Ab der Geburt ist das Mutterschaf bedarfsgerecht mit Calcium zu versorgen, da die Milch viel Calcium enthält und zusätzlich die Knochenspeicher wieder aufgefüllt werden müssen.

Tab. 13: Futterrationen für hochtragende und säugende Mutterschafe (kg/Tier/Tag)

Futtermittel	Ration							
	1	2	3	4	5	6	7	8
Heu (gute Qualität)	1,5	0,8	1,8	1,5	1,0	–	1,0	1,5
Grassilage (30 % TS)	1,5	–	–	–	4,0	3,0	–	–
Maissilage (21 % TS)	–	–	–	–	–	–	2,0	–
Rübenblattsilage (20 % TS)	–	–	–	–	–	–	–	–
Gehaltsfutterrüben	–	–	–	4,0	–	–	2,5	–
Kartoffeln (frisch)	–	2,0	–	–	–	–	–	–
Stroh	–	–	–	–	–	3,0	–	–
Trockenschnitzel	–	0,2	–	0,2	–	–	–	–
Sojaschrot	–	–	–	0,2	–	1,3	0,4	–
Kraftfutter (24 % RP)	–	0,3	0,6	–	0,4	–	0,4	1,3
Mineralfutter (vitaminiert)	0,3	0,3	0,3	0,3	0,3	0,3	0,3	0,3
Rationsinhalte:								
– Trockensubstanz (kg)	1,7	1,5	2,1	2,2	2,2	2,2	2,3	2,4
– Rohfaser (%)	27	18	22	20	27	18	18	19
– Rohprotein (g)	196	190	285	280	292	350	356	361
– Energie (MJ ME)	17,1	18,5	22,8	24,8	25,5	26,6	27,9	28,6

Rationen: 1 + 2 hoch tragende Mutterschafe; 3–5 einlingssäugende Mutterschafe; 6–8 zwillingssäugende Mutterschafe

Fütterung säugender Mutterschafe

Bedingt durch die Leistung von 1,5 bis 2,5 Liter Milch pro Tag während der ersten Laktationswochen, besteht in dieser Phase der höchste Nährstoffbedarf (siehe Abb. 48). Dabei gilt es, die Anzahl der Lämmer zu berücksichtigen. Durch den stärkeren Saugreiz von Zwillingen werden vom Euter etwa 50 % mehr Milch gebildet als bei der Mutter, die nur ein einzelnes Lamm säugt.

Wenn das Mutterschaf die Ablammung mit gutem Appetit überstanden hat, stellt der hohe Nährstoffbedarf für die Milchbildung kein Problem dar. Weil die Bauchhöhle dem Pansen wieder genügend Raum bietet, ist das Futteraufnahmevermögen jetzt groß. Mangelt es in einzelnen Fällen noch an der Fresslust, lässt sich diese mit einem Propionsäurepräparat in Gang bringen, bevor die mangelnde Futteraufnahme zum Problem wird. Zusätzlich kann das Mutterschaf in der Säugezeit auch seine Körperreserven nutzen. Ein Konditionsverlust von 1 bis 2 Notenpunkten bzw. ein Gewichtsverlust von 15 % während der Säugezeit ist natürlich. Der Abbau soll aber langsam verlaufen, um Stoffwechselstörungen zu vermeiden. Eine regelmäßige Konditionskontrolle hilft auch in dieser Phase, die Fütterung zu steuern. Das Angebot an sauberem Wasser fördert die ausreichende Futteraufnahme der säugenden Mutterschafe.

Auf der Weide ist bei bester Aufwuchsqualität und angepasster Weideführung auch bei zwillingsäugenden Schafen kein Kraftfutter notwendig. Bei weniger guten Weidebedingungen und bei Stallfütterung mit Silage und Heu, die bei der Winterablammung in vielen Betrieben die Regel ist, sind pro gesäugtem Lamm 0,3–0,5 kg Kraftfutter zuzufüttern. Zur Anpassung der unterschiedlichen Nährstoffansprüche ist die Bildung von Fütterungsgruppen mit Einlings- und Mehrlings-Müttern hilfreich.

So, wie die Lämmer selbst zunehmend Kraftfutter aufnehmen, ist den Müttern das Kraftfutter entsprechend zu entziehen. Durch die direkte Kraftfuttergabe an die Lämmer werden Umsetzungsverluste von etwa 30 % der Nährstoffe bei der Milchbildung vermieden. Spätestens nach 5 Wochen Säugezeit ist den Müttern das Kraftfutter ganz zu entziehen.

7.2.3 Fütterung der Lämmer während der Aufzucht

Eine rasche und reichliche Aufnahme von Biestmilch sorgt für den richtigen Start ins Lämmerleben (siehe Kap. 6.8.4 „Versorgung der neugeborenen Lämmer“) Bei der **natürlichen Aufzucht** an der Mutter bis mindestens 90 Tagen bzw. bis 30 kg Lebendgewicht ist die Säugeleistung für die Entwicklung der Lämmer entscheidend. Das Mutterschaf wandelt vom Lamm noch nicht verwertbares Futter in hochwertige Milch um. In den ersten drei Lebenswochen nimmt ein Lamm ausschließlich Muttermilch auf (etwa 20 Liter) und verdoppelt damit mindestens sein Geburtsgewicht. Andere Futtermittel probiert das Lamm zwar schon bereits ab der zweiten Woche aus, nimmt aber erst ab der vierten Woche zunehmende Mengen davon auf und beginnt auch wiederzukauen. Bis zur 6. Woche erhält es 90 % der aufgenommenen Nährstoffe aus der Milch. Erst mit etwa der 8. Woche hat sich das Lamm voll zum Wiederkäuer entwickelt.

Die Milchleistung des Mutterschafes steigt bis zur 3. bis 4. Woche nach der Geburt an und fällt dann wieder ab, sodass nun dem Lamm zur Deckung seines steigenden Nährstoffbedarfs hochwertige Futtermittel angeboten werden müssen. Bei Winterlammung sollten die Lämmer im Stall durch einen Lämmerschlupf ab der 3. Woche bestes Heu zur freien Aufnahme und zunehmende Mengen an Kraftfutter erhalten. Die Kraftfuttergabe von 50 g täglich wird stetig gesteigert bis auf 500 g in der 12. Lebenswoche. Damit die Lämmer genügend Kraftfutter aufnehmen, darf es nicht stauben. Getreide soll deshalb nicht geschrotet, sondern ganzkörnig oder noch besser gequetscht gefüttert werden. Pelletiertes Mischfutter wird von den Lämmern gerne aufgenommen, besonders wenn es süß schmeckt. Die Energiedichte im Kraftfutter für Sauglämmer soll mindestens 10 MJME/kg betragen und der Rohproteingehalt soll 18 % nicht überschreiten. Lämmermastfutter mit höheren Rohproteingehalten sind bei Sauglämmern fehl am Platz, da die Lämmer bereits über die Milch gut mit Eiweiß versorgt werden und die insgesamt zu große Eiweißmenge einem Ausbruch der Breinierenkrankheit Vorschub leistet.

Junger Weideaufwuchs bietet für Lämmer ab einem Alter von acht Wochen eine gute Nährstoffgrundlage. Eine begrenzte Zufütterung von Kraftfutter und Heu hilft ihnen bei der Futterumstellung. Auf der Weide können die Lämmer durch einen Lämmerschlupf der übrigen Herde vorausweiden (creep grazing) und so auf den noch nicht bestoßenen Flächen stets die schmackhafteren und nährstoffreicheren Pflanzen und Pflanzenteile aufnehmen. Allerdings wird Schafen, die während der Aufzucht den Lämmerschlupf kennengelernt haben, nachgesagt, lebenslang Löcher im Zaun zu suchen und zum Ausbrechen zu neigen.

Die **Frühentwöhnung** der Lämmer verzichtet auf einen Teil der Muttermilch, macht aber dafür bei asaisonalen Schafen eine Verkürzung der Zwischenlammzeit möglich. Auch bei arbeitsteiliger Schafhaltung mit getrennter Lämmererzeugung und Lämmermast kann die Frühentwöhnung Vorteile bieten.

Die frühzeitige Gewöhnung an Kraftfutter, bestes Heu und Wasser ab der 2. Woche ermöglicht eine schnelle Entwicklung des Pansens. Das Raufutter ist hierfür besonders wichtig, aber es ist mengenmäßig auf 200 g täglich zu begrenzen, um die notwendige hohe Kraftfutteraufnahme zu erreichen, die um etwa 200 g/Tier/Tag höher liegen muss als bei der natürlichen Aufzucht. Die Anforderungen an die

Schmackhaftigkeit des Kraftfutters sind hierfür besonders hoch. In Mischfuttermitteln, die analytisch den Anforderungen voll entsprechen, treten immer wieder bitter schmeckende Komponenten auf, die zu einer ungenügenden Kraftfutteraufnahme durch die Lämmer führen.

Nur bei dauerndem Angebot von sauberem, nicht zu kaltem Tränkwasser nehmen die Lämmer die erwarteten Mengen an Festfutter auf.

Durch Verringerung der Nährstoffversorgung bei den Mutterschafen etwa eine Woche vor dem geplanten Absetzen wird die Milchsekretion reduziert. Dies steigert die Festfutteraufnahme der Lämmer und reduziert beim übergangslosen Absetzen das Risiko einer Euterentzündung. Wenn die Lämmer problemlos ihr Festfutter aufnehmen, regelmäßig wiederkauen und mindestens 14 kg wiegen, können sie im Alter von sieben bis acht Wochen abgesetzt werden, um anschließend außerhalb des Sicht- und Hörbereichs der Mütter gehalten zu werden.

In der **mutterlosen Aufzucht** werden die Lämmer bereits am 2. Lebenstag, nachdem sie genügend Kolostralmilch aufgenommen haben, von den Müttern abgesetzt und bis zur 6. Woche mit Milchaustauschern (MAT) aufgezogen. Bereits ab der 2. Woche wird den Lämmern energiereiches Kraftfutter und Heu angeboten.

Neben den Spezialaustauschern für Lämmer werden auch MAT für Kälber eingesetzt, die wesentlich billiger sind. Ihr Fettgehalt ist aber meist geringer als in den Spezialaustauschern, die an den hohen natürlichen Fettgehalt der Schafmilch angepasst sind. Auch besteht die Gefahr eines zu hohen Kupfergehaltes in den MAT für Kälber. Sogenannte Nullaustauscher haben sich bei Lämmern nicht bewährt.

Beim vorschriftsmäßigen Anrühren des MAT in einer Konzentration von 140–200 g MAT-Pulver/Liter Wasser ist unbedingt auf Klumpenfreiheit zu achten. Die Tränke kann den Lämmern warm mit 38–40 °C oder in angesäuertem Zustand auch kalt über Saugflaschen oder Eimer mit Gummizitzen („Lammbar“) anfangs drei- bis viermal, später zweimal täglich verabreicht werden. Für größere Lämmergruppen haben sich Tränkeautomaten bewährt. Bei allen Tränkeeinrichtungen ist absolute Sauberkeit Voraussetzung für eine erfolgreiche Aufzucht.

Gesunde Lämmer, die mindestens 12 kg wiegen, mindestens 200 g Kraftfutter täglich und ausreichend Heu fressen, können in der 6. Woche problemlos von der Tränke abgesetzt werden.

In der Milchschafhaltung stehen die Lämmer mit der Milchvermarktung in Konkurrenz. Deshalb ist die mutterlose Aufzucht die Regel, trotz der hohen Kosten für die Tränketechnik und für den Milchaustauscher sowie des vermehrten Arbeitsaufwands (Gewöhnung an die Saugvorrichtung, Tränkezubereitung, Wartung der Tränkeeinrichtung). Wenn aber für die Milch keine andere Verwertung besteht, ist es sinnvoll, sie in vollem Umfang für die Lämmeraufzucht einzusetzen. Deshalb spielt die mutterlose Aufzucht in der Praxis, abgesehen von der Milchschafhaltung, nur bei Problemlämmern eine Rolle.

7.2.4 Fütterung der Mastlämmer

Ziel der Lämmermast ist es, schlachtreife Lämmer mit besten Schlachtkörperqualitäten (siehe Kap. 10.3 Schlachtleistung der Lämmer) zu erzeugen.

Je nach Mastverfahren werden bei den Fleischrassen i. d. R. Mastendgewichte von 38 bis 45 kg angestrebt.

Zu den häufigsten Mastverfahren zählen die Sauglämmermast, die intensive Kraftfuttermast und die verlängert Mast mit Weide oder Wirtschaftsfutter. In der Praxis bestehen verbreitet auch Zwischenformen. Die Wahl der jeweiligen Mastmethode ist vom Produktions- und Aufzuchtverfahren, der Verfügbarkeit und den Kosten bestimmter Futtermittel sowie dem Produktionsziel (Endgewicht, Schlachtkörperqualität) und der angestrebten Gewichtsentwicklung abhängig. Der Nährstoffbedarf der Mastlämmer richtet sich nach dem erreichten Gewicht und den realisierten Zunahmen (siehe Tab 14). Die Wachstumsleistungen werden auch in der Mastphase deutlich von der Rasse (wüchsige Fleischrassen – kleine Landrassen), dem Geschlecht (höhere Zunahmen der Bocklämmer), den Umweltverhältnissen (Haltungsstress mindert die Entwicklung) und natürlich durch die Fütterungsintensität bestimmt.

Die Bildung von Muskelfleisch steht bei der Lämmermast im Vordergrund. Fett soll möglichst nur so viel gebildet werden, wie für die optimale Schlachtkörperqualität notwendig ist. Die Zunahme an Körpergewicht in Form von Fett benötigt achtmal so viel Futterenergie

Tab. 14: Nähr- und Mineralstoffbedarf der Mastlämmer (DLG, 2005)

Lebendmasse kg	tgl. Verzehr kg TM	Zuwachs g	Energie MJ ME	Rohprotein g	Ca g	P g	Na g	Mg g
15	0,5–0,8	200	7,6	110	6,0	3,0	0,6	0,6
		300	10,4	160	9,0	4,0	0,8	0,8
25	0,7–1,2	200	9,3	140	7,0	3,0	0,8	0,7
		300	12,3	180	9,5	4,5	0,9	0,9
		400	15,8	230	12,5	5,5	1,1	1,1
35	0,9–1,4	200	11,0	150	7,0	3,5	1,0	0,8
		300	14,1	210	10,0	4,5	1,1	1,0
		400	17,7	250	13,0	6,0	1,3	1,2
45	1,0–1,5	200	12,5	170	7,0	3,5	1,2	1,0
		300	15,8	220	11,0	5,0	1,3	1,2

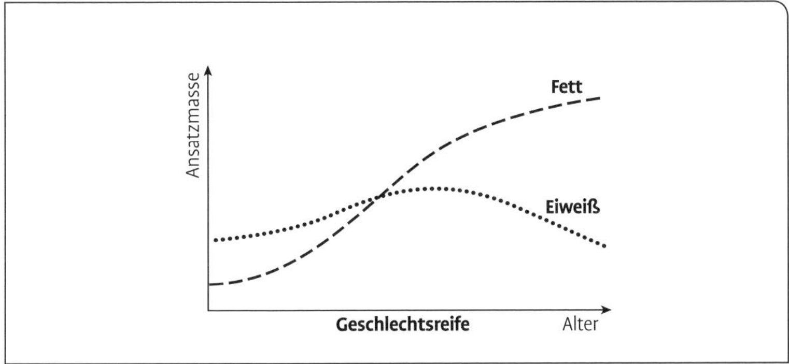

Abb. 50. Eiweiß- und Fettansatz von Lämmern bei beliebiger Futteraufnahme.

wie die Zunahme in Form von Muskelfleisch. In der ersten Entwicklungsphase bis zur Geschlechtsreife mit etwa 100 Tagen dominiert der Ansatz von Eiweiß das Wachstum der Lämmer (siehe Abb. 50, Eiweiß- und Fettansatz von Lämmern bei beliebiger Futteraufnahme)

Deshalb ist in dieser Phase auch bei intensiver Fütterung und voller Ausschöpfung des Wachstumsvermögens keine übermäßige Verfettung zu befürchten. Danach überwiegt in der angesetzten Körpermasse zunehmend das Fett, wenn durch uneingeschränkte Nährstoffversorgung die höchstmögliche Zunahmen verwirklicht werden. Doch lässt sich der Fettansatz auch in der zweiten Entwicklungsphase nach der Geschlechtsreife in Grenzen halten, indem auf den höchsten Zuwachs verzichtet wird. Wenn durch rationierte Fütterung oder durch Futter mit geringerer Nährstoffkonzentration die möglichen täglichen Zunahmen nicht voll ausgereizt werden, bleibt der Fettansatz begrenzt und es können auch höhergewichtige Schlachtkörper marktgerecht erzeugt werden.

Sauglämmermast

Die traditionelle Sauglämmermast findet im Rahmen der natürlichen Aufzucht an der Mutter bis zu einem Alter von drei bis vier Monaten statt. Bei gutem Grundfutter (Winterfutter, Weide) und Kraftfutterergänzung können beim Absetzen Schlachtgewichte von etwa 40 kg erreicht werden. Bei früherer Schlachtung und geringeren Gewichten haben die Schlachtkörper meist nicht die vom Markt geforderte Qualität.

Kraftfuttermast

Die intensive Kraftfuttermast nutzt das Muskelbildungsvermögen der Lämmer in den ersten drei bis vier Monaten voll aus. Die hohen täglichen Zunahmen von bis zu 450 g bei Bocklämmern ermöglichen es, das angestrebte Schlachtgewicht rasch zu erreichen. Durch weniger Masttage bleibt der Erhaltungsbedarf niedrig und die noch geringe Verfettung in dieser Phase bedingt einen geringeren Energieaufwand

Rechte Seite:
1 Die weiße hornlose Heidschnucke (Moorschnucke), hier beim Verbiss von Wollgras. Diese kleinrahmige Rasse trägt bei richtiger Weideführung entscheidend zur Erhaltung und Regeneration von Hoch- und Niedermoorstandorten bei.
2 Durch das Beistellen von Ziegen zur Schnuckenherde werden verholzte Pflanzenteile und Gehölzanflug noch stärker verbissen und der Pflegeeffekt verbessert.

für den Ansatz von Körpermasse. Dadurch ergibt sich insgesamt eine besonders gute Futterverwertung. Die intensive Kraftfuttermast entspricht damit dem Prinzip „schnelle Mast ist wirtschaftliche Mast". Doch ist für die Wirtschaftlichkeit des Mastverfahrens der Kraftfutterpreis genauso wichtig. Die globale Entwicklung der Getreidepreise kann hier entscheidenden Einfluss haben.

Auch darf über den Vorteilen der intensiven Kraftfuttermast nicht vergessen werden, dass nicht wenige Verbraucher trotz des höheren Preises deshalb Lammfleisch kaufen, weil sie damit die Vorstellung einer naturnahen Erzeugung verbinden. Müssen solche Verbraucher davon ausgehen, dass Lammfleisch genauso in Intensivmast erzeugt wird wie Schweine- oder Geflügelfleisch, dann werden sie möglicherweise auf diese deutlich billigeren Fleischarten ausweichen oder gleich ganz auf Fleischverzehr verzichten.

Die hohe Nährstoffkonzentration macht in der Kraftfuttermast eine genaue Kontrolle von Fütterungsintensität und Mastdauer erforderlich. Das Mastende orientiert sich an der Schlachtreife (siehe Kap. 10.3.1 Bewertung des Schlachtlammes). Diese muss regelmäßig überprüft werden und wird bei weiblichen Lämmern und bei frühreifen Rassen wie Texel schon bei geringeren Gewichten erreicht als bei Bocklämmern und spätreiferen Rassen wie Merinoland. Im Durchschnitt sind die Lämmer nach etwa 120 Tagen bei gut 40 kg schlachtreif und haben etwa 80 kg Kraftfutter verbraucht.

Die Intensivmast mit Kraftfutter wird überwiegend in der Winterstallhaltung eingesetzt und in Betrieben mit ganzjähriger Ablammung oder mit mehreren Lammzeiten. Üblich ist die Kombination mit der Frühentwöhnung, bei welcher die Lämmer schon früh an das Kraftfutter gewöhnt werden. Bei langsam steigendem Kraftfuttereinsatz geht die Aufzuchtphase ohne Verdauungsstörungen oder Wachstumseinbrüche in die Mastphase über. Für die Fütterung von pelletiertem Mischfutter sind Automaten üblich. Eigenmischungen (Beispiele siehe Tab. 15) eignen sich besser für die rationierte, üblicherweise zweimal tägliche Zuteilung, bei welcher für jedes Lamm ein Fressplatz vorhanden sein muss. Da bei Eigenmischungen selektiv gefressen wird, soll der Trog spätestens bis zur nächsten Fütterung blank sein. Die für die Pansenfunktion notwendige Heufütterung ist auf maximal 300 g zu begrenzen, da ein höheres Heuangebot die Aufnahme von Kraftfutter einschränken würde.

Um die notwendigen hohen Kraftfutteraufnahmen von 600 g in der 8. Woche (bei etwa 20 kg) bis 1100 g in der 16. Woche (Mastende bei etwa 40 kg) umzusetzen, muss das Kraftfutter für die Lämmer besonders schmackhaft sein (siehe oben „Fütterung der Lämmer in der Aufzucht"). Der Energiegehalt muss mindestens 10,5 MJME betragen und der Rohproteingehalt durchschnittlich 16 %. Zu Mastbeginn kann der Rohproteingehalt bei 18 % liegen, gegen das Mastende kann er

1

2

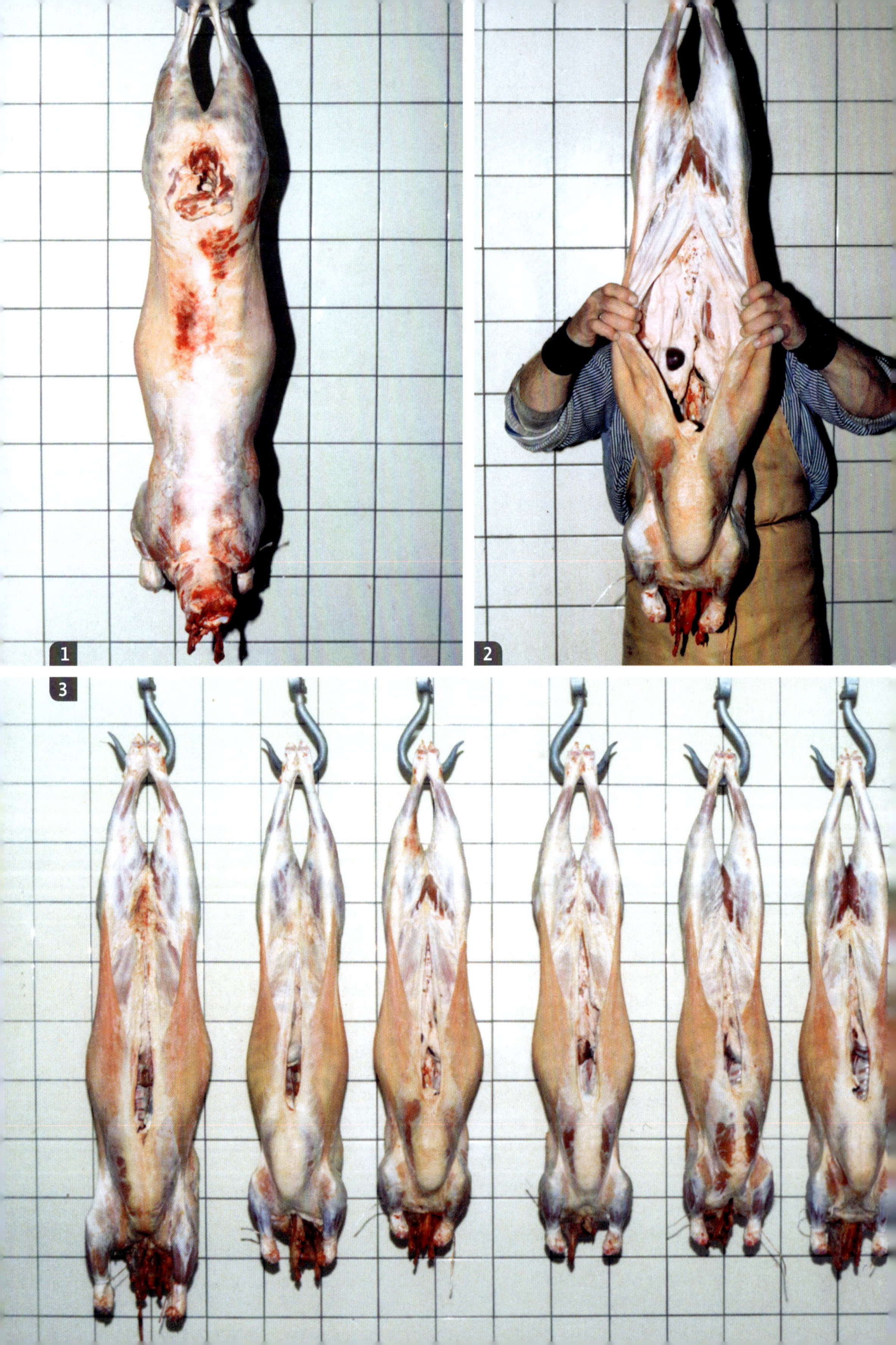
1
2
3

auch auf 15 % abgesenkt werden, zum Beispiel durch eine Zumischung von Melasseschnitzeln.

Hohe Rationsanteile von Getreide, einschließlich des beliebten preisgünstigen Altgebäcks, bieten reichlich Phosphor P im Vergleich zum Calcium Ca. Bei zusätzlich hohen Eiweißgehalten über 16 % Rohprotein bildet sich Harngrieß. Bei zu geringer Wasseraufnahme, häufig wegen verschmutzter Tränken, ballt sich der Harngrieß in der Blase zu Harnsteinen zusammen, die sich in den Krümmungen der Harnröhre (siehe Kap. 3.3.1) der Bocklämmer festsetzen können. Der Harnstau kann bis zum Verlust des Schlachtkörpers führen. Zur Vorbeuge ist durch ein passendes Mineralfutter das Ca-P-Verhältnis in der Ration zu regeln. Es darf nicht enger als 2:1 sein, besser 3:1. Die Zumischung von kohlensaurem Futterkalk hat sich bewährt. In Handelsfuttermitteln für die Lämmermast ist ein solches Ca-P-Verhältnis eingestellt. Damit der Harngrieß ausgeschwemmt werden kann, bevor er sich zusammenballt, ist für ein stetes Angebot an sauberem Wasser zu sorgen. Die Einmischung von 0,5 bis 1 % Kochsalz ins Kraftfutter fördert die Wasseraufnahme.

Aufgrund der intensiven Fütterung neigen gerade die wüchsigsten Lämmer zur Breinierenerkrankung (siehe auch Kap. 13.4). Deshalb sollte die Kraftfuttermast von einer entsprechenden Schutzimpfung begleitet werden.

Wirtschaftsmast

Wird die intensive Kraftfuttermast über die durch den intensiven Fleischansatz geprägte erste Entwicklungsphase hinaus weitergeführt, verschlechtert sich die Futterverwertung durch den nun zunehmend hohen Fettansatz, der ebenso die Schlachtkörperqualität mindert. Der zu hohe Fettansatz in der zweiten Entwicklungsphase lässt sich vermeiden indem das Nährstoffangebot begrenzt wird. Dann können – bei zwar niedrigeren Wachstumsraten – auch höhere Schlachtgewichte mit noch annehmbarer Verfettung erreicht werden. Für die Kraftfuttermast würde das bedeuten, dass das Kraftfutter geschlechtsabhängig zunehmend rationiert werden muss.

Tab. 15: Rationsvorschläge für die Wirtschaftslämmermast

23 kg Grassilage 0,3 kg Trockenschnitzel 0,2 kg Ackerbohnen	0,5 kg gutes Heu 2–3 kg Rübenblattsilage 0,25–0,65 kg Kraftfutter oder Schafergänzungsfutter 20 g Mineralfutter	2–3 kg Maissilage 0,5 kg gutes Heu 0,2 kg Gerste 0,2 kg Sojaschrot 20 g Mineralfutter
TS 1,4 kg RP 175 MJ 15,5	TS 1,1–1,5 kg RP 140–250 MJ 11–16	TS 1,3 kg RP 180 MJ 14,8

Linke Seite:

1 Traumatische Einwirkungen vor oder während des Schlachtens (Schlagen, Stoßen, Zerren am Fell) führen zu Blutergüssen am Schlachtkörper.

2 Das Innereinfett eines ausgemästeten Lammes. Um die Eingeweide wird Fett bereits sehr früh abgelagert; folglich nimmt das Eingeweidefett immer einen hohen Anteil am Gesamtfett ein.

3 Linker Schlachtkörper – Kategorie Lammfleisch (max. Alter 12 Monate). Auf dem Markt können vorrangig vollfleischige Schlachtkörper einheitlicher Qualität abgesetzt werden.

In dieser Situation bietet es sich an, in einer verlängerten, weniger intensiven Mast vermehrt wirtschaftseigenes Grundfutter einzusetzen, dessen geringere Nährstoffdichte den Anforderungen in der zweiten Entwicklungsphase gerecht wird und die Nährstoffe preisgünstiger liefert als das Kraftfutter.

Für eine ausgeglichene Mastration sind die Grundfuttermittel mit dem jeweils passenden Kraftfutter zu ergänzen.

In gemischtgeschlechtlichen Mastgruppen müssen die Bocklämmer kastriert sein.

Bei der verlängerten Mast mit Grassilage werden die Lämmer an der Mutter aufgezogen und mit etwa 100 Tagen bei 30 kg abgesetzt. Die Fütterung in der Aufzuchtphase ist weniger nährstoffintensiv als bei der Kraftfuttermast. Wichtig ist eine frühe Gewöhnung an die Grassilage, die später die Futtergrundlage bilden soll. Grassilage muss mit einem energiebetonten Kraftfutter ergänzt werden, zum Beispiel mit Melasseschnitzel. So soll ein Mastlamm nach dem Absetzen täglich etwa 3 kg Grassilage und 0,3 kg Melasseschnitzel aufnehmen. Die Ration steigert sich bis 45 kg Lebendgewicht auf etwa 4 kg Grassilage und 0,5 kg Melasseschnitzel. Das Endgewicht mit 45–50 kg wird im Alter von 6–7 Monaten erreicht bei durchschnittlichen Tageszunahmen von 200–250 g. Es werden 280–300 kg Grassilage und 30–35 kg Melasseschnitzel verbraucht. Wie an alle Schafe, darf auch an die Mastlämmer nur Silage bester Qualität verfüttert werden. Verschimmelte oder nacherwärmte Silage ist zu meiden (siehe oben „Beschreibung der Futtermittel").

Für die verlängerte Mast mit Maissilage werden die Lämmer ähnlich aufgezogen und mit etwa 100 Tagen und 30 kg abgesetzt, bloß dass sie in der Aufzuchtphase bereits die Maissilage kennenlernen. Die energiereiche Maissilage muss mit einem eiweißbetonten Kraft-

Tab. 16: Kraftfutter für die Lämmermast

	Anfangsmast 15–24 kg	Endmast ab 24 kg
Hafer	25 %	25 %
Gerste	25 %	20 %
Ackerbohnen	12 %	12 %
Trockenschnitzel	15 %	30 %
Sojaschrot	20 %	10 %
vit. Mineralfutter	3 %	3 %
Rohprotein (g)	170	150
Energie (MJ ME)	10,9 MJ	10,9 MJ

futter ergänzt werden, zum Beispiel mit 0,1 kg Sojaextraktionsschrot auf 1 kg Maissilage. So soll ein Mastlamm nach dem Absetzen täglich etwa 2 kg Maissilage aufnehmen ergänzt durch 0,2 kg Sojaextraktionsschrot. Mit 45 kg Lebendgewicht beträgt die Ration 3 kg Maissilage und 0,3 kg Sojaextraktionsschrot. Das Endgewicht mit 45–50 kg wird im Alter von 6–7 Monaten erreicht bei durchschnittlichen Tageszunahmen von 200–250 g. Es werden 200 kg Maissilage und 20–23 kg Sojaextraktionsschrot verbraucht. Bei der Fütterung von Maissilage ist neben der Silagequalität zu bedenken, dass diese Silage durch ihren hohen Körneranteil bei Bocklämmern die Neigung zu Harnsteinen fördert, weshalb ein Mineralstoffausgleich zum Beispiel mit kohlensaurem Futterkalk erfolgen muss, um in der Gesamtration ein Ca-P-Verhältnis von mindestens 2:1 sicherzustellen.

Auch in der Wirtschaftsmast ist eine stete Kontrolle angezeigt. Regelmäßige Wiegungen einzelner Lämmer geben Aufschluss über den Masterfolg.

Weidelämmermast

Im Vergleich mit allen anderen Futtermitteln sind auf der Weide die Nährstoffkosten am geringsten. Die verlängerte Mast mit Weide bietet sich vor allem in der Koppelschafhaltung für die im Spätwinter geborenen Lämmer an. In der Aufzuchtperiode werden die Lämmer bereits an die Weide gewöhnt und mit etwa 100 Tagen und 30 kg abgesetzt. Zu bester Weide erhalten die Lämmer etwa 0,5 kg eines energieergänzenden Kraftfutters wie Getreide oder Melasseschnitzel. Gut eignen sich die jungen, parasitenarmen Aufwüchse von Flächen, die zuvor zur Heu- oder Silagegewinnung genutzt wurden. Geringe Besatzdichte und rechtzeitiger Umtrieb erlauben den Lämmern, beim Weiden stark zu selektieren und dadurch die Nährstoffaufnahme zu steigern. Die Weidereste können durch leere Mutterschafe oder andere Weidetierarten genutzt werden. Bei sehr jungem Aufwuchs ist zum Rohfaserausgleich gutes Heu oder Stroh anzubieten. Es werden 50 kg Kraftfutter verbraucht und bei Tageszunahmen von 150–250 g kann ein Endgewicht von 45–50 kg mit 6–7 Monaten erreicht werden. Die Weidemast entspricht den Vorstellungen der meisten Lammfleischverbraucher von der naturnahen Erzeugung des Lammfleisches, für welche er bereit ist, den Mehrpreis im Vergleich zu Schweine- und Geflügelfleisch zu bezahlen, sofern er nicht allein schon aus religiösen Gründen dem Lammfleisch den Vorzug gibt.

Mit der intensiven Kraftfuttermast können Bocklämmer auf der Weide weder bei den Zunahmen noch bei der Schlachtleistung mithalten. Weibliche Weidelämmer dagegen fallen im Vergleich zur Intensivmast im Stall in den Zunahmen weniger ab. Schlachtleistung und Fleischqualität sind bei ihnen auf der Weide sogar mindestens so gut wie bei der Intensivmast im Stall.

Damit bietet sich die Möglichkeit einer getrenntgeschlechtlichen Mast an: intensive Kraftfuttermast im Stall für Bocklämmer und verlängerte Mast auf der Weide für weibliche Lämmer.

Haben Lämmer auf der Weide die angestrebte Schlachtkörperqualität noch nicht erreicht, können sie im Stall mit Kraftfutter intensiv in wenigen Wochen zur erwünschten Schlachtreife gebracht werden. Alternativ dazu können solche „Ganglämmer“ auch in einer verlängerten Stallendmast mit kostengünstigen Wirtschaftsfuttermitteln und eingeschränktem Kraftfuttereinsatz die Schlachtreife erreichen.

Es ist aber zu prüfen, ob der Mehrerlös für die bessere Schlachtleistung den Mehraufwand rechtfertigt, insbesondere wenn diese Endmast mit Kraftfutter erfolgt. Grundsätzlich ist es sinnvoller, bereits während der Weideperiode die Entwicklung der Mastlämmer regelmäßig zu kontrollieren und notwendigenfalls durch Weideführung und Zufütterung steuernd einzugreifen.

7.2.5 Fütterung der Jung- und Zuchtböcke

Zur Zucht ausgewählte Jungböcke sollen nach dem Absetzen 200 bis 260 g/Tag zunehmen, um nach einem Jahr mit 80 bis 90 kg zuchtreif zu sein. Frühreife Rassen können bereits nach sieben Monaten bei einem Gewicht von 60 kg zur Zucht herangezogen werden. Zur Gewährleistung der hohen Wachstumsleistungen müssen Jungböcke neben gutem Grundfutter mit gut 1 kg Kraftfutter versorgt werden; damit ist der in Tab. 17 angegebene Nährstoffanspruch gedeckt.

Die gewöhnlich auf Niveau ihres Erhaltungsbedarfs gefütterten Zuchtböcke sollten bereits drei bis vier Wochen vor der Deckperiode durch steigende Nähr-, Mineralstoff- und Vitaminversorgung auf die Zuchtbenutzung vorbereitet werden. Auf diese Weise ist der Geschlechtstrieb erhöht und die Befruchtungsfähigkeit des Spermas verbessert. Dieses ist umso wichtiger, je mehr Schafe in kurzer Zeit gedeckt werden sollen. Verfettete Zuchtböcke sind weniger deckaktiv. Zwecks besserer Erholung der Zuchtböcke ist die Leistungsfütterung noch zwei Wochen nach der Deckzeit beizubehalten.

Zur Deckung des Nährstoffbedarfs (Tab. 17) bieten sich während der Rittzeit zusätzliche Kraftfutterrationen mit Hafer und Sojaschrot (z. B. 0,8 kg Hafer, 0,2 kg Soja) an. Ratsam ist auch die Gabe von 30 g/Tier/Tag vitaminiertem Mineralfutter.

7.2.6 Fütterung weiblicher junger Zuchtschafe

Die abgesetzten weiblichen Zuchtlämmer sollen im Vergleich zu den Jungböcken verhaltener wachsen (150 bis 200 g/Tag) und nach etwa acht bis neun Monaten 70 % ihres Endgewichts und damit Zuchtreife erlangt haben. Frühreife Rassen können bei höheren Zunahmen die Zuchtreife früher erreichen. Zu starkes Wachstum und eine zu frühe

Tab. 17: Richtwerte für den täglichen Nähr- und Mineralstoffbedarf von Jung- und Zuchtböcken sowie weiblichen Zuchtlämmern

	Gewicht (kg)	Trockensubstanz (kg)	Verd. Rohprotein (g)	Energie (MJ ME)	Ca (g)	P (g)	Na (g)
Jungböcke	30–50	1,2–1,4	160–190	15,3–19,1	13,0	5,0	1,5
Zuchtböcke							
– Erhaltung	100–120	1,5–1,6	110–130	15,3–17,2	8,0	4,0	1,5
– Deckperiode	100–120	1,5–1,6	270–300	24,8–28,7	15,0	5,0	1,5
Weibliche Zuchtlämmer	30–40	1,1–1,2	160	15,3	12,0	4,5	1,5

Zuchtbenutzung wirken sich nachteilig auf die nachfolgende Zuchtleistung aus.

Bei einmaliger Winter- bzw. Frühjahrslammung kann der Nährstoffbedarf (Tab. 17) der Zuchtlämmer nach dem Absetzen zu einem großen Teil über die Sommerweide gedeckt werden, sodass Kraftfutterzugaben von etwa 150 g/Tier/Tag ausreichen. In der Winterstallfütterung sind bei gutem Grundfutter etwa 500 g Kraftfutter täglich erforderlich. Der altersbedingte Bedarfszuwachs ist über das Grundfutter auszugleichen. Für die Aufzucht leistungsfähiger Zuchtlämmer ist auch eine ausreichende Mineralstoff- und Vitaminversorgung unbedingt zu beachten.

7.3 Futterplanung und Futterkosten

Mithilfe einer Futterplanung muss die Futterversorgung des Schafbestandes für das ganze Jahr (Weide- und Stallzeit) gesichert werden. So lassen sich Futterengpässe und unnötige Futterwechsel vermeiden, die zu Stoffwechselbelastungen führen und Kosten für notwendiges Zukaufsfutter verursachen. Zur Futterplanung und Bereitstellung der erforderlichen Futtermittel müssen folgende Punkte nacheinander geklärt werden:

- Die Anzahl der zu versorgenden Schafe in den einzelnen Futtergruppen (güste, tragende, laktierende Mutterschafe, Aufzucht- und Mastlämmer, Zuchttiere) und deren Nährstoffbedarf.
- Art und Menge der zur Verfügung stehenden oder der preisgünstig zu erwerbenden Futtermittel für das gesamte Jahr. Es sollte stets ein hoher Anteil wirtschaftseigenen Grundfutter angestrebt werden.
- Vorausplanung der Futterrationen für alle Futtergruppen für das gesamte Jahr. Die Abb. 51 demonstriert die Futterversorgung eines Mutterschafes mit Lämmern nach Winterlammung.
- Berechnung der Gesamtfuttermenge durch Multiplikation der Tagesrationen mit der Anzahl und Tiere. In Tab. 18 wird das Winterfutter (120 Stalltage) für eine 30 Kopf starke Mutterschafherde kalkuliert.

In gleicher Weise ist die Planung der Futterversorgung der Aufzucht-, Mastlämmer und Zuchttiere vorzunehmen. Bei der Kalkulation des Winter- oder Weidefutters ist auch zu berücksichtigen, dass unvorhersehbare Witterungsverhältnisse die Stallperiode verlängern oder die Aufwuchsleistungen vermindern können. Folglich ist stets ein 5 %iger Risikozuschlag empfehlenswert.

Zur exakten Kalkulation der Futtermengen müssen die Nährstoffgehalte der einzelnen Futtermittel bekannt sein. Da die aus den Futterwerttabellen (Anhang) abzulesenden Zahlen nur Anhaltsgrößen darstellen, sollte hier die tatsächliche Nährstoffdichte des geernteten Grundfutters (z. B. Silagen) von einer landwirtschaftlichen Untersuchungs- und Forschungsanstalt (LUFA) bestimmt werden. Mit einem geeigneten Gerät lassen sich dazu Durchschnittsproben aus einem Silagehaufen herausstechen.

Abb. 51. Vorausplanung der Futterversorgung für Mutterschafe mit Lämmern nach Winterlammung.

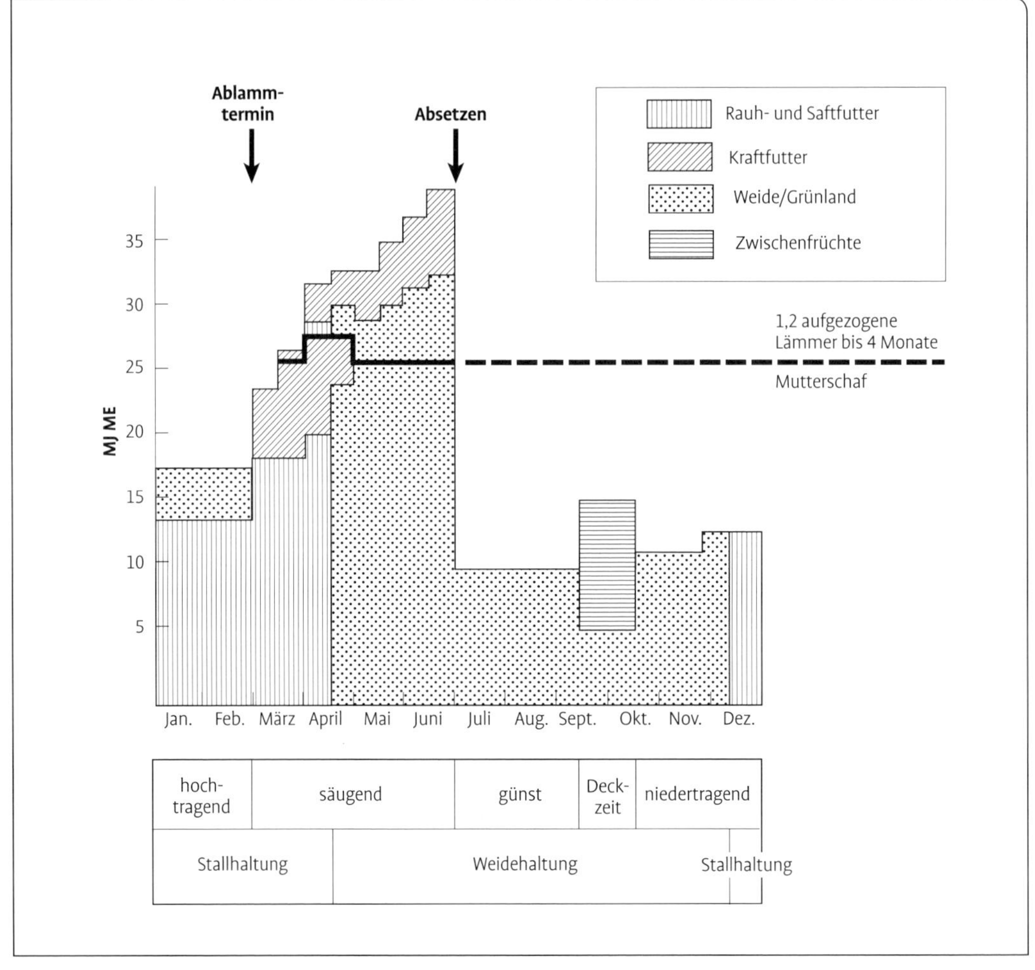

Tab. 18: Futteraufwand für 120 Stalltage und 30 Mutterschafe nach Winterlammung (Mutterschafe 60 kg, Ablammrate 150 %)

	Heu	Silage	Trocken-schnitzel	Kraftfutter	Sojaschrot	Mineral-futter
niedertragend (40 Tage)						
1 Mutterschaf (kg)	40	100	–	–	–	0,8
30 Mutterschafe (kg)	1200	3000	–	–	–	24,0
hochtragend (40 Tage)						
1 Mutterschaf (kg)	32	80	12	10	–	1,2
30 Mutterschafe (kg)	960	2400	360	300	–	36,0
laktierend (40 Tage)						
mit Einling						
1 Mutterschaf (kg)	40	160	–	8	8	1,2
15 Mutterschafe (kg)	600	2400	–	120	120	18,0
mit Zwillingen						
1 Mutterschaf (kg)	40	160	–	16	16	1,2
15 Mutterschafe (kg)	600	2400	–	240	240	18,0

Bei der Futterplanung gilt es, die Kosten der Futtermittel zu beachten, welche die Wirtschaftlichkeit der Schafhaltung in wesentlichem Maße mit beeinflussen. Etwa 50 % aller Kosten entfallen auf die Fütterung! Durch den Einsatz möglichst preisgünstiger Futterstoffe lassen sich die Aufwendungen für die Futterversorgung reduzieren.

Die Preiswürdigkeit der Futtermittel orientiert sich vorrangig an den Kosten pro Nährstoffeinheit. Folglich wird die Preiswürdigkeit energiereicher Futtermittel in „€/MJ ME“ und die einweißreicher Futtermittel in „€/kg RP“ verglichen. Die häufig genannten Preise für die Frischmasse geben demgegenüber kaum einen Aufschluss über die Kosten einer Nährstoffeinheit des betreffenden Futtermittels.

Am preisgünstigsten ist stets das wirtschaftseigene Grundfutter (Rangfolge: frischer Weideaufwuchs, Silagen, Heu). Bei den verschiedenen Ergänzungs- und Kraftfutterarten wechselt der Grundpreis (€/dt) häufig sehr stark, sodass die Preise immer wieder neu zu vergleichen sind. Meist liegen aber auch hier die Preise für betriebseigene Futterstoffe (z. B. Kraftfuttermischungen mit eigenem Getreide) günstiger.

Folgende Punkte lassen sich für eine kostengünstige Futterplanung zusammenfassen:

- Möglichst viel wirtschaftseigenes Futter verwerten, vor allem Grundfutter, und wenig Kraftfutter einsetzen.
- Kraftfutter: Eigene Getreidemischungen sind billiger als im Handel erhältliches Fertigfutter. Wird Kraftfutter zugekauft, so ist die lose Ware billiger als die abgewogene, verpackte Form.
- Den Weidegang möglichst lang ausdehnen; in der Koppelschafhaltung mindestens bis etwa Mitte Dezember. Während der Winter-

geringere Futterleistungen ungünstig aus. Beste Futterleistungen weisen unter unseren mitteleuropäischen Bedingungen folgende Weidepflanzen auf:

- Obergräser: Glatthafer, Wiesenfuchsschwanz, Wiesenschwingel, Lieschgras, Knaulgras,
- Untergräser: Deutsches Weidelgras, Wiesenrispe, Rotschwingel,
- Leguminosen: Weißklee.

8.1.2 Aufwuchsverhalten

Der Nutzen des Grünlandes ist entscheidend von seinem Aufwuchsverhalten abhängig. Maßeinheiten für die jährliche Aufwuchsleistung sind die erzeugte Trockenmasse oder Energie pro ha (TS/ha oder KStE bzw. MJ/ha).

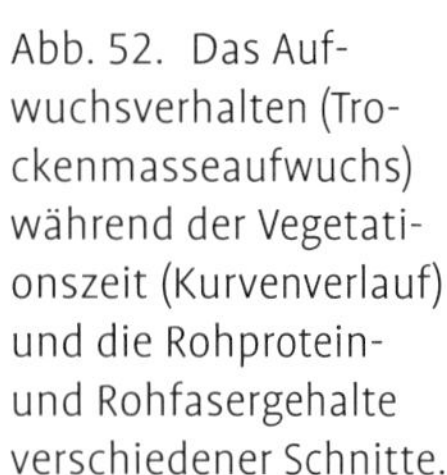

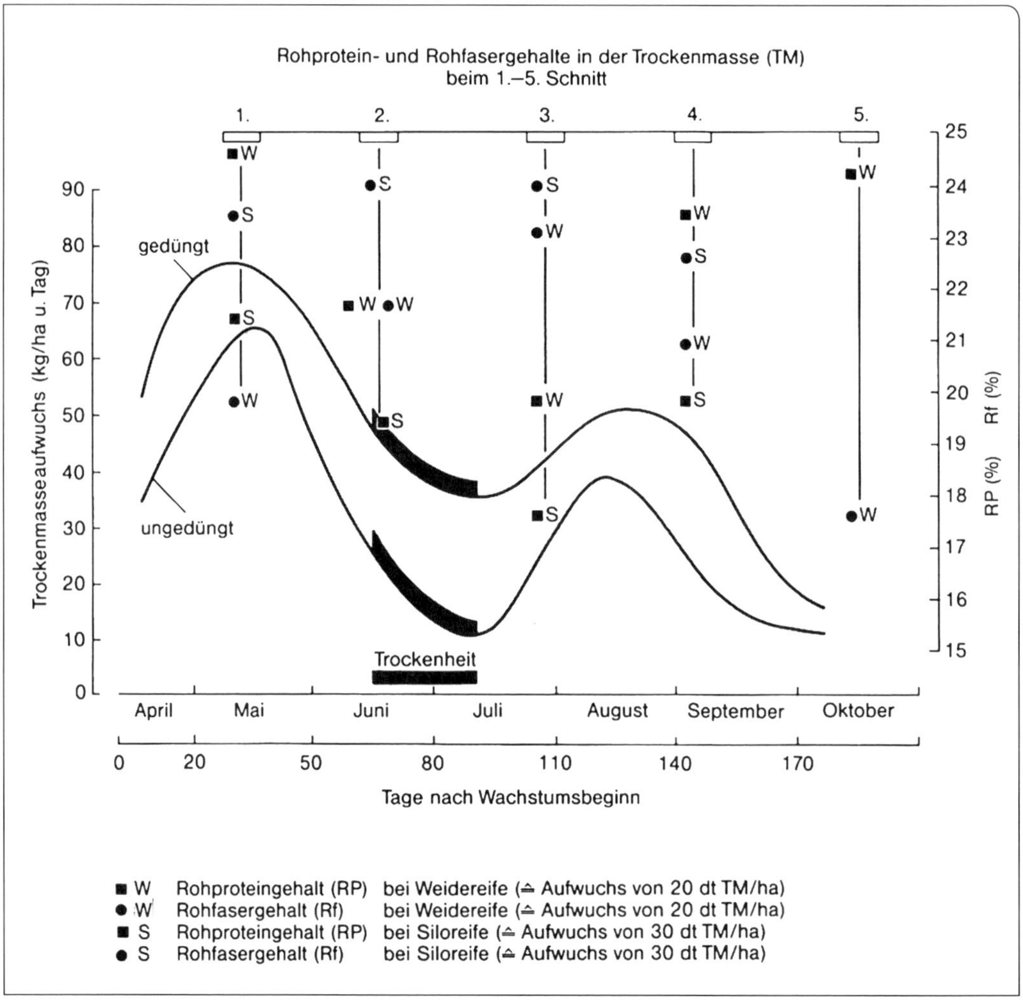

Abb. 52. Das Aufwuchsverhalten (Trockenmasseaufwuchs) während der Vegetationszeit (Kurvenverlauf) und die Rohprotein- und Rohfasergehalte verschiedener Schnitte.

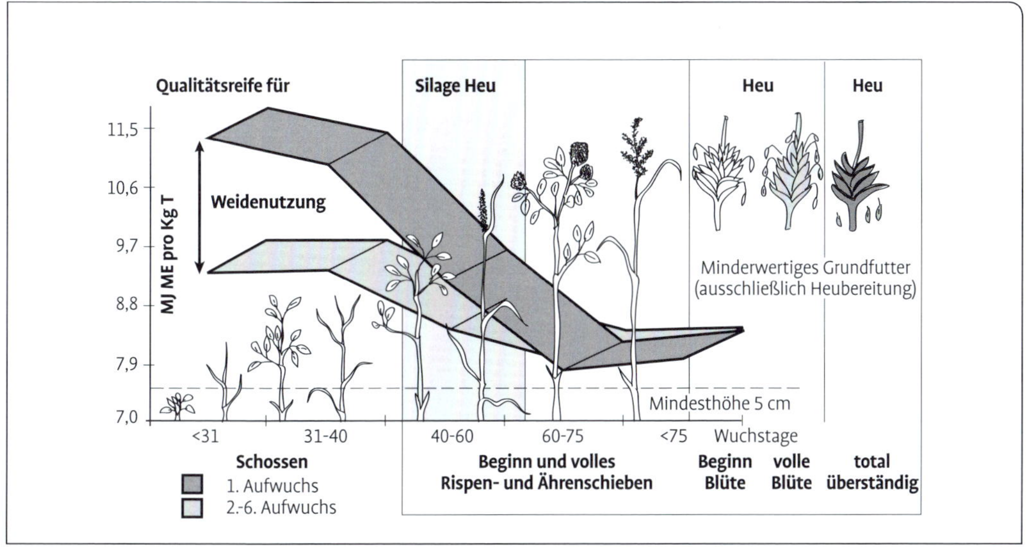

Abb. 53. Grundfutterqualität in Abhängigkeit vom Nutzungszeitpunkt (Martin 2008).

Im Jahresverlauf zeigen die Weidepflanzen stets einen typischen Wachstumsverlauf. Nach einer mehr oder weniger langen Anlaufphase im zeitigen Frühjahr setzt das Wachstum sehr stark ein und erreicht Ende Mai-Anfang Juni seine höchste Produktivität. Diese Schossneigung tritt bei Obergräsern markanter auf als bei Untergräsern und ist bei Kräutern im Allgemeinen weniger ausgeprägt. In der darauf folgenden Sommerperiode nehmen die Zuwächse deutlich ab. Im Juli ist das Pflanzenwachstum meist am geringsten (Sommerdepression). Während des Spätsommers (August) findet dann wieder ein leichter Wachstumsanstieg statt, der zum Herbst hin wieder abflacht (Abb. 52 und 53).

Parallel zu diesem Wachstumsverlauf nimmt der Rohfasergehalt mit zunehmendem Alter der Pflanzen ständig zu; die Verdaulichkeit des Futters ist damit ungünstig beeinflusst (Tab. 19). Gleichzeitig vermindert sich der Gehalt an verdaulichem Eiweiß. Die Nettoenergie des Futters sinkt um etwa 7,5 bis 8 StE/kg TS je Prozent Verdaulichkeitsrückgang.

Der oben skizzierte, typische Vegetationsverlauf kann nun durch äußere Faktoren nicht völlig verändert, sondern nur beeinflusst werden. Dabei führen zahlreiche Einflussgrößen zu deutlichen Schwankungen in den Aufwuchsleistungen, die von 25 bis 150 dt TS/ha bzw. 1000 bis 7000 kStE/ha (20 bis 125 MJ/ha) reichen können.

Standort: Der Standort ist durch mehrere Faktoren wie Höhenlage, Temperatur, Niederschläge, Sonnenscheindauer und Bodenverhältnisse geprägt. Allgemein gilt, dass der Aufwuchs- und Nährstoffertrag umso höher ist, je geringer die Höhenlage, je höher die Durchschnittstemperatur, je höher und gleichmäßiger die Niederschläge verteilt

Tab. 19: Veränderung des Futterwertes der Weidepflanzen mit zunehmendem Vegetationsstadium

	Verdaulichkeit der org. Substanz	Rohfaser (%/kg TS)	verd. Rohprotein (%/kg TS)
vor dem Schossen	80	17	32
im Schossen	75	20	28
Beginn bis Mitte Blüte	66	28	20
nach der Blüte	60	35	15
Samenausfall	54	42	5

sind, je länger die Sonnenscheindauer und je besser die Bodenverhältnisse sind.

Pflanzengesellschaft: Die botanische Zusammensetzung der Grünlandnarbe wird durch Standort und Nutzungsverhältnisse geprägt. Unterschiedliche Wachstumsintensitäten und Nährstoffdichten der Pflanzen bedingen dabei wechselnde Futterleistungen. Am leistungsstärksten sind die typischen Futtergräser (besonders das Weidelgras). Leguminosen, wie z. B. Klee, zeichnen sich durch höhere Einweiß- und Mineralstoffgehalte aus. Kräuter sind meist weniger wüchsig und haben geringere Nährstoffdichten.

Bewirtschaftungsmaßnahmen: wie Nutzungszeitpunkt, -dauer und -häufigkeit, Düngung und Pflege.

8.2 Weidewirtschaft in der Schafhaltung

Aufwuchsmenge und -qualität des Grünlandes werden also vorrangig durch den Standort und die Jahreszeit bestimmt. Dabei ist aber stets darauf zu achten, dass der Nährstoffanspruch der Mutterschafe durch den Grünlandaufwuchs erfüllt wird. Leberl (2012) gibt dazu die in Tab. 20 dargestellten Zielwert an. Während auf intensivem Wirtschaftsgrünland diese Bedarfszahlen in der Regel erfüllt werden, können vor allem hochtragende und laktierende Mutterschafe auf mageren flachgründigen Standorten nicht hinreichend ausgefüttert werden. Insbesondere bei zwillingsführenden Mutterschafen entstehen dabei erhebliche Defizite, sodass angesichts nachlassender Milchleistung das Lämmerwachstum deutlich beeinträchtigt wird. Soweit es naturschutzfachliche Ziele zulassen, könnte eine Zufütterung die Versorgungslage der Tiere zumindest anteilig verbessern. Für die Lämmer werden dafür im Handel entsprechende Beifutterautomaten angeboten (siehe Kap. 8.3.2).

Spezielle Aspekte der Beweidung in der Hüte- bzw. Wanderschafhaltung sind in Kap. 2 Betriebsformen erläutert.

Tab. 20: Zielwerte für Grünlandaufwüchse in Abhängigkeit von der Leistungsphase der Mutterschafe (Leberl 2012)

		güst/ niedertragend	hochtragend/ frühlaktierend	spätlaktierend
Trockenmasse	g/kg	250–350	200–250	200–300
Rohprotein	g/kg TM	90–130	160–180	140–170
Rohfaser	g/kg TM	250–350	200–240	220–260
umsetzbare Energie	MJ/kg TM	> 8,0	> 9,5 bzw. > 11,0*	> 9,0
nutzbares Rohprotein	g/kg TM	80–110	>120 bzw. >135*	> 110

* Höherer Wert jeweils für Mutterschafe mit Zwillingen

8.2.1 Weideführung

Durch die Weideführung gilt es

- eine möglichst günstige Ausnutzung des jahreszeitlich schwankenden Futteraufwuchses zu erreichen,
- die Erhaltung einer leistungsfähigen Grasnarbe zu unterstützen sowie
- den hygienischen Erfordernissen zur Vermeidung von Parasiteninfektionen zu entsprechen.

Eine gute Anpassung des Futterbedarfs an den Vegetationsverlauf ist bei Winter- bzw. Frühjahrslammung gegeben; der hohe Nährstoffanspruch der säugenden Mutterschafe und der heranwachsenden Lämmer fällt dann in die Zeit des starken Futteraufwuchses im Frühsommer.

Für eine erfolgreiche Weideführung hat der Schafhalter folgende Gesichtspunkte zu beachten.

Tierbesatz

Der Tierbesatz auf den Weideflächen kann nach folgenden Maßstäben bestimmt werden:

- Besatzstärke (MS + NZ/ha): Anzahl Mutterschafe, inkl. Nachzucht, die im Jahr auf den zur Verfügung stehenden Weiden gehalten werden, wobei auf diesen Flächen auch das Winterfutter gewonnen wird.
- Besatzdichte (MS + NZ/ha oder kg Lebendgewicht/ha): Anzahl Mutterschafe, inkl. Nachzucht (ggf. auch deren Lebendgewicht), die sich für eine bestimmte Zeit auf einer Teilparzelle befinden.

Die Besatzdichte gibt also den Tierbesatz für jede einzelne Umtriebsfläche an, während die Besatzstärke ein Maßstab für den durchschnittlichen Besatz des gesamten Grünlandes darstellt.

Beispiel:
Für eine 80-köpfige Mutterschafherde mit Nachzucht stehen jedes Jahr 10 ha Weidefläche zur Verfügung. Daraus ergibt sich eine Besatzstärke von 8 MS + NZ/ha. Nach Unterteilung des Grünlandes in zehn gleich große Teilflächen mit je 1 ha und nacheinander folgender Beweidung, errechnet sich für die Einzelflächen eine Besatzdichte von 80 MS + NZ/ha. Werden im Spätsommer jeweils zwei Teilflächen zu einer Parzelle mit 2 ha zusammengelegt, liegt die Besatzdichte bei 40 MS +NZ/ha.

- Besatzleistung (MS + NZ × Weidetage/ha, entspricht der Besatzdichte × Weidetage): Anzahl Mutterschafe, inkl. Nachzucht, die für eine bestimmte Zeit eine Fläche beweiden. Die Besatzleistung hat eine hohe praxisrelevante Bedeutung. Hier wird die Frage geklärt, wie viele Schafe auf einer bestimmten Teilfläche für wie viele Tage Futter finden.

Die Besatzstärke kann je nach Standort und Weidesystem stark variieren. So ist bei ungünstigen Boden- und Klimaverhältnissen (z. B. Höhenlagen) häufig nur eine Besatzstärke von 5 bis 6 MS + NZ/ha möglich, während an wüchsigen Grünlandstandorten, bei hohem Düngeniveau und schnellem Weideumtrieb Besatzstärken von 20 MS + NZ/ha erreicht werden.

Auf Weiden mit mittlerem Ertragsniveau können durchschnittlich 8 bis 10 MS + NZ/ha im Jahr gehalten werden. Anfängern wird, wegen der einfacheren Weideführung, eine um 30 % reduzierte Besatzstärke empfohlen.

Anhaltswerte für die Besatzstärke gibt Tab. 21 in Abhängigkeit vom Nährstoffaufwuchs und der Aufzuchtleistung. Konkret zeigen es letztlich die eigenen Erfahrungen, wie hoch die optimale Besatzstärke unter den jeweiligen Standort- und Düngeverhältnissen und dem praktizierten Weidesystem zu veranschlagen ist.

Tab. 21: Besatzstärke je ha Futterfläche in Abhängigkeit von der Aufzuchtleistung und dem Nettoertrag der Weide (Schlolaut 1992)

Nettoertrag kStE/ha	(MJ/ha)	Weide-qualität	Zahl der aufgezogenen Lämmer pro Mutterschaf (Mastendgewicht der Lämmer 45 kg)				
			1,00	1,25	1,50	1,75	2,00
2000	40	schlecht	6,8	6,3	5,8	5,5	5,2
3000	59	mäßig	10,2	9,4	8,8	8,2	7,7
4000	77	befriedigend	13,6	12,6	11,7	10,9	10,3
5000	94	gut	17,0	15,7	14,6	13,7	12,9
6000	109	bestens	20,3	18,9	17,5	16,4	15,5

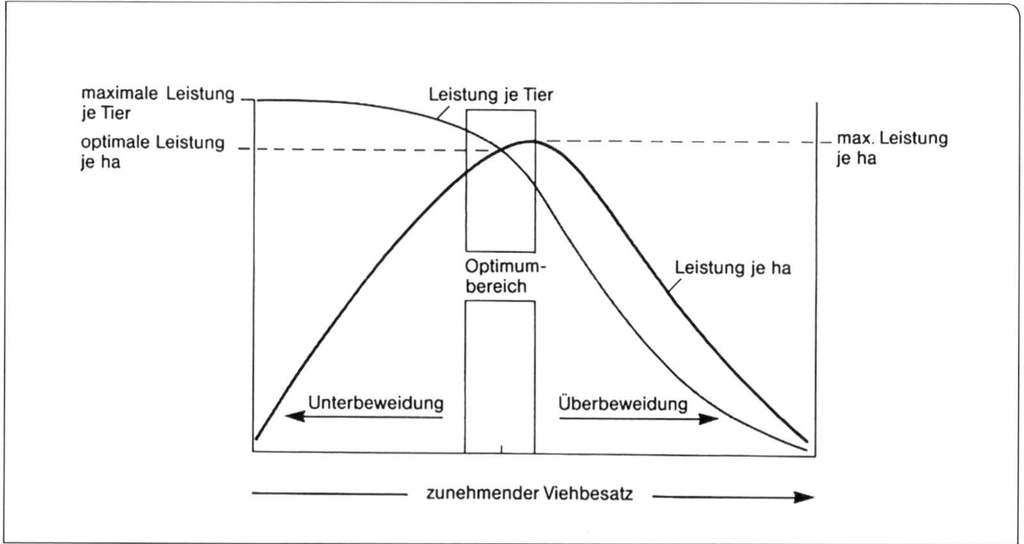

Abb. 54. Der Einfluss der Besatzstärke auf die Leistung je Tier und die tierische Leistung je ha bei gleichbleibender Futtermenge.

Für die Ermittlung der optimalen Besatzstärke sind zwei gegenläufige Gesetzmäßigkeiten zu beachten:

- Je geringer der Besatz, desto höher ist die Fleischproduktion pro Tier. Die größere Menge verfügbaren Futters pro Tier und die besseren Selektionsmöglichkeiten bei der Futteraufnahme führen zu hohen Gewichtsentwicklungen der Lämmer.
- Je höher der Besatz, desto höher die Fleischproduktion je ha Weidefläche. Die einzelnen Tiere nehmen zwar weniger zu, jedoch wird diese Leistungsminderung auf der Fläche durch den höheren Tierbesatz mehr als nur ausgeglichen.

Diese besatzabhängigen Leistungsentwicklungen sind in Abb. 54 dargestellt und veranschaulichen schematisch, in welchem Bereich die optimale Besatzstärke liegt.

Durch die Anpassung der Besatzdichte an den sich ändernden Nährstoffaufwuchs wird eine günstige Futterausnutzung möglich. So sind während des wüchsigen Frühsommers möglichst kleine Flächen mit vielen Tieren und schnellem Umtrieb (hohe Besatzdichte) zu beweiden. Gegen Spätsommer muss dem abnehmenden Futteraufwuchs durch Zuteilung größerer Flächen und/oder Reduzierung des Tierbestandes (geringe Besatzdichte, gegenüber der Vorsommerweide um etwa zwei Drittel reduziert) Rechnung getragen werden. Letzteres bietet sich beispielsweise durch den frühzeitigen Verkauf bereits schlachtreifer Lämmer an. Im Spätsommer weiden dann nur noch die güsten Mutterschafe. Der geringe Futteranspruch der güsten Mutterschafe erlaubt es, diese durch eine hohe Besatzdichte zur Aufnahme überständiger Gräser zu zwingen. Durch den damit erreichten gleich-

Rechte Seite
1 Der gerötete und geschwollene Schambereich sowie der austretende Schleimfaden kündigen die unmittelbar bevorstehende Geburt an (Vorbereitungsphase).
2 Die Fruchtblasen treten aus und weiten die Geburtswege (Eröffnungsphase).
3 Die Fruchtblasen sind durch den starken Wehendruck geplatzt und haben den Geburtsweg gleitfähig gemacht (Eröffnungsphase).
4 Das Lamm ist in den Geburtskanal eingeschoben (Austreibungsphase). Die bereits sichtbaren Körperteile – Kopf und Vorderfüße mit nacht unten zeigenden Klauensohlen – weisen auf eine normale Vorderendlage hin.

mäßigen Verbiss der Vegetation werden nicht nur größere Teile des Futteraufwuchses verwertet, sondern auch eine gewisse Weidepflege betrieben.

Ein dauerhaft überhöhter Tierbesatz (Überweidung) führt zu einer Schädigung der Grasnarbe und erhöht die Infektionsgefahr mit Parasitenlarven. Bei zu geringer Besatzdichte (Unterweidung) sind eine ungünstige Verschiebung der Pflanzengesellschaft, das Zertreten sowie die Verunreinigung hoher Futteranteile die Folge.

Weide- und Ruhezeiten

Wenn es die betrieblichen Verhältnisse irgendwie zulassen, sollten die Schafe auch im Winterhalbjahr zumindest stundenweise Zugang zu Weideflächen haben. Die Bewegung, frische Luft und Sonne wirken sich förderlich auf die Gesundheit der Schafe aus und der Verbiss des überständigen Weiderestes, insbesondere der Obergräser, fördert die Entwicklung der wertvolleren Untergräser während der nächsten Vegetationsperiode. Dabei können beim Weidegang außerhalb der Vegetationszeit bis zu 50 % des Nährstoffbedarfs für die Erhaltung gedeckt werden.

Wann der eigentliche Weideaustrieb im Frühjahr erfolgen kann, hängt stark von den jährlich schwankenden Klimaeinflüssen und vom Standort ab, die den Zeitpunkt und das Ausmaß der Vegetationsentwicklung bestimmen. In Mittelgebirgslagen beginnen Futteraufwuchs und Austriebszeit beispielsweise später als in klimatisch begünstigten Tallagen. In der Regel liegt der Auftrieb zwischen März und Mai, wenn der Aufwuchs eine Höhe von etwa 10 bis 15 cm erreicht hat.

Wenn auch aus Gründen der Arbeitseinsparung ein möglichst früher Weideauftrieb anzustreben ist, so darf bei sehr zeitiger Beweidung die Grasnarbe nicht durch Tritt und übermäßigen Verbiss der sehr jungen Sprosse überanstrengt werden, da sonst die Aufwuchsleistung deutlich beeinträchtigt würde. Zur Entlastung der Grasnarbe bei frühem Weideaustrieb sollte in den ersten Wochen eine Zufütterung erfolgen, die auch den Tieren im Sinne der allmählichen Futterumstellung entgegenkommt.

Der Weideabtrieb richtet sich am Jahresende nach dem vorhandenen Futterangebot auf der Weide. Im Allgemeinen sollte nicht vor Dezember, besser nicht vor Weihnachten, aufgestallt werden, da sonst die teure Stallperiode zu lange andauert und die Wirtschaftlichkeit der Schafhaltung belastet. Mithilfe von Zwischenfruchtweiden kann die Aufstallung häufig bis in den Januar hinein gestreckt werden. Bei Ablammung im Spätwinter/Frühjahr kann der geringe Nährstoffanspruch der niedertragenden Mutterschafe auch im Spätherbst über den zurückgehenden Grünlandaufwuchs befriedigt werden.

Der Weidewechsel (Umtrieb) während der Vegetationszeit ist je nach Nachwuchsvermögen der Weide und dem Parasitendruck zu or-

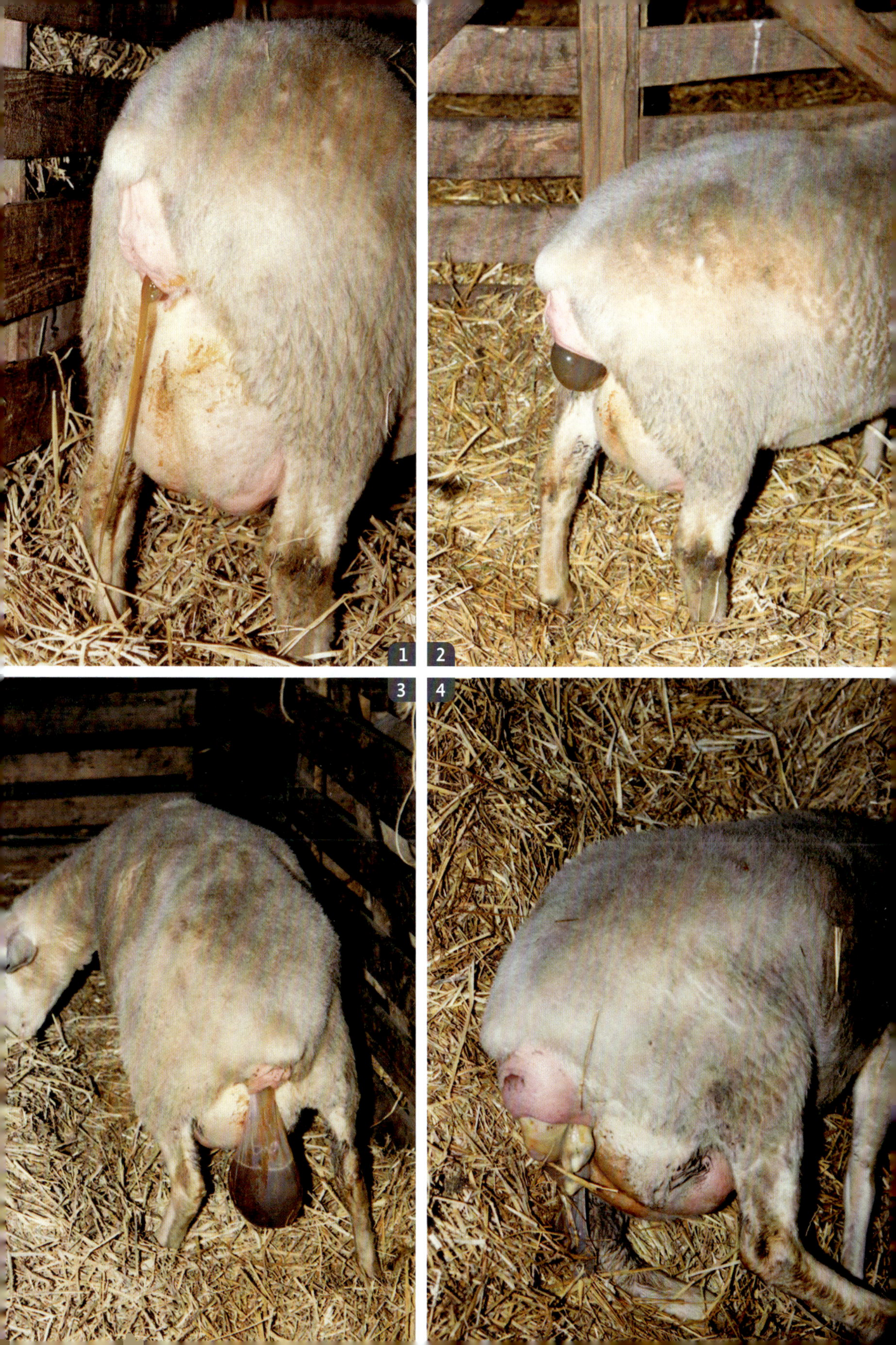

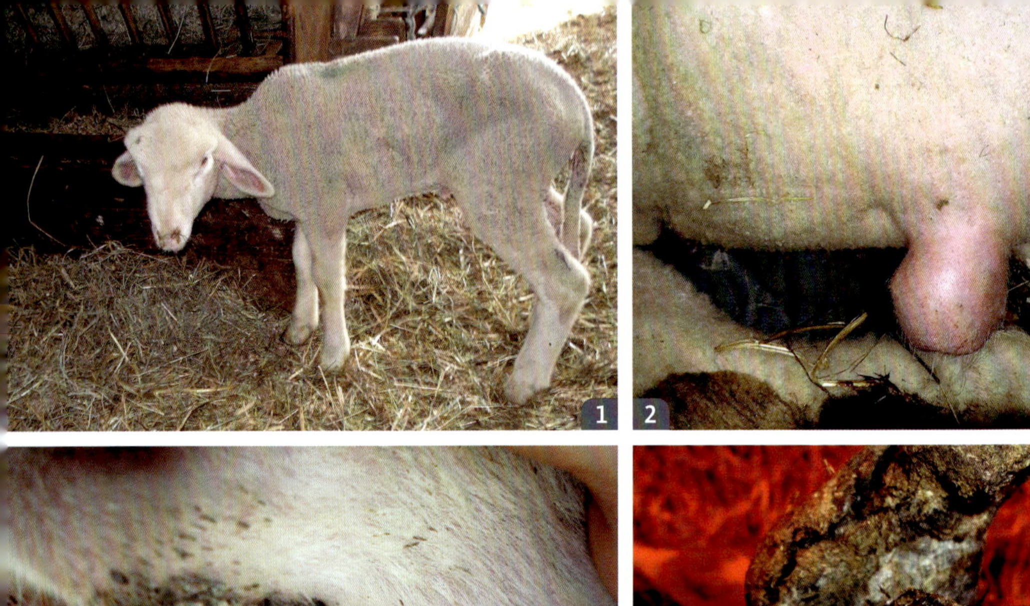

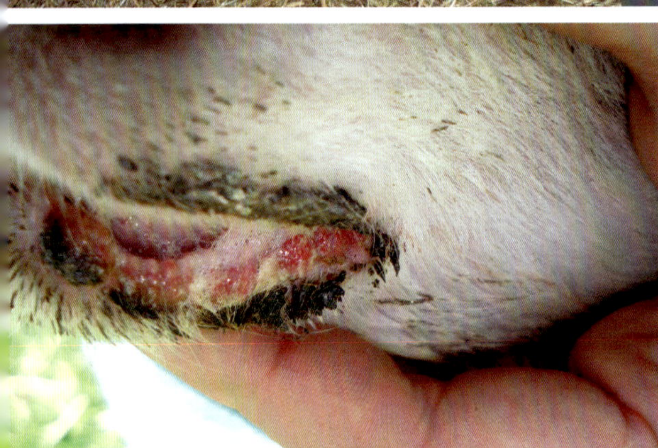

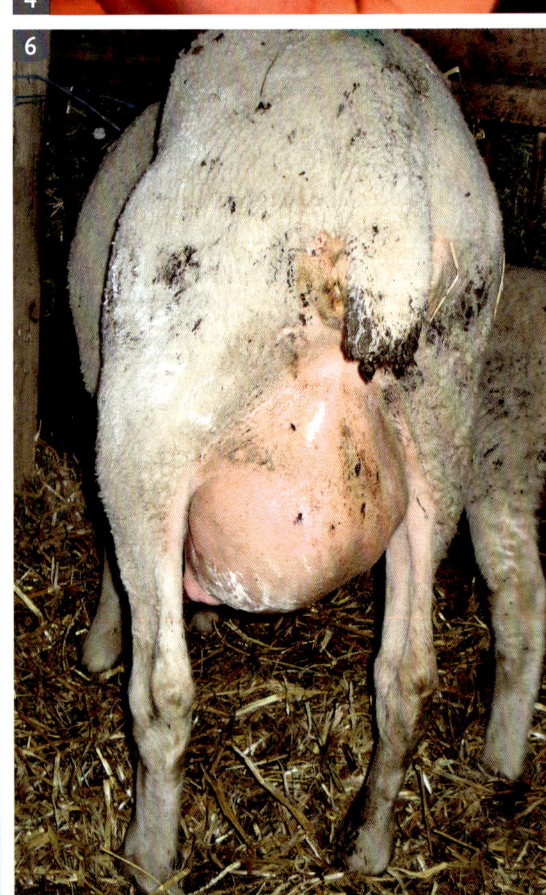

ganisieren. Grundsätzlich sollte das Prinzip „kurze Fress- und lange Ruhephasen" angestrebt werden. So sollte im Idealfall das Futter in 4 Tagen verzehrt sein und anschließend ein Koppelwechsel erfolgen.

Nutzungshäufigkeit und -termin
Diese beiden Faktoren sind vor allem für die Futterausnutzung und die Ertragsbildung von Bedeutung.

Durch vermehrte Nutzungen (Beweidung oder Schnitt) werden die Weidereste vermindert und die Pflanzen zum Nachwachsen angeregt, das durch Düngung noch unterstützt werden kann. Auf günstigen, also wüchsigen Standorten wird eine fünf- bis siebenmalige Nutzung empfohlen, auf weniger guten Grünlandstandorten sind drei bis vier Nutzungen angebracht. Mit einer geringeren Nutzungshäufigkeit ist aber nicht nur eine verminderte Futterleistung verbunden, sondern auch eine Verschlechterung der Weidenarbe: die unerwünschten Gräser (z. B. Quecke) nehmen zu Lasten der wertvolleren Futtergräser zu.

Hinsichtlich des Nutzungstermins sollten alle Flächen bis Ende Mai, spätestens aber bis Mitte Juni einmal genutzt worden sein. Anderenfalls wird der Pflanzenbestand überständig, d. h. nährstoffärmer und geringer verdaulich, sodass der Aufwuchs weniger gern und in geringeren Mengen aufgenommen wird.

Aufwuchshöhe
Mit zunehmender Aufwuchshöhe nehmen Verdaulichkeit und Nährstoffgehalt der Pflanzen ab. Ferner ist lang aufgewachsenes Gras wegen der schlechteren Abtrocknung stärker mit Parasitenlarven besiedelt und damit für die Tiere infektiöser als kurzes Gras.

Günstige Aufwuchslängen für eine Mutterschafherde liegen zwischen 10 und 15 cm. Lämmer sollten möglichst einen Grasbestand von ca. 10 cm Wuchslänge nutzen können, da dieser Bestand jünger und damit nährstoffreicher, besser verdaulich und weniger stark mit Parasitenlarven infiziert ist.

Lämmerweide
Da die Lämmer zur Erzielung hoher Tageszunahmen hohe Ansprüche an das Weidefutter stellen, sollte ihnen stets die bessere Qualität geboten werden. Zu diesem Zweck kann – ähnlich wie im Stall – auf der Weide ein Lämmerschlupf eingerichtet werden, der es den Lämmern ermöglicht, auf bisher ungenutzten Flächen zu grasen (sog. creep-grazing) oder dort einen Kraftfutterbehälter zu erreichen. Hier nutzen die Lämmer den Vorteil des hohen und sauberen Futterangebots, aus dem sie die wertvollsten Pflanzen und Pflanzenteile selektieren können. Dabei kommt den Jungschafen auch der geringere Parasitendruck auf solchen Lämmerweiden zugute, der den Schafhalter jedoch nicht veranlassen sollte, auf eine Wurmkur zu verzichten.

Linke Seite
1 Ein an Lungenentzündung erkranktes Lamm mit Nasenausfluss und Entlastungshaltung
2 Schwellung des Bauches und Präputiums bei Harnsteinen
3 Lippengrind beim Lamm
4 Moderhinke
5 Lähmungen der linken Gesichtshälfte bei Listeriose
6 Akute Euterentzündung

Der Lämmerschlupf kann entweder auf die nächste Umtriebsfläche (Vorausweide) oder auf eine benachbarte, nur für die Lämmer vorgesehene Fläche (Seitwärtsweide) führen. Die Größe des Schlupfloches sollte möglichst dem wachsenden Rahmen der Lämmer angepasst werden. Die Maße liegen etwa bei Höhen von 45 bis 53 cm und Breiten von 20 bis 28 cm. Mit fortschreitender Weidesaison werden die Größenunterschiede zwischen Mutterschafen und Lämmern jedoch immer geringer, sodass die Trennung durch den Lämmerschlupf häufig nicht mehr zuverlässig sind. Gerade junge Mutterschafe sind nach vorausgegangener schur oft in der Lage, den Lämmerschlupf zu passieren. So manches Lamm hat es auch durch den Lämmerschlupf erst gelernt, jedes kleine Zaunloch zum Durchschlüpfen zu nutzen.

Nachteile der Lämmerschlupfweide sind der hohe Bedarf an Arbeit, Zaunmaterial und Fläche, sodass dieses Verfahren auch nur selten von kleineren Koppelschafhaltungen betrieben wird.

Weideplan

Mithilfe eines Weideplans muss die Futterversorgung der Herde während des ganzen Jahres kalkuliert werden. Dabei muss der Schafhalter abschätzen können, welche Futtererträge er bei den geplanten Bewirtschaftungsmaßnahmen (Düngung, Nachmahd, Schnittnutzung) zu erwarten hat bzw. nutzen kann.

Fragen der Weideführung unter Naturschutzgesichtspunkten werden in Kap. 12 „Landschaftspflege“ behandelt.

8.2.2 Weidesysteme

In der Koppelschafhaltung können je nach Arbeits- und Kapitalaufwand sowie Qualität und Umfang des verfügbaren Grünlandes unterschiedliche Beweidungssysteme praktiziert werden.

Standweide

Die Schafe stehen während der gesamten Vegetationsperiode auf ein und derselben Weide.

Tierbesatz, Düngeniveau und Futterertrag sind bei diesem extensiven Weidesystem recht gering. Vor- und Nachteile sind aus Tab.22 abzulesen. Wesentlichster Nachteil ist die geringe Futterausnutzung. Der hohe Futterertrag im Mai-Juni wird nur unzureichend genutzt, große Futtermengen werden niedergetreten und durch Kot und Harn breitflächig verunreinigt. Dieser Unterweidung folgt ein Überständigwerden des verschmähten Restes und eine fleckenweise Überweidung der Stellen, wo noch begehrte Pflanzen stehen. Eine verbesserte Futterausnutzung auf der Standweide ist durch eine ergänzende Mahd zur Winterfutterbereitung (Mähweide) und dem Ausmähen von Geilstellen (Reinigungsschnitt) zu erreichen. In diesem Fall spricht man von intensiver Standweide. Darüber hinaus führt die Mahd zu einem verminderten Parasitendruck, da die auf dem Schnittgut sitzenden Larven absterben. Auch wird mit der Mahd der ungestörten Ausbreitung nicht verbissener Pflanzen mit geringem Futterwert entgegengewirkt. Um nicht zwischen den Schafen mähen zu müssen, bietet sich die vorübergehende Unterteilung der Weidefläche mit einem Elektrozaun an.

Durch die gleichzeitige Schnittnutzung der Weidefläche und stärkere Düngegaben können auf der intensiven Standweide höhere Besatzdichten und Flächenproduktivitäten erwirtschaftet werden.

Umtriebsweide

Die Schafe beweiden nacheinander mehrere (4–10) Einzelparzellen einer meist fest eingezäunten Fläche.

Um nach dem Prinzip „kurze Fress- und lange Ruhezeiten" verfahren zu können, sollten die Einzelparzellen nur so groß gewählt werden, dass sie Futter für etwa drei bis vier Tage (maximal sechs Tage) liefern. Damit wird zum einen den einzelnen Weideflächen ausreichend Zeit zum Nachwachsen gegeben (bei jeweils viertägiger Beweidung von acht Parzellen 32 Tage Ruhezeit) und zum anderen der Entwicklungszyklus der Parasiten unterbrochen. Die mit dem Kot abgelegten Eier der Magen-Darm-Würmer haben sich nach etwa fünf bis sechs Tagen zur infektiösen Larve entwickelt.

Der Umtriebsrhythmus muss im jahreszeitlichen Verlauf dem Futteraufwuchs angepasst werden:

- schnelle Umtriebe im Frühsommer, da die Pflanzen schnell nachwachsen und nur kurze Ruhezeiten von etwa zwei Wochen benötigen
- langsame Umtriebe im Herbst mit Ruhezeiten von fünf bis sechs Wochen.

Bis Ende Mai, spätestens bis Mitte Juni, sollten alle Flächen durch Schnitt oder Beweidung einmal genutzt worden sein, da andernfalls die Gräser überständig und vom Schaf nur noch ungern aufgenommen und schlechter verdaut werden.

Das Umtreiben selbst muss vorsichtig erfolgen, damit die Herde, insbesondere die Lämmer, nicht jedes Mal in Unruhe versetzt werden. Am besten hat sich das langsame „Einsickern" der Herde auf die nächste Umtriebsfläche durch das geöffnete Tor bewährt. Dabei laufen die Tiere selbstständig, dem besseren Futter zustrebend, auf die neu zugeteilte Fläche.

Der entscheidende Vorteil gegenüber der Standweide liegt in der hohen Futterflächenleistung, die über die flexible Zuteilung kleiner Teilflächen gemäß Angebot und Nachfrage sowie durch das Abschöpfen des überschüssigen Futteraufwuchses im Frühsommer (Schnitt) zu erzielen ist. Dazu werden im Mai-Juni etwa 30 bis 50 % der Ge-

ist die Art der Futteraufnahme. Hier zeichnet sich das Schaf durch stark selektives Fressen und tiefen Verbiss aus. Durch das schmale Maul und die gespaltete Oberlippe ist das Schaf in der Lage, sich stets die schmackhaftesten, nährstoffreichsten und am leichtesten verdaulichen Pflanzen und Pflanzenteile aus dem Aufwuchs herauszusuchen. Diese werden mithilfe von Zahn und Kauplatte sehr dicht über dem Boden abgebissen (giftiger Zahn), sodass auch Bestockungstriebe und flache Ausläufer der vegetativen Vermehrung (z. B. beim Weidelgras) mit erfasst werden. Die begehrtesten und am häufigsten aufgenommenen Weidepflanzen sind in Tab. 23 aufgeführt.

Dieser kurze und selektive Verbiss der hochwertigen Gräser und Kräuter hat zur Folge, dass sich die Zusammensetzung des Pflanzenbestandes einer Schafweide schon nach wenigen Nutzungen zugunsten der minderwertigen und unbeliebten Arten verschiebt. Die Qualität des Aufwuchses lässt bereits nach wenigen Weidejahren nach.

Diese Fresseigenschaften des Schafes stellen an die Bewirtschaftung von Schafweiden höhere Ansprüche als an die von Rinderweiden. Beispielsweise sollte auf Schafweiden nach dem Grundsatz „Kurze Fress- und lange Ruhezeiten" vorgegangen werden, Schnittnutzung und Nachmahd erfolgen und mittels Düngung die Pflanzengesellschaft positiv beeinflusst werden.

Die selektive Aufnahme der jeweils hochwertigsten Futterbestandteile befähigt die Schafe aber auf ertragsärmsten Flächen wie Hutungen und Ödland, ihren Nährstoffbedarf zusammenzusuchen, soweit ihnen genügend Fresszeit zur Verfügung steht.

Die Höhe der Futteraufnahme wird beim Schaf entscheidend durch die Schmackhaftigkeit des Weidefutters bestimmt. Hier wirkt sich vor

Tab. 23: Die Beliebtheit der Weidepflanzen[1])

Verbiss	**Pflanzenart**		
	Gräser	Kräuter	Leguminosen
sehr gern gefressen, tief verbissen	Dt. Weidegras, Lieschgras, Knaulgras, Wiesenfuchsschwanz, Wiesenrispe	Spitzwegerich, Sauerampfer	Weißklee, Rotklee, Vogelwicke
gefressen, gut verbissen	Rotschwingel, Goldhafer, Weißes Straußgras	Löwenzahn	Luzerne, Erbsen-Wicken-Gemenge
ungern gefressen, oft nur Blattspitzen	Rasenschmiele, Glatthafer, Weiches und Wolliges Honiggras, Borstgras, Fiederzwenke	Schafgarbe, Bärenklau, Hahnenfuß	
gemieden	Sauergräser wie Wollgras und Seggen sowie Binsen	Bärwurz, Johanniskraut, Disteln, Ampfer	

[1]) Die hier aufgezeigte Beliebtheit für Weidepflanzen kann sich zwischen Rassen (Fleischschafe – Landschafe), durch die Art der Pflanzengesellschaft (Mischungen, Gemenge, Reinsaat) und den Standort verschieben

allem die Verunreinigung des Weidefutters durch Kot und Harn aus. Täglich werden auf diese Weise von einem Schaf etwa 2 m^2 entwertet, die damit für die nächsten ein bis zwei Wochen für die Futteraufnahme ausfallen (Geilstellen). Im Vergleich zum Rind setzt das Schaf die Exkremente breitflächiger ab, sodass eine größere Fläche beeinträchtigt wird. Die ausgeprägte Abneigung der Schafe, den näheren Randbereich um die Kot- und Harnplätze zu beweiden, mag auf eine instinktive Schutzhaltung vor den im Kot lebenden Parasiteneiern zurückzuführen sein. Nach langen Ruhezeiten und Ausmahd der Geilstellen werden diese Futterteile vom Schaf wieder gefressen. Auch durch die Düngung kann die Futteraufnahme beeinflusst werden. Je nach Düngerart ist unmittelbar nach der Düngung häufig ein reduzierter Verbiss festzustellen. Wenngleich die Schmackhaftigkeit der Futterpflanzen und damit auch die Aufnahmemenge bis zu einem gewissen Düngeniveau zunehmen, so ist bei sehr hohen N-Gaben eine zum Teil deutliche Ablehnung des Weidefutters zu beobachten.

Das Schaf benötigt täglich eine Fresszeit von etwa acht bis neun Weidestunden, um mit einer Grünfutteraufnahme von bis zu 10 kg seinen Nährstoffbedarf zu decken. Auf ertragsarmen Weideflächen (z. B. Ödland, Hutungen) oder bei höherem Nährstoffanspruch (z. B. säugende Mutterschafe mit Zwillingen) grasen die Schafe auch elf bis zwölf Stunden. Während dieser Zeit wechseln sich etwa fünf bis sieben Fress- und Ruhephasen ab. Deutliche Fressschwerpunkte liegen in den frühen Morgenstunden sowie am späten Nachmittag, während um die Mittagszeit stets eine längere Ruhephase zu beobachten ist.

Weideverhalten

Aufgrund seines typischen Herdentriebes neigt das Schaf dazu, sich vornehmlich im engeren Herdenverband zu bewegen. Dieses Verhalten ist besonders dann ausgeprägt, wenn die Herde auf neue, unbekannte Flächen getrieben wird oder sich die Tiere bedroht fühlen – das dichte Zusammenfinden ist als Schutzfunktion zu werten. Als problematisch erweist sich der Herdentrieb vor allem dann, wenn die getrennte Herde auf zwei benachbarten Flächen geweidet wird. In diesem Fall werden fast ausschließlich die Flächen in der Nähe des Trennzaunes beweidet (Überweidung), während die übrige Weidefläche kaum genutzt wird (Unterweidung). Folglich sollten Herdenteile, die aus produktionstechnischen Gründen separiert wurden, nicht auf unmittelbar benachbarten Flächen gehalten werden. Am besten ist hier die Haltung ohne gegenseitigen Sichtkontakt.

Rassenbedingte Unterschiede im Herdentrieb zeigen sich insofern, als Rassen, die traditionsgemäß gehütet werden (z. B. Merinolandschaf) einen stärkeren Herdentrieb besitzen als typische Koppelschafrassen (z. B. Texel), sodass sich letztere gleichmäßiger über die Weidefläche verteilen.

Typische Hüterassen, denen stets hohe Marschleistungen abverlangt werden, neigen bei Koppelhaltung zu stärkerer Laufaktivität als andere Rassen. In der Koppelschafhaltung wirkt sich jedoch solch ein unstetes Weideverhalten nachteilig aus, da so mehr Futter zertreten und beschmutzt wird und mehr Energie durch die vermehrte Bewegung verloren geht.

Schafe stellen auf der Weide gewisse Ansprüche an ihre Ruheplätze. Diese müssen vor allem trocken und geschützt liegen und den Schafen das Gefühl von Sicherheit vermitteln. An solchen immer wieder aufgesuchten Ruhestellen werden vermehrt Kot und Harn abgesetzt und die Grasnarbe durch den dauerhaften Tritt zerstört.

8.2.4 Düngung der Schafweiden

Durch die Ausbringung von Mineraldünger soll der durch die Nutzung entstehende Nährstoffentzug teilweise ausgeglichen werden, um dem Bedarf der Pflanzen an verfügbaren Mineralstoffen Rechnung zu tragen. Die Düngung kann beim Pflanzenaufwuchs vielfältige Wirkungen zeigen:

- Erhöhung des absoluten Futterertrages einer Fläche,
- eine günstigere Verteilung des jahreszeitlichen Futteranfalls,
- die Erhaltung oder Veränderung der botanischen Zusammensetzung der Weidenarbe,
- Kräftigung überanstrengter Weidenarben,
- Verbesserung von Qualität und Schmackhaftigkeit des Weidefutters.

Das angemessene Düngeniveau richtet sich nach den Standortverhältnissen und der Nutzungshäufigkeit bzw. -intensität. Zu den Hauptnährstoffen gehören Phosphat (P_2O_5), Kali (K_2O), Magnesium (MgO), Kalk (CaO) und Natrium (Na) sowie der Stickstoff (N). Diese übernehmen im Boden und in der Pflanze verschiedene Funktionen.

Die in den nachfolgenden Kapiteln gemachten Angaben zu den Düngemengen beziehen sich stets auf die Reinnährstoffe, die in den auszubringenden Düngemitteln immer nur anteilig enthalten sind.

Grunddüngung

Die Grunddüngung sollte am besten nach den Ergebnissen einer Bodenuntersuchung vorgenommen werden. Diese gibt Aufschluss über die Mineralienvorräte im Boden und leitet daraus Düngeempfehlungen für o. g. Nährstoffe (bis auf Stickstoff) ab.

Bodenproben sollten während der Vegetationsruhe (November bis Februar) wie folgt gewonnen werden:

Auf größeren Koppeln an etwa 20–30 verschiedenen Stellen mit dem Spaten einen etwa 2 cm dicken und 10 cm tiefen Erdstreifen herausstechen (am besten ist dazu ein Probenstecher geeignet), diese in einem Behälter mischen und Steine, Gras sowie Wurzelteile entfer-

Tab. 24: Angaben zur Grunddüngung von Schafweiden (kg/ha/Jahr)

Reinnährstoff	Weiden ohne Mähnutzung	Mähweiden
P_2O_5	40– 80	80–160
K_2O	60–120	120–140
MgO	40– 80	40– 80

nen. Eine Mischprobe von etwa 500 g wird in einen Beutel verpackt, beschriftet und an die zuständige Landwirtschaftliche Untersuchungs- und Forschungsanstalt (LUFA) mit der Bitte um eine gewünschte Untersuchung gesandt. Die Kosten einer Bodenuntersuchung liegen zwischen 7–12 €. Ausgeglichen ist die Versorgung mit Grundnährstoffen, wenn je 100 g Boden 20 bis 30 mg Phosphat und Kali, 10 bis 15 mg Magnesium und 5 bis 10 mg Natrium enthalten sind sowie ein pH-Wert von 5,0 (leichte Böden) bis 6,0 (schwere Böden) vorliegt.

Für den Fall, dass keine Untersuchung des Bodens veranlasst wurde, gibt die Tab. 24 Anhaltspunkte zur Phosphat-, Kali- und Magnesiumdüngung. Infolge des Nährstoffrückflusses über Kot und Harn liegen die Ansprüche auf Weiden niedriger als auf schnittgenutztem Grünland.

Zur Ausgleichsdüngung auf Schafweiden kommen verschiedene Düngemittel infrage. Es können alle Phosphateinzeldünger (Thomasphosphat, Hyperphosphat, Novaphos), die chloridischen Kalidünger und PK- (Thomaskali) bzw. NPK-Mischdünger eingesetzt werden. Die Magnesiumdüngung, die im Interesse der Tiergesundheit nicht vernachlässigt werden darf, kann mittels magnesiumhaltiger Kalke (Hüttenkalk 5 % Mg, kohlensaurer Magnesiumkalk 15 % Mg, Thomaskalk 9 % Mg, Magnesia-Kainit 5 % Mg oder Kieserit 27 % Mg) vorgenommen werden. Natrium befindet sich in einigen Grunddüngern (z. B. Magnesia-Kainit) und verbessert die Schmackhaftigkeit des Futters. Die Natriumversorgung der Tiere muss aber außerdem über Salzlecksteine gewährleistet sein. Eine Kalkung kann mit Hüttenkalk, Thomaskalk oder kohlensaurem Kalk in einer Höhe von 20 bis 30 dt/ha erfolgen.

Für die Ausbringung der Grunddüngung ist der Herbst ebenso geeignet wie der Winter (möglichst schneefreier Boden) oder auch das zeitige Frühjahr.

Stickstoffdüngung

Stickstoff (N) ist für die Pflanze der eigentliche Wachstumsmotor, der die Ertragsleistung maßgeblich bestimmt. Die Düngung von 1 kg N erzeugt etwa einen Grünlandertrag von 12 bis 15 kStE bzw. 0,23–0,29 MJ. Damit ist das wirtschaftseigene Futter noch weitaus billiger als jede zugekaufte kStE bzw. MJ.

Stickstoff ist zwar im Boden reichlich vorhanden, kann aber von der Pflanze erst in mineralisierter Form aufgenommen werden. Bei einer jährlichen Mineralisationsrate von etwa 1 % versorgt allein der Boden den Pflanzenbestand mit 40 bis 100 kg N/ha.

Die jährlichen Stickstoffmengen, die sich zwischen 0 und 400 kg/ha bewegen, werden in mehreren Gaben möglichst nach den einzelnen Nutzungsphasen ausgebracht.

Folgende Faktoren bestimmen das jährliche Düngungsniveau:

Standort. An benachteiligten Standorten mit geringerer Ertragsfähigkeit hat die Stickstoffdüngung eine geringere leistungsfördernde Wirkung als an intensiveren Standorten. In ungünstigen Lagen wären folglich vergleichsweise geringe N-Gaben wirtschaftlich effizient. In der Praxis sind hier aber zur Erzielung ausreichender Futtermengen auch höhere Düngemengen erforderlich.

Futterbedarf. Mit der N-Düngung lässt sich der Futterertrag dem Futterbedarf anpassen. Ein überhöhter Futteraufwuchs ist unwirtschaftlich und wirkt sich bei Nichtnutzung auch nachteilig auf die Grünlandnarbe aus.

Nutzungsform. Auf Standweiden sollte eine frühjahrsbetonte N-Gabe unterbleiben, da die im Mai-Juni ohnehin schon hohen Futtermengen nicht befriedigend ausgenutzt werden können. Später hingegen wirken mäßige N-Gaben dem natürlichen Leistungsabfall des Grünlandes entgegen.

Bei Intensiv-Standweiden, Umtriebs- und Portionsweiden bietet sich hingegen eine möglichst frühe N-Düngung an, um einen hohen Futterberg für die Winterfutterkonservierung nutzen zu können.

Beweidete Koppeln benötigen im Vergleich zu gemähten Flächen eine geringere N-Düngung, da Kot und Harn der Weidetiere Stickstoffträger sind.

Nutzungshäufigkeit. Bei N-Düngung nach jeder Nutzungsphase ergeben sich hohe Gesamt-N-Mengen–bei intensiver Bewirtschaftung mit häufigen Nutzungen.

Nutzungszeitpunkt. Mit einer frühen Erstdüngung im Frühjahr lässt sich der erste Nutzungstermin in günstigen Lagen um bis zu zwei Wochen vorverlegen. Häufig werden Startgaben von bis zu 100 kg N/ha gegeben.

Wasserversorgung. Bei guter Wasserversorgung des Grünlandes kann eine sommerbetonte Düngung den sommerlichen Ertragsrück-

Tab. 25: Anhaltswerte für die Ausbringungsmengen von Stickstoff bei mehreren Nutzungen

	nach jeder Schnittnutzung	nach jeder Beweidung (Umtrieb)
intensiv genutzter Standort	60–80 kg/ha	40–60 kg/ha
extensiv genutzter Standort	30–50 kg/ha	20–40 kg/ha

gang vermindern. Hingegen können die Pflanzen bei ausgeprägter Sommertrockenheit nur wenige Nährstoffe aufnehmen, sodass die Höhe der Düngegaben entsprechend zu verringern ist.

Weißkleeanteil. Klee ist eine Leguminose, die mithilfe ihrer Knöllchenbakterien Luftstickstoff binden und verfügbar machen kann. So liefert ein Kleeanteil von 1 % in Grünlandnarben etwa 3–5 kg N/ha. Auf Flächen mit hohem Weißkleeanteil (20 bis 30 %) bewirkt ein Wegfall der N-Düngung lediglich einen Ertragsrückgang von 0 bis 20 % (bei Flächen ohne Weißklee etwa 40 %). Folglich kann auf extensiv genutzten Weiden (zwei bis drei Nutzungen) mit hohem Leguminosenanteil eine N-Düngung zum Teil völlig entfallen. Bei hoher N-Düngung intensiv genutzter Flächen geht der Kleeanteil zurück.

Auswirkungen der N-Düngung auf die Futterqualität bestehen nur in geringem Maße. Nach Zimmer (1990) erhöht sich der Trockenmasse- und Rohfaseranteil bei völlig entfallender Düngung um 6,5 % bzw. 2,2 %. Der Rohproteingehalt vermindert sich um 4,5 %. Vor allem bei hohem Leguminosenanteil bleibt die Futterqualität erhalten. Auswirkungen auf den Pflanzenbestand zeigen sich in der Weise, dass bei hohem N-Düngungsniveau nährstoffreiche Futtergräser gefördert werden, während Leguminosen (z. B. Klee) und Kräuter zurückgehen. Hingegen kann eine Unterversorgung mit mineralischem N zum verstärkten Aufwuchs weniger schmackhafter Pflanzenarten führen.

Auswirkungen auf die Schmackhaftigkeit der Futterpflanzen: gute Schmackhaftigkeit bei mittlerem Düngeniveau, Ablehnung des Futters bei hoher, überzogener Düngung.

Letztlich sei auch darauf hingewiesen, dass eine überhöhte N-Düngung, gerade auf leichten Böden, infolge der schnellen Auswaschung zu einer erheblichen Belastung des Grundwassers (Nitrat) führen kann.

Düngerformen. Stickstoff wird meist als Mehrnährstoffdünger (z. B. NPK-Dünger) ausgebracht. Häufig kommt (Perl-)Kalkstickstoff zur Anwendung, da hiermit auch der Entwicklungskreislauf von Magen-Darm-Würmern, Lungenwürmern und Leberegeln gestört wird und der Parasitendruck in der Koppelschafhaltung niedrig gehalten werden kann. Darüber hinaus wird mit der damit verbundenen Kalkung die Bodenstruktur verbessert.

Für die N-Düngung von Schafweiden ist auch der preisgünstigere Kalkammonsalpeter mit 27 % N geeignet.

Die Verwendung von Stallmist als Dünger für Schafweiden ist nur begrenzt unter bestimmten Umständen ratsam.

Grundsätzlich sind bei der Düngung auch immer die Vorgaben der geltenden Düngeverordnung zu beachten.

8.2.5 Weidepflege

Die Weidepflege dient der Erhaltung der Leistungsfähigkeit (tierverwertbarer Nettoertrag, KStE bzw. MJ/ha) der Grünlandnarbe. Dieses Ziel wird letztlich auch durch Düngung, Nachsaat und Weideführung verfolgt.

Wirkungsvollste Weidepflege ist die Nachmahd (Reinigungsschnitt). Dabei werden nicht gefressene, unerwünschte Pflanzen beseitigt, deren Aussamung verhindert und Geilstellen gemerzt, sodass einer Verunkrautung der Weide entgegengewirkt wird. Auf diese Weise kann die Qualität des Futteraufwuchses erhalten bzw. verbessert werden.

Auf ausschließlich beweideten Flächen ist die Nachmahd vor allem nach der ersten, spätestens aber nach der zweiten Nutzung ratsam, um Unkräuter und weniger wertvolle Gräser nicht zum Auskeimen kommen zu lassen. Bei mehrmaligem Weideumtrieb ist ein weiterer Reinigungsschnitt nach der 4. Nutzung zu empfehlen. Bleibt nach dem Weideabtrieb im Herbst eine ungleichmäßig verbissene Fläche zurück (partielle Unterbeweidung), so sollte noch eine 3. Mahd erfolgen. Auf Mähweiden, die zur Winterfuttergewinnung geschnitten werden, ist das Nachmähen seltener erforderlich.

Bei hohem Unkrautbesatz sollten zuerst die Bewirtschaftungsmaßnahmen (Mahd, Weideführung, Düngung) hinsichtlich deren Auswirkungen auf den Unkrautbestand überdacht werden.

So konnten Briemle und Rück (2006) zeigen, dass der Stumpfblättrige Ampfer, ein besonders hartnäckiges Grünland-Unkraut, vor allem im jungen Zustand von Schafen stark verbissen wird, wodurch sich dieser Platzräuber binnen weniger Jahre aus einer Weide entfernen lässt. Aber auch bei einer mittleren Bestandeshöhe von 20 cm genügte eine konsequente Beweidung, um dieses Problemunkraut weitgehend aus der Fläche zu entfernen. Es ist wichtig, durch integrierende Bekämpfung die Erhaltung einer intakten und dichten Grasnarbe zu erreichen. Das heißt: Vermeidung zu hoher Güllegaben, Vermeidung von Fahrspuren und Geilstellen sowie eine Übersaat in Bestandeslücken oder die Unkrautpflanzen nie blühen oder gar fruchten zu lassen.

Die Bekämpfung lästiger Platz- und Nährstoffräuber (Ampfer, Quecke, Rasenschmiele, Brennnessel, Distel, Binsen usw.) oder Giftpflanzen mit Total- oder Selektivherbiziden ist gemäß der aktuellen Bestimmungen der Agrar-Umweltprogramme der Bundesländer, wie z. B. des baden- württembergische FAKT, i. d. R. stark reglementiert. Da auch in der ökologischen Landwirtschaft/Schafhaltung Herbizide zur Unkraut- bzw. Ampferbekämpfung nicht zugelassen sind, bleiben neben den o. g. Maßnahmen häufig nur das Ausstechen. Für die Ampferbekämpfung gibt es dazu spezielle „Ampferstecher“ (Elsässer, 2002).

Sollte hingegen ein Herbizideinsatz unumgänglich sein, so sind folgende Punkte zu berücksichtigen:

- Wartezeit von etwa 4 Wochen bis zur nächsten Nutzung einhalten (siehe Vermerk auf den Verpackungen der Behandlungsmittel),
- bei schwacher Verunkrautung nur Horst- oder Einzelbehandlungen,
- landwirtschaftliche Beratungsdienste in Anspruch nehmen.

Im Rahmen der Weidepflege ist auch der Blick auf *Giftpflanzen* zu lenken. Auf die unterschiedlichen Giftpflanzen reagieren Schafe mehr oder weniger empfindlich. Zuerst einmal ist darauf zu achten, dass die Herde auf der Weidefläche oder am Zaunrand keinen Zugang zu Eiben haben, dessen Nadeln und Beeren hoch toxisch sind (Atemlähmung). Ebenso sollte die Aufnahme von Rhododendron und Kirschlorbeer vermieden werden. In einigen Regionen kann auch der Wurmfarn (im Gegensatz zum Adlerfarn hat dieser Knötchen an der Unterseite der Blätter) problematisch sein, da dessen Inhaltsstoffe auch eine Lähmung der glatten Muskulatur bewirken. In geringen Mengen verzehrt, wirkt er zwar gegen Magen-Darm-Würmer, ein Zuviel führt jedoch zu akutem Atemstillstand. Der Adlerfarn ist weniger giftig, kann bei hohen Verzehrsmengen aber zu Anämie und Nierenversagen führen. Im Heu bleiben die Gifte erhalten. Der Wirkstoff der Herbstzeitlosen (Colchicin) ist für Schafe toxisch. Blüht die Pflanze, wird sie nicht gefressen, im Heu wird diese aber nicht als Giftpflanze erkannt und mitgefressen. Massenvorkommen von Jakobskreuzkraut geben Anlass zur Besorgnis, da deren Giftstoffe (Pyrrolizidinalalkaloide) sich nach und nach im Körper anlagern und nicht abgebaut werden. Schafe und Ziegen gelten zwar als relativ unempfindlich gegenüber der Aufnahme von Jakobskreuzkraut. Durch erhebliche Anteile im Heu könnten sie aber doch Mengen aufnehmen, die schädlich sind (z. B. Leberschäden).

Giftpflanzen treten insbesondere dort auf, wo Grasnarbenbestände lückig sind und damit den Anflug und das Auskeimen von Unkräutern und Giftpflanzen ermöglichen, aber auch dort, wo Nährstoffaushagerungen und nur extensive Weidennutzungen stattfanden. Insofern ist eine Bekämpfung von Giftpflanzen durch folgende Maßnahmen zu empfehlen:

- schließen lückiger Grasbestände durch Nachsaat bzw. Vermeidung von Trittschäden oder offenen Stellen in der Grünlandnarbe,
- eine an den Entzug angepasste Düngung – auch als Vorbeuge, soweit es die Agrarumweltprogramme zulassen,
- früher Schnitt, um das Auskeimen von Giftpflanzen zu unterbinden,
- mechanisches Entfernen (Ausreißen von Hand z. B. bei Herbstzeitlose oder Jakobkreuzkraut oder Mähen, z. B. bei Kriechenden Hahnenfuß).
- Die Bekämpfung mit Herbiziden, deren Zulässigkeit am jeweiligen Standort jedoch zu prüfen ist (siehe auch oben ‚Ampferbekämpfung').

Mit dem Abschleppen des Grünlandes im zeitigen Frühjahr sollen Unebenheiten, wie z. B. Maulwurfshügel, eingeebnet werden. Hierzu bedarf es einer narbenschonenden Reifen- oder Wiesenschleppe, da jede Narbenverletzung das Auflaufen von Unkräutern fördert. Die Flächen müssen trocken sein, um ein Verschmieren der Grasnarbe zu vermeiden.

Ein Walzen der Weiden ist im Allgemeinen nicht erforderlich, da die Klaue des Schafes, auch „Trippelwalze" genannt, den Boden gut festigt.

Auf sehr feuchten Flächen treten verstärkt Parasiten sowie Gift- und Schadpflanzen auf. Hier ist eine Entwässerung mit funktionsfähigen Gräben und Dränagen für die Schafbeweidung von großem Vorteil. Flächen, die nicht trockengelegt werden können, sollten ausgezäunt und lediglich für den Silageschnitt genutzt werden.

8.2.6 Neuansaat und Nachsaat von Schafweiden

Bei starker Verunkrautung oder Umwidmung von Ackerflächen ist eine Neuansaat erforderlich. Dabei muss zuerst der alte Pflanzenbestand chemisch abgetötet werden, was jedoch nur zulässig ist, soweit nicht rechtliche Vorgaben dieses verbieten (z. B. Agrar-Umweltprogramme). Anschließend ist zur Einebnung und Saatbettbereitung eine oberflächliche Bodenbearbeitung (Fräse oder Säfräse) zu empfehlen. Die Fläche sollte jedoch nicht umgebrochen werden, da sonst die für das Grünland wichtigen Humusanteile der oberen Krume nach unten gekehrt werden. Wird keine Bodenbearbeitung vorgenommen, empfiehlt es sich aber unbedingt, den abgetöteten Pflanzenbestand vor der Aussaat abzuräumen. Ein Anwalzen der Saat ist immer vorteilhaft, insbesondere bei Trockenheit.

Der Umbruch von verunkrautetem Grünland ist wenig ratsam, da ein Großteil der Unkrautsamen wieder erneut auskeimen werden.

Der günstigste Termin für die Neuansaat liegt im Frühjahr, wenn Wärme und ausreichende Bodenfeuchte das Auflaufen der Saat fördern. Während trockener Sommermonate sollte nicht gesät werden. Mitauflaufende Unkräuter müssen rechtzeitig bekämpft werden. Wer im März-April sät, wird schon im Juni-Juli den ersten Aufwuchs nutzen können. Eine frühe Nutzung bei einer Wuchshöhe von 10 bis 15 cm verbessert schnell die Narbendichte. Dabei hat sich zuerst eine Mahd am besten bewährt, der dann Beweidungen folgen können. Wegen des tiefen Verbisses des Schafes und der noch geringen Trittfestigkeit der neu angesäten Weide sollte die Besatzdichte und -dauer vorerst begrenzt bleiben.

Zur Wahl einer geeigneten Ansaatmischung, die mit etwa 30 bis 40 kg/ha auszubringen ist, muss die Eignung der verschiedenen Futtergräser für die vorherrschenden Standort- (Höhenlage, Nährstoff und Wasserversorgung) und Nutzungsverhältnisse (Beweidung,

Schnitt, Häufigkeit, Besatz) berücksichtigt werden. Beispielsweise enthält die Mischung für klimatisch günstige Standorte mit intensiver Nutzung hohe Anteile (etwa 50 %) an Deutschem Weidelgras, während für Mittelgebirgslagen mit weniger intensiver Bewirtschaftung der Wiesenschwingel die Leitpflanze darstellt. Genauere Empfehlungen werden von den Landwirtschaftskammern und den Ämtern für Landwirtschaft abgegeben (Standardmischungen, Beratung).

Die Nachsaat ist für eine Verbesserung der Grünlandnarben geeignet, die z. B. infolge von Unkrautbekämpfung oder Trockenheit lückig geworden sind. Die Nachsaat ist billiger und mit weniger Risiko behaftet als die Neuansaat. Werden die Kahlstellen nicht mit den erwünschten Gräsern nachgesät, so dringen hier schnell wertlosere Pflanzenarten ein. Eine frühzeitige und häufige Nutzung fördert die Bestockung und den Erfolg der Nachsaat.

8.3 Technische Einrichtungen auf der Weide

8.3.1 Zaunanlagen

Die Einzäunung kann je nach Weidesystem, Sicherheitsansprüchen und Kostenaufwand auf unterschiedliche Art und Weise erfolgen.

Dabei gibt es folgende Möglichkeiten:

- feste nicht elektrifizierte Knotengitterzäune,
- feste elektrifizierte Litzenzäune,
- mobile elektrifizierte Knotengitter,
- mobile elektrifizierte Litzenzäune.

Der Zaun muss einerseits die Schafe ausbruchsicher auf der Weidefläche halten, da andernfalls die Gefahr besteht, dass die Schafe verloren gehen oder Schaden verursachen, für den der Tierhalter haftbar gemacht werden kann. Zum anderen muss der Zaun Schutz vor Hunden oder mancherorts auch vor Wölfen bieten. In einigen Bundesländern werden Herdenschutzmaßnahmen wie z. B. Anschaffung von Elektrozaunnetzen zur Abwehr von Wölfen gefördert. Informationen dazu sind bei den jeweiligen Naturschutz- und Umweltämter zu erhalten. Eine richtig installierte Zaunanlage kann also das Risiko von Wolfsangriffen deutlich reduzieren. Sollte es doch zu einem Wolfsriss kommen, werden diese Schäden in der Regel vom zuständigen Naturschutz- und Umweltamt finanziell beglichen. Dazu müssen jedoch Mindestschutzmaßnahmen ergriffen worden sein, wie z. B. hinreichend hohe Elektronetzzäune und optisch abschreckende Maßnahmen (Flatterbänder, Breitbandlitzen) (Ewald 2013). Weitere Ausführungen siehe Elektrozäune.

Feste Einzäunungen

Vor der Errichtung einer festen Zaunanlage sollten die beiden folgenden Fragen geklärt werden.

1. Lohnt sich die Einzäunung der Fläche überhaupt?
   In diesem Zusammenhang gilt es, die Qualität der Weide den hohen Aufwendungen für die Zaunanlage gegenüberzustellen. Bei sehr geringen Aufwuchsleistungen lohnt meist keine feste Einzäunung, da Kosten von etwa 1000–1500 € und ein hoher Arbeitsaufwand erforderlich sind. Auch sehr feuchtes, mit Parasiten stark besiedeltes Grünland sowie häufig überschwemmte Flächen sind oftmals besser nur als Wiese zu nutzen. Letztlich gilt es, zur Klärung dieser Frage auch die Dauer des Pachtvertrages zu berücksichtigen.

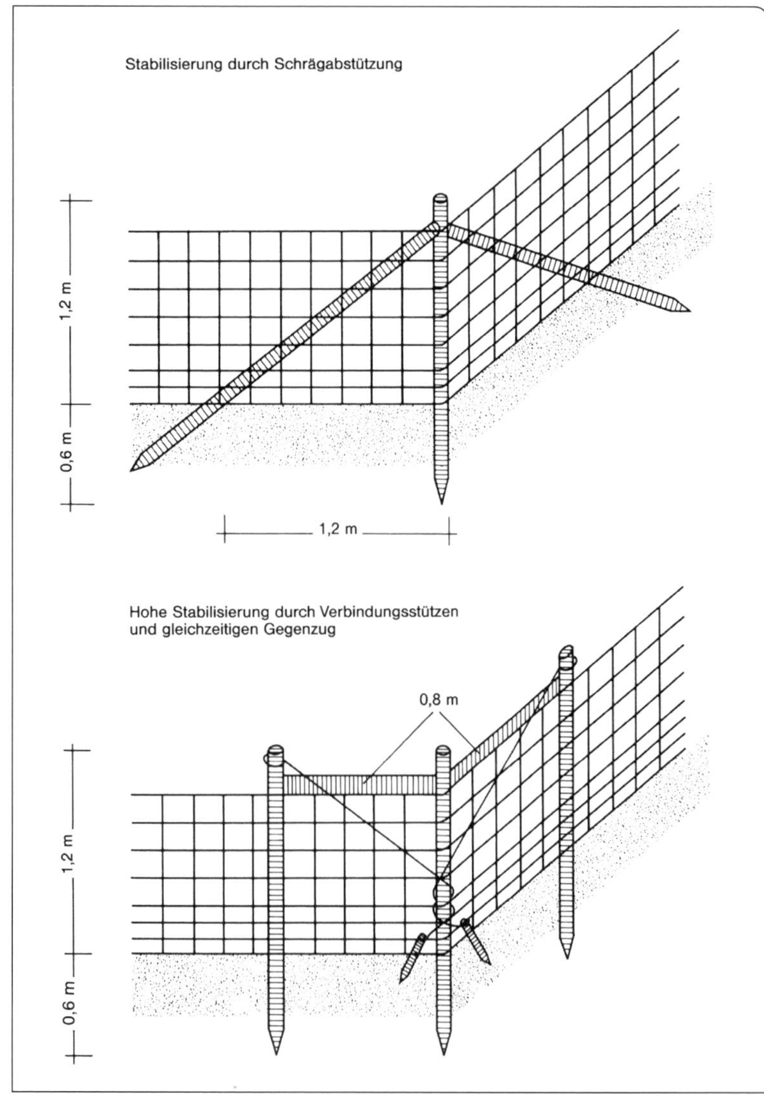

Abb. 55. Der Bau von Weidezaunecken bei fester Einzäunung (z. B. mit Knotengeflecht).

2. Welche Rechtsfragen müssen berücksichtigt werden?
   In einigen Bundesländern bedarf die Errichtung einer festen Zaunanlage erst einer behördlichen Genehmigung. In Natur- und Landschaftsschutzgebieten kann der Aufbau eines festen Zaunes überhaupt verboten sein. Ferner muss der Zaun einen bestimmten Grenzabstand zum benachbarten Grundstück aufweisen, wenn der Nachbar dies wünscht.

Für die Einzäunung von Schafweiden haben sich vorzugsweise **Knotengeflechte aus verzinktem Draht** bewährt, die an Holz-, Beton-

Abb. 56. Knotengeflechtzäune für die Schafhaltung.

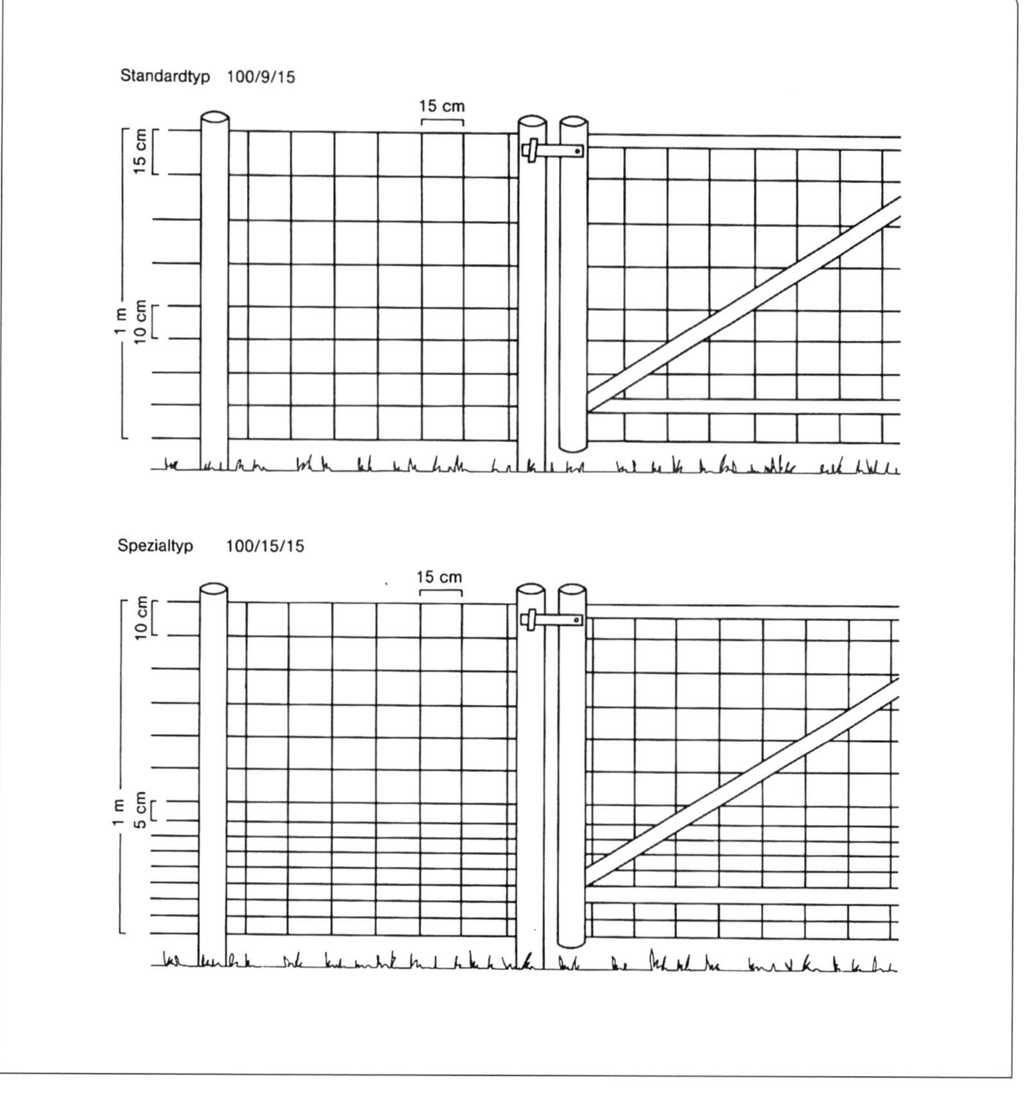

oder Eisenpfählen angebracht werden. Beton- und Eisenpfähle erfordern aber noch mehr Kosten und Arbeit und stehen unverrückbar auf der Weide, sodass in der Regel zu Holzpfählen geraten wird. Diese sollten für möglichst lange Haltbarkeit (mind. fünf Jahre) entrindet und hochdruckimprägniert sein sowie eine Stärke von 10–15 cm (Zwischenpfosten) bis 15–20 cm (Eckpfosten) aufweisen. Bei einer Länge von 1,6 bis 1,8 m müssen die Pfähle je nach Bodenart 40 bis 60 cm tief im Boden verankert werden.

Die Eignung einheimischer Holzarten für Zaunpfähle sinkt in folgender Reihe: Eiche, Akazie, Ulme, Weißbuche, Kiefer, Fichte, Tanne. Vor allem bei Nadelholzpfählen kann die Haltbarkeit durch Imprägnierung bedeutend verlängert werden. Pfähle aus dem australischen Insultimberholz wird eine 10-jährige Garantie gegeben. Recycling-Kunststoffpfähle können im Zaunbau wie Holzpfähle eingesetzt werden. An diesem Material aus Polyethylen/Polypropylen kann mit üblichen Holzbearbeitungswerkzeugen genagelt, gebohrt, geschraubt und gesägt werden. UV-stabilisierte Recycling-Pfähle sind gegen Verrottung resistent und eignen sich deswegen für Feuchtgebiete sowie kot- und urinbelastete Zonen. Als Eckpfähle sind sie nicht geeignet (Jilg 2012). Nach dem Setzen der Pfähle (Vorbohren mit Erdbohrer oder Pfahlramme) schrägt man die oberen Pfahlenden ab und imprägniert die Schnittstellen, um das Eindringen von Wasser zu verhindern. Je nach Geländeform sollte der Abstand zwischen den Pfählen 3 bis 5 m betragen.

Besondere Stabilität müssen die Ecken der Zäune aufweisen, da hier der stärkste Zug lastet. Mit der Verwendung der jeweils stärksten Pfähle als Eckpfosten, dem möglichst tiefen Einlassen in den Boden und der Abstützung der Eckpfähle (schräg oder horizontal) wird aber eine ausreichende Haltbarkeit der Ecken erreicht (Abb. 55). Zauntore müssen mit einer Breite von gut 4 m eingeplant werden, damit die Weide auch für Maschinen zugänglich bleibt.

Das Knotengeflecht wird mit Krampen auf der Pfahlinnenseite angenagelt. Dabei ist es wichtig, dass der Zaun eine gute Spannung erhält, die mit geeigneten Spannvorrichtungen oder mithilfe eines Schleppers erreicht wird. Ein schafsicheres Knotengeflecht sollte folgende Mindestanforderungen erfüllen: Höhe etwa 1,10 m, acht Horizontaldrähte, die oben im Abstand von 20 cm und unten von nur 10 cm verlaufen, alle 15 cm einen senkrechten Draht (Kurzbezeichnung 110/8/15).

Noch sicherer, insbesondere für Lämmer, sind Knotengeflechte mit 16 statt 8 Querdrähten. Dieses engere Geflecht ermöglicht es den Schafen auch nicht, den Kopf durch das Knotengitter zu stecken. Diese Unart sollte möglichst unterbunden werden, damit der Zaun nicht durch das Vorwärtsdringen des Schafes an Spannung verliert. Außerdem läuft das Schaf Gefahr, sich dabei zu strangulieren.

Die Haltbarkeit von Knotengeflechtzäunen beträgt mindestens 10 Jahre. Die Kosten sind langfristig niedriger als beim arbeitsaufwendigen Mobilzaun mit Netz, aber höher im Vergleich zu 4-drähtigen Elektro-Festzäunen mit 15 Jahren Haltbarkeit. Ein Vorteil des Knotengeflechtzaunes ist die Sicherheit vor unbeaufsichtigten Hunden (Jilg 2013).

Als Festzaun kann auch ein **Elektrolitzen-Zaun** genutzt werden, der zwischen 4–5 stromführende verzinkte Einzeldrähte (Litzen) trägt. Ein solcher Zaun sollte etwa 90–110 cm hoch sein und der untere Draht in einer Höhe von 25–30 cm liegen, um das Durchschlüpfen der Lämmer zu verhindern. An den Pfosten angebrachte Isolatoren tragen die Litzendrähte. Solche Metalldrähte besitzen im Vergleich zu Kunststofflitzen (siehe mobile Elektrozaunanlagen) zwar eine bessere Leitfähigkeit und haben eine höhere Reißfestigkeit.

Mobile Elektrozäune

Solche Zaunanlagen bieten im Allgemeinen folgende Vorteile:

- Vielseitige Verwendung in der Weidewirtschaft zur Abtrennung von Weidestücken im Rahmen der Umtriebs- oder Portionsweide, als auch zur vorübergehenden Außeneinzäunung, da hohe Hütesicherheit bei sachgerechter Handhabung.
- Keine baurechtlichen Fragen, z. B. bei der Beweidung von Landschaftsschutz- und Naturschutzgebieten.
- Hohe Flexibilität und Mobilität durch einfachen Auf- und Abbau sowie schnelles Versetzen (fliegende Zäune).
- Vergleichsweise geringe Kosten.

Elektrifizierbare Knotengitter (Elektronetze) oder elektrifizierte Kunststofflitzen (Hüteschnur) kommen für die mobile bzw. temporäre Einzäunung infrage.

Elektroknotengitter bestehen aus netzartig verknüpften Kunststoffdrähten, in die stromführende Metalldrähte eingesponnen sind. Der Handel bietet verschiedene Ausführungen an. Geflechte mit maschendrahtähnlichem Viereckmuster sind im unteren Drittel zum Schutz der Lämmer sowie zur Vermeidung von Stromableitung durch den Bewuchs isoliert. Bei Netzen aus verschweißten Waagerecht- und Senkrechtdrähten (oder formgepressten Senkrechtverbindungen) ist meist der untere, bodennahe Draht nicht stromführend. Gewöhnlich sind die Rechtecke etwa 10 × 10 cm groß; lammsichere Elektronetze weisen jedoch im unteren Zaunteil kleinere Maschen mit einer Höhe von 5 cm auf.

In der Standardlänge von 50 m sind die E-Netze mit meist 11 bis 15 Stützpfählen bestückt, die mit dem Fuß in die Erde getreten werden können. Die Elektroknotennetze haben eine Höhe von 90 bis 100 cm und kosten je nach Ausführung etwa zwischen 60–100 €.

Abb. 57. Livestock-Netz, gute Geländeanpassung durch halbsteife Senkrechtverbindungen (alle 30 cm).

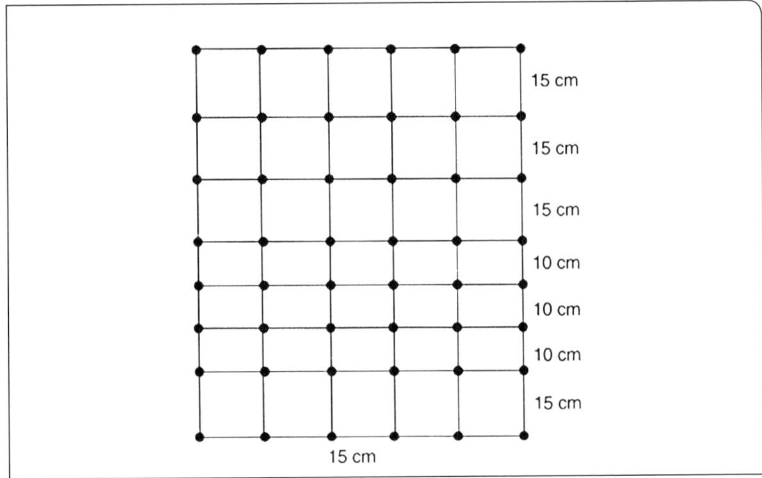

Abb. 58. Euro-Netz aus stabilen Kunststofflitzen, die an den Kreuzungspunkten mit Plastikplomben verschweißt sind.

Mit der Hüteschnur (Elektro-Kunststoff-Litze) und leicht versetzbaren Kunststoffpfählen können sehr preiswerte Zäune schnell gezogen werden, die für die Einfriedung von Schafen aber mindestens eine dreifache Drahtführung (drei waagerechte Drähte) erforderlich machen. Für die Lämmerweide ist eine vier- bis fünffache Drahtführung ratsam. Beim Erwerb sollte man auf eine hochwertige Qualität der Kunststofflitzen (geringer Widerstand, hohe Leitfähigkeit durch mind. drei Leiter, hohe Festigkeit durch einen Durchmesser von mind. 2 mm) achten. Die Preise liegen je nach Qualität bei 15,– bis 30,– € je 400 m Litze.

Für die vorübergehende Einzäunung mit Litzen oder für die weitere Unterteilung von fest umzäunten Weiden eignen sich am besten dünne Holz-, Eisen-, Kunststoff- oder Glasfiberpfähle. Der Fachhandel bietet ein breites Sortiment an solchen Pfählen an. Als Eckpfähle werden am besten stabile Metall- oder Holzpfähle verwendet. Für den Aufbau von Zäunen mit Kunststofflitzen gibt es Montagepfähle, auf denen mehrere Haspeln montiert werden (siehe Abb. 59). Damit können bis zu 4 Drähte gleichzeitig ausgezogen und die Einzäunleistung auf bis zu 2 Hektar pro Stunde gesteigert werden (Jilg 2012).

Zur ausreichenden Elektrifizierung von E-Zäunen müssen bei der Einfriedung von Schafen folgende Anforderungen an die **Elektrozaungeräte** erfüllt sein:

- Hütespannung mind. 2000 V, besser 4000 V, damit auch Isolierschichten wie Wolle und trockener Boden überbrückt werden (aber höchstens 10 000 V),
- Impulsenergie mind. 0,5 J (Joule) bis max. 5 J zur Vermeidung von gesundheitlichen Schäden.

Je nach Weidelage, Zaunlänge und erforderlicher Hütequalität kommen unterschiedliche Elektrozaungeräte infrage:

Netzgeräte bieten sich immer dann an, wenn die Stromversorgung auf hofnahen Weiden möglich ist und eine hohe Hütesicherheit gewährleistet sein muss. Leistungsfähige Netzgeräte arbeiten weitestgehend bewuchsunempfindlich und können Zaunlängen (= Drahtlänge) von bis zu 30 km versorgen.

Abb. 59. Elektrolitzen mit Haspelsystem (Fa. Rappa-Fencing), sind vielseitig einsetzbar und im Vergleich zu gleich langen Elektronetzen billiger.

In hofferneren Lagen finden E-Geräte Verwendung, die mit Auto- (12 V) oder Trockenbatterien (9 V) betrieben werden. Durch die allmähliche Entladung der Batterien wird die Hütesicherheit jedoch schnell herabgesetzt, sodass eine regelmäßige Kontrolle wichtig ist. Wenn auch solche Geräte heute schon sehr leistungsstark geworden sind, so können hiermit doch nur geringere Zaunlängen hinreichend verstromt werden.

Solargeräte werden vorwiegend in Kombination mit Batteriegeräten betrieben. Dabei liefern die sog. Solarmodule zusätzlichen Strom und verlängern den Ladezustand der Batterie erheblich. Die in Deutschland führenden Zauntechnikfirmen (Horizont, Gallagher) bieten heute aufschlussreiche Informationen zu allen Produkten der Weidetechnik an.

Die Preise der für die Schafhaltung geeigneten Elektrozaungeräte bewegen sich je nach Stärke (Impulsenergie) und Ausstattung bei 230 Volt Netzgeräten und 12-Volt-Batteriegeräten zwischen 100–700 € und bei 9-Volt-Batterie-Geräten zwischen 80–250 €. Ergänzende Solarmodule werden ab 150 € angeboten.

Bei den vielfältigen Angeboten an Elektrozaungeräten helfen neben den meist schon ausführlichen Herstellerinformationen auch sogenannte Zaunrechner, die von den führenden Weidezaungeräte-Firmen online angeboten werden.

Die Kosten für die verschiedenen Zaunsysteme (Pfosten, Drähte, Isolatoren, aber ohne Tore und Eckpfähle) sind wie folgt zu kalkulieren (alle etwa 0,9 m hoch):

Festzäune:	elektrifiziert, 4 Drähte, Stahldraht 1,8 mm, Holzeckpfosten, Hartholzzwischenpfosten, E-Netzgerät	2,00–3,50 €/ lfd. Meter
Mobilzäune:	elektrifiziert, 4 Kunststofflitzen, Metalleckpfähle, Kunststoffpfähle, Batteriegerät	1,60–2,50 €/ lfd. Meter
Mobilzäune:	Elektro-Netze, Eckpfähle, Batteriegerät	2,50–3,50 €/ lfd. Meter

Zur Inbetriebnahme eines sicheren Elektrozaunes sind insgesamt folgende Punkte zu beachten:

- Abstimmung von Gerätetyp und Einzäunung
- Zur Erdung müssen 1 bis 6 ca. 1 m lange Erdungsstäbe im Abstand von 3 m in den Boden geschlagen und miteinander verbunden werden. Je leistungsstärker das Gerät ist, umso besser muss die Erdung (Anzahl Erdungspfähle, Tiefe) sein. Bei mangelhafter Erdung kann an der Erdung ein Stromschlag gespürt bzw. mit dem Zaunprüfer eine Spannung gemessen werden. An trockenen Standorten bzw. bei längerer Trockenheit kann ein Begießen der Erdungsstelle mit Wasser abhelfen.

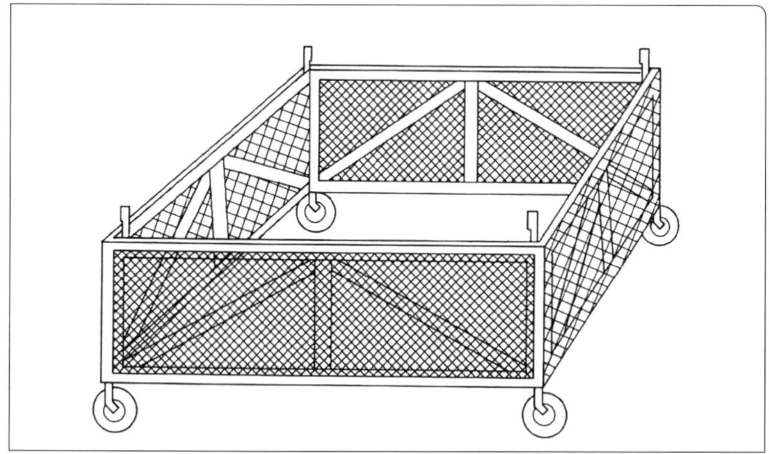

Abb. 60. Der fahrbare Kleinpferch erlaubt die mobile Nutzung kleiner Restparzellen ohne Einzäunung oder Hütearbeit.

- Funktionstüchtigkeit des E-Zaunes, insbesondere die Hütespannung, kontrollieren – dichten Bewuchs ggf. entfernen, um Stromableitung zu unterbinden, die zur schnellen Batterieentladung führen kann.
- in belebteren Lagen ist es ratsam, Warnschilder „Achtung Elektrozaun" am Zaun anzubringen und das teure E-Gerät in einer diebstahlsicheren Box (elektrifiziert) unterzubringen.

Sonstige Abtrennungen
Aus den Niederlanden ist zu uns ein fahrbares Futtergatter gekommen, das in Größen von etwa 5 × 5 m kleinen Schafgruppen die Möglichkeit des häufigen und arbeitssparenden Weidewechsels bietet (Abb. 60).

8.3.2 Tränken und Zufütterung

Die Wasserversorgung der Schafe auf der Weide muss vor allem gewährleistet sein, wenn der Wassergehalt der Weidepflanzen mit fortschreitendem Vegetationsstadium abnimmt, hohe Temperaturen und Trockenheit im Sommer anhalten und die Mutterschafe infolge der Laktation einen hohen Wasserbedarf haben.

Das Tränkewasser muss stets frisch und sauber sein und sollte von den Schafen keinesfalls von unbefestigten Ufern natürlicher Gewässer aufgenommen werden, da es durch Morastbildung und Wasserverschmutzung (hoher Keimgehalt) zu einem erhöhten Infektionsrisiko sowie Parasiten- und Moderhinkebefall kommen kann. Folgende Tränkeeinrichtungen bieten sich an:

- Einfache Behälter. Werden nur einfache Wannen oder Bottiche zur Wasserversorgung auf die Weide gestellt, so ist durch häufigen, möglichst täglichen Wasserwechsel und Reinigung der Behälter für einwandfreies Wasser zu sorgen.

- Wasserleitungen. Auf hofnahen Weiden kann sich das Verlegen von Wasserleitungen lohnen, die Selbstttränken mit Wasser speisen. Die Selbsttränken bleiben sauber, wenn sie so hoch angebracht werden (etwa Kopfhöhe), dass die Schafe nur saufen können, wenn sie einen darunterliegenden Sockel von 20 bis 30 cm Höhe mit den Vorderbeinen besteigen.
- Fahrbares Wasserfass. Ein schattiger Platz für das Wasserfass und Füllmengen für nur kürzere Tränkeperioden gewährleisten, dass das Wasser nicht absteht. Ein für Schafe geeignetes Tränkebecken wird an dem Fass angeschraubt und spendet Wasser nach Bedarf. Durch die Befestigung des Bodens unter dem Tränkebecken (z. B. mit Kies oder Holzrost) oder dem häufigen Versetzen des Wasserfasses kann eine Verschlammung der Tränkestelle vermieden werden.
- Natürliche Wasservorkommen. Bei der Nutzung von Quellen, hohem Grundwasser mittels Pumpen oder natürlichen Gewässern für die Schafe ist das Tränkewasser in einem Trog aufzufangen, der auf einem befestigten Untergrund steht. Ein ständiger Über- oder Ablauf sorgt für frisches Wasser.
- Dränagen. Auf Weiden, die weit ab von jeglicher Tränke liegen, wird gelegentlich auch von der Möglichkeit Gebrauch gemacht, ganzjährig fließende Dränagen anzuzapfen. Dazu müssen aber erst Rücksprachen mit den zuständigen Behörden stattfinden.

Auf der Weide kann je nach Futteraufwuchs und -bedarf eine Zufütterung erforderlich sein. Sind Schutzhütten vorhanden, so sollten hier die Futterraufen angebracht bzw. aufgestellt werden. Andernfalls sollten die Futtertröge mit einem Schutzdach ausgerüstet sein, damit sich vor allem das Kraftfutter nicht mit Regenwasser vermischt. Der für die Lämmer vorgesehene Kraftfuttertrog ist entweder hinter einem Lämmerschlupf (für die Muttern nicht erreichbar) aufzustellen oder so zu konstruieren, dass ein schmaler Fressschlitz lediglich den Läm-

Abb. 61 a. Weide- und Stallfutterautomat (Fa. Köhler)

Abb. 61 b. Futterautomat mit Vorraum (Fa. Köhler)

mern Zugang zum Kraftfutter gewährt, die Mutterschafe aber wegen ihres größeren Kopfes nicht an das Konzentratfutter gelangen können.

Mineralfutter kann mit Automaten verabreicht werden und soll Mutterschafen und Lämmern zur Verfügung stehen.

8.3.3 Weideunterstände

Weideunterstände können mehrere Funktionen erfüllen:

- Als Schutzhütten bieten sie den Schafen während der Weideperiode Deckung vor besonderen Witterungsunbilden. Bei länger anhaltenden, hohen Niederschlägen in Verbindung mit Wind oder bei dauerhafter, starker Sonneneinstrahlung suchen Schafe gerne solche Unterstände auf. Damit fördert ein Witterungsschutz nicht nur Wohlbefinden und Gesundheit der Schafe (insbesondere der Lämmer), sondern auch deren Leistungsfähigkeit. Die Futterverwertung ist verbessert, da weniger Energie zur Aufrechterhaltung des Wärmehaushaltes benötigt wird.

Die Errichtung von einfachen Weideunterständen ist besonders dann zu empfehlen, wenn auf den Koppeln keine anderen Schutzmöglichkeiten wie Hecken, Baumgruppen oder Mauern bestehen und die Tiere wegen der hoffernen Lage auch nachts nicht aufgestallt werden.

- Weideunterstände sind auch Orte der Zufütterung, da hier das in Raufen angebotene Raufutter nicht vernässen kann. Zur Erleichterung der Futterumstellung bei Weideaustrieb im Frühjahr bietet sich die Vorgabe von Heu und Stroh in den Weideunterständen an.
- Während der winterlichen Stallperiode können solche Hütten auch als Berge- oder Lagerraum für Futter, Geräte und Maschinen genutzt werden.

Zur Vermeidung hoher Investitionskosten sind die Hütten nur in einfachster Bauweise zu errichten. Geeignet sind z. B. an drei Seiten geschlossene Hütten mit Pultdach, wie in Abb. 62 skizziert. Die tragende Konstruktion besteht aus 18 × 18 cm dicken Kanthölzern, die etwa 1,2 m in den Boden eingegraben werden. An den Füßen der Kanthölzer sollten Querbohlen befestigt werden, damit auch bei Sturm eine feste Bodenverankerung gewährleistet ist. Bei einer Stärke der Dachträger von 18 × 18 cm sollten die senkrechten Kanthölzer etwa 4,0 bis 4,5 m auseinanderstehen.

Vor dem Bau einer Schutzhütte sind jedoch unbedingt die baurechtlichen Bestimmungen zu beachten.

In den meisten Bundesländern ist die Errichtung von Schutzhütten genehmigungsfrei, wenn sie ausschließlich landwirtschaftlich genutzt werden und sich gut in das Landschaftsbild einpassen.

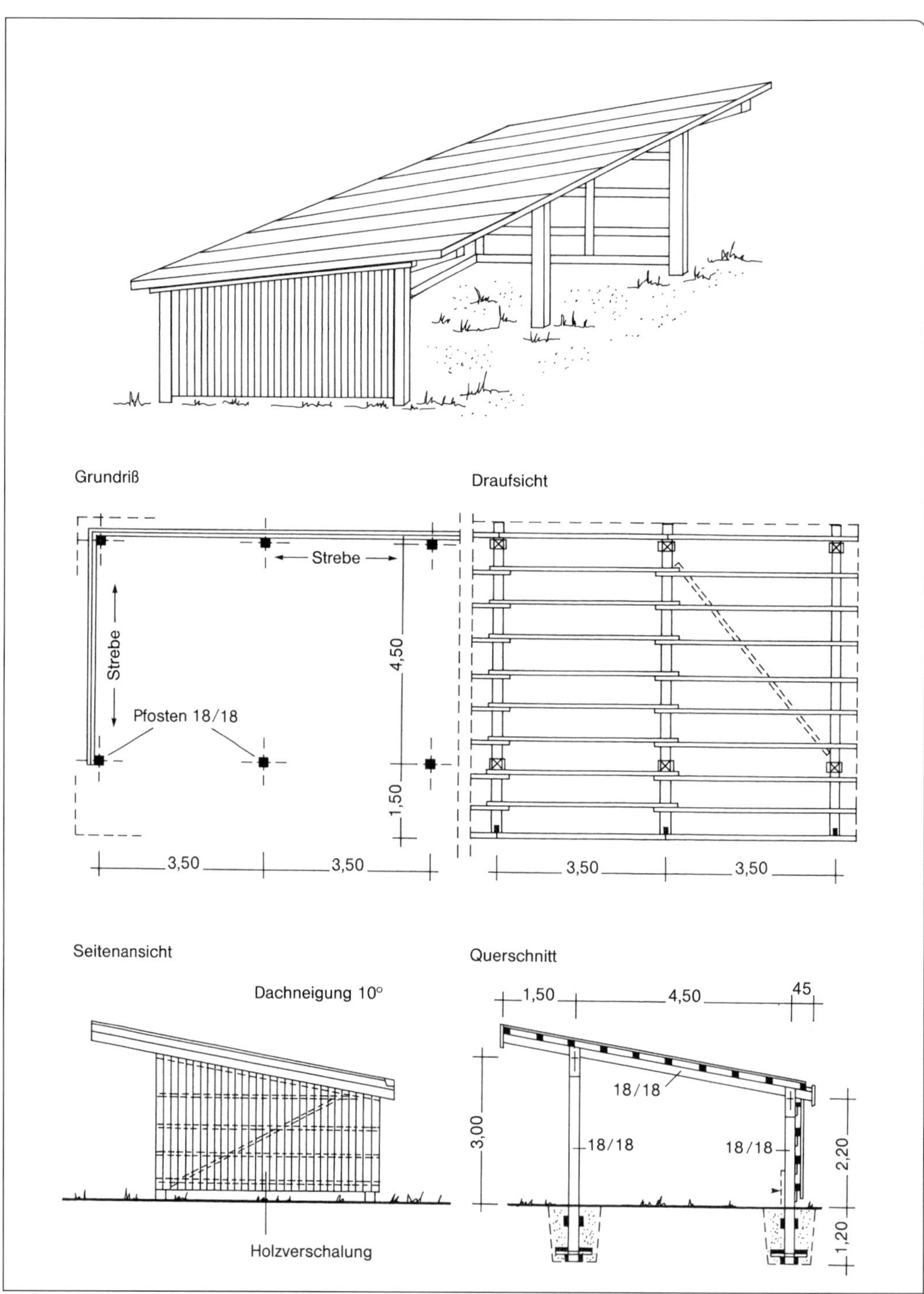

Abb. 62. Die Konstruktion eines Weideunterstandes.

8.4 Futterkonservierung

Mit der Grundfutterkonservierung wird für den Winter eine recht kostengünstige Futterversorgung der Schafe geschaffen. Zu diesem Zweck müssen ausreichende Mengen konserviert werden. Andernfalls müsste ein Defizit durch teures Zukaufsfutter (z. B. Kraftfutter) ausgeglichen oder verminderte Leistungen infolge zu geringer Nährstoffzufuhr hingenommen werden. Wirtschaftseigene Grundfutter liefert die Nährstoffeinheiten etwa um die Hälfte billiger als Kraftfutter!

Ferner muss das konservierte Futter von möglichst hoher Qualität sein, da sich die Mutterschafe häufig gerade im Winter in Hochleistungsphasen mit hohem Nährstoffanspruch (Trächtigkeit, Ablammung, Laktation) befinden. Eine geringe Qualität wirkt sich stets in mehrfacher Hinsicht negativ aus:

- durch den geringeren Nährwert der Silage nehmen die Tiere weniger Nährstoffe pro kg Futter auf,
- die Schafe nehmen insgesamt weniger Futter geringerer Qualität auf,
- bei Silagen geringer Qualität besteht die Gefahr der Infektion mit Listerien.

Die Haltbarmachung (Konservierung) des Futters kann auf zwei Arten geschehen, durch Trocknung (Heu) oder durch Vergärung (Silage). Bei beiden Verfahren verlieren die Eier und Larven der Innenparasiten ihre Ansteckungsfähigkeit; bei Silage bereits nach vier bis fünf Wochen, im Heu nach einigen Monaten.

Eine Nährstoffanalyse des Grundfutters ist in jedem Fall zu empfehlen.

8.4.1 Heuwerbung

Wenn auch ein zunehmender Trend zur Silagebereitung zu beobachten ist, so ist die Heuwerbung vor allem für den Klein-, Hobby- und Nebenerwerbsbetrieb nach wie vor das geeignetere Verfahren zur Winterfutterbereitung. Grund dafür ist im Wesentlichen die recht einfache Handhabung ohne größeren Maschinenaufwand und die Möglichkeit, an fast allen Orten (kleine oder große Flächen, Hänge, Straßen- und Wegesränder) Heu zu werben.

Für die Heubereitung bietet sich vor allem die Trocknung des Grünlandaufwuchses im Frühsommer an, um den zu dieser Zeit aufwachsenden Futterberg besser ausnutzen zu können. Aber auch Luzerne und Klee werden für die Winterfütterung der Schafe gelegentlich zu Heu gemacht.

Die Qualität des Heus wird beeinflusst durch

- den Schnittzeitpunkt,
- die Behandlung während der Trocknung und
- die sachgemäße Lagerung.

Der **Schnittzeitpunkt** übt den größten qualitätsbestimmenden Einfluss aus, da die Pflanzen vor allem nach der Blüte schnell an Futterwert verlieren (erhöhter Rohfaseranteil, geringere Verdaulichkeit, verminderte Energie- und Eiweißgehalte). Daher sollte stets möglichst früh gemäht werden – etwa wenn die ersten Obergräser anfangen zu blühen. So kann ein hochwertiges Heu geworben werden und der nächste Schnitt in kurzem Abstand erfolgen.
Während der **Trocknung** des Schnittgutes treten Nährstoffverluste auf:

- durch Veratmung (Feuchtigkeitsentzug),
- durch Auswaschung bei Niederschlägen und
- durch mechanische Maßnahmen wie Wenden und Schwaden des Heus (Bröckelverluste, Blatt- und Kleeanteile gehen verloren)

Je schneller und schonender die Trocknung, desto geringer die Verluste. Im Allgemeinen kann die Heuernte in drei Tagen durchgeführt werden, wenn kein Niederschlag fällt und Sonne, etwas Wind und mehrmaliges Wenden den Trocknungsprozess beschleunigen. Abends ist es ratsam, das Futter zu Schwaden oder in Haufen zusammenzuziehen, damit der Tau das Mähgut nicht benetzt. Nach Abtrocknung des Morgentaus werden die Schwaden wieder ausgebreitet und ein- bis zweimal gewendet. Das Zusammenziehen des Futters in Schwaden bietet sich auch bei drohendem Regen an, um so eine Durchnässung des Heus gering zu halten und weitere Nährstoffverluste durch Auswaschung zu mindern. Mit zunehmendem Trockengrad des Heus muss das Wenden besonders schonend erfolgen, da sonst die Bröckelverluste hoch sind. Bei der vorwiegend praktizierten Bodentrocknung verläuft der Trockungsprozess langsamer als bei der aufwendigeren Gerüsttrocknung.

Das Heu kann zur Lagerung eingefahren bzw. gepresst werden, wenn die Halmknoten so trocken sind, dass man ein Büschel mit den Händen zerreißen kann. Solches, gut lagerfähiges Heu hat einen Wassergehalt von 15 bis max. 20 %. Wird dieser Trockensubstanzgehalt nicht erreicht, so ist es günstiger, das Futter als Anwelksilage zu konservieren. Bald nach der Einlagerung des losen oder gepressten Heus setzt ein Gärungs- und Schwitzprozess ein, der bei hohem Feuchtegehalt des Heus zu Temperaturen von 70 °C und mehr führen kann. Es besteht Gefahr der Selbstentzündung! Folglich ist es gerade in den ersten Wochen zu empfehlen, die Heutemperaturen mittels einer Heusonde regelmäßig zu kontrollieren. Bei sachgemäßer Werbung und Lagerung ist Heu jahrelang haltbar.

Bestes Qualitätsheu kann also bei frühem Schnitt, schneller Trocknung (z. B. auf Reitern) und trockener Lagerung für die Winterfütterung bereitgestellt werden.

Die Beurteilung der Qualität kann nach einem praktischen und

einfachen Bewertungsschlüssel der DLG vorgenommen werden. Dabei werden folgende Kriterien beurteilt.
Schnittzeitpunkt: Feststellen der Blütenstände und des Blattanteils im Heu, Stärke der Halme usw.
Farbe: von wenig verfärbt bis stark ausgeblichen, schwarz und schimmelig.
Gefüge: von blattreich und weich bis blattlos, sperrig, klamm.
Geruch: von aromatisch bis muffig, faulig
Verunreinigung: keine, mittlere oder starke.

8.4.2 Silagebereitung

Im Vergleich zum Heu ist die Silagebereitung weniger vom Wetter abhängig – ein Aspekt, der in unseren heute so witterungslabilen Breiten von großer Bedeutung ist. Ferner weist Gärfutter im Allgemeinen höhere Nähr-, Mineralstoff- und Vitamingehalte auf als Trockengut, da geringere Verluste auftreten. Bei gleicher Ausgangsqualität enthält Grassilage etwa 550 StE/kg TS (= ca. 9,9 MJ/kg TS) und Wiesenheu etwa 400 StE/kg TS (= ca. 8,7 MJ/kg TS). Dem entgegenzuhalten ist jedoch der höhere maschinelle Aufwand, sodass die Silagebereitung meist nur von größeren Betrieben oder mithilfe von Lohnunternehmen vorgenommen werden kann. Die Verfütterung schlechter Silagequalitäten birgt ferner größere gesundheitliche Risiken für die Tiere in sich (z. B. Listeriose, siehe Kap. 13.4).

In der Schafhaltung bietet sich vor allem die Silierung von Gras, Winterzwischenfrüchten, Zuckerrüben und Mais an.

Bei der Herstellung von Grassilagen ist die Qualität des Futters, ähnlich wie bei der Heuwerbung, vom Schnittzeitpunkt, der Behandlung des Mähgutes und der Einlagerung abhängig.

Da nicht nur der Futterwert, sondern auch die Silierfähigkeit mit zunehmendem Pflanzenalter nachlässt, ist ein früher Schnittzeitpunkt (Schossen bis Blüte), der bis zu 14 Tage vor dem Heuschnitt liegen kann, ratsam. Zwar sind bei späterem Schnitttermin höhere Erntemengen zu erreichen, jedoch hat das später geschnittene Futter geringere Nährstoffgehalte. Im Hinblick auf die Versorgung der Herde in anspruchsvollen Produktionsphasen (hochtragend, laktierend) sind stets frühe, nährstoffreichere Schnitte von Vorteil.

Hohe Silagequalitäten und günstige Silierfähigkeiten werden weiterhin erreicht, wenn das Mähgut innerhalb der nächsten zwei Tage nach dem Schnitt auf etwa 30 % Trockenmasse angewelkt wird (Anwelksilage).

Das Häckseln des Futters hat einen vorteilhaften Einfluss auf den Gärverlauf und die Futterqualität, da zerkleinertes Raufutter im Silo dichter (ohne schädliche Luft) gelagert werden kann. Gerade bei etwas älterem Futter oder undichten Flachsilos ist eine Zerkleinerung des Siliergutes unerlässlich.

Zur Einlagerung muss das Futter möglichst schnell zusammengefahren und durch schichtweises Auftragen und Festfahren gut verdichtet werden, sodass die schädliche Luft aus dem Siliergut entweicht. Bei verregnetem, wenig angewelktem Futter kann die Zugabe von Siliermitteln (z. B. Ameisensäure, Propionsäure = Luprosil oder Harnstoff) den Gärverlauf begünstigen; dazu bedarf es jedoch einer gleichmäßigen Verteilung der Silierhilfsmittel. Letztlich muss der Silohaufen mit einer Folie und beschwerendem Sand bzw. Sandsäcken oder Autoreifen dicht abgedeckt werden.

Entscheidend für die Futterqualität ist auch eine geeignete Entnahmetechnik. Nicht durch Auf- oder Abreißen, sondern mittels sauberer Schnitte sollte die Silage entnommen werden, um Fehl- und Nachgärungen zu vermeiden.

Grassilage und Heu wird heute auch häufig zu großen Randballen gepresst und in Plastikbahnen eingewickelt. Die Ballern sind so zu lagern, dass die Folie nicht verletzt wird (Fehlgärungen durch Lufteintritt).

Als Voraussetzungen für einen erwünschten Gärverlauf müssen in dem Silagehaufen gute Lebensbedingungen für die Milchsäure bildenden Mikroorganismen herrschen, d. h. sauerstoffarme Verhältnisse, mäßige Feuchtigkeit, niedrige pH-Werte, mittlere Temperaturen und Vorhandensein vergärbarer Zucker. Stimmen diese Bedingungen, so kann die Silage nach etwa sechs Wochen verfüttert werden. Andernfalls kommt es durch die Vermehrung unerwünschter Mikroorganismen zu Fehlgärungen, die Geruch, Geschmack und Nährstoffgehalte ungünstig beeinflussen und zu Verpilzungen führen. Eine qualitativ minderwertige Silage kann darüber hinaus zum Träger von Erregern einer bakteriellen Gehirnentzündung, der Listeriose, werden, die zu Totalausfällen bei den Schafen führen kann. Vor allem tragende und säugende Mutterschafe sollten stets beste Silagen erhalten.

Bei der Bereitung von Silagen aus anderen Futtermitteln gelten gleiche siliertechnische Grundsätze. Bei der Zuckerrübenblattsilage sollte zusätzlich auf den Verschmutzungsgrad geachtet werden, der durch den maschinellen Ernteeinsatz schnell den Futterwert senkt. Rübenblatt muss zur Silierung nicht zerkleinert werden.

Mais sollte zur Silagebereitung bei Trockensubstanz-Anteilen von möglichst über 25 %, d. h. zwischen der Wachs- und Körnerreife, genutzt werden.

9 Stallbau und technische Einrichtungen

Wenn auch viele Schafe ganzjährig draußen gehalten werden, weil es das Produktionsverfahren erfordert, so bietet ein Stall gerade im Winter Schutz vor der nasskalten Witterung, den vor allem die neugeborenen Lämmer zu dieser Jahreszeit brauchen. Funktionsgerechte Einrichtungen und Geräte ermöglichen – gerade während der winterlichen Aufstallung – Arbeitsentlastungen und die Gewährung spezieller Haltungsansprüche.

9.1 Planungsaspekte für den Neu- und Umbau von Stallanlagen

Bei der Planung und Errichtung von Schafställen müssen folgende Gesichtspunkte berücksichtigt werden:
- Baurechtliche Bestimmungen,
- Stallflächenbedarf,
- Stallklima,
- Kosten und arbeitswirtschaftliche Zweckmäßigkeit.

9.1.1 Baurechtliche Bestimmungen

Der Bau oder Umbau von Schafställen muss mittels eines Antrages an die zuständige Baubehörde nach
- den Bestimmungen des Bundesbaugesetzes,
- den Bauordnungen der Länder und
- den Naturschutz- und Landschaftspflegegesetzen

auf seine Zulässigkeit geprüft werden.

Nach dem Bundesbaugesetz (§ 35) ist das Bauen im Außenbereich nur zulässig, wenn das Bauvorhaben einem landwirtschaftlichen Betrieb, auch Nebenerwerbsbetrieb, dient und öffentlichen Belangen (Flächennutzungsplan, Natur- und Landschaftsschutz usw.) nicht entgegensteht. Der Außenbereich umfasst alle Flächen, die nicht im Bebauungsplan der Gemeinde erfasst sind und nicht zu einem im Zusammenhang bebauten Ortsteil gehören.

Kleinere Koppelschafhalter zählen nach den Bestimmungen jedoch häufig nicht als Nebenerwerbsbetrieb, da mit ihrem Schafbestand und der eigenen Wirtschaftsfläche ein zu geringer Anteil am Gesamteinkommen erwirtschaftet wird. Die richterlichen Entscheidungen besagen, dass der zu erwartende Gewinn aus der Schafhaltung größer sein muss, als die Verzinsung des Kapitals für den geplanten Schafstall.

Damit ist diese Gruppe der Schafhalter per Bundesbaugesetz im Allgemeinen nicht berechtigt, im Außenbereich Ställe zu errichten. Ausnahmen sind ggf. möglich, wenn die Ställe wegen ihrer besonderen Zweckbestimmung nur im Außenbereich gebaut werden können, öffentliche Belange nicht beeinträchtigt werden oder es gelingt, die speziellen Verhältnisse des Betriebes darzulegen.

Die Bauordnungen der Länder erläutern, welche Bauvorhaben genehmigungspflichtig und welche genehmigungsfrei sind. Danach dürfen im Allgemeinen kleinere Gebäude und Hütten bis zu einer bestimmten Größe und Höhe z. B. zum Schutz von Tieren im Außenbereich errichtet werden. Einzelne Angaben dazu sind den jeweiligen Länderbauordnungen zu entnehmen.

Nach den Naturschutz- und Landschaftspflegegesetzen müssen sich die Stallanlagen möglichst gut in das Landschaftsbild einpassen. In den räumlich zunehmenden Landschaftsschutzgebieten sind besondere Auflagen zu beachten. Trotz baurechtlicher Zulässigkeit kann die naturschutz- und landschaftspflegerechtliche Unzulässigkeit zum Scheitern des Bauvorhabens führen.

Ist der Bau von Schafställen oder Schutzhütten geplant, so ist es immer einfacher und kostengünstiger, zunächst eine Bauanfrage mit einer kurzen Erläuterung des Bauvorhabens an die zuständige Baubehörde zu schicken. Anhand des dann erteilten Vorbescheids kann der Bauantrag gestellt und die Planung konkretisiert werden.

9.1.2 Größe der Stallanlagen

Der mittlere Stallflächenbedarf pro Schaf richtet sich im Wesentlichen nach:

- der Tierkategorie und Rasse,
- der Fütterungseinrichtung,
- der Herdengröße,
- dem Bewollungszustand,
- der Stallzeit.

Für die einzelnen Tierkategorien sind der Liegebereich (inkl. Fress- und Laufflächen) ohne Raufen und die Fressplatzbreite für mittelrahmige Rassen in Tab. 26 dargestellt. Bei kleineren Landschafrassen liegen diese Werte entsprechend niedriger.

Werden bei der Berechnung des Liegeflächenbedarfs die darin stehenden Fütterungseinrichtungen mit berücksichtigt, so erhöht sich der Flächenanspruch gegenüber den Angaben aus Tab. 26 je nach Raufenart bzw. Fütterungstechnik. Beispielsweise müssen bei der raumeinnehmenden Tograufe und der Skandinavischen Raufe insgesamt 1,6 m^2/MS veranschlagt werden, während bei der Futtervorgabe mittels Rundraufe oder Futterband nur etwa 1,1 m^2/MS zu rechnen sind.

Die in Tab.26 genannten Werte für den Liegeflächenbedarf haben jedoch nur für eine Herdengröße von mind. 20 Mutterschafen Gültigkeit. In kleineren Schafbeständen muss ein um etwa 20 % höherer Flächenanspruch gewährt werden. In Kleinstherden von bis zu sechs Mutterschafen sollten sogar etwa 4 bis 5 m^2/MS Liegefläche zur Verfügung stehen.

Stark bewollte Schafe haben einen um 20 bis 30 % höheren Platzanspruch als in geschorenem Zustand. Dies ist u. a. auch ein Grund dafür, die Schur der Mutterschafherde bei oder bald nach der Aufstallung durchzuführen.

Je nach Dauer der Stallzeit und je nach täglichem Futterverbrauch müssen entsprechende Futtermengen für die Winterzeit im Stall (Dachboden oder ebenerdig) oder Stallnebenbereich gelagert werden. Dazu bedarf es eines Bergeraums, der bei 120 Stalltagen die in Tab. 27 ausgewiesenen Raummaße erfordert.

Tab. 26: Liege- bzw. Laufflächenbedarf sowie Fressplatzbreiten im Stall

Kategorie	Liegefläche (m^2)	Fressplatzbreite
Mutterschaf ohne Lamm bis 70 kg	0,8	0,4
Mutterschaf ohne Lamm über 70 kg	1,0	0,5
Mutterschaf mit Einling	1,2–1,5	0,6
Mutterschaf mit Zwillingen	1,5–1,7	0,7
Mastlamm	0,5–0,7	0,3
Jährling (Zutreter)	0,6–0,8	0,3
Bock in Einzelbucht	3,0–4,0	0,6
Bock in Sammelbucht	1,5–2,0	0,5

Tab. 27: Lagerraum für Winterfutter pro Mutterschaf und Nachzucht bei 120-tägiger Stallhaltung

	Futterbedarf (kg)	Raumgewicht (kg/m^3)	Raumbedarf (m^3)
Heu, geschichtet	100–110	70	1,4–1,6
gepresst	100–110	170	0,6–0,7
Silage (außerhalb)	550–570	700	0,8
Kraftfutter	130–140	500	0,3
Stroh, lose	110–130	45	2,5–2,8
gepresst	110–130	170	0,7–0,8

Eine 100-köpfige Mutterschafherde mit je 1,5 Nachzuchtlämmern hat somit einen Liegeflächebedarf von etwa 160 m² und erfordert bei 120 Winterfuttertagen einen Bergeraum im Stall von etwa 180 m³ (Heu, Kraftfutter, Stroh) und 80 m³ außerhalb des Stalles (Silage).

9.1.3 Stallklima, Luftraum, Lichtverhältnisse

Abgesehen von lang anhaltenden Regenperioden fühlen sich Schafe draußen an der frischen Luft am wohlsten. Auch höhere Kältegrade machen ihnen wegen ihres dichten Wollkleides kaum etwas aus. Insofern sind für die Schafe bereits einfachste Bauten und nur kurze Aufstallungszeiten erforderlich.
Für die Gestaltung eines günstigen Stallklimas sind folgende Faktoren zu berücksichtigen:

- Temperaturen,
- relative Luftfeuchte,
- Luftbewegung und Luftaustausch,
- Staub-, Keim- und Schadgaskonzentration,
- Lichtverhältnisse.

Ein Schafstall sollte vor allem hell, trocken, sauber und gut belüftet sein.

Bedingt durch ihre ausgesprochene Wetterhärte können Schafe aus gesundheitlicher Sicht unterschiedlichste Temperaturen vertragen. Höchste Leistungen und gute Futterverwertungen sind jedoch nur in einem bestimmten, optimalen Temperaturbereich zu erzielen (Tab. 28). Je nach Höhe und Dauer der Abweichung von diesem Optimum müssen mehr oder weniger starke Leistungseinbußen hingenommen werden, da der Körper hohe Anteile der Futterenergie zur Aufrechterhaltung des eigenen Wärmehaushaltes verbraucht (Kälte) oder die Tiere weniger fressen (Hitze).

Bei Schafen mit langem, dichtem Wollmantel liegt die Optimaltemperatur verständlicherweise geringer als bei geschorenen Schafen. Ebenso zeigen ausgewachsene Schafe einen geringeren Temperaturanspruch als Lämmer, die über ihre – relativ gesehen – größere Körperfläche mehr Wärmeenergie abgeben. So ist bei besonders kleinen und schwachen Neugeborenen sogar eine Wärmezufuhr, z. B. mittels Rotlichtlampe, ratsam.

Die relative Luftfeuchte im Schafstall sollte 75 bis 80 % nicht übersteigen. Bei längerfristig erhöhten Werten kann es zu einer Verfilzung der Wolle und, in Verbindung mit hohen Schadstoffkonzentrationen, zu einer Vergilbung kommen. Gleichermaßen können Leistungsfähigkeit und Gesundheit beeinträchtigt werden.

Der Stall muss unbedingt zugfrei sein, d. h. die Luftbewegung sollte 0,3 m/sec nicht überschreiten (Tab. 28). Bei Lämmern ist dieser Wert möglichst noch zu unterschreiten, um damit eine stärkere Aus-

Tab. 28: Anforderung an das Stallklima in der Schafhaltung (auf Einstreu)

	Lufttemperatur (°C)	relative Luftfeuchte (%)	Luftgeschwindigkeit (m/sec)	Max. Schadgaskonzentration CO_2 (vol. %)	NH_3 (%vol.)	H_2S (%vol.)
Mutterschafe	6–14	60–75	0,3	0,35	0,003	0,0005
Ablammstall	10–14	60–75	0,1	0,35	0,003	0,0005
mutterlose Lämmeraufzucht	20–24 (1. Wo.) > 15 (2. Wo.) > 10 (3. Wo.)	> 60	0,1	0,35	0,003	0,0005
Maststall	12–16	60–75	0,2	0,35	0,003	0,0005

Tab. 29: Mittlere Wärme- und Wasserdampfabgabe von Schafen

	Gewicht (kg)	Wärme (kcal/h und Tier)	Wasserdampf (g/h und Tier)
Lamm	4	12	15
Absetzlamm	25	45	35
Jährling	50	80	50
Mutterschaf	65	95	60
Bock	110	130	80

kühlung zu vermeiden und die Futterverwertung günstig zu beeinflussen. Gleichzeitig ist aber für einen hohen Luftaustausch zu sorgen, da das Schaf wohl als die „frischlufthungrigste" Tierart zu bezeichnen ist.

Hohe Schadstoffkonzentrationen sind vom Schafhalter objektiv nur mit hohem Aufwand festzustellen. Beißender Geruch, der eventuell auch tränende Augen hervorruft, ist jedoch schon ein deutlicher Hinweis auf hohe Ammoniak(NH_3-)gehalte. Diese bewirken eine Reizung der Atemwege. Besonders in Verbindung mit hoher Luftfeuchte und stärkerer Luftbewegung treten gerade bei den Lämmern dadurch schwere Atemwegserkrankungen bis hin zu Totalverlusten auf.

Kohlendioxid (CO_2), das durch die Atmung der Tiere und den bakteriellen Abbau von Urin entsteht, kann bei hohen Konzentrationen zu einer Beeinträchtigung der Fruchtbarkeit führen. Grenzwerte der Schadgaskonzentrationen sind in Tab. 28 aufgeführt.

Staub schlägt sich auf die Atemwege nieder und kann Träger von vielfältigen Keimen sein. Der Staubgehalt der Stallluft sollte 6 mg/m^3 nicht überschreiten. Dieser Grenzwert ist erreicht, wenn bereits auf eine Entfernung von 15 m eine leichte Blicktrübung festzustellen ist.

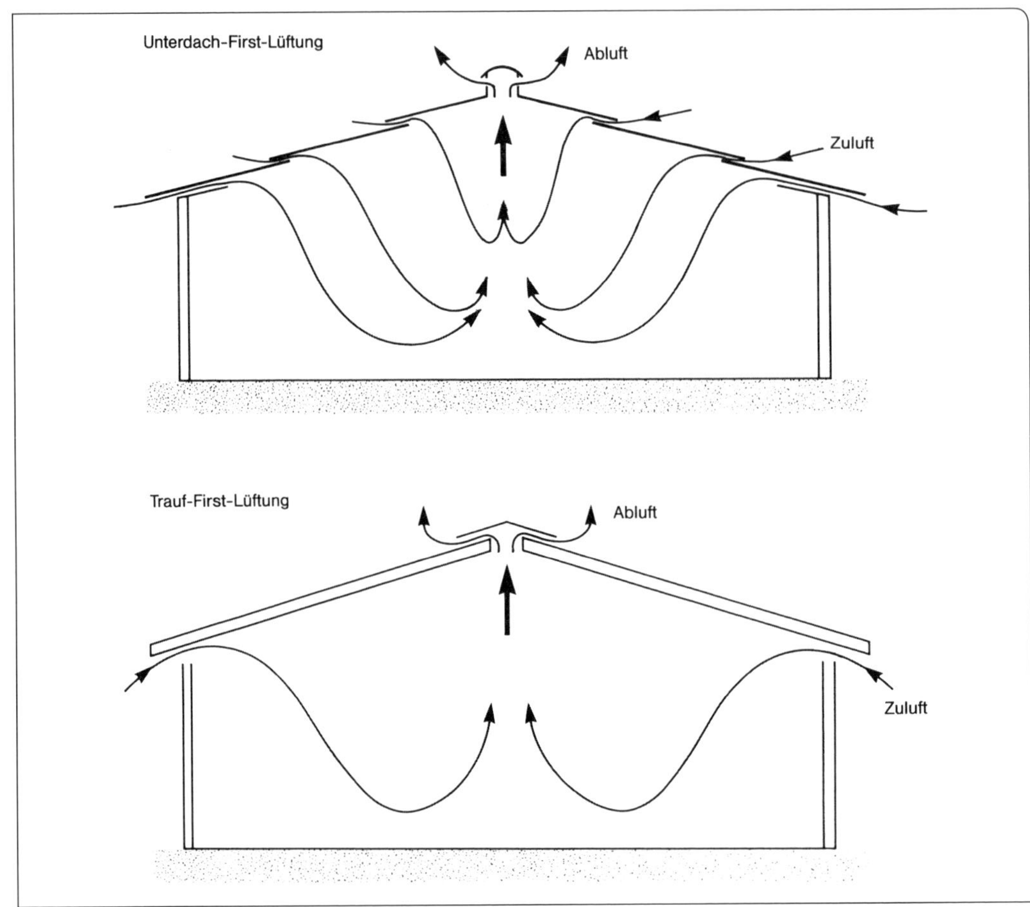

Abb. 63a. Beispiele einer Schwerkraftlüftung in Schafställen
Prinzip: Die Außenluft gelangt durch Unterdachschlitze (oben) oder Seitenschlitze (unten) in den Stall, sinkt aufgrund der geringeren Temperatur ab, erwärmt sich im Stall, steigt auf und entweicht aus dem First. Die Größe aller Zuluftschlitze muss etwa der Größe der Firstöffnung (Abluft) entsprechen.

Gesundheitsrisiken und Leistungseinbußen werden also meist nicht durch die Abweichung eines einzelnen Stallklimawertes hervorgerufen, sondern vielmehr durch die gleichzeitige Veränderung mehrerer Klimafaktoren, die sich zum Teil gegenseitig beeinflussen. Dadurch kann eine erhöhte Schadwirkung auftreten.

Zu den haltungstechnischen Einflüssen auf das Stallklima zählen:

- die Belegungsdichte,
- die Vlieslänge,
- das Baumaterial,
- die Aufstallungsart,
- der Luftraum und das Belüftungssystem.

Die Belegungsdichte ist insofern zu beachten, da die Schafe auch selbst Wärme und Wasserdampf erzeugen, deren Mengen mit zunehmender Größe und erhöhter Fütterungs- und Leistungsintensität ansteigen (Tab. 29).

Abb. 63 b. Lämmermast in einem hellen und gut belüftenen Stall fördert die Tiergesundheit.

Lang bewollte Schafe tragen im geschlossenen Stall zu einer Erhöhung der relativen Luftfeuchte bei, da durch die hygroskopische (wasserhaltende) Eigenschaft der Wolle das Vlies, besonders bei höheren Temperaturen, ständig Wasserdampf abgibt. Folglich ist nach der Schur der Schafe die Luftfeuchtigkeit der Stallluft z. T. deutlich vermindert.

Natürliche Baumaterialien wie Holz, Lehm oder Tonziegel sind vor allem für Stallaußenwände zu empfehlen, da diese Baustoffe atmungsaktiv sind und sich regulierend auf die Stallfeuchtigkeit auswirken. Mauer- oder Betonwände neigen hingegen häufig zur Schwitzwasserbildung, wodurch die Luftfeuchtigkeit erhöht wird. Dabei hat sich eine Holzverschalung der Beton- oder Mauerwände als vorteilhaft erwiesen. Das Dach kann aus Ziegeln, eingefärbten Wellplatten oder Holz mit übergezogener Teerpappe bestehen; Lichtplatten im Dach sollten vermieden werden, da dieses Material wegen des ungünstigen Wärmeleitvermögens schnell Schwitzwasser verursacht.

Bei strohloser Aufstallung kann zur besseren Wärmedämmung eine Isolierung des Daches erforderlich werden.

Hinsichtlich der Aufstellungsart zeigen sich bei eingestreuter Haltung im Allgemeinen günstigere Klimawerte als bei strohloser Aufstallung (Spaltenboden). Die Mistmatratze gibt Wärme ab, wirkt wärmedämmend und bindet die Fäkalienfeuchte.

Ausreichender Luftraum steht den Schafen zur Verfügung, wenn der Stall bei angemessener Belegungsdichte (Tab. 26) eine Mindesthöhe von 3 m (besser höher) aufweist. Dabei ist jedoch zu beachten, dass die Mistmatratze nach 120 Stalltagen um etwa 1 m anwachsen kann und so den Luftraum entsprechend verringert (ein Schaf erzeugt während der winterlichen Aufstallung im Tieflaufstall etwa 1 m^3 Fesmist).

Bei normalem Stallraumvolumen wird mit der Schwerkraftlüftung ein genügender Luftaustausch erreicht. Dabei strömt die Frischluft durch die seitlichen Belüftungsschlitze in den Stall ein, sinkt wegen der vergleichsweise geringen Temperatur nach unten, steigt nach allmählicher Erwärmung auf und entweicht durch den offenen Dachfirst. In niedrigen Ställen mit hoher Belegungsdichte und nur kleinen Belüftungsöffnungen muss jedoch über eine aufwendige Zwangsbelüftung eine ausreichende Luftaustauschrate gewährleistet werden. Offenställe, die nur von drei Seiten geschlossen sind, verfügen über ein günstiges Stallklima, da eine hohe Luftzufuhr gegeben ist und keine Stallfeuchtigkeit auftritt.

Lichtverhältnisse. Ausreichende Tageslichtmengen können in den Stall einfallen, wenn in den oberen Bereichen der Stallwände Fenster oder Lichtbänder eingesetzt sind, die insgesamt eine Fläche von etwa 20 bis 25 % der Stallgrundfläche einnehmen. Bei Dunkelheit sollte mit einer Beleuchtungsstärke von 6 W/m^2 für eine ausreichende Helligkeit gesorgt werden können.

Zusammenfassend kann festgestellt werden, das Schafe insgesamt nur geringe Ansprüche an den Stall stellen. Allerdings sollte ein Schafstall trocken, hell und zugfrei sein und durch ein geeignetes Be- und Entlüftungssystem über eine hohe Frischluftzufuhr verfügen. Dabei ist auch zu beachten, dass in einigen Bundesländern höhere Förderungen für besonders tiergerechte Ställe gewährt werden.

9.1.4 Arbeitswirtschaftliche Zweckmäßigkeit und Kosten

Stall und Inneneinrichtungen sind so zu gestalten, dass diese eine rationelle und sachdienliche Arbeitserledigung zulassen und möglichst geringe Kosten verursachen. Es ist aber zu bedenken, dass arbeitswirtschaftlich günstige Einrichtungen meist mit höheren Kosten belastet sind. Letztlich muss jeder Betriebsleiter selbst entscheiden, ob die Fragen der Stalleinrichtung mehr unter dem Aspekt der Kosteneinsparung oder der Arbeitsminimierung gelöst werden sollen.

Grundsätzlich sind in der Schafhaltung voll mechanisierte, teure Techniken unangebracht. Wie aus Tab 30 und 31 zu ersehen ist, kann der Arbeitszeitbedarf aber auch schon mit recht einfachen Techniken erheblich gesenkt werden. So werden etwa 50 % der Arbeitszeit eingespart, wenn die Futtervorgabe nicht mehr per Hand, sondern mit Frontlader oder Futterband erfolgt. Hier kommt der Rationalisierungseffekt umso stärker zum Tragen, je größer der Schafbestand ist. Folglich lohnen sich im Großbetrieb höhere Investitionen als im Kleinbetrieb.

Eine Rationalisierung und Mechanisierung der Arbeit zahlt sich letztlich immer dann aus, wenn sich damit die häufig wiederholenden Arbeiten verkürzen und erleichtert werden. Dazu zählt an erster Stelle die Fütterung im Schafstall, die meist 80 % der gesamten Arbeitszeit ausmachen kann. Aber auch die regelmäßig durchzuführenden Behandlungen der Schafe oder das Entmisten sind in diesem Zusammenhang zu nennen.

Tab. 30: Relativer Arbeitszeitbedarf bei unterschiedlichen Bestandsgrößen und Fütterungsverfahren (Maßstab: traditionelle Raufe = 100 %)

Fütterungsverfahren	Anzahl der Mutterschafe		
	250	500	750
– traditionelle Raufe, Handverfahren	100 %	100 %	100 %
– Rundraufen, Befüllung mit Frontlader	55 %	53 %	50 %
– Futterbänder, Stall mit Querdurchfahrt	52 %	50 %	48 %
– Füttern vom längs durchfahrenden Wagen aus, bei 250 bis 500 MS von Hand, bei 750 MS Selbstentladewagen mit Querförderung	50 %	48 %	40 %

Tab. 31: Kosten und erforderlicher Arbeitseinsatz bei verschiedenen Stalleinrichtungen

	Kosten	erforderlicher Arbeitseinsatz
Fütterungseinrichtungen		
– Traditionelle Trograufe[1]	geringe	hoher–mittlerer
– Skandinavische Raufe[1]	geringe	hoher–mittlerer
– Gangraufe[1]	mittlere	mittlerer
– Rundraufe	mittlere	geringer
– Futterband	hohe	geringer
Tränkeeinrichtungen		
– Eimertränke	geringe	hoher
– Selbsttränken	hohe	geringer
Stallboden		
– Einstreu	gering[2]/mittlere[3]	mittlerer
– Spaltenboden	hohe[2]/geringe[3]	

[1] zum Selbstbau geeignet; [2] Investitionskosten; [3] laufende Kosten

Von der geringeren Arbeitsbelastung profitiert der Schafhalter besonders in Arbeitsspitzenzeiten (z. B. Ablammperiode im Stall).

Nach den Angaben der KTBL bewegen sich die Gesamtinvestition für einen Stallneubau (Gebäudehülle und Einrichtungen) je nach technischer und baulicher Ausstattung zwischen 750–975 €/MS-Einheit. Dieses entspricht jährlichen Kosten von 66–84 € je Tierplatz (KTBL 2009). Häufig kommen jedoch auch noch Kosten für die Erschließung des Baustandortes (Wege, Strom, Wasser, Abwasser) hinzu, die im Einzelfall bis 70 000 € und mehr ausmachen können.

Eine erhebliche Verminderung der reinen Stallbaukosten ist durch die Nutzung von abgeschriebenen Altgebäuden zu erreichen, die für die Schafhaltung meist ohne großen Aufwand umzubauen sind.

Auch können durch Eigenleistungen beim Stallneubau oder Umbau hohe Lohnkosten eingespart werden. Dies bietet sich besonders bei kleinen Ställen an. Am günstigsten ist stets der Selbstbau von ganzen Stallungen sowie Fütterungs-, Tränke- und Abtrenneinrichtungen (Tab. 31).

An laufenden Aufwendungen ist vor allem der Einstreubedarf zu berücksichtigen, der im Tieflaufstall mit etwa 0,4 bis 0,8 kg Stroh je Mutterschaf einschließlich Nachzucht zu veranschlagen ist. Für 120 Stallhaltungstage werden folglich 0,5 bis 1,0 dt/MS + NZ Stroh benötigt.

9.2 Die Stallbauweise

Lage des Stalles. Soweit nicht schon auf bestehende Altgebäude wie Scheunen, Schuppen oder ausgediente Kuhställe zurückgegriffen werden kann, sollte ein neuer Schafstall möglichst in Weidenähe errichtet werden, sodass kurzfristige Aus- oder Eintriebe ohne großen Aufwand möglich sind. Durch die Ost-West-Ausrichtung des Stalles kann den

Schafen während der Stallzeit auf der nach Süden liegenden Längsfront ein trockener und sonniger Auslauf geboten werden.

Stallkonstruktion. Für die Schafhaltung sind die verschiedensten Stallbauarten geeignet, die von fest umbauten, halb offenen oder geschlossenen Ausführungen bis hin zu sog. Folienställen reichen. Bei den fest umbauten Stallungen bieten die Hersteller verschiedene Systeme an

- freitragende Starrrahmenkonstruktionen in allen Größen (Abb. 64)
- Einfachbauweisen mit Stützen (Abb. 64)
- Ganzdachstallungen (Abb. 65)
- Kleinstallungen mit Pultdach nach dem Prinzip „Weideunterstand“ (Abb. 62).

Freitragende Konstruktionen ohne Stützen im Liegebereich sind zwar teuer, erlauben aber eine einfache Entmistung und Stalleinteilung.

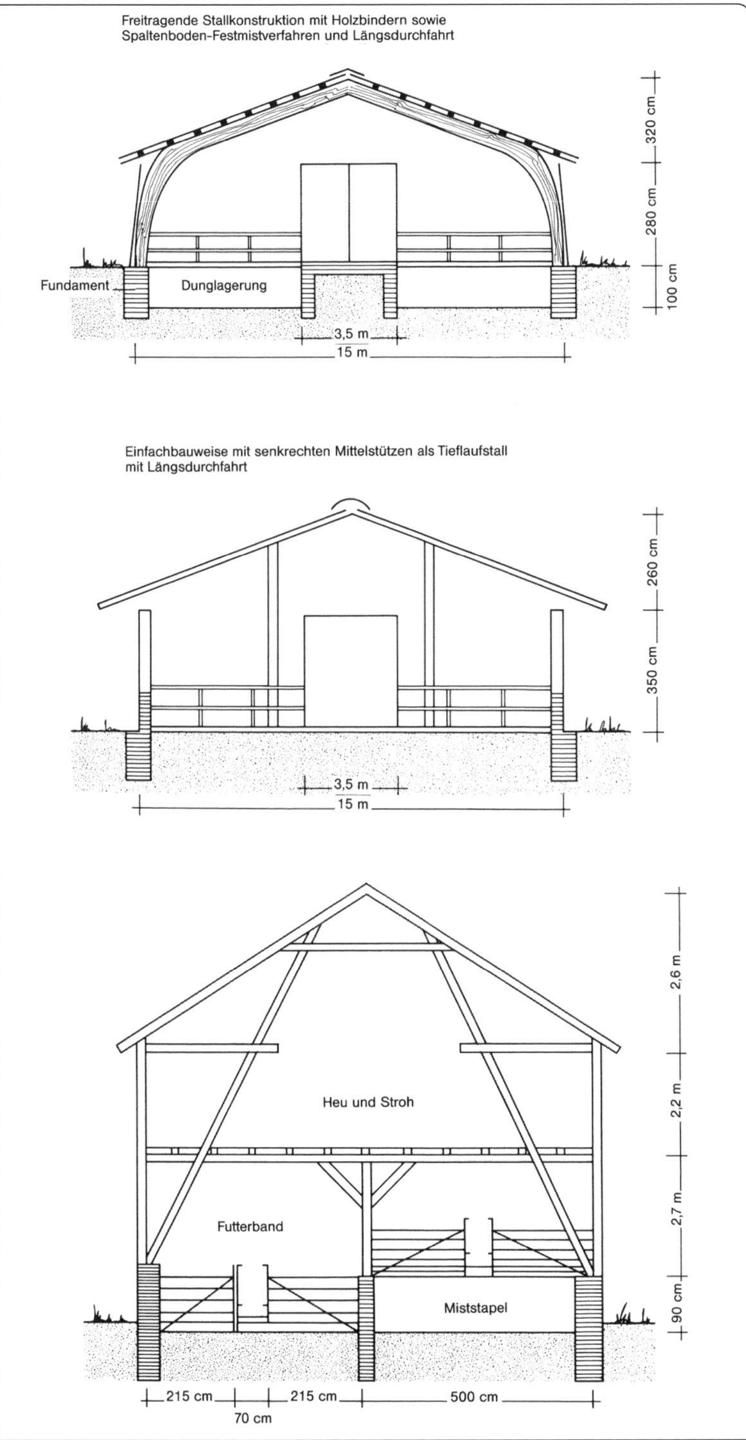

Abb. 64. Schafstallkonstruktionen. Drei Beispiele in der Querschnittdarstellung.

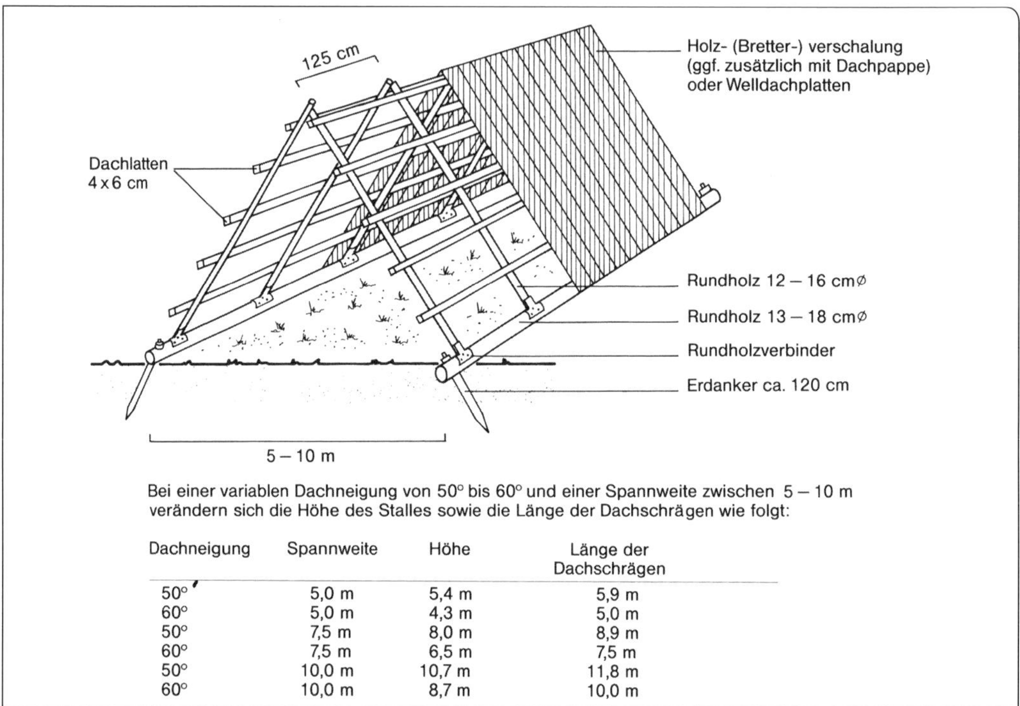

Bei einer variablen Dachneigung von 50° bis 60° und einer Spannweite zwischen 5 – 10 m verändern sich die Höhe des Stalles sowie die Länge der Dachschrägen wie folgt:

Dachneigung	Spannweite	Höhe	Länge der Dachschrägen
50°	5,0 m	5,4 m	5,9 m
60°	5,0 m	4,3 m	5,0 m
50°	7,5 m	8,0 m	8,9 m
60°	7,5 m	6,5 m	7,5 m
50°	10,0 m	10,7 m	11,8 m
60°	10,0 m	8,7 m	10,0 m

Abb. 65. Ganzdachstall für Schafe.

Diesen Vorteil bieten auch Konstruktionen, deren Dachstützen nicht senkrecht in den Liegebereich ragen, sondern als Schrägstützen auf dem seitlichen Gebäudesockel fußen.

Unbedingt ist bei der Bauplanung zu berücksichtigen, dass die Stalldeckenhöhe auch bei angewachsenem Miststapel den Schleppern und anderen Gerätschaften angepasst ist. Für den Tieraustrieb bieten sich nach außen zu öffnende Flügeltüren an.

Mit wachsendem Eigenleistungsanteil reduzieren sich die Stallplatzkosten erheblich. Entsprechend billig fallen die Selbstbaukonstruktionen aus, die der Schafhalter nach genauen Bauplänen errichten kann. (Für verschiedene Stalltypen und Herdengrößen gibt die ALB Bayern, Vöttinger Str. 36, 83534 Freising, solche Bauanleitungen heraus.)

Folienställe stellen eine sehr preisgünstige Alternative dar. Die Investitionskosten liegen bei etwa 80–150 €/MS-Einheit. Vorteilhaft ist auch die hohe Mobilität und Flexibilität (Versetzen, schneller Auf- und Abbau). Seitliche Lüftungsjalousien ermöglichen ein gutes Stallklima. Bedingt durch die begrenzte Haltbarkeit (5–20 Jahre) ist bei Folienställen aber von höheren Abschreibungs und Unterhaltungskosten auszugehen. Man kann sie – wenn erforderlich – versetzen, und sie ermöglichen über seitliche Lüftungsjalousien ein gutes Stallklima. Allerdings hat diese aus dem Gartenbau stammende Konstruktion in

Deutschland nur eine begrenzte Verbreitung gefunden, da je nach Region und Behörde oft keine Baugenehmigung erteilt wird. Insbesondere in Natur- und Landschaftsschutzgebieten wird oft argumentiert, dass sich Folienställe nur schlecht in das Landschaftsbild einpassen. Insofern ist es ratsam, mit der zuständigen Baubehörde Kontakt aufzunehmen. Für kleinere Folienställe, die als völlig mobile Ausführung als Weideunterstand/Weidezelt genutzt werden, ist meist keine Baugenehmigung erforderlich.

Fundament. Für einen Tieflaufstall ist die Fundamentierung des gesamten Stallbereiches aus haltungstechnischer Sicht nicht unbedingt erforderlich, erleichtert aber das saubere Entmisten. Trotz des festen und trockenen Schafmistes schreiben in einigen Gebieten aber behördliche Anordnungen ein Fundament vor.

Abb. 66. Grundriss von Stallabteilen für je 20 Mutterschafe unter Berücksichtigung der erforderlichen Fressplatzbreite und Liegefläche. Dieses Bauschema kann in 5-m-Schritten verbreitert werden (aus Gründen der Dachstatik bis 20–25 m) und bis etwa 60 m verlängert werden.

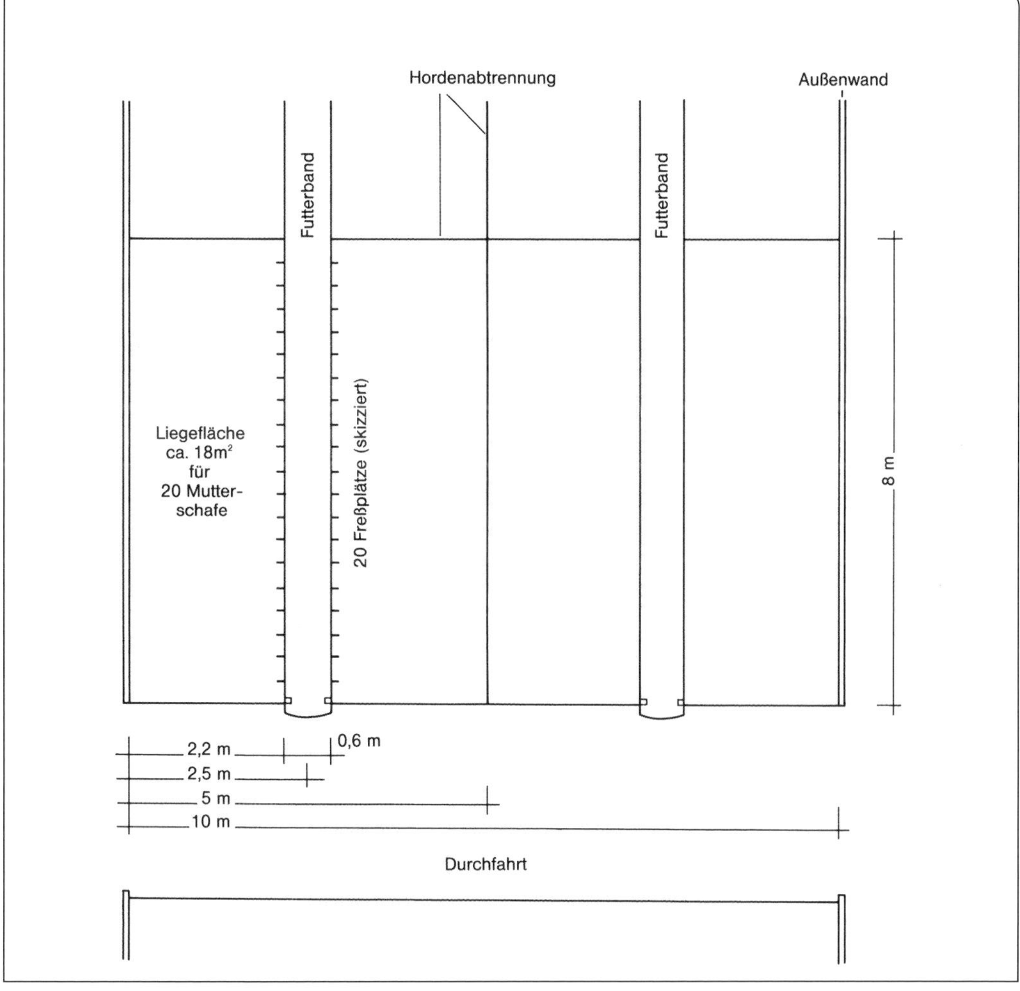

Ratsam ist es in jedem Fall, einen Arbeitsplatz im Stall sowie den Auslauf und die Behandlungsanlagen im Stallnebenbereich mit einem festen Boden zu versehen, um diese Flächen leicht reinigen und Verschlammungen vorbeugen zu können. Im Tieflaufstall ist darauf zu achten, dass die Gebäudesockel mindestens so hoch sind, wie die Mistmatratze anwachsen wird.

Bei Spaltenböden wird häufig vonseiten der Baubehörde eine Betonbodenwanne angeordnet.

Gebäudeabmessungen. Die Gebäudebreite sollte möglichst ein Vielfaches von 5 m betragen. Dieses hat folgenden Grund. Bei einem angemessenen Verhältnis von Fressplatzbreite und Liegeflächenanspruch nimmt der hinter der Futterraufe liegende Liegebereich eine Tiefe von 2,2 m ein; die halbe Breite eines Futterbandes oder einer Raufe verbreitert die Buchtentiefe um 0,3 m auf insgesamt 2,5 m. Bei doppelreihiger Aufstallung ergibt sich eine Breite von 5 m. Folglich lässt sich ein Stall stets in solche zweckmäßigen Segmente unterteilen, wenn sich deren Breite durch 5 teilen lässt.

Abb. 66 verdeutlicht noch einmal: 20 Mutterschafe benötigen eine Fressplatzbreite von 0,4 × 20 = 8 m (Buchtenlänge). Hat die Bucht eine Tiefe von 2,2 m, so steht den 20 Schafen eine Fläche von etwa 18 m² und dem Einzelschaf 0,9 m² – wie empfohlen – zur Verfügung. Am günstigsten haben sich meist Stallbreiten von 20 m erwiesen. Bei geringeren Breiten ist der Bauaufwand pro Mutterschafeinheit recht hoch, bei deutlich breiteren Ställen treten Stabilitätsprobleme auf.

9.3 Aufstallungsformen

Die häufigste Aufstallungsform ist der Tieflaufstall. Auf Naturboden, der ggf. gestampft ist, oder auf einem Betonfundament wächst die Mistmatratze durch den täglichen Einstreubedarf von 0,5 bis 0,8 kg je Mutterschaf um 0,6 bis 1 m an (je nach Einstreumenge und Dauer der Stallhaltung). Damit erfordert der Tieflaufstall Aufwendungen für Strohbergung bzw. Strohzukauf, Einstreuen und Ausmisten sowie die Bereitstellung von Lagerraum für das Stroh und Futter. Im Fall des Strohzukaufs können die steigenden Preise eine hohe Kostenbelastung entstehen lassen.

Der eingestreute Laufstall bleibt jedoch die artgerechteste und natürlichste Winteraufstallung. Das eingestreute Stroh bietet eine gute Wärmeisolierung, sodass eine zusätzliche Wärmedämmung der Stallwände und -decke entfalten kann (Kaltstall). Wird das Stroh den Schafen vor dem Einstreuen vorgelegt, so kann auch dessen Futterwert genutzt werden; die Schafe fressen die wertvolleren Bestandteile heraus (etwa 30 % des Strohs).

In klimatisch günstigen Lagen oder bei Strohmangel bzw. teurem Strohzukauf bieten sich auch einstreulose Aufstallungen, z. B. auf

Spaltenböden, an. Konstruktionen dazu werden im Handel aus (z. T. exotischen) Harthölzern angeboten, die zwar sehr haltbar, jedoch teuer und bei nasser Oberfläche glatt sind.

Spaltenböden sind nur dann kostengünstig, wenn die tragenden Konstruktionsteile sowie der Spaltenboden selbst aus einfachem Fichten- oder Kiefernholz o. ä. und nach Möglichkeit in Selbstbauweise gefertigt werden. Massive Betonträger und Betonspaltenböden sind wegen ihrer Unhandlichkeit und der hohen Kosten in der Schafhaltung abzulehnen.

Folgende Maße sind bei Spaltenböden für Schafe einzuhalten:
- Spaltenweite 1,5–2 cm,
- Balkenbreite (Auftrittsfläche) 4–6 cm,
- Lattenstärke 2,5–3,5 cm,
- Bodenfreiheit (Höhe) 0,8–1,0 m.

Neben den Vorteilen von Spaltenböden, wie z. B. kein Strohbedarf, Entmistung nur alle 2–3 Jahre, sind doch vor allem deren Nachteile deutlich zu nennen:
- Hohe Erstinvestitionen (Kosten, Arbeit),
- Keine Wärmeisolierung durch Einstreu,
- Gefahr der Spaltenverstopfung bei Heufütterung,
- Oft schwierige Gewöhnung der Schafe/Lämmer an Spaltenböden,
- gehäuft Verhaltensanomalien, insbesondere bei dauerhafter Spaltenaufstallung,
- Risiko, dass Fundamentschäden auftreten.

Weitere strohlose Aufstallungsformen

Lochblechböden aus 4 mm starkem Stahlblech mit einer Lochweite von 1,8 bis 2 cm erfordern hohe Investitionskosten und bilden eine nicht rutschfeste Oberfläche. Im Vergleich zu Spaltenböden bieten die sehr leicht zu reinigenden Lochböden eine günstigere Auftrittsfläche für die Klauen. Lochblechböden eignen sich daher für Gesundungsboxen, z. B. zur vorübergehenden Isolierung von an Moderhinke erkrankten Tieren.

Der Handel bietet heute auch speziell für Schafe und Ziegen **Kunststoff-Gitterroste** an, die durch eine Noppung der Oberfläche weniger rutschig, jedoch insgesamt deutlich teurer als der natürliche Tieflaufstall sind. Gitterroste aus Draht oder Baustahlmatten sind als nicht tiergerecht abzulehnen, da hier die Klaue nur eine geringe Auftrittsoberfläche findet, sodass bei längerer Haltung meist Klauenschäden die Folge sind.

9.4 Inneneinrichtung

Insbesondere die Inneneinrichtung des Stalles muss nach den Gesichtspunkten art- und verfahrensgerechte Tierhaltung, hohe Arbeitswirtschaftlichkeit und geringe Investitionskosten geplant werden.

Die grobe Aufteilung des Stallraumes wird im Wesentlichen durch die Art der Futtervorgabe und Futterlagerung bestimmt.

Die Einteilung der Stallfläche in einzelne Funktionsbereiche wird mit flexibel zu versetzenden Hürden (Horden) und Futterraufen vorgenommen. Hürden können in den verschiedensten Ausführungen erstellt oder erworben werden. In Selbstbauweise leicht zu fertigende Holzhürden, billige Baustahlhürden oder vergleichsweise teure Hürden aus Maschendraht haben sich bei Längen zwischen 3 und 4 m und einer Höhe von 1 m bewährt. Besonders vorteilhaft sind Hürden, die sich durch Ausziehen in der Länge flexibel anpassen lassen.

Abb. 67. Grundrisse verschiedener Schafställe.

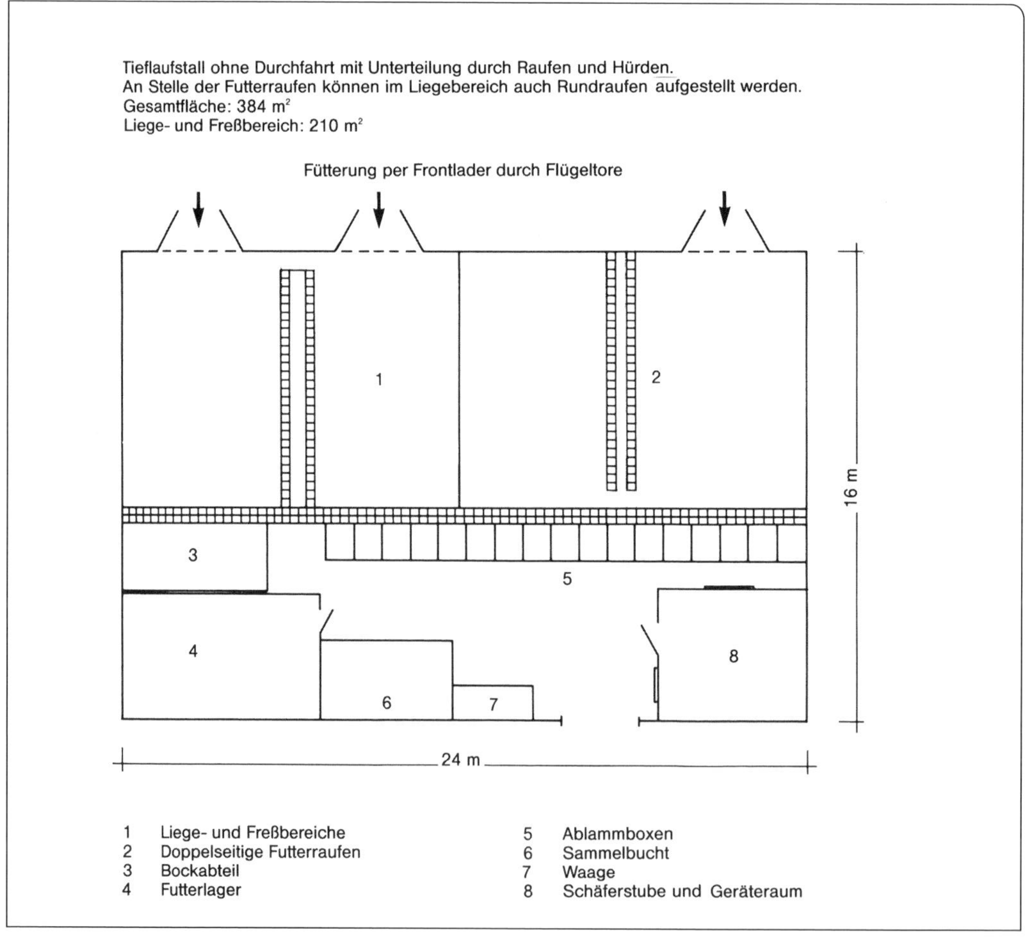

Tieflaufstall oder Spaltenbodenaufstallung mit Querdurchfahrt.
Gesamtfläche: 1100 m²
Liege- und Freßbereich: 690 m²

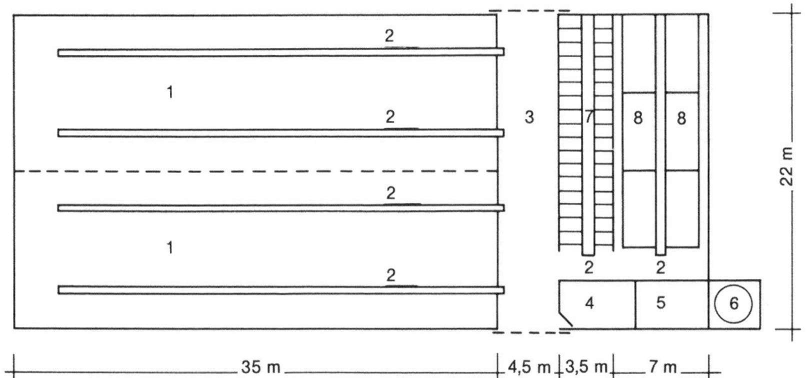

1 Liege- und Freßbereich
2 Futterbänder
3 Querdurchfahrt
4 Schäferstube (Büro)
5 Bockabteil
6 Kraftfuttersilo
7 Ablammboxen
8 Mastlämmer und Sammelbuchten

Tieflaufstall oder Spaltenbodenaufstallung mit Längsdurchfahrt.
Gesamtfläche: 780 m²
Liege- und Freßbereich: 392 m²

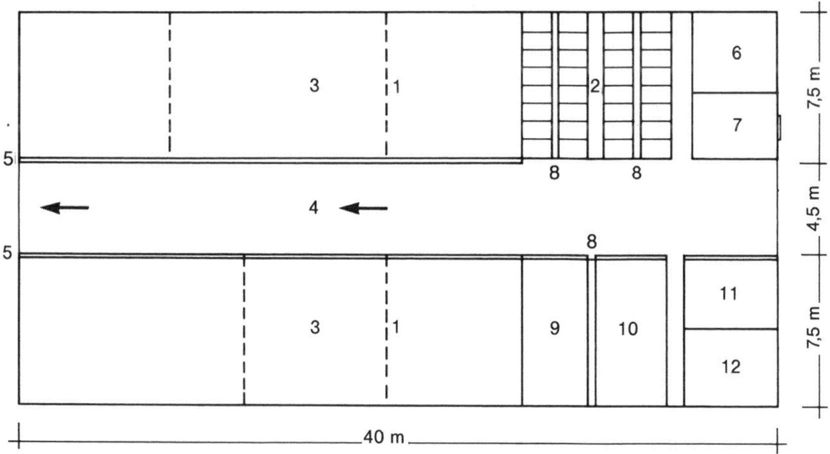

1 variable Hordenabtrennung
2 Ablammboxen
3 Liege- und Freßbereich
4 Längsdurchfahrt
5 Boden- oder Raufenfütterung
6 Geräteraum
7 Schäferstube
8 Trograufen
9 Sammelbucht
10 Mastlämmer
11 Bockabteil
12 Futterlagerung

Die nachfolgenden Beispiele beschreiben Grundmodelle verschiedener Stalleinrichtungen, die in Einzelheiten abgewandelt werden können.

A) Tieflaufstall ohne Durchfahrt mit Unterteilung durch Raufen und Hürden. Erfordert schwere Handarbeit, ist jedoch einfach und billig herzurichten und lässt eine flexible Unterteilung des Stalles zu.
B) Tieflaufstall ohne Durchfahrt mit Rundraufen. Mit einer Vorratsfütterung (Befüllung der Rundraufen zweimal je Woche mit Frontlader) ist eine Zeitersparnis von etwa 45 % und Arbeitserleichterung verbunden.
C) Tieflaufstall oder Spaltenbodenaufstallung mit Querdurchfahrt bieten die Möglichkeit des Einsatzes von Futterbändern mit rechteckiger Raufenform (Skandinavische Raufe). Zeitersparnis 45 bis 50 % je nach Lage der Durchfahrten, von denen aus die Bänder beschickt werden.
D) Tieflaufställe oder Spaltenbodenaufstallung mit Längsdurchfahrt erlauben das Befüllen von Krippen und Raufen vom Wagen (ggf. Selbstentladewagen). Zeiteinsparung mindestens 50 %, erfordert aber viel Platz, denn 40 % der Stallfläche sind Durchfahrt.

Für die Mutterschafhaltung müssen verschiedene Stallbereiche errichtet werden:

Ablammbereich

Mutterschaf und Lamm sind für die ersten Tage nach der Geburt in Ablammboxen unterzubringen, um durch das ungestörte Beisammensein die Zugehörigkeit von Mutter und Neugeborenem stärker zu prägen. Solche Ablammboxen von etwa 1,5 × 1,2 m lassen sich aus Hürden (Horden) und auf einer Seite durch eine Futterraufe bzw. ein Futterband erstellen. Es bietet sich also schon aus arbeitswirtschaftlichen Gründen an, die Ablammbuchten entlang eines Versorgungsganges oder um ein Futterband herum zu errichten. Bedingt durch die hohen Stallklima- und Hygieneansprüche der Neugeborenen ist eine räumliche Trennung der Ablammboxen von den übrigen Bereichen zweckmäßig. Die Anzahl der Ablammboxen richtet sich nach dem täglichen Lämmeranfall und der durchschnittlichen Verweildauer von Mutterschaf und Lamm in den Einzelbuchten. Über Tränkevorrichtungen oder Eimertränken muss stets für eine ausreichende Wasserversorgung der Mutterschafe gesorgt werden.

Bereich für lämmerführende Mutterschafe

Nach etwa vier bis sechs Tagen werden die Mutterschafe mit ihren Lämmern in den allgemeinen Liegebereich entlassen. Bei größeren Herden hat sich die Aufteilung in Gruppen von 20 bis 30 Schafen als günstig erwiesen. Für die Lämmer sollte ein sog. Lämmerschlupf ein-

Abb. 68. Durch einen Lämmerschlupf können die Lämmer die Zufütterung in der „Lämmerstube" erreichen.

gerichtet werden, durch den die Lämmer die für sie vorgesehene Zufütterung erreichen können. Der Lämmerschlupf wird in eine Trennhürde eingebaut, wobei die Öffnung etwa 25 cm breit sein soll; die Höhe des Durchschlupfes sollte den wachsenden Lämmern angepasst werden. Durch die Absperrung der Schlupfdurchgänge, beispielsweise durch eine Querlattenkonstruktion, können die Lämmer in der sog. Kinderstube gehalten werden. Diese Möglichkeit erlaubt es den Mutterschafen, z. B. während der Futterzeit, ohne die „Belästigung" durch die Lämmer zu fressen.

Weitere Stallbereiche

Vor allem in größeren Herden sollte auch an folgende Stallbereiche gedacht werden:

- eine Gesundungsbox, zur Erholung und Separierung kranker Schafe,
- eine Bucht für Problemlämmer, um diese in ihrer gesundheitlichen Kondition mit speziellen Behandlungen (Milchtränker, Wärmelampe usw.) aufbauen zu können,
- ein Abteil für die Zuchtböcke, möglichst etwas abseits und nicht unmittelbar neben den Mutterschafen,
- ein befestigter Stallplatz zur Erledigung verschiedener Arbeiten, wie z. B. die Schur und das Klauenschneiden,
- ein Notschlachtraum,
- ein Futterlager zur Bergung von Rau- und Kraftfutter,
- Räume für Geräte und ggf. eine Schäferstube.

9.5 Fütterungs- und Tränkeeinrichtungen

Die **traditionelle Trograufe** nimmt das Rau- oder Saftfutter zwischen den V-förmig angeordneten Sprossen auf; der darunter angebrachte Trog ist für feinere Futterstoffe (Kraftfutter, Schnitzel usw.) bestimmt und fängt wertvolle Bröckelbestandteile des Raufutters auf. Holz ist das geeignete Baumaterial für den preiswerten Eigenbau. Anstelle der Holzsprossen kann auch ein Baustahlgewebe eingesetzt werden. Solche Längsraufen lassen sich als Halbraufe mit einseitigem Zugang an der Stallwand (Wandraufe) bzw. an Trennwänden befestigen oder können als freistehende Doppelraufe im Stallraum verteilt werden.

Dringend ratsam ist die Anbringung eines Nackenbrettes im oberen Viertel des Sprossenteils, da so Heu und Stroh nicht herausgezogen werden können und sich das Einfüttern von Raufutter in die Wolle vermeiden lässt. Bei überwiegend gehäckseltem Rau- oder Saftfutter hat sich ein Sprossenabstand von 5 cm, bei unzerkleinertem Grobfutter ein Abstand von etwa 8 cm bewährt. Bei weiteren Sprossenabständen gelingt es den Schafen bzw. Lämmern, die Köpfe durchzustecken, ohne dort wieder herauszukommen, da sich die Ohren wie Widerhaken aufstellen.

Während des Befüllens der Trograufen per Hand oder Frontlader ist es meist ratsam, die Schafe vorübergehend abzutrennen. So ist zu verstehen, dass Trograufen als recht arbeitsintensiv gelten.

Die **Skandinavische Raufe** weist gegenüber der traditionellen Trograufe folgende Vorteile auf: Sie ist sehr preisgünstig, besonders einfach selbst zu bauen und eignet sich für die verschiedensten Futtermittel. Die Skandinavische Raufe kann auch als einseitige Wandraufe oder mit doppelseitigem Zugang erstellt werden. Zweckmäßig ist es, das Raufutter mit einem Drahtgeflecht abzudecken, um so unnötige Futterverluste durch massenhaftes Herausziehen des Heus zu vermeiden. Damit bleibt auch das Einfüttern von Raufutteranteilen in die Wolle aus. Arbeitswirtschaftlich sind die Skandinavische Raufe und die Trograufe gleich zu beurteilen. Ein Verschließen des Futterzugangs durch einen einfachen Mechanismus, ein Längsbrett, kann dabei zweckmäßig sein (Jalousieraufe).

Stellt man die doppelseitige Skandinavische Raufe quer zum Futtergang, so lässt sich diese auch als **Gangraufe** sehr leicht vom Gang aus beschicken. In diesem Fall sollte die Länge der Gangraufe nicht wesentlich mehr als eine Gabelwurfweite betragen. Die Vorzüge der Gangraufe liegen darin, dass die Fütterung erleichtert wird und die Schafe dazu im jeweiligen Stallabteil bleiben können.

Vorratsraufen gibt es in unterschiedlichen Ausführungen. Sechseck- oder Rundraufen bestehen aus einem Futtertisch, einem daraufgesetzten Kegel, der das Grobfutter (ungepresst) an die Außenwand

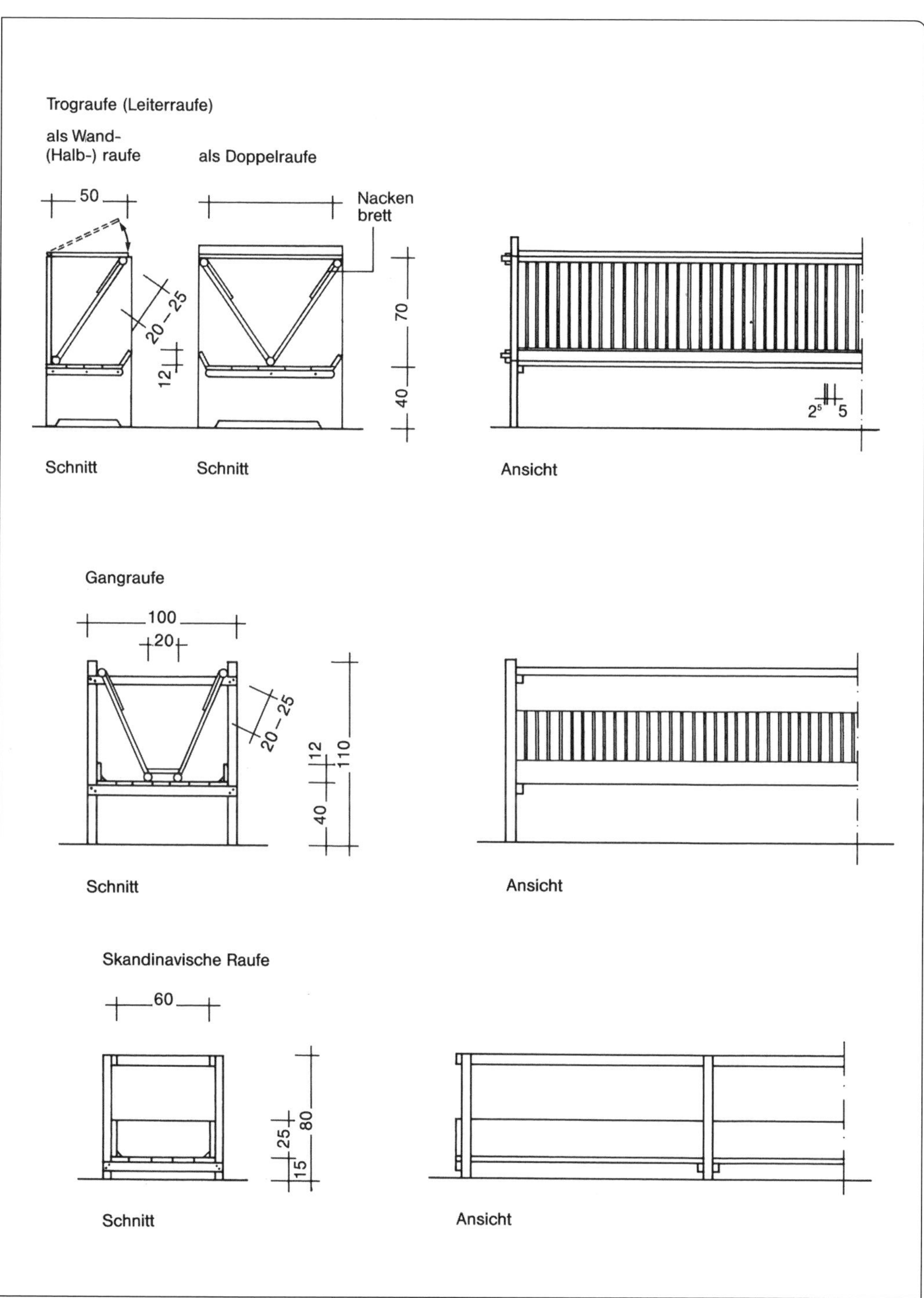

Abb. 69. Verschiedene Längsraufen für die Schaffütterung.

Abb. 70. Futterring für Schafe zur zeitsparenden Verfütterung gepresster Heu- oder Silorundballen – einfache Ausführung (Fa. Allié).

Abb. 71. Futterraufe zur arbeitszeitsparenden Verfütterung von gepressten Heu- oder Silorundballen – aufwendige Ausführung (Fa. Allié).

leitet, und einem senkrecht aufgestellten Drahtgeflecht (Abb. 72). Sie eignen sich sowohl für loses Heu/Stroh als auch für Kraftfutter.

Zur Fütterung von großen Heu- oder Silagemengen haben sich in der Vergangenheit verschiedene Rundballenraufen durchgesetzt, die in einfachster Form für ca. 250 € bis hin zu aufwendigen Versionen mit Dach für 900 € und mehr angeboten werden (siehe Abb. 70 und 71).

Durch das vorrätige Befüllen mit Grobfutter für mehrere Tage – zumeist per Frontlader – wird eine starke Arbeitsentlastung erreicht. Dabei nimmt der Futterballen im Stall jedoch mit zunehmender Verweildauer Tier- und Stallgeruch an, sodass die Futteraufnahme nachlässt. Folglich werden aus den frisch gefüllten Raufen spontan kompensatorisch große Mengen aufgenommen. Zu empfehlen ist das Aufstellen solcher Vorratsraufen im Stallaußenbereich ggf. auch auf der Weide oder in gut gelüfteten Ställen. Bei Vorratsfütterung von Silage besteht vor allem bei höheren Temperaturen die Gefahr des Nachgärens. Im Vergleich zu den Doppelraufen ist durch die zweimal

Abb. 72. Sechseckraufe (Rundraufe) und Futterband für Schafe.

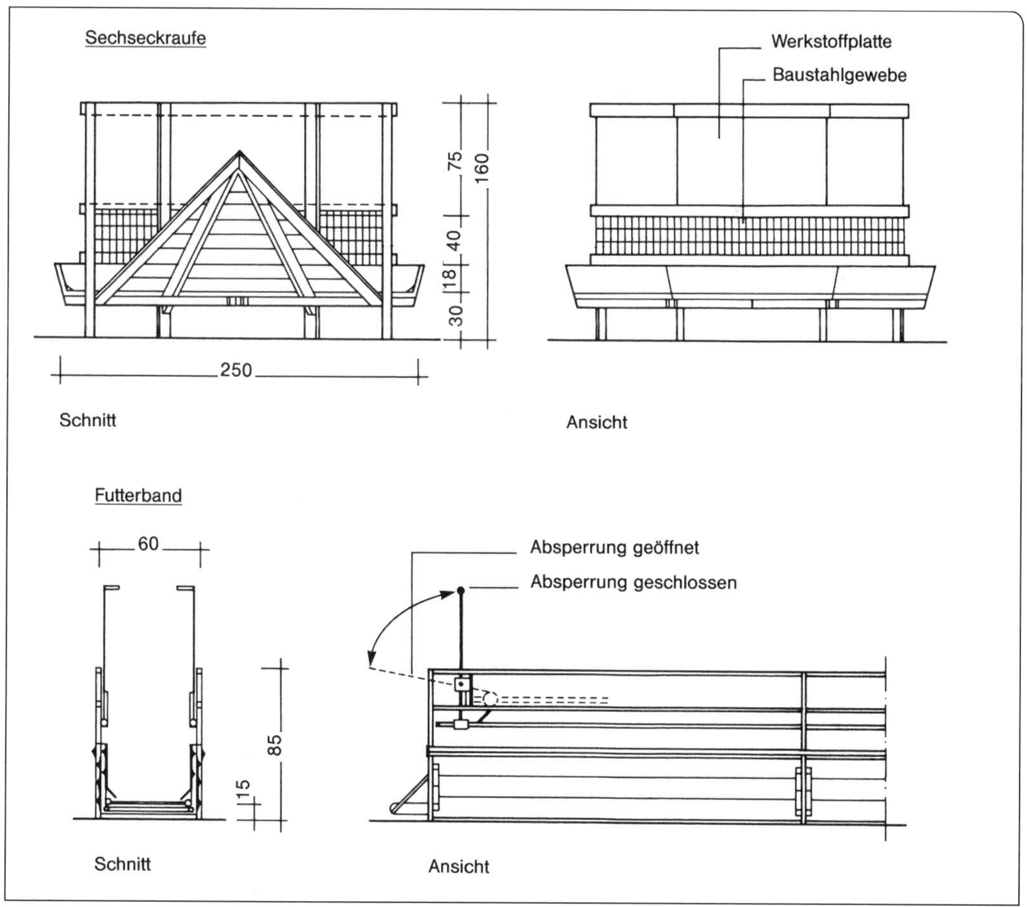

wöchentliche Befüllung der Rundraufen per Frontlader eine Zeitersparnis von 45 bis 50 % zu erreichen (Tab. 30)

Das kreisförmige Aufstellen der fressenden Schafe um eine Rundraufe ist sehr raumsparend. Bei einem Raufendurchmesser von 190 cm haben etwa 35 Schafe Platz zum Fressen. Der nach außen zunehmende Kreisumfang bietet den Schafen auch eine größere Standfläche, sodass weniger Gedränge entsteht als an Längsraufen. Diese Tatsache ist vor allem für trächtige Mutterschafe von Bedeutung, bei denen die Gefahr des „Abpressens“ der Frucht besteht.

Eine arbeitswirtschaftlich besonders günstige Lösung ist der Gebrauch von **Futterbändern**. Hier sind mehrere Segmente, die der Skandinavischen Raufe gleichen, zu einer längeren Bahn zusammengesetzt. Darauf ist ein Futterband gespannt, das – elektrisch angetrieben – das Futter an seiner Stirnseite (Futterzentrale wie z. B. Futterlager, Silo oder Querdurchfahrt) aufnimmt und mit einer Geschwindigkeit von etwa 0,5 m/sec über die gesamte Länge des Stalles verteilt. Ein Futterband sollte sich folglich über eine möglichst lange Stallstrecke hinziehen. Beim Rücklauf des Bandes werden Futterreste automatisch abgeworfen. Empfehlenswert sind Vorrichtungen, die das Futterband möglichst weit anheben können, sodass der Laufstall einfach per Frontlader zu entmisten ist. Auf diese Weise kann auch das aufgehängte Futterband dem wachsenden Miststapel angeglichen werden.

Es ist jedoch bekannt, dass die Stahlkonstruktionen der Futterbänder, insbesondere die Ständer, durch die ätzende Einwirkung des Mistes auch trotz Verzinkung angegriffen werden. Es ist eine gute Alternative, die Futterbänder auf einen 20–30 cm hohen Betonsockel zu stellen. Davor ist dann ein ebenso hoher Antrittssockel zu setzen, dass die Schafe das Futter besser erreichen (Abb. 73).

Neben der hohen Arbeitszeiteinsparung von 40 bis 50 % gegenüber Doppelraufen liegen die Vorzüge der Futterbänder in der platzsparenden Anordnung, der Eignung für unterschiedlichste Futtermittel und darin, dass die Schafe während des Fütterns nicht umgestallt zu werden brauchen. Zu bedenken sind jedoch die vergleichsweise hohen Anschaffungskosten von etwa 150– 200 € pro Meter Futterband.

Ähnliche Vorteile wie das Futterband bietet ein **Selbstentladewagen**. Bei Ställen mit Längsdurchfahrt gelangt das auf dem Wagen liegende Futter durch eine querlaufende Förderung direkt in die Raufen. Auch bei Ställen mit Querdurchfahrt können Futterbänder direkt vom Selbstentladewagen beschickt werden.

Natürlich ist auch die einfache und preiswerte **Bodenfütterung** möglich. Hier dient der Futtergang zugleich als Fressfläche, wobei es anstatt einer Raufe nur eines Fressgitters bedarf.

Anschaffungskosten variieren bei den verschiedenen Fütterungseinrichtungen erheblich. Tabelle 32 gibt dazu einen Überblick.

Tab. 32: Bewertung verschiedener Fütterungssysteme (Gauly und Benda 2009)

Fütterungseinrichtung	Anschaffungspreis (ohne MwSt) in €*)	
	je lfd. Meter	je Fressplatz
Doppelraufe (Trograufe)	58	11,6
Jalousieraufe (3 m)	48	9,6
Rundballenraufe (Durchmesser 1,8–1,9 m)	88	35,2
Futterband	180	36,0
Fressgitter	60	24,0

*) Anschaffungspreis: durchschnittliche Angaben verschiedener Firmen
**) bei 40 cm Fressplatzbreite je Mutterschaf

Zur Beifütterung von Saug- oder Mastlämmern mit Kraftfutter bieten sich verschiedene Systeme an. Einfache **Holztröge** sind die preiswerteste Lösung, die sich für Eigenmischungen sowie für pelletiertes Konzentratfutter eignen. Sie bieten außerdem die Möglichkeit, die tägliche Aufnahme zu kontrollieren.

Bei **Futterautomaten** mit Vorratsfütterung kann das Futteraufnahmeverhalten der Lämmer nicht genau beobachtet werden. Solche Kraftfutterautomaten können in Längsform aus Holz auch selbst angefertigt werden, indem z. B. der V-förmige Trichter einer Trograufe bis auf einen etwa 5 cm hohen Schlitz mit Brettern verschalt wird. Im Handel sind Ausführungen aus verzinktem Stahlblech in Längs- oder Rundform erhältlich. Dabei eignen sich auch die für die Schweinehaltung vorgesehenen Modelle.

Die **Wasserversorgung** im Stall muss vor allem für Leistungsgruppen wie hoch trächtige und säugende Mutterschafe sowie Mastlämmer ständig gewährleistet sein. Da Schafe sehr empfindlich auf verschmutztes Wasser reagieren, sollte bei allen Tränkesystemen stets auf sauberes und frisches Wasser geachtet werden (BMELV 2008).

In kleineren Betrieben wird das Wasser in einfachen Behältern (Bottiche, Holztröge) angeboten, die entsprechend preisgünstig sind. Nachteilig sind jedoch die ständige Handarbeit zum Befüllen dieser Behälter sowie deren schnelle Verschmutzung. Um die Tränkebehälter einigermaßen sauber zu halten, sollten sie nicht direkt im Laufstall, sondern besser in einer Ecke oder vor dem Fressgitter aufgestellt werden. Entsprechend sind auch die Tränkeeimer der Ablammboxen auf der äußeren Seite der Trennwand anzubringen.

In größeren Herden werden heute meist Selbsttränken eingesetzt, die wenig Arbeit erfordern und eine stete Versorgung mit frischem Wasser ermöglichen. Hier haben sich besonders die Schwimmerträn-

Abb. 73. Ein Futterband ist eine arbeits- und platzsparende Fütterungseinrichtung. Wenn die Ständer auf einen Betonsockel gestellt werden, kommen sie nicht mit dem ätzenden Mist in Berührung. (FA Dausch)

ken bewährt, bei denen ein Schwimmer (luftgefüllte Kugel) in dem kleinen Tränkebecken stets für Wassernachfluss sorgt, wenn der Wasserstand eine bestimmte Marke unterschritten hat. Solche Tränken sowie ganze Tränkerinnen lassen sich auch mit Teilen der Toilettenspülung selbst bauen.

Ventiltränken, wie sie in der Rinderhaltung gebräuchlich sind, fördern Wasser in eine Tränkschale, wenn das Schaf einen im Becken befindlichen Zungenhebel nach unten drückt. Da sich Schafe an solch einer Tränke nur dann bedienen, wenn das Wasser für sie sichtbar ist, darf die Bedienungszunge nur einzelne Streben aufweisen. Empfehlenswert sind heute auch die modernen Tränkebecken, bei denen die Schafe mit dem Nasenrücken einen leichtgängigen Ventilhebel betätigen (z. B. Fa. Suevia). In einem Tieflaufstall müssen die letzten Meter der Zuleitung aus flexiblem Hochdruckschlauch bestehen und die Selbsttränken an einer Schiene befestigt sein, um diese in der Höhe der Mistmatratze anpassen zu können. So können Verschmutzung durch Einstreu und Kot vermindert werden.

Auch sog. Nippel- und Zapfentränken, wie sie in der Schweinehaltung üblich sind, eignen sich für Schafe. Durch Beißen des Schafes auf einen Bolzen bzw. Hebel spendet diese Selbsttränke Wasser direkt in das Maul. Es kann dabei aber zu hohen Wasserverlusten kommen.

Grundsätzliches zu Selbsttränkeanlagen

- Je nach Futterart und Leistungsstufe der Schafe ist eine Selbsttränke für 30 bis 60 Mutterschafe geeignet,
- die Funktionstüchtigkeit der Selbsttränken ist täglich zu prüfen,
- Selbsttränken möglichst so anbringen, dass sie nur über einen erhöhten Sockel erreichbar sind; so wird die Tränke vorrangig zum Trinken und nicht zum Spielen (Wasserverluste, Entstehung von Feuchtstellen) genutzt,
- dem Einfrieren der Wasserleitung muss in kalten Wintern vorgebeugt werden (heizbare Tränkbecken, Isolieren der Wasserleitung, Wasserhahn nicht ganz zudrehen, Zirkulationsanlage mit steuerbarer Wassertemperatur).

Lämmertränken

Zur Aufzucht von Problemlämmern (Drillinge, Vierlinge, verwaiste Tiere usw.) mit Milchaustauscher haben sich folgende Tränkegeräte bewährt:

Abb. 74. Links: Selbsttränken (hier Ventiltränke) auf einem 60 cm hohen Betonsockel. Die Mistmatratze ist bis auf die Höhe der Selbsttränke angewachsen, sodass die Tränken verschmutzen und von Hand sauber gehalten werden müssen. Rechts: Moderne Tränken (hier der Fa. Suevia) sind sehr leichtgängig und werden auch von Lämmern genutzt.

- Die Aufzucht- oder Babyflasche zur Aufzucht von Einzeltieren besteht lediglich aus Flasche und Sauger.
- Eine sog. Lammbar besteht aus einem Eimer, der an seinem unteren Rand mit mehreren Gummizitzen versehen ist. Damit bei Nichtgebrauch keine Milch aus den künstlichen Zitzen fließt, müssen diese entweder als nichttropfende Zitzen einen senkrechten Einschnitt aufweisen oder mit einem Rückschlagventil versehen sein.
  Die Entnahme des Milchaustauschers kann auch über Schlauchzitzen, die am oberen Rand des Eimers angebracht werden und bis auf den Grund des Behälters reichen, erfolgen. Hier muss das Lamm aber, vor allem, wenn kein Rückschlagventil die Milch in dem Schlauch festhält, eine hohe Saugkraft aufwenden, sodass sich die mit Schlauchzitzen ausgerüstete Lammbar nicht für das Anlernen eignet.

Für die Aufzucht größerer Lämmergruppen, z. B. bei der mutterlosen Aufzucht von Lämmern, bieten sich Tränkeautomaten an, die aus einem großen zentralen Behälter bestehen, von dem mehrere z. T. fest installierte Zitzen gespeist werden. Da den Lämmern der Milchaustauscher zur freien Verfügung steht, nehmen diese nicht hastig große Mengen (Verdauungsstörungen), sondern mehrmals kleine Rationen auf. Die Tränke selbst kann kalt (angesäuert) oder muss angewärmt sein. Die Tränkeautomaten des Marktführers Förster-Technik GmbH (78234 Engen) bereiten Tränken immer frisch und warm in kleinen Portionen mit allen gängigen Milchaustauschern zu. Ein Automat kann max. 8 Saugstellen für jeweils 15–20 Lämmer speisen.

9.6 Behandlungsanlagen

In der Schafhaltung sind häufige Behandlungsmaßnahmen zu folgenden Zwecken erforderlich:
- Zur gesundheitlichen Vorsorge (Klauenschneiden, Klauenbad, Verabreichung von Medikamenten z. B. gegen Innenparasiten, Behandlungen gegen Außenparasiten, Impfungen, Absonderung kranker Tiere).
- Aus produktionstechnischen Gründen (Sortieren der Mutterschafe, Absetzen der Lämmer, Abtrennen von Verkaufs- und Merztieren, Wiegen, Kennzeichnungen, Ohrmarken einziehen und ablesen).

Zur Erleichterung und arbeitssparenden Durchführung solcher Maßnahmen ist, vor allem in größeren Beständen, eine Behandlungsanlage sinnvoll, die eine Zusammenfassung der Herde und Maßnahmen am Einzeltier erlaubt. Das Herausfangen aus der Herde ist nur bei einzelnen Tieren zweckmäßig.

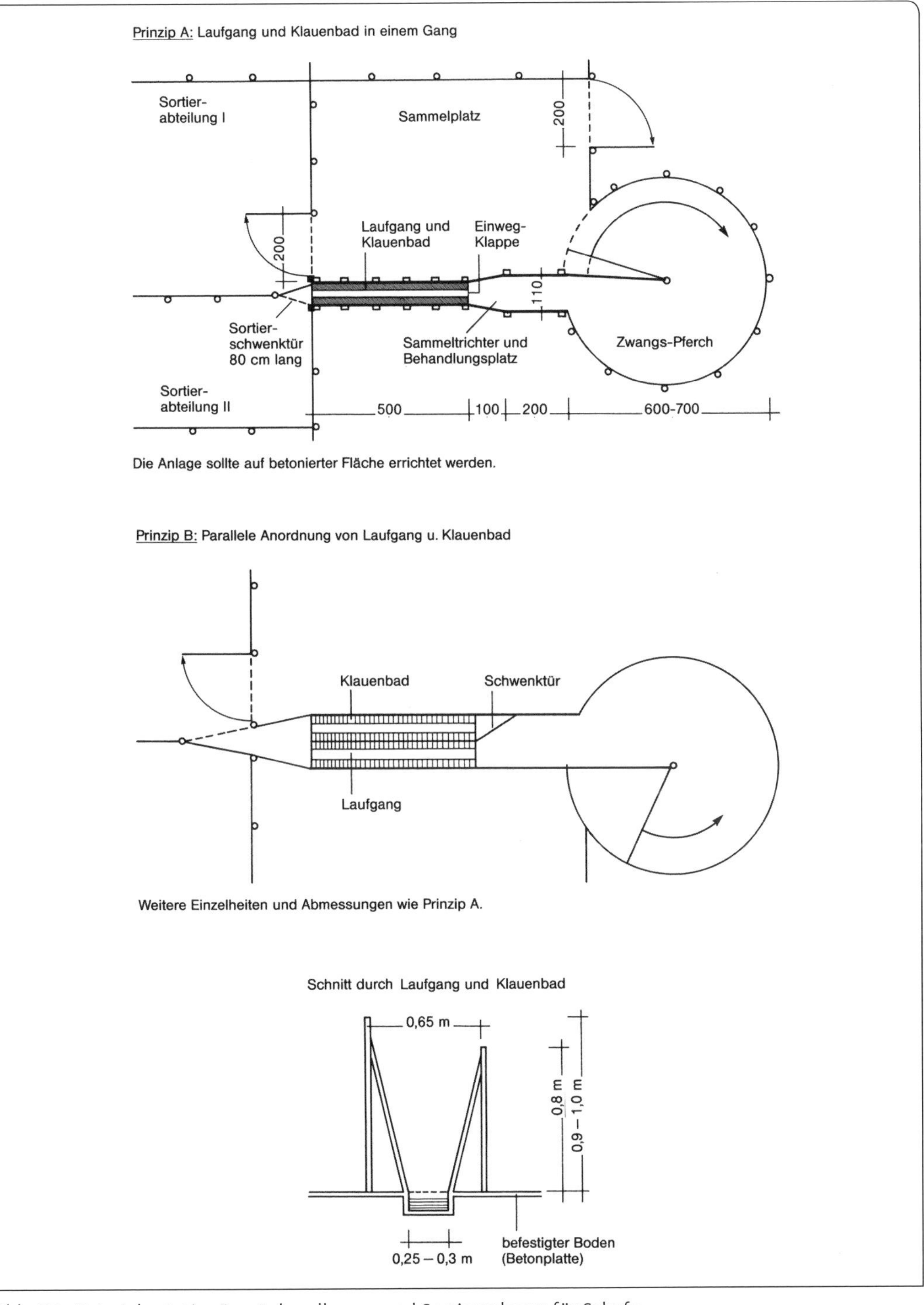

Abb. 75. Beispiele stationärer Behandlungs- und Sortieranlagen für Schafe.

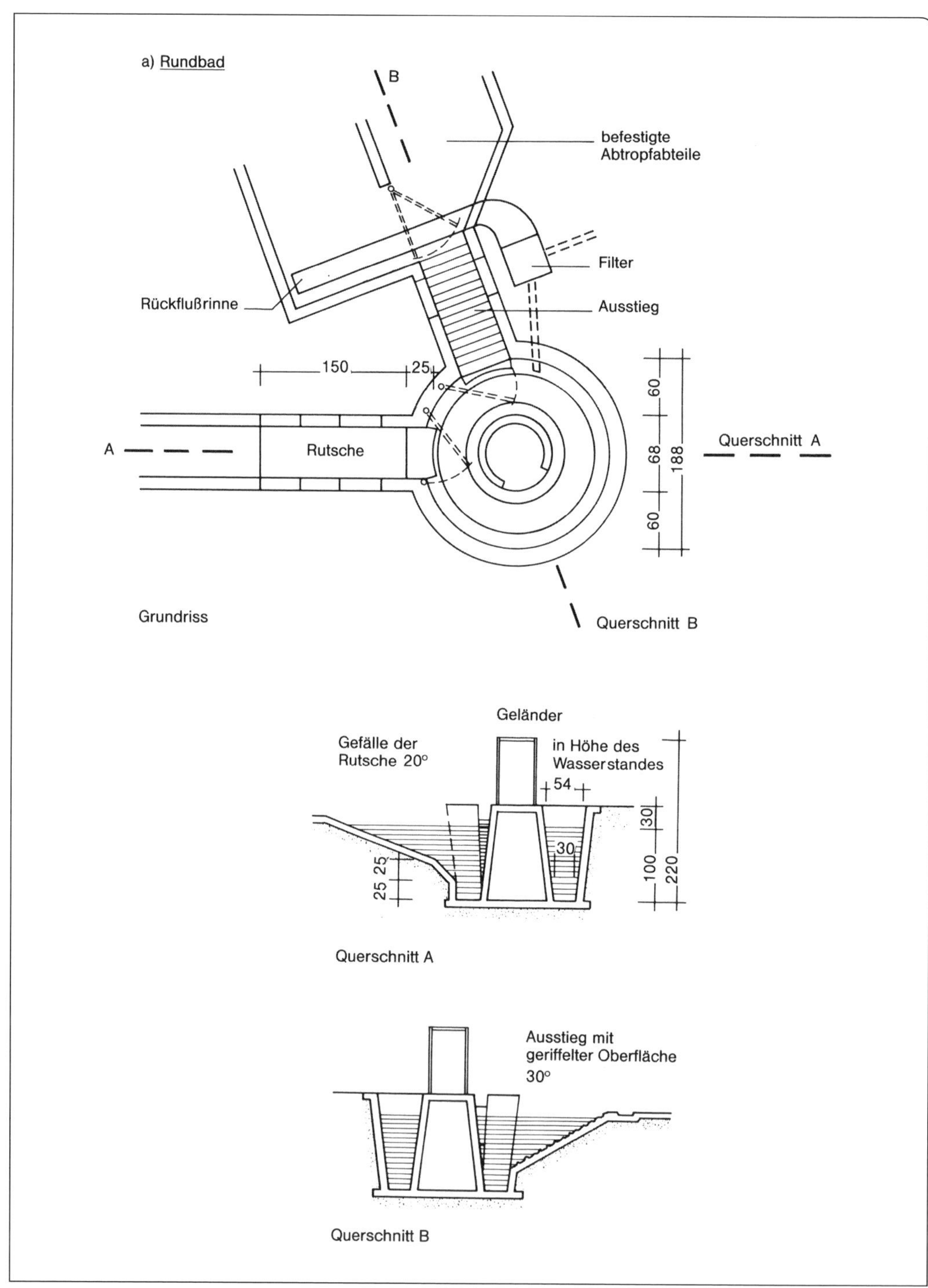

Abb. 76 a. Stationäre Badeanlage für Schafe (Rundbad).

Je nach Entfernung der Weiden vom Stall bzw. Hof werden solche Behandlungsanlagen stationär (im Stallbereich) oder mobil (meist auf der Weide) eingerichtet.

In einer zweckmäßigen **stationären** Schafbehandlungsanlage wird die Herde auf einem Sammelplatz zusammengefasst und erreicht von hier einen runden Zwangspferch, der sich durch ein schwenkbares Gatter verengen lässt. Die Schafe werden so in einen Sammeltrichter gedrückt, in dem Behandlungen, die nicht im Laufgang durchgeführt werden können, vorgenommen werden. Durch den Sammeltrichter gelangen die Schafe in einen mindestens 4 m langen Laufgang, in dem sie nur hintereinander laufen können und durch eine Rücktrittsperre, z. B. einen quer gesteckten Stock, daran gehindert werden, nach hinten auszuweichen. Durch die schräg gestellten Seitenwände verengt sich der Laufgang von oben nach unten, sodass die Schafe hier wenig Ausweichmöglichkeiten haben. Gezielte Einzelbehandlungen sind gut möglich, wenn die etwa 1 m hohen Seitenwände auf der Behandlungsseite nur eine Höhe von 80 cm haben. Am Ende des Laufganges sollte ein 3 bis 5 m langes Klauenbad eingerichtet werden, das entweder direkt in den Beton gegossen ist oder aus einer im Handel erhältlichen Kunststoffwanne bzw. nur einem einfachen Trog besteht.

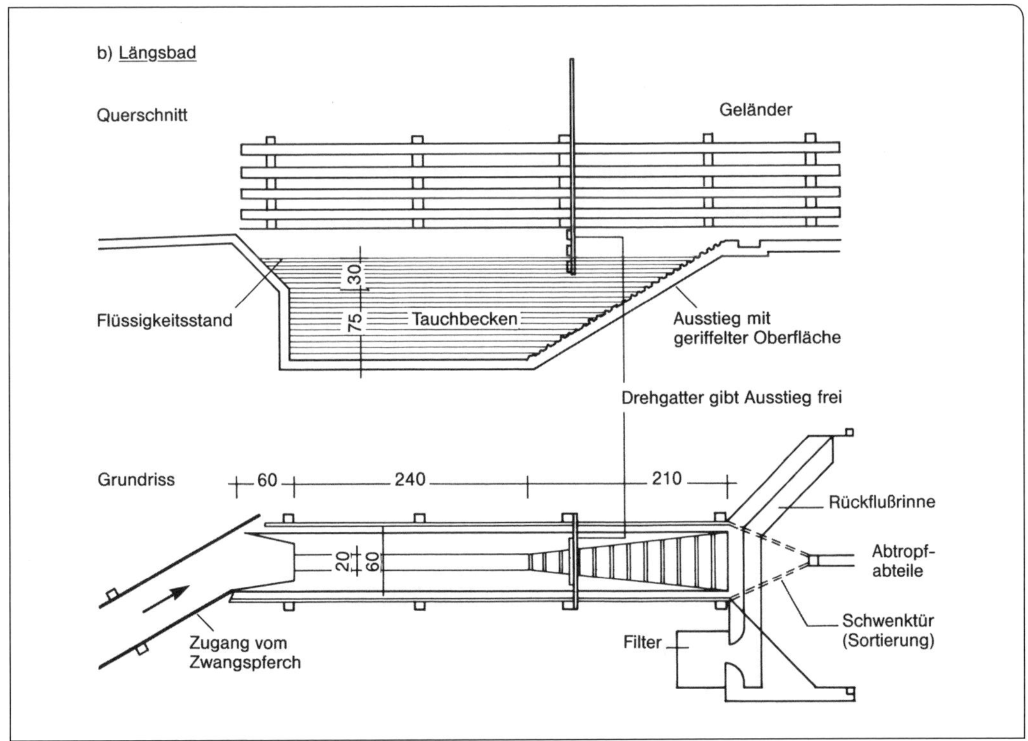

Abb. 76 b. Stationäre Badeanlage für Schafe (Längsbad).

Um die Badelösung auch später verwenden zu können, ist eine regenwasserdichte Abdeckung des Klauenbades nötig. Etwas Stroh oder Sägespäne vermeiden allzu große Spritzverluste. An das Klauenbad bzw. den Laufgang schließen sich verschiedene Sortierabteilungen an, in die die Schafe je nach Stellung der Sortiertür gelangen.

Bei der Planung sollte bedacht werden, dass auf den Ausgangs- und Endflächen der Anlage die gesamte Herde Platz finden muss. Dicht zusammenstehend nehmen drei Mutterschafe oder sechs Lämmer etwa einen Quadratmeter Raum ein. Für die in Eigenleistung errichteten Anlagen können preisgünstige Bretter oder Latten verwendet werden, die gleichzeitig den Sichtkontakt zwischen den einzelnen Tiergruppen verhindern und somit einen zügigen Tierdurchlauf gewährleisten. In Großherden ist auch die noch rationellere, parallele Anordnung von Laufgang und Klauenbad zu finden, wobei die Schafe durch Verlegen einer Schwenktür entweder den linksseitigen Laufgang passieren oder durch das rechtsseitige Klauenbad laufen.

Als stationäre Form sollte die gesamte Anlage auf befestigtem (betoniertem) Untergrund errichtet werden. Das Bauamt gibt Auskunft, ob der Bau der geplanten, stationären Form genehmigungspflichtig und zulässig ist.

In der meist nur sehr einfachen, **mobilen Anlage** können für die Abgrenzung der Sammel- und Endpferche auch Außen- und Elektrozäune mit genutzt werden. Dagegen sollten für die Bildung des Trichters und des Laufganges eher stärker begrenzende Holzhürden verwandt werden, da hier die Schafe stärker drängen. Der Handel bietet praktische transportable Behandlungsanlagen an, die zumeist aus Großbritannien kommen. Um bei der Behandlung auf der Weide die Grasnarbe zu schonen und Verschlammungen zu vermeiden, ist ein regelmäßiges Versetzen der Anlage zweckmäßig. Möglich ist auch, die stark belaufenen Anlagenflächen durch Verlegen von Horden oder Brettern zu befestigen. Verschlammte Flächen erhöhen zum einen den Parasitendruck, zum anderen verhindert der an den Klauen haftende Morast eine Benetzung im Klauenbad, sodass dieses wirkungslos wird.

Die Behandlung gegen Außenparasiten muss durch eine möglichst vollständige Benetzung des gesamten Schafes mit einer entsprechenden Lösung geschehen. Zu diesem Zweck haben sich vor allem Großschäfereien auch eine stationäre Badeanlage gebaut, die meist in eine Behandlungsanlage integriert ist.Häufig werden mobile „Bade-Dienste“ von den Schafgesundheitsdiensten angeboten (Abb. 96). Die recht hohe Investition zur Erstellung einer eigenen Badeanlage ist somit nicht immer zwingend erforderlich. Lediglich zur Wahrung der Unabhängigkeit und um stets rechtzeitig baden zu können, kann eine eigene oder gemeinschaftlich zu nutzende Anlage von Vorteil sein.

10 Leistungseigenschaften und Produkte

Das Schaf ist wie kaum eine andere Tierart in der Lage, eine vielfältige Palette von Produkten zu erzeugen: Fleisch, Milch, Wolle, Felle, Dung.

10.1 Fortpflanzungsleistung

In der heute auf Lammfleischerzeugung ausgerichteten Schafhaltung ist die Anzahl der verkauften Lämmer pro Mutterschaf und Jahr eine entscheidende Maßzahl für die Wirtschaftlichkeit dieses Betriebszweiges. Damit nimmt die Fortpflanzungsleistung einen vorrangigen Stellenwert ein.

10.1.1 Kriterien der Fruchtbarkeit

Für den weitreichenden Leistungskomplex „Fruchtbarkeit", der von der Anpaarungszeit bis hin zur Aufzucht der Lämmer reicht, liegen verschiedener Messgrößen zur Bewertung der Fortpflanzungsleistung vor.

Erstlammalter

Ein frühes Erstlammalter ist grundsätzlich aus betriebswirtschaftlicher Sicht erstrebenswert, um die Aufzuchtkosten gering zu halten. Das Jungschaf sollte bei der Erstzulassung jedoch etwa zwei Drittel seines rassetypischen Reifegewichtes erreicht haben.

Zwischenlammzeit

Bei Rassen mit deutlich saisonaler Brunst (z. B. Texel, Milchschafe) beträgt bei regelmäßiger Trächtigkeit die Zeit zwischen den Lammungen etwa ein Jahr.

Schafe mit ausgedehnter Brunstsaison (z. B. Schwarzkopf), besonders aber solche mit asaisonaler Brunst (z. B. Merinos) können jedoch wieder früher zugelassen werden, sodass sich durch eine Verkürzung der Zwischenlammzeit der Lämmerertrag/Mutterschaf und Jahr erhöht. Mehrmalige Lammungen im Jahr ermöglichen eine kontinuierliche Marktbelieferung zu günstigen Preisen, erfordern jedoch auch ein exaktes Management, höhere Arbeitsaufwendungen und gute Futterverhältnisse.

Befruchtungsziffer

(Anzahl der lammenden Mutterschafe/Anzahl der dem Bock zugeführten Mutterschafe × 100). Diese Maßzahl sagt aus, wie viel Prozent der zugelassenen Mutterschafe auch wirklich ablammen. Damit gibt die Befruchtungsziffer Auskunft über die Deckleistung des Bockes, die vor allem von der Zuchtkondition des Bockes sowie dem richtigen Verhältnis von Bock und Mutterschafen abhängt.

Ablammergebnis
(Anzahl der geborenen Lämmer/Anzahl der lammenden Mütter × 100). Das Ablammergebnis ist ein Maßstab für die Mehrlingshäufigkeit und damit ein entscheidendes Kriterium der Fortpflanzungsleistung. Die Zahl der geborenen Lämmer ist abhängig von der Anzahl der vom Eierstock abgestoßenen Eier, der Anzahl der befruchteten Eier und dem Anteil, der während der Trächtigkeit überlebt. Diese Größen sind z. T. genetisch bedingt (Rassenunterschiede) und in erheblichem Maße durch die Umwelt beeinflusst. Geringe Ablammleistungen sind meist auf einen schlechten Konditionszustand der Mutterschafe (Krankheit, mangelhafte Haltung und Fütterung) zurückzuführen.

Aufzuchtergebnis
(Anzahl der aufgezogenen Lämmer/Anzahl der geborenen Lämmer × 100). Schwergeburten, geringe Geburtsgewichte, unzureichende Milchversorgung, eine ungünstige Haltungsumwelt und Krankheitserreger setzen die Lebenskraft der Neugeborenen herab und führen häufig zum Totalverlust. Da Mehrlingslämmer (besonders Drillinge und Vierlinge) allgemein leichter und weniger vital sind, kann der Erfolg eines hohen Ablammergebnisses durch hohe Verlustraten schnell wieder kompensiert werden (Antagonismus von Fruchtbarkeit des Mutterschafs und Vitalität der Lämmer).

Produktivitätszahl
(Anzahl der aufgezogenen Lämmer/Anzahl der dem Bock zugeführten Mutterschafe × 100). Die Produktivitätszahl ist das wichtigste Kriterium für die Herdenfruchtbarkeit. Es fasst die Einzelleistungen von der Deckperiode bis hin zur Aufzucht zusammen und beschreibt den Lämmerertrag der Herde.

Einige der o. g. Merkmale werden auch im Rahmen der Leistungsprüfung erhoben (siehe Kap. 5.2.5)

10.1.2 Einflüsse und Möglichkeiten der Leistungssteigerung

Das Reproduktionsgeschehen umfasst einen breiten Leistungskomplex von der Anpaarungszeit bis zur Lämmeraufzucht, auf den zahlreiche Einflüsse wirken. Neben den grundsätzlich erforderlichen Haltungsmaßnahmen bieten sich vor allem in der Zuchtarbeit und Biotechnik Ansätze zur Verbesserung der Fortpflanzungsleistung.

Zucht

Selektion: Die Merkmale der Fruchtbarkeit besitzen zwar nur einen geringen Erblichkeitsgrad, weisen aber recht ausgeprägte Unterschiede (Variation) zwischen den Tieren auf. Somit kann die Fruchtbarkeit einer Herde langfristig durch die stete Ergänzung mit Zuchtlämmern fruchtbarster Mutterschafe erhöht werden. Dabei ist zu beachten, dass die Mutterschafe nicht überaltern, da das Ablammergebnis im 3. Zuchtjahr am höchsten ist und nach fünf Zuchtjahren wieder abfällt. In den meisten Zuchtgebieten wird bei der Zuchtwertfeststellung von Böcken die Fruchtbarkeit nur als Mindestgrenze der Bockmütter berücksichtigt. Bei den meisten Rassen ist jedoch eine Steigerung des Ablammergebnisses über 170 % nicht ratsam, da dann durch die vermehrte Drillings- und Vierlingshäufigkeit höhere Verluste auftreten, die das höhere Ablammergebnis wieder kompensieren.

Kreuzung: Besonders bei den Merkmalen der Fruchtbarkeit treten in hohem Maße Kreuzungseffekte (Heterosis) auf, die zu einer Überlegenheit der Kreuzungsmutterschafe gegenüber reingezüchteten Mutterschafen von 15 bis 20 % führen.

Durch die Einkreuzung sehr fruchtbarer Rassen (z. B. Milchschaf, Finnschaf, Romanov) kann ferner ein Teil der rassespezifischen Leistungsveranlagung auf die Kreuzungsnachkommen übertragen werden. So wurden in Holland und Frankreich mithilfe von Romanov- bzw. Finnschafen neue Rassen gezüchtet, die eine um 40 bis 50 % erhöhte Fruchtbarkeit aufweisen. Dieser Fortschritt ging jedoch mit einer verringerten Körpergröße und Bemuskelung sowie einer reduzierten Milchleistung einher. Auch das saisonale Brunstverhalten kann durch Einkreuzung asaisonaler Rassen wie Merinos oder Bergschafe ausgedehnt werden.

Nach der Klärung des Erbganges bestimmter fruchtbarkeitssteigernder Gene, sog. Majorgene (z. B. Boroola-Gen), kann man Böcke, die solche Gene tragen, zur Verbesserung der Fruchtbarkeit einsetzen. Diese Möglichkeit wird bereits in einigen Ländern genutzt.

Biotechnische Maßnahmen

Die **künstliche Besamung (KB)** bietet grundsätzlich eine Reihe von Vorteilen:

- Beschleunigung des Zuchtfortschritts durch gezielte und überbetriebliche Anpaarung von Eliteböcken sowie durch eine damit verbundene höhere Genauigkeit in der Zuchtwertschätzung (z. B. durch die BLUP-Zuchtwert-Schätzmethode),
- Vermeidung von Deckseuchen,
- Nutzung von importiertem Sperma bestimmter Leistungsträger bzw. Rassen.

In der deutschen Schafhaltung kommt der künstlichen Besamung bisher kaum eine Bedeutung zu. Die vorwiegend extensiven Haltungsverhältnisse und die vergleichsweise geringe Wirtschaftlichkeit lassen hohe Aufwendungen, wie sie für die KB erforderlich sind, nicht zu. Auf dem Schafbetrieb würden im Rahmen der KB zusätzliche Arbeiten anfallen wie Haltung und Einsatz von Suchböcken zur Kennzeichnung brünstiger Mutterschafe, exakte Bestimmung des optimalen Besamungszeitpunktes und Einfangen, Fixieren und Besamen eines jeden Mutterschafes. Auf einer Besamungsstation wäre die Haltung von Zuchtböcken, Spermagewinnung/-beurteilung, Verdünnung, Konservierung und Transport des Bockspermas notwendig.

Darüber hinaus wird die Effektivität der KB dadurch gemindert, dass die Besamungserfolge stark variieren und nach der Tiefgefrierkonservierung des Spermas im Mittel nur zwischen 40 und 50 % liegen. Verbesserte Ergebnisse werden mit Frischsperma (Haltbarkeit etwa 8 Std.) und bei tiefer intrazervikaler oder intrauteriner Spermaablage erreicht.

In der ehemaligen DDR, aber auch in Norwegen, Frankreich und Island war bzw. ist die KB, vor allem unter intensiven Produktionsverhältnissen, zum Teil fester Bestandteil der Schafzucht.

Mithilfe der **Zyklussteuerung** kann die Brunst mehrerer Schafe zum gleichen Zeitpunkt ausgelöst (Brunstsynchronisation) und die Brunstzeit vorverlegt werden.

Die Brunstsynchronisation erfolgt mittels einer vorübergehenden Hormongabe (Scheidenschwämmchen, über das Futter, subkutane Deponierung von Implantaten am Ohr), wodurch die Schafe auf ein gleiches Zyklusniveau gebracht werden. Infolge der gleichzeitig auftretenden Brunst befinden sich die Mutterschafe nach gezielter Anpaarung oder KB alle im gleichen Trächtigkeitsstadium. Damit verbunden sind verschiedene Vorteile, wie z. B. die optimale Anpassung der Fütterung sowie kurze Ablammphasen, die eine intensive Betreuung und eine einheitliche Entwicklung der gleichaltrigen Lämmer ermöglichen.

Das Vorverlegen oder das Auslösen der Brunst außerhalb der natürlichen Brunstsaison kann auch durch sog. Lichtprogramme erfolgen. Durch Simulierung der abnehmenden Tageslänge (Herbst) kann so bei saisonal brünstigen Rassen eine Brunst im Frühjahr oder Sommer eingeleitet werden.

Die Methoden der Brunstsynchronisation sowie das Lichtprogramm sind aber in der deutschen Schafzucht bisher wenig verbreitet, da hiermit erhöhte Aufwendungen und Kosten verbunden sind.

Auch der **Embryotransfer (ET)** hat in der praktischen Schafzucht noch keine Bedeutung. Lediglich im Rahmen von Forschungsprojekten oder unter speziellen Bedingungen kommt er zur Anwendung.

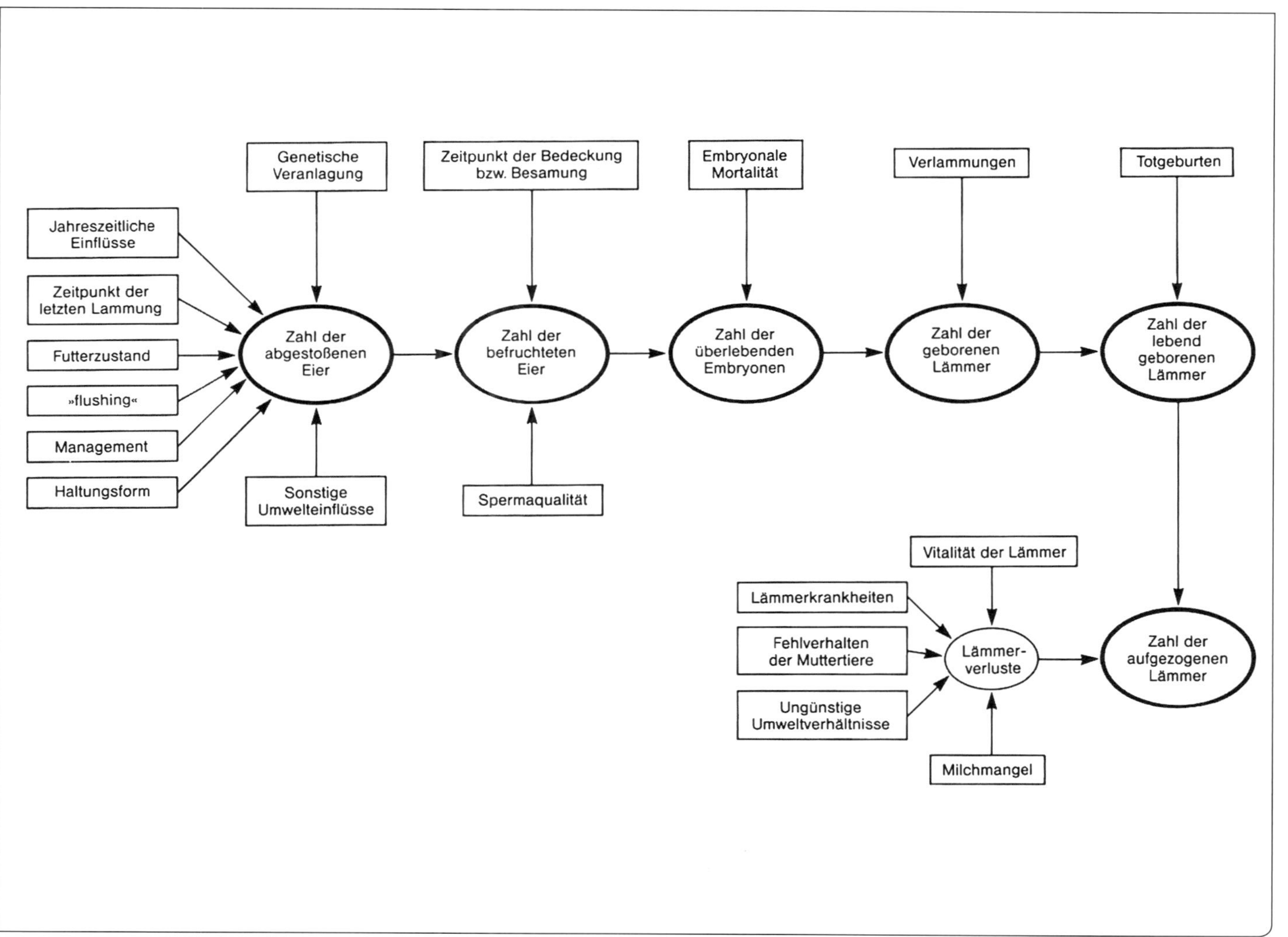

Abb. 77. Einflüsse auf die Fruchtbarkeit.

Beispielsweise können durch die Ein- oder Ausfuhr von Embryonen seuchenhygienische Bestimmungen, die nur für lebende Zuchttiere gelten, umgangen werden.

Ablauf des Embryotransfers:
- Superovulation durch Hormongabe an die Mutterschafe, von denen Embryonen gewonnen werden sollen (Spendertiere), dadurch wird eine um das vier- bis achtfach höhere Anzahl befruchteter Eier gewonnen,
- künstliche Besamung oder Bedeckung,
- chirurgische Gewinnung der Embryonen zwischen 3. und 7. Tag nach der Belegung,
- Klassifizierung und ggf. Konservierung der Embryonen,
- Übertragung auf sog. Empfängertiere.

Die Ablammerfolge liegen mit erheblichen Schwankungen um etwa 70 % bei sofortiger Übertragung; nach der Konservierung bei 30 bis 50 %.

Grundsätzlich ist bei der Zyklussteuerung sowie beim Embryonentransfer immer auch die Zulassung der entsprechenden Hormonpräparate zu prüfen.

Einfache, praxisrelevante Maßnahmen

Durch die Umstellung auf eine besonders nährstoffreiche Fütterung (Flushing) tritt die Brunst gewöhnlich etwas früher und deutlicher auf. Nach einer solchen Stoßfütterung legen die meist abgesäugten Mutterschafe wieder an Gewicht zu, was auch zu einer Steigerung der Ovulationsrate führt (siehe auch Kap. 7.2.2). Smidt hatte schon 1969 gezeigt, dass das Ablammergebnis bei mittelschweren Rassen um 10 % höher liegt, wenn das Gewicht der Mutter in der Vorbereitungsphase um 5 kg ansteigt.

Brunststimulierende Wirkung hat auch ein der Mutterherde beigestellter Bock. Bei diesem sollte jedoch der Penis operativ verlegt sein (in der Praxis selten), oder dem Bock sollte eine Deckschürze angelegt werden, damit er noch nicht zum Deckeinsatz kommen kann. Stimulierend wirkt sich aber auch schon die Aufstallung der Böcke unmittelbar neben den Mutterschafen aus.

Haltung

Es sei hier noch einmal betont, dass die von der Haltungsumwelt (Stalleinrichtungen und -klima), der Fütterung und dem Gesundheitszustand abhängige Kondition der weiblichen und männlichen Zuchtschafe sowie das Management von der Anpaarung bis zum Absetzen stärkste Einflussgrößen auf die Reproduktionsleistungen sind.

Es wird deutlich, dass der Antagonismus von Fruchtbarkeit (Mutterschaf, hohe Lämmerzahl) und Vitalität (Lamm) durch optimale Konditionierung der trächtigen Mutterschafe (Fütterung, Bewegung, frei von Parasiten und Krankheitserregern) sowie bei intensiver Betreuung während der ersten Aufzuchttage in deutlich geringerem Maße auftritt.

10.2 Die Gewichtsentwicklung der Lämmer

Die Gewichtsentwicklung umfasst den altersabhängigen Zuwachs von Muskelgewebe, Knochen, Fett und Organen von der Geburt bis zum Absetzen bzw. bis zum Mastende. Von wirtschaftlichem Wert ist fast ausschließlich das Muskel- bzw. Fleischbildungsvermögen. Die Wachstumsphase ist ausschlaggebend für eine frist- und marktgerechte Schlachtlämmererzeugung, rangiert in der ökonomischen Bedeutung jedoch hinter den Kriterien der Fruchtbarkeit.

10.2.1 Leistungskriterien

Geburtsgewicht (kg)

Die Geburtsgewichte variieren je nach Rasse von etwa 1,5 bis 5 kg und weisen einen Erblichkeitsgrad um 25 bis 35 % auf. Vitalität und Wachstumsleistung sind u. a. vom Geburtsgewicht abhängig.

Gewichtzunahmen (g/Tag) und absolute Gewichte (kg)

Bis zu einem Alter von drei bis fünf Monaten nehmen die Lämmer je nach Fütterung und Veranlagung zwischen 150 und 400 g/Tag zu. Folgende Kriterien sind zu unterscheiden:

- Tägliche Zunahme (g/Tag): Anfangsgewicht-Endgewicht/Tage zwischen den Gewichtserhebungen.
- Tageszunahme (g/Tag): Gewicht/Alter in Tagen. Die tägliche Zunahme ist das genauere Maß, da es exakt den Zuwachs pro Zeiteinheit zwischen den zwei Gewichten berechnet. Ist lediglich ein Gewicht bekannt, so kann nur die Tageszunahme bestimmt werden. Beispiel: Tageszunahme = 350 g/Tag (42 kg Endgewicht/120 Tage, Geburtsgewicht unbekannt); tägliche Zunahme = 317 g/Tag (42 kg Endgewicht – 4 kg Geburtsgewicht/120 Tage).
- Das Absetzgewicht ist für die sich anschließende Mastphase und das Mastendgewicht für die Vermarktung bedeutsam.

Futterverwertung (kStE bzw. MJ oder kg/kg Gewichtszunahme)

Die Futterverwertung gibt an, wie viel Nährstoffeinheiten (kStE bzw. MJ) oder wie viel Futter (kg) das Schaf fressen muss, um 1 kg Lebendgewicht zuzunehmen. Die Verwertung der Futterenergie bewegt sich bei wachsenden Lämmern zwischen 1800–2600 StE (= ca. 34–50 MJ) je kg Gewichtszuwachs. Bei einer guten Futterverwertung benötigt das Schaf weniger Nährstoffe, um 1 kg Lebendgewicht zuzunehmen und vermag somit Futterkosten einzusparen (siehe auch Kap. 7.2.3 und 7.2.4).

10.2.2 Einflüsse und Möglichkeiten der Leistungssteigerung

Die Gewichtsentwicklung der Lämmer kann durch zahlreiche Faktoren positiv oder negativ beeinflusst werden.

Zucht

Selektion: Die unterschiedlichen Zuwachsleistungen innerhalb einer Rasse sowie Heritabilitäten von 0,08 (Feld) bis 0,48 (Station) machen die Selektion von frohwüchsigen Zuchttieren erfolgreich. Beweis genug dafür liefert das heute erreichte Leistungsniveau der Fleischschafrassen, das durch stete Zuchtauslese bestveranlagter Böcke erreicht wurde.

Kreuzung: Die erheblichen Unterschiede zwischen den Rassen gaben immer wieder Anlass im Rahmen einer Veredlungs-, Einfach- oder Dreifachkreuzung die Zuwachsleistung von Masttieren in einer Population oder in einer Herde zu verbessern. Als Kreuzungspartner werden wüchsige Vaterrassen, wie z. B. Texel, herangezogen (siehe auch Kap. 5.1.2 „Zuchtmethoden")

Neben der Ausnutzung von Rassendifferenzen wirken sich insbesondere während der Aufzucht auch Heterosiseffekte positiv auf die Gewichtsentwicklung der Lämmer aus.

Fütterung

Mit steigender Fütterungsintensität kann das Wachstums- und Fleischbildungsvermögen pro Zeiteinheit vermehrt ausgeschöpft werden. Eine sehr hohe Nährstoffversorgung der Lämmer führt jedoch zu einer starken Verfettung und damit zu nicht marktgerechten Schlachtlämmern sowie zu einer verminderten Nährstoffverwertung, da für die Erzeugung von Fett mehr Nährstoffe benötigt werden als für den Aufbau von Muskelgewebe. Dabei ist auch zu bedenken, dass die Fettbildung nach der Geschlechtsreife auf Kosten der Fleischbildung stattfindet.

Zur Erzeugung eines vollfleischigen marktgerechten Schlachtlammes und zur Minimierung der Futterkosten ist also gerade in der späteren Mastphase keine maximale, sondern besser die optimale Nährstoffverwertung anzustreben.

Beste Heu- und Silagequalitäten sowie das sog. creep-grazing-Verfahren auf der Weide gewährleisten hohe Nährstoffaufnahmen aus dem vergleichsweise billigen Grundfutter und hohe Gewichtszunahmen (siehe auch Kap. 8.2.1 „Weideführung/Lämmerweiden").

Maternale Effekte
Körperliche Verfassung und Alter des Mutterschafes wirken sich in erheblichem Maße auf das Geburtsgewicht des Lammes und die Milchleistung der Mutter aus. Beide Größen fördern eine schnelle Gewichtsentwicklung der Lämmer. Mit zunehmendem Lämmeralter verringern sich aber diese Einflüsse. Die Lämmer werden selbstständiger und nehmen neben der Milch vermehrt auch andere Futtermittel auf, ferner geht die Milchleistung zurück. Durch die geringere Milchleistung von Zutretermuttern und das verminderte Geburtsgewicht ihrer Lämmer weisen diese bis zum Absetzen um etwa 20 % geringere Zunahmen auf.

Ähnliches ist bei sehr alten Mutterschafen zu beobachten. Dass der Einfluss der Milchleistung auf das Lämmerwachstum höher einzustufen ist als der des Geburtsgewichts und des Geburtstyps zeigt folgendes Bild: Mehrlinge, die als Einling aufgezogen wurden, weisen deutlich höhere Zunahmen auf als Zwillinge, die zusammen an der Mutter aufwuchsen!

Haltung
- In erster Linie müssen haltungstechnische Anforderungen, wie z. B. eine ausreichende Anzahl Fressplätze und genügend Lauffläche, erfüllt sein. Andernfalls ist ein starkes Auseinanderwachsen der Lämmer die Folge, da schwächere bzw. jüngere Lämmer abgedrängt werden und weniger Futter erhalten als die stärkeren Artgenossen.
- Unter schlechten Klimaverhältnissen (Temperatur, Luftfeuchte) wird die Zuwachsleistung der Lämmer beeinflusst. Sowohl bei Kälte (vermehrte Wärmeproduktion zur Aufrechterhaltung der Körpertemperatur) als auch bei übermäßiger Hitze (höhere Atemzugzahlen, geringere Futteraufnahme) ist das Fleischbildungsvermögen je Zeit- sowie je Nährstoffeinheit reduziert. Hier können Aufstallung und Einstreu bzw. ausreichende Lüftung des Stalles bessere Bedingungen schaffen. Gleiches gilt für einen Wetterschutz auf der Weide.
  Durch die Schur des Mastlammes ist dieses den Klimabedingungen stärker ausgesetzt. So nehmen geschorene Lämmer zwar mehr Futter auf und zeigen leicht höhere Zunahmen, haben aber eine schlechtere Futterverwertung, da ohne Wolle ein höherer Teil der Nährstoffe für die Aufrechterhaltung der Körpertemperatur verloren geht.
- Entscheidende Wachstumseinbußen treten bei Lämmern auf, wenn diese durch Durchfall- oder Atemwegserkrankungen geschwächt oder von Parasiten befallen sind. Der schwerwiegende Einfluss solcher Krankheiten liegt darin, dass die Lämmer in ihrer gesamten Entwicklung oft völlig stehenbleiben und nach dem Überstehen des Befalls meist nicht in der Lage sind, die Gewichtseinbußen wieder aufzuholen.

Lammeigene Einflüsse

- Geschlecht: Männliche Lämmer sind bereits bei der Geburt schwerer als weibliche. Bocklämmer zeigen insbesondere ab der 2. Aufzuchthälfte eine deutlich höhere Wachstumsbildung. Diese Überlegenheit fällt bei hoher Futterversorgung höher aus, da die Bocklämmer nun ihre bessere Wachstumsveranlagung ausschöpfen können.
- Geburtstyp: Einlinge sind aufgrund der besseren intrauterinen Versorgung und Raumverhältnisse bei der Geburt schwerer als Mehrlinge. Darüber hinaus stehen Einlingen größere Milchmengen der Mutter zur Verfügung, sodass sie schneller zunehmen.
- Aufzuchttyp: Auch Lämmer, die als Mehrling geboren und als Einling aufgezogen werden, wachsen vergleichsweise schneller (siehe auch „Maternale Effekte").

10.3 Schlachtleistung

Der Schlachtleistung (der Begriff umfasst quantitative und qualitative Merkmale des Schlachtkörpers) kommt bei der heute auf Lammfleischerzeugung ausgerichteten Produktion eine große wirtschaftliche Bedeutung zu.

Dabei entscheidet die im Vordergrund stehende Schlachtkörperqualität nicht nur über die Höhe des Preises, sondern auch über die Absatzmöglichkeiten. Folglich liegt das Ziel eines jeden wirtschaftlich orientierten Schafhalters darin, ein Schlachtlamm mit höchstem Schlachtwert zu erzeugen.

Dazu muss der Schafhalter selbst am lebenden und geschlachteten Lamm Schlachtreife und -wert beurteilen können.

10.3.1 Bewertung des Schlachtlammes

Lebendbeurteilung

Bei der Bewertung des Schlachtwertes am Lebendtier können folgende Kriterien Auskunft geben:

- Mastendgewicht – das Gewicht zum Zeitpunkt des Verkaufs ist Basis des Verkaufswertes.
- die rein optische Beurteilung der Schlachtlämmer hinsichtlich Rahmen, Bemuskelung, Kondition und Gesundheit.
- die Bewertung der Schlachtreife durch sog. Fleischergriffe, womit sich auch der Erzeuger einen Eindruck von dem Fleisch- und Fettansatz machen kann (siehe Abb. 78).

  Ein typischer Fettgriff ist der Rückengriff: Hier prüft man am besten mit der flachen Hand, inwieweit die Dornfortsätze der Wirbelsäule ertastbar sind. Sind diese noch deutlich einzeln zu fühlen, so ist das Lamm noch nicht schlachtreif. Als schlachtreif sind Lämmer dann einzustufen, wenn sich bei einer 3 bis 5 mm dicken Fettauflage die Konturen der Dornfortsätze als leichte Rundungen ab-

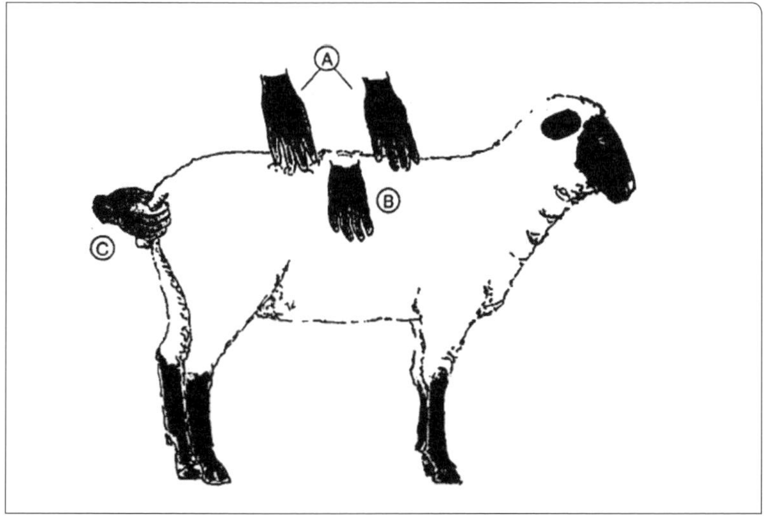

Abb. 78 a. Metzgergriffe zur Beurteilung der Schlachtreife am lebenden Tier (AID 2010)
A Rückengriff
B Rippengriff
C Schwanzgriff

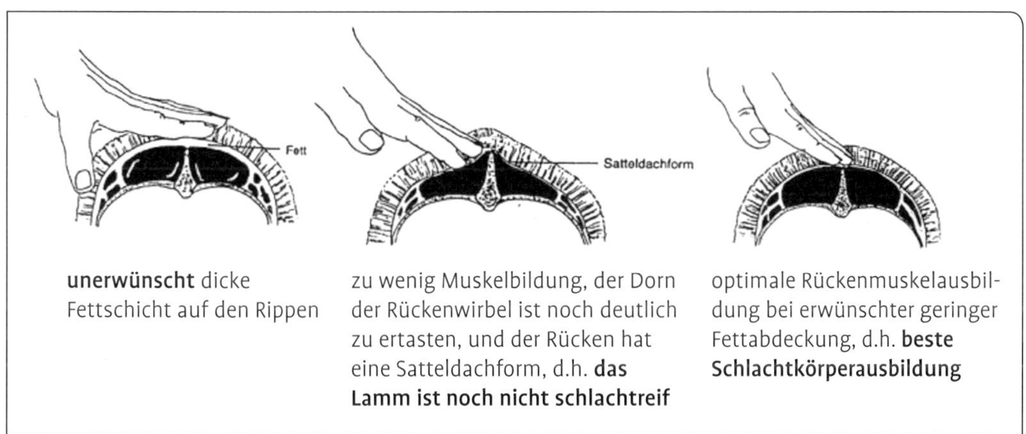

unerwünscht dicke Fettschicht auf den Rippen

zu wenig Muskelbildung, der Dorn der Rückenwirbel ist noch deutlich zu ertasten, und der Rücken hat eine Satteldachform, d.h. **das Lamm ist noch nicht schlachtreif**

optimale Rückenmuskelausbildung bei erwünschter geringer Fettabdeckung, d.h. **beste Schlachtkörperausbildung**

Abb. 78 b. Überprüfung der Schlachtreife durch den Rückengriff (AID 2010)

zeichnen. Wird kein Wirbelkörper mehr gefühlt, ist das Lamm stark verfettet. Bei den Griffen soll das Fell leicht verschiebbar sein.
Ein Fleischgriff ist beispielsweise der Lendengriff, bei dem die Lendenmuskulatur von der Hungergrube aus mit dem Daumen nach unten erfasst und beurteilt wird. Der Fachmann setzt häufig noch weitere Griffe an.

Diese o. g. Kriterien sind ausschlaggebend für den Verkaufswert der lebenden Schlachtlämmer.

Schlachthofgewicht (kg)
Das Schlachthofgewicht wird unmittelbar vor der Schlachtung erfasst. Im Allgemeinen geht der Schlachtung eine etwa zwölfstündige

Nüchterung voraus, sodass dabei ein Nüchterungsverlust von etwa 2 bis 3 % entsteht. Unter Berücksichtigung von Rasse, Alter und ggf. des Mastverfahrens geben bereits das Schlacht- sowie das Mastendgewicht einen Anhalt über die Schlachtkörperqualität.

Schlachtkörpergewicht (kg)
Als Schlachtkörper ist der ganze Körper des geschlachteten, ausgebluteten, enthäuteten und ausgeweideten Tieres ohne Kopf, Füße und Geschlechtsorgane einschließlich Nieren und Nierenfett zu verstehen. Die Vorderfüße werden im Karpal-, die Hinterfüße im Tarsalgelenk abgetrennt (siehe Abb. 7). Vom Schwanz verbleiben max. sechs Wirbel am Schlachtkörper. Der Kopf wird zwischen dem Hinterhauptsbein und dem ersten Halswirbel (Atlas) abgetrennt.

Das Gewicht des Schlachtkörpers ist direkt nach der Schlachtung (warm) oder nach 24-stündiger Kühlung (kalt) zu erfassen. In diesem Fall tritt ein etwa 1 bis 1,5 %iger Kühlverlust auf.

Nach einer Verordnung des Vieh- und Fleischgesetzes wird das „Warmgewicht“ auch als Schlachtgewicht bezeichnet.

Schlachtausbeute (%)
Sie gibt an, wie viel Prozent vom Schlachthofgewicht (lebend) nach Abzug o. g. Organe als Schlachtkörpergewicht verbleiben. Da sich hier der Einfluss der Pansenfüllung erheblich auswirkt, ist eine vorangegangene Nüchterungsphase empfehlenswert.

Nettozunahme (g/Tag)
Schlachtkörpergewicht (warm)/Alter am Schlachttag.

10.3.2 Klassifizierung der Schlachtkörper

Die Bewertung der Schlachtkörper erfolgt auf der Grundlage der „EG-Verordnung über das gemeinschaftliche Handelsklassenschema für Schafschlachtkörper“ von 2008. Sinn und Zweck der hier vorgeschriebenen Klassifizierung liegt darin, eine Grundlage für eine dem tatsächlichen Schlachtwert entsprechende Notierung und Bezahlung zu schaffen. Ferner ist anhand der Klassifizierungen ein Überblick über Handels- und Marktansprüche zu erhalten.

Tab. 33: Kategorisierung von Schlachtkörpern

Kategorie	Bezeichnung	Unterscheidungsmerkmal
Lammfleisch	L	Schlachtkörper von unter 12 Monate alten Tieren (Lämmern)
Schaffleisch	S	Schlachtkörper anderer Schafe

Tab. 34: Handelsklassen und deren Merkmale

Handelsklasse (Fleischigkeitsklasse)	Ausbildung der wertbestimmenden Körperpartien wie Keule, Rücken, Schulter:
S	erstklassig
E	vorzüglich
U	sehr gut
R	gut
O	mittel
P	Gering
Fettklasse 1–5	1 = sehr gering, 5 = stark

Die Klassifizierung gibt Auskunft über den Reifegrad (Kategorie,Tab. 33) des Schlachttieres, die Ausprägung der wertbestimmenden Teilstücke (Handelsklassen, Tab. 34) und den Fettansatz. Die heute gültige, nur sehr grobe Kategorieeinteilung (Lammfleisch, Schaffleisch) erlaubt keine altersabhängige Differenzierung der Lämmerschlachtkörper, sodass die Qualität der in Deutschland recht früh geschlachteten Lämmer nicht mehr in der Kategorie zum Ausdruck kommt. Bis 1993 wurde noch zwischen Lämmern bis zu einem Alter von 6 Monaten und solchen bis 12 Monaten unterschieden.

Die Kennzeichnung des Schlachtkörpers muss vor der Kühlung mit unverwischbarer und kochechter Farbe unter Angabe von Kategorie, Handelsklasse und ggf. des Fettansatzes auf der Innenseite der Keulen erfolgen (z. B. L U 3 = Lammfleisch mit sehr guter Ausbildung der wertbestimmenden Körperpartien und mittlerem Fettansatz).

10.3.3 Qualitätskriterien

Marktansprüche und Verbraucherwünsche legen fest, was unter Lammfleischqualität zu verstehen ist.
Die Qualität von Lammschlachtkörpern wird im Wesentlichen durch
- den Anteil der wertvollen Teilstücke,
- den Muskelfleisch- und Fettanteil sowie
- die Beschaffenheit von Fett und Fleisch

bestimmt. Für den Endverbraucher sind dabei vor allem Fleischqualität und Fettanteil von Bedeutung, während Metzger und Vermerkter darüber hinaus auch Muskelfülle und Fettverteilung bewerten. Die Qualität des Schlachtkörpers wird durch subjektive Betrachtung bewertet. Erfahrene Bewerter treffen so recht genau den tatsächlichen Schlachtwert. Die Erhebung genauer objektiver Kriterien ist aufwendig und teuer.

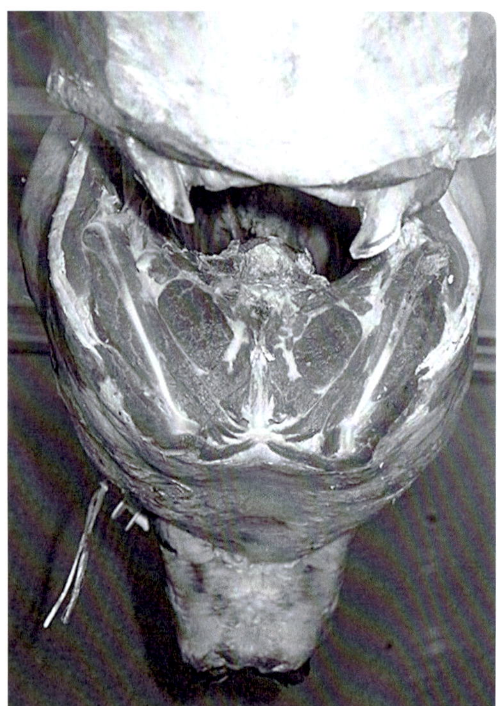

Abb. 79. Ein vollfleischiger Schlachtkörper mit geringem Fettanteil (Fettklasse 1–2)

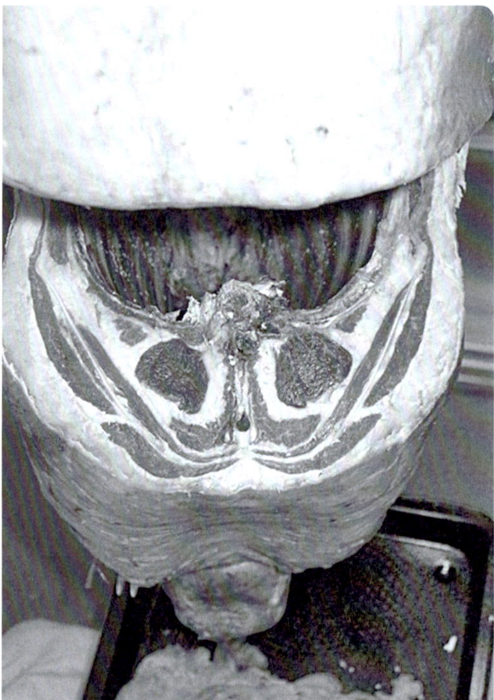

Abb. 80 Ein Schlachtkörper mit hohem Fettanteil und begrenztem Fleischanteil (Fettklasse 4–5)

Schlachtkörper höchster Qualitäten werden bei den Merino- und Fleischrassen erzielt, wenn folgende Kriterien erfüllt sind:
- 38–42 kg Lebendgewicht, Schlachtgewicht (ohne Kopf) 18–22 kg,
- Ausschlachtung 48 % und mehr,
- Alter 4–5 Monate,
- Handelsklasse S bis U bei einem Verfettungsgrad von 2–3.

Die Aufteilung des Schlachtkörpers in verschiedene Teilstücke sowie deren durchschnittliche Anteile am Schlachtkörper sind in der Abb. 81 wiedergegeben. Als wertvolle Teilstücke sind vor allem die Keule und der Rücken, der sich in Lende, Filet und Kotelett gliedert, zu nennen. Diese Gruppe nimmt im Mittel gut 50 % des Schlachtkörpers ein. Aber auch Kamm und Schulter (Bug) zählen zu den besseren Körperpartien, während Brust und Dünnung weniger wertvoll sind (hoher Knochenanteil, wenig Fleisch).

Der Muskelfleisch- und Fettanteil weist hohe Schwankungen auf. Für Lammfleisch bewegen sich diese von etwa 50 bis 70 % für Fleisch und etwa 9 bis 30 % für Fett. Wünschenswert ist eine hohe Muskelfülle bei leichter bis mittlerer Fettauflage.

Das Fett verteilt sich am Schlachtkörper vorwiegend auf das Nieren-Beckenhöhlen-Fett (1 bis 3 %), das Auflagefett (3 bis 12 %) und das Fett zwischen den einzelnen Muskeln (intermuskulär, 5 bis 14 %). Die äußere Fettauflage sollte 2 bis 4 mm betragen und sich möglichst gleichmäßig über den gesamten Schlachtkörper erstrecken. Die Fetteinlagerungen innerhalb der Muskeln (intramuskulär) sorgen für die gewünschte Marmorierung des Fleisches.

Das Fleisch:Fett-Verhältnis ist ein wesentliches Kriterium für die Schlachtkörperqualität.

Die Beschaffenheit (Qualität) des Fleisches wird durch die Zartheit, das Safthaltevermögen und den Geschmack angezeigt.

Die Zartheit ist in erster Linie von der Muskelfaserstärke abhängig. So kann gerade für das junge Schlachtlamm eine hohe Zartheit garantiert werden, da der Durchmesser der einzelnen Muskelfasern mit etwa 52 μm noch relativ gering ist. Rind und Schwein weisen demge-

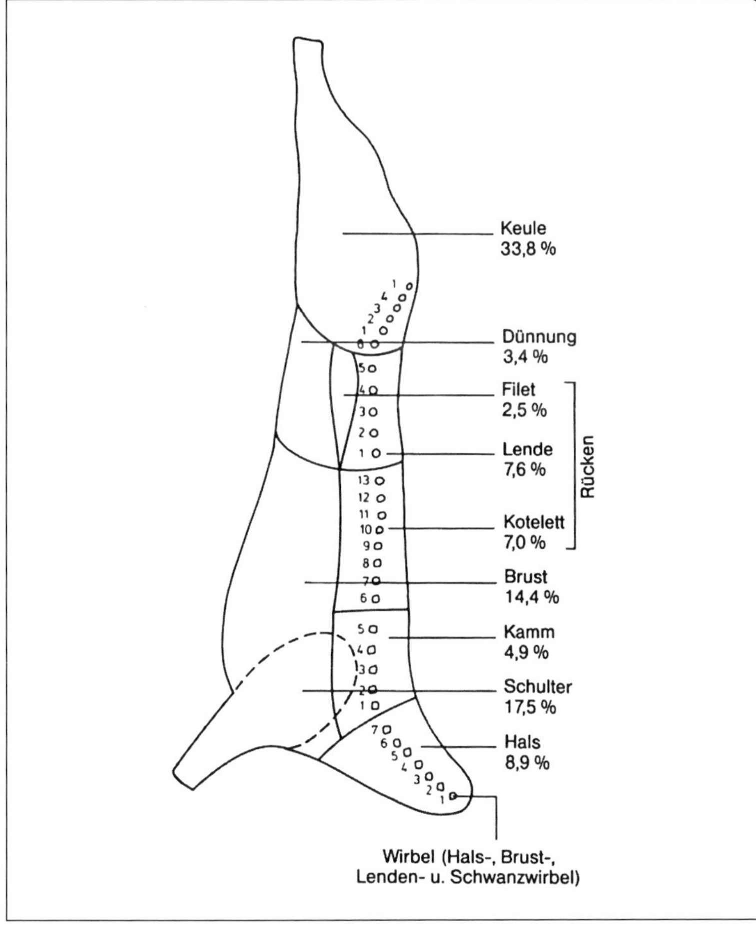

Abb. 81. Die Grobzerlegung des Schlachtkörpers mit den Anteilen der Teilstücke am Schlachtkörpergewicht.

genüber gröbere Fasern auf. Auch das Abhängenlassen und ein geringer Bindegewebsanteil (wie z. B. in Keule- und Rückenmuskulatur) machen das Fleisch zart.

Das Safthaltevermögen ist vorrangig durch die Marmorierung bedingt. Das Bratenstück verliert durch eine gute Marmorierung nur wenig Flüssigkeit und kaum an Größe. In der physiologischen Reihenfolge der Fettablagerungen wird allerdings dieses erwünschte intramuskuläre Fett zuletzt angelegt, d. h., erst wenn der Schlachtkörper bereits einen gewissen, äußerlich sichtbaren Fettansatz aufweist, kommt es zur Marmorierung des Fleisches.

Der Geschmack des Fleisches wird besonders durch das anteilige Fett bestimmt. Die Qualität des Fettes ist von besonderer Bedeutung, da es für den Geschmack des Fleisches verantwortlich ist. Als Qualitätskriterien werden hier der Schmelzpunkt und die Farbe des Fettes herangezogen. Bei niedrigem Schmelzpunkt weist das Fett infolge des hohen Anteils ungesättigter Fettsäuren eine bessere Qualität auf; es ist weich, kaum talgig und hat noch keinen strengen Geschmack. Dieses trifft besonders für junge Lämmer zu, sodass deren Fleisch auch als Kaltbraten zu genießen ist. Mit zunehmendem Alter verändern sich jedoch die Eigenschaften des Fettes in unerwünschter Weise, da sich der Anteil ungesättigter Fettsäuren verringert. Somit entspricht das Fleisch älterer Schlachttiere (> 1 Jahr) weniger den Ansprüchen der Verbraucher. Eine raufutter-, insbesondere grasbetonte Fütterung der Lämmer bewirkt ein ernährungsphysiologisch günstiges Fettsäuremuster im Fleisch mit einem hohen Anteil ungesättigter Fettsäuren. Dieser Sachverhalt kann beim Weidelamm hervorgehoben werden.

Die Fettfarbe ist bei jungen Lämmern hell und wird mit wachsendem Alter zunehmend gelber. Die Farbe wird aber auch durch die Fütterung beeinflusst, z. B. durch carotinhaltige Futtermittel (Mais etc.).

10.3.4 Beeinflussung der Schlachtleistung

Zucht

Die Kriterien der Schlachtleistung weisen eine recht hohe Erblichkeit (Heritabilität) und auch große Leistungsunterschiede innerhalb der Rassen (Variation) auf. Diese beiden Voraussetzungen sind für die erfolgreiche Selektion auf hohe Schlachtleistung verantwortlich. Beispielhaft dafür stehen die enormen Leistungssteigerungen in den wertbestimmenden Schlachtkörpereigenschaften in allen auf Fleischleistung gezüchteten Rassen während der letzten Jahrzehnte.

Zwischen den verschiedenen Rassen bestehen erhebliche Unterschiede in der Leistungsveranlagung, die von kleinen, flach bemuskelten Landschafen bis hin zu voll bemuskelten Fleischrassen mit doppelt so hohem Reifegewicht reichen. Dabei sind gerade Letztere in der Lage, die aufgenommenen Nährstoffe stärker zur Muskelfleischbil-

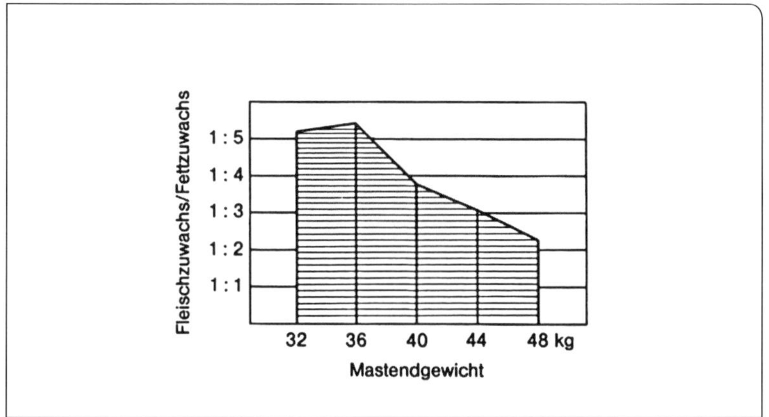

Abb. 82. Der tägliche Fleischzuwachs relativ zum täglichen Fettzuwachs.

dung zu nutzen als die genügsameren Landrassen, die höhere Nährstoffgaben vermehrt in Fett umsetzen.

Innerhalb der Fleischschafrassen zeigen sich vor allem Unterschiede in der Teilstückausprägung. Hier erfüllt das Texelschaf, aber auch das Blauköpfige Fleischschaf und Ile de France, die hohen Qualitätsansprüche meist am besten. Durch Ausnutzung solcher Rassedifferenzen kann nun im Rahmen der Gebrauchskreuzung die Fleischleistung einer Herde schnell verbessert werden und eine rasche Anpassung an die jeweiligen Marktforderungen erfolgen. Auch in den Kriterien der Fleischqualität sind Rassendifferenzen festzustellen. So haben z. B. große, schwere Rassen aufgrund der geringeren Muskelfaserstärke ein etwas zarteres Fleisch, Schnuckenfleisch hat einen rasseeigenen, wildbretähnlichen Geschmack.

Fütterung

Die Fütterung übt einen maßgeblichen Einfluss auf die quantitative sowie qualitative Schlachtleistung aus. Da die Fleischbildung im Wesentlichen von der Eiweißversorgung abhängt, gilt es gerade im wachstumsintensiven Jugendstadium, proteinreiche Futtermittel zu verabreichen (siehe auch Kap. 7.2.4 „Fütterung der Mastlämmer“). Andernfalls treten Wachstumsdepressionen auf, die sich bis Mastende nicht mehr ausgleichen lassen; die Schlachtkörper sind weniger bemuskelt. Auch eine erhöhte Energiezufuhr würde bei Eiweißuntersuchung lediglich zu einer vermehrten Verfettung und schlechter Futterverwertung führen. Ähnliche Auswirkungen hat ein überhöhtes Fütterungsniveau, d. h. ein großer Teil der Nährstoffe wird nicht in Fleisch, sondern unter Energieverlust in Körperfett umgewandelt. Zur Erzeugung eines marktgerechten Schlachtkörpers muss die Fütterungsintensität der rassespezifischen Leistungsveranlagung, dem Geschlecht und dem Alter der Tiere angepasst werden. So können über unterschiedliche Mastverfahren befriedigende Schlachtleistungen erzielt werden.

Schlachtalter

Quantitative Merkmale: Wie bereits in Kapitel 5.1.1 dargestellt, verändern sich die Anteile von Fleisch, Fett und Knochen mit zunehmendem Alter. Das bedeutet ein hohes Fleischbildungsvermögen während der Jugendphase und eine vermehrte Nutzung der Nährstoffe zur Fettbildung nach Erreichen der Reifephase. Der Fleischzuwachs geht also zugunsten des Fettzuwachses zurück.

Der optimale Schlachttermin ist daher stets am Reifegrad auszurichten (Schlachtreife), wenn hohe Schlachtkörperqualitäten mit hohem Fleisch:Fett-Verhältnis erzeugt werden sollen. Folglich sind frühreife Rassen bei einem geringeren Alter und Gewicht zu schlachten als spätreife Rassen.

Dem anhaltenden Trend, immer jüngere Lämmer mit Schlachtkörpergewichten unter 18 kg zu vermarkten, ist Folgendes zu entgegnen: Die finanziellen Vorteile einer Teilstückvermarktung sind umso größer, je schwerer die Lämmer sind – vorausgesetzt, die Verfettung bewegt sich in akzeptablen Grenzen. Dieser Sachverhalt ist auf den mit dem Alter abnehmenden Knochenanteil und steigenden Rückenanteil zurückzuführen.

Qualitative Merkmale: Maßgebend ist die ungünstige, altersabhängige Veränderung der Fettqualität. Daraus sollte jedoch nicht geschlossen werden, dass nur jüngste Lämmer die beste Fleischqualität liefern. Um eine ausreichende Marmorierung zu erreichen, müssen die Schlachttiere soweit „gereift" sein, dass sie ein Auflagefett von 2 bis 4 mm angelegt haben. Die Zartheit des Fleisches nimmt mit dem Alter ab, da sich der Durchmesser der Muskelfasern erhöht und sich vermehrt Bindegewebe einlagert.

Geschlecht

Weibliche Tiere besitzen ein geringeres Fleischansatzvermögen als männliche, sodass sie früher zur Verfettung neigen. Folglich sollten die weiblichen Lämmer im Vergleich zu den männlichen Lämmern bei einem etwa 4 bis 5 kg niedrigeren Lebendgewicht geschlachtet werden.

Haltung und Behandlung

Bei der Haltung in schlecht gelüfteten und ungenügend eingestreuten Mastställen nimmt das Fleisch einen stärkeren arteigenen Geschmack an, als unter guten Haltungsverhältnissen. Eine ruhige Behandlung der Tiere vor dem Schlachten, der sachgerechte Schlachtvorgang sowie die richtige Lagerung zwecks Kühlung und Reifung des Schlachtkörpers sind für die Zartheit und den Genusswert des Fleisches von wesentlicher Bedeutung.

10.3.5 Vom Schlachten bis zur Verwertung

Maßnahmen vor, während und nach der Schlachtung

Gemäß der Tierschutz-Schlachtverordnung von 2009 benötigen Personen, die im Rahmen ihrer beruflichen Tätigkeit Tiere schlachten oder in diesem Zusammenhang ruhig stellen oder betäuben eine Sachkundebescheinigung. Seit 1999 hat die Vereinigung Deutscher Landesschafzuchtverbände erreicht, dass Schafhalter mit schafbezogener Berufsausbildung ohne spezielle Sachkundeprüfung diesen Sachkundenachweis erhalten können. Zur Erfüllung rechtlicher sowie qualitätsbestimmender Anforderungen muss der Schafhalter vor, während und nach der Schlachtung verschiedene Aspekte berücksichtigen (siehe auch Kap. 15).

Nach dem Fleischhygienegesetz müssen grundsätzlich alle Schafe jeder Kategorie bei Haus- und bei gewerblichen Schlachtungen vor und nach dem Schlachtvorgang amtlich beschaut werden (Schlachttier- und Fleischbeschau). Für eine entsprechende Terminplanung muss der vorgesehene Schlachtzeitpunkt beim Veterinäramt oder einer dafür zuständigen Person (Fleischbeschauer oder Tierarzt) rechtzeitig angemeldet werden. Die Fleischbeschau wird auf dem Schlachtkörper mit Stempeln dokumentiert: tauglich (runder Stempel), untauglich (dreieckiger Stempel). Berechnet werden zwischen 6–12 €/Schlachtkörper.

Die vorgeschriebene Lebendtierbeschau kann entfallen, wenn
- die Herde als allgemein „sauberer“ Bestand bekannt, ggf. zuvor von einem Tierarzt oder Beschauer besucht wurde und ein Antrag auf Befreiung von der Lebendtierbeschau der zuständigen Behörde vorliegt,
- es sich um eine Notschlachtung handelt.

Tab. 35: Wertschätzung der Teilstücke in Abhängigkeit vom Anteil der qualitätsbestimmenden Gewebeanteile.

	Gewichtsanteil (%)	**Wert**	Knochenanteil (%)	Ausgelöster Fleischanteil inkl. Fett (%)
Keule	33	**1**	25	72
Rücken mit Filet	17	**1**	27	71
Schulter/Bug	17	**2**	20	68
Hals und Kamm	14	**3**	34	62
Brust und Dünnung	18	**4**	30	68

Abschnitte ergänzen die Prozentanteile auf 100 %

Gemäß des aktuellen Vieh- und Fleischgesetzes und den dazugehörigen Verordnungen muss der Schafhalter folgende Bestimmungen beachten:

Schaffleisch darf nur nach der gesetzlichen Klassifizierung zum Verkauf vorrätig gehalten, angeboten, verkauft oder anderweitig in den Verkehr gebracht werden.

Betriebe, die mehr als 50 Schafe pro Woche ohne Berührung eines Schlachtviehmarktes abliefern, müssen über Preis und Vermarktungsmenge Meldung erstatten.

Tab. 36: Verwendungsmöglichkeiten von Teilstücken eines Lammschlachtkörpers.

Teilstück	Garmethode	Zubereitungsmöglich
Keule	Grillen, Braten, Kurzbraten, Schmoren	„Klassischer Lammbraten“: Braten Fondue Spieße Geschnetzeltes
Rücken	Braten, Kurzbraten Schmoren, Grillen	Kotelett Spieße Fondue
Schulter	Braten, Kochen, Schmoren, Grillen	Ein Stück für alle Zwecke: Rollbraten Hackfleisch Ragout Braten
Hals, Kamm	Kochen, Braten, Schmoren, Grillen	Aromatisch, leicht marmoriert: Gulasch Ragout Eintopf herzhaftes Steak Spieße Halskotelett
Brust	Braten, Kochen, Schmoren, Grillen	Vielseitige Verwendung: Eintopf Ragout Rollbraten gefüllt als Braten
Dünnung	Braten, Kochen, Schmoren, Grillen	Fettreiches, aromatisches Stück: Ragout Eintopf Rollbraten zum Füllen Suppen

Weitere Verwendungsmöglichkeiten: Räuchern, in Salzlake einlegen, Verarbeitung zu Würsten.

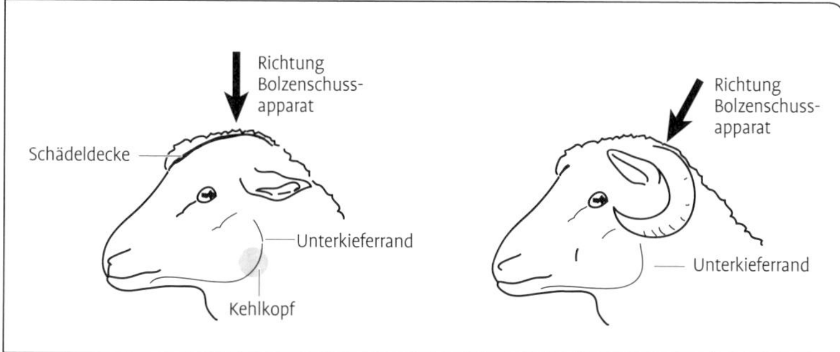

Abb. 83. Der Ansatz für den Bolzenschuss bei hornlosen und gehörnten Schafen (TVT 2000).

Schlachtvorbereitungen: Vor der Schlachtung müssen die Tiere möglichst genüchtert und ruhig gehalten werden. Jagen und ungeduldiges Treiben sollte vor dem Schlachttermin unterbleiben, denn erschwertes Ausbalgen (Lösen des Felles vom Schlachtkörper) und eine ungünstige Beeinflussung der Fleischqualität können die Folge sein. Streng ist darauf zu achten, die Schlachttiere nicht in der Wolle zu packen oder zu schlagen. Auf dem Schlachtkörper würden solche Behandlungen als unschöne Blutergüsse zu erkennen sein.

Der Schlachtvorgang: Nach dem Tierschutzgesetz dürfen die Schafe nur nach unmittelbar vorangegangener Betäubung (Bolzenschuss- oder Elektroschockgerät) getötet werden. Bei der in der Hausschlachtung üblichen Verwendung des Bolzenschussgerätes muss dieses am Hinterkopf angesetzt werden, um eine wirkliche Betäubung zu erzielen. Der häufig falsch angesetzte Bolzenschuss an der Stirn, wie er bei anderen Tierarten richtig sein kann, führt beim Schaf zu keiner wirklichen Betäubung. Das Schaf ist immer auch ein Kampftier gewesen und kann aufgrund der dicken Stirnplatte von vorn nur schwer verletzt werden.

Das sog. Schächten (Schlachten ohne vorherige Betäubung) ist nur mit Ausnahmegenehmigung erlaubt (siehe Kap. 15.1.2).

Durch Öffnung der Halsschlagader blutet das Tier aus. Das Fell wird auf der Unterseite von der Halsunterseite bis zum Unterbauch geöffnet, der Schlachtkörper vorsichtig aus dem Fell gedrückt. Dabei ist darauf zu achten, dass weder das äußere Fell noch die Hand, die in die Wolle greift, den Schlachtkörper berührt. Andernfalls würde das Fleisch einen unangenehm strengen Geschmack annehmen. Beim Ausweiden ist es ratsam, einen Knoten in den abgeschnittenen Schlund zu machen, damit die leicht austretenden Verdauungsreste den Schlachtkörper nicht verunreinigen.

Nach dem Schlachten: Zuerst folgt die Fleischbeschau und bei vorgesehenem Verkauf die Klassifizierung. Anschließend muss der Schlachtkörper bei etwa 5 bis 8 °C in einem sauberen fliegenfreien

Raum drei bis fünf Tage abhängen. Dabei bilden die Milchsäurebakterien Milchsäure, die Zartheit und Geschmack des Fleisches günstig beeinflussen.

Teilstücke, Verwendungsmöglichkeiten und Wertschöpfung
Nach der Kühlung lässt sich der Schlachtkörper gut in die einzelnen Teilstücke zerlegen. Dabei sollte dich der Anbieter grundsätzlich darüber im Klaren sein, welche Zerlegeart den Verbraucherwünschen entgegenkommt und wie sich wertvolle und auch weniger wertvolle Teilstücke am besten vermarkten lassen.

Die Grobzerlegung von Schlachtkörpern wird nach dem Schema der DLG-Schnittführung vorgenommen. Hier werden folgende Teilstücke differenziert (siehe auch Abb. 81):

Keule → Trennung zwischen dem 5./6. Lendenwirbel
Rücken → Lende 1.–5. Lendenwirbel mit Filet
→ Kotelett 6.–13. Brustwirbel mit Rippenansätzen
Kamm → 1.–5. Brustwirbel
Hals → 1.–7. Halswirbel
Schulter/Bug
Brust → Rippenteil unterhalb von Kamm und Kotelett
Dünnung → unterhalb der Lende

Die Längsteilung des Schlachtkörpers bietet sich meist nur bei schweren Lämmern an, da sonst die einzelnen Teilstücke, insbesondere die Koteletts, zu klein werden.

Die Wertschätzung der verschiedenen Teilstücke richtet sich nach
- dem Fleisch-Knochen-Verhältnis,
- dem Verwendungszweck und
- der Nachfragesituation.

Tab. 35 gibt Auskunft über den Wert unterschiedlicher Körperpartien.

Hinsichtlich der Verwendungsmöglichkeit ist die Lammkeule und der Lammrücken am beliebtesten, da diese relativ große zusammenhängende Fleischteile liefern. Gleichzeitig sind diese Partien zum Kurzbraten geeignet und aufgrund des geringen Bindegewebeanteils außergewöhnlich zart und problemlos zuzubereiten.

Die Haltbarkeit von Lammfleisch liegt bei Tiefgefrierung etwa zwischen acht Monaten (fette Fleischstücke) und zwölf Monaten (mageres Fleisch). Im Kühlschrank ist Lammfleisch bis zu vier Tage haltbar.

Der diätische Wert von Lammfleisch ist allgemein als hochwertig zu bezeichnen. Lammfleisch enthält zahlreiche Mineralstoffe, vor allem Natrium, Kalium, Kalzium, Phosphor und Eisen. Bei den Vitaminen sind besonders die Vitamine B_1 und B_{12} zu nennen. Das Fleischeiweiß besitzt zahlreiche lebensnotwendige (essenzielle) Aminosäuren.

Bei einem recht ausgewogenen Eiweiß:Fett-Verhältnis ist der ernährungsphysiologische Wert des Fettes umso günstiger, je jünger die Tiere sind (höherer Anteil ungesättigter Fettsäuren).

Der Nährstoffgehalt von Lammfleisch liegt im Mittel bei 17 % Eiweiß, 19 % Fett und 260 kcal (1080 Joule/100 g).

10.4 Wolle

10.4.1 Die Bedeutung der Wolle

Seit Anfang des Jahres 2000 ist Schafwolle vom Bundeslandwirtschaftsministerium als nachwachsender Rohstoff anerkannt, sodass damit auch Förderungen für Forschung, Absatz etc. verbunden sind (Völl 2000).

Ein jahrzehntelanger Verfall der Wollpreise hat dazu geführt, dass die Wolle heute nur noch mit einem verschwindend kleinen Anteil von unter 7 % zum Betriebseinkommen beiträgt.

Dennoch sprechen verschiedene Gründe dafür, Zucht und Haltung auf eine gute Wollleistung auszurichten:

- Als typisches Weidetier ist das Schaf fast allen Witterungsverhältnissen des Jahres (Kälte, Wind, Niederschlag usw.) ausgesetzt. Hier kann nur eine feste, gut gestapelte Wolle (Merinos und Fleischrassen) oder eine dichte, lang abwachsende Wolle (Landschafe) einen ausreichenden Schutz bieten.
  Eine schlechte Bewollung führt zu deutlichen Wärmeverlusten, sodass ein hoher Anteil der Futterenergie für die Aufrechterhaltung des Wärmehaushaltes und nicht für das Wachstum genutzt wird. So können aber nicht nur die Futterverwertung, sondern auch Gesundheit und Kondition der Schafe zum Teil erheblich beeinträchtigt werden.
- Die Preisdifferenz zwischen guten und geringwertigen Wollen ist selbst innerhalb einer Feinheitsklasse mit 30 bis 50 % so groß, dass sich eine Wollpflege und Zucht auf Wollqualitätsmerkmale immer bezahlt macht.
- Unter der zunehmenden Bedeutung der extensiven Weidenutzung wird weniger Schlachtkörpermasse pro Mutterschaf und Fläche erzeugt, sodass der kaum veränderte Wollertrag einen relativ höheren Anteil zum Betriebseinkommen leistet.

Darüber hinaus darf nicht vergessen werden, dass Wolle ein Naturprodukt höchster Qualität darstellt, das aufgrund seiner Beschaffenheit zahlreiche hervorragende Eigenschaften für die Bekleidungsindustrie mitbringt sowie als Dämmstoff und für andere Funktionen eingesetzt wird.

10.4.2 Die Schur

Schurtermin ist entweder im Mai–Juni oder – wenn warme Ställe (Stalltemperatur mind. 6 °C) vorhanden sind – auch zwischen Dezember und Februar. Damit die Schafe die Kälteeinbrüche im Mai unbeschadet überstehen, sollte die Schur erst nach den sog. „Eisheiligen“ (Mitte Mai) erfolgen oder Möglichkeiten zur Aufstallung der Herde bestehen.

Die heutzutage vermehrt durchgeführte Winterschur bietet die Vorteile, dass

- die geschorenen Schafe weniger Raum einnehmen und somit mehr Stallplatz zur Verfügung steht,
- das Einfüttern von Raufutter in die lange Wolle sowie die Gefahr der Gelbschweißigkeit bei ungünstigem Stallklima ausbleibt und
- das geschorene Mutterschaf vor der Ablammung problemloser sauber zu halten ist, bzw. sich die arbeitsaufwendige Schwanzschur erübrigt.

Bei den Schurarten sind zu unterscheiden:

- Vollschur: Wolle aus einem Schurabstand von mindestens zehn Monaten,
- Halbschur: Wolle aus einem Schurabstand von unter acht Monaten (meist bei langwolligen Rassen, z. B. Bergschaf),
- Schwanzschur: Ausscheren der hinteren Keulenpartie und ggf. des Euterbereiches (etwa 300 g Wolle) vor der Lammung oder dem Austrieb, um Verschmutzungen der Wolle zu vermeiden.

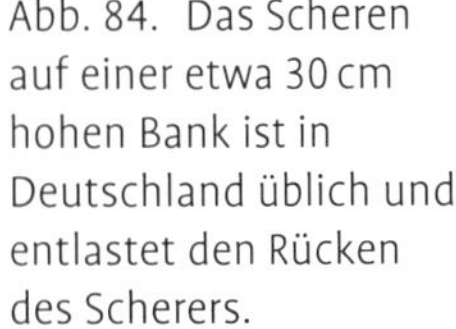
Abb. 84. Das Scheren auf einer etwa 30 cm hohen Bank ist in Deutschland üblich und entlastet den Rücken des Scherers.

Zum reibungslosen und sachgerechten Ablauf der Schur muss der Schafhalter folgende Vorbereitungen treffen:
- Für das Abpacken der qualitativ unterschiedlichen Wollanteile (Locken von Bauch, Beinen und Kopf, Farbe, Länge/Alter, Feinheit) müssen ausreichend Wollsäcke bereitgestellt werden. Die Landesschafzuchtverbände geben Auskunft, wo die Wollsäcke bezogen werden können.
- Der Schurplatz muss sauber und trocken sein, um eine Verschmutzung der Wolle zu vermeiden.
- Ausreichende Lichtverhältnisse und Stromanschluss zum Anschluss der Schermaschine müssen vorhanden sein.
- Eine etwa 30 cm hohe Schurbank mit einer Aufhängevorrichtung für den Motor der Schermaschine ist bereitzustellen.
- Lattenroste zum Ausklopfen und vorübergehenden Auslüften der Vliese sind aufzustellen.
- Die Schafe sollen etwa zwölf Stunden vor der Schur nicht getränkt und nur mäßig gefüttert werden, da sie sonst beim Schersitz (auf dem Steiß sitzend) Atemnot erleiden.
- Es sollte möglichst dafür Sorge getragen werden, dass die Schafe mit trockener Wolle zur Schur kommen.

Unmittelbar vor der Schur ist eine Vorsortierung der Schafe nach Wollfarbe (weiße, braune, melierte Wolle), Wolllänge bzw. Alter (Lamm-, Mutterschaf-, Bockwolle) ratsam. Stehen verschiedene Rassen oder Kreuzungen in der Herde, sollte auch eine ungefähre Feinheitsrangierung vorgenommen werden. Sinn und Zweck dieser Vorsortierung liegt darin, die Wollsäcke mit möglichst einheitlichen Qualitäten zu befüllen, was von dem Käufer meist mit guten Preisen honoriert wird.

Der Schurvorgang. Geschoren wird in Deutschland vorwiegend auf der Scherbank, in anderen Ländern, wie z. B. dem typischen „Schafland“ Neuseeland auf dem Boden. Bis auf wenige Einzelschafhalter, die noch die mühselige Arbeit mit der Handschere vornehmen, wird mit elektrischen Schermaschinen geschoren.
In Deutschland gehen die Scherer meist in folgender Reihenfolge vor:
Ausgangsposition: Das Schaf sitzt rücklings vor dem Scherer.
- Abscheren der Locken von Bauch, Bein und ggf. Kopf.
- Scheren der linken Schulter.
- Scheren der linken Seite und des Rückens; das sitzende Schaf gleitet dabei auf die Seite.
- Scheren der rechten Seite; dazu muss das Schaf wieder auf bzw. umgesetzt werden.

Wichtig ist es, in möglichst langen Bahnen zu scheren, ohne dass auf der gleichen Scherbahn nachgeschnitten werden muss oder sog.

etwa 24 m (Merinofleischschaf) bis etwa 40 µm (Heidschnucke). Aber auch in Abhängigkeit von Alter, Geschlecht und Haltungsumwelt variiert die Wolfeinheit. Lämmer haben in der Herde die feinste Wolle, Böcke die gröbste. Bei Mutterschafen und Böcken nimmt die Feinheit mit dem Alter zu. Fütterungsengpässe, insbesondere während einer Leistungsphase (z. B.: Säugezeit), extreme Witterungslagen sowie Krankheiten können das Wollhaar zeitweilig feiner wachsen lassen, sodass es keine einheitliche Feinheit (keine Treue = Untreue) aufweist.

Die Feinheit der Wolle kann sich auf den einzelnen Körperteilen mehr oder weniger stark unterscheiden. Sie nimmt in der nachfolgenden Reihenfolge ab: Schulter und Flanken, Hals, Rücken und Kreuz, Hüften, Keulen, Oberarm und -bein, Bug.

Eine ausreichende Ausgeglichenheit ist erreicht, wenn mindestens 60 bis 70 % der Gesamtbewollung sowie das Vlies zwischen Wirbelsäule, Schulter und Flanke einem Hauptsortiment entsprechen. Unausgeglichene Wollen sind wegen ihrer schwierigeren Verarbeitung nicht gefragt.

Ein geübtes Auge kann die Feinheit bzw. Ausgeglichenheit nach beidhändigem Scheiteln des Vlieses bewerten. Anhaltspunkt ist die Kräuselung der Wollhaare, da feinere Wollen mehr Kräuselungsbögen je Längeneinheit aufweisen als gröbere. Die objektive Feststellung der Feinheit mittels eines Lanameters ist dagegen sehr aufwendig. Das weniger zeitaufwendige Bildanalyseverfahren (Woolscan) kommt bisher nur versuchsweise zur Anwendung (Quanz und Schlolaut 1990).

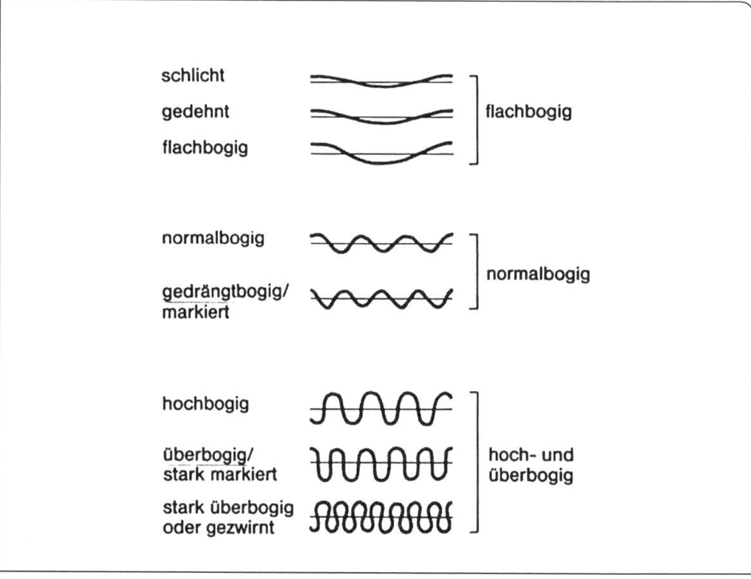

Abb. 86. Die Kräuselungsformen der Wolle.

Kräuselung und Länge. Das wellenförmige Längenwachstum des Wollhaares wird Kräuselung genannt. Man unterscheidet vier Kräuselungsarten:
- Flachbogig: Spannung ist größer als die Höhe der Wellen; besonders ausgeprägt bei grobwolligen Landschafen, weniger deutlich bei den Crossbredwollen der Fleischschafrassen;
- normalbogig: die Spannung der Wellung ist ebenso groß wie deren Höhe; typisch für feine Merinowollen;
- hochbogig: die Spannung der Wellung ist kleiner als deren Höhe; die Wolle ist stark markiert und neigt zur Zwirnigkeit;
- überbogig: zu stark ausgeprägte Bogigkeit; fehlerhafte, zwirnige Wollen mit überhöhter Feinheit.

Die Wellung (Bogigkeit) ist umso stärker, je feiner die Wollhaare sind. Streckt man die gekräuselten Haare, so ist deren „wahre Länge“ zu ersehen. Die natürliche Länge (Stapellänge: Länge in natürlichem, gekräuseltem Zustand) ist deutlich von der Kräuselungsart bzw. Feinheit abhängig. Feine, stark gekräuselte Wollen sind kürzer als die gröberen, weniger gekräuselten. Folglich variieren die Durchschnittslängen der Wollen von Merinofleischschaf (60 mm) über das Schwarzköpfige Fleischschaf (72 bis 75 mm) bis hin zum Bergschaf (180 mm) erheblich.

Wollfarbe und Wollschweiß. Pigmentierte Wollen müssen bei der Schur in extra Säcke verpackt werden, da sie einer anderen Bearbeitung bedürfen. Innerhalb der weißen Wollen bestimmt der Weißheitsgrad ihren Wert. Erwünscht sind möglichst weiße Wollen, da diese gute Färbeeigenschaften aufweisen. Erbliche Veranlagung und ungünstiges Stallklima können jedoch zur Gelbschweißigkeit der Wolle führen, die in manchen Fällen nicht mehr ausgewaschen werden kann und damit nur noch eine begrenzte Einfärbung erlaubt.

Der aus Talg- und Schweißdrüsen stammende Wollschweiß überzieht das wachsende Haar mit einem Schutzfilm. Der normalerweise leicht lösliche, fast weiße und nicht klebende Wollschweiß verändert sich bei Gelbschweißigkeit zu einer harzigen, gelben und schwer löslichen Fettschicht.

Für die verarbeitende Industrie sind letztlich auch Zugfestigkeit, Dehnbarkeit und Elastizität der Wolle von Bedeutung. Darüber hinaus weist sie andere wertvolle Eigenschaften auf, sodass Wolle nicht nur in der Bekleidungsindustrie gefragt ist:
- wärmedämmende Wirkung: Verwendung als Isoliermaterial, z. B. in der Baubranche zur Isolierung von Hauswänden und Dächern.
- nicht brennbar: Verwendung für die Herstellung von Schutzanzügen; Wollteppiche bekommen keine Brandflecken,
- wasserspeichernd: durch die hygroskopische Eigenschaft der Wolle ist ein Teppich aus 100 kg Wolle in der Lage, etwa 30 l Wasser zu speichern (gutes Raumklima).

10.4.4 Beurteilung der Wolle

Die Eigenschaften des Vlieses werden vorrangig durch visuelle Betrachtungen beurteilt.

Zunächst wird geprüft, ob die Körperteile rassetypisch sowie ausreichend und gleichmäßig bewachsen sind. Hier wird auch auf eine ausreichende Bauchbewollung geachtet, welche die Schafe während der kalten Jahreszeit auf der Weide schützt.

Durch die beidhändige Scheitelung des Vlieses gewinnt man einen Einblick in weitere Wollmerkmale:

- Feinheit: sie soll dem rassespezifischen Zuchtziel entsprechen. Die Feinheit kann anhand der Kräuselung oder durch den Vergleich ausgezogener Wollhaare vor dunklem Hintergrund abgeschätzt werden.
- Kräuselung: diese soll klar und regelmäßig verlaufen; normalbogige Kräuselung lässt eine gleichförmige Strähnchenbildung erkennen, hochbogige Kräuselung spitze Strähnchen.
- Ausgeglichenheit: ist durch Scheiteln des Vlieses an Schulter, Rücken und Keule, ggf. auch noch an weiteren Körperstellen, festzustellen.
- Farbe und Schweißigkeit: an den verschiedenen Körperteilen wird auf eine möglichst einheitliche, weiße Farbe geachtet und geprüft, ob die Wolle eine erwünschte Schweißigkeit aufweist oder trocken ist.
- Länge: die natürliche Länge des Wollstapels kann u. U. exakt nachgemessen werden.
- Wollfehler (Tab. 37).

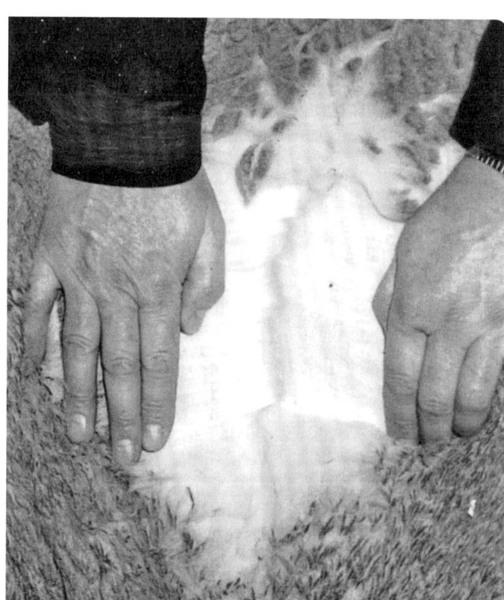

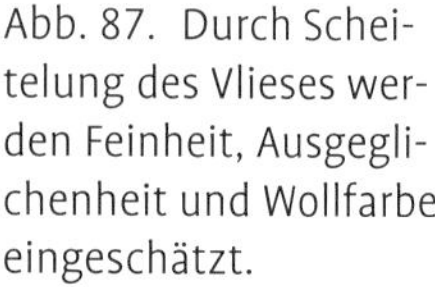

Abb. 87. Durch Scheitelung des Vlieses werden Feinheit, Ausgeglichenheit und Wollfarbe eingeschätzt.

Die Vliesdichte und -geschlossenheit ist befriedigend, wenn sich beim Druck der flachen Hand mit gespreizten Fingern auf den Wollstapel die Wollhaare nicht teilen. Haardichte, Wollfeinheit und Beschaffenheit des Fettschweißes sind für die Geschlossenheit verantwortlich. Die oberen Stapelenden sollen bei Wollschafen eine lückenlose Decke bilden. Dabei sei aber darauf hingewiesen, dass ein völlig geschlossenes Vlies den Wärmeaustausch bei hoher Stoffwechselaktivität (Leistungsabschnitte) erschwert.

Das Ergebnis der Wollbeurteilung wird mithilfe eines Wollboniturschlüssels notiert.

10.4.5 Wollpflege

Wie bereits erwähnt, sprechen verschiedene Gründe für die Beachtung hoher Wollqualitäten.

Unter Wollpflege werden alle Maßnahmen vor, während und nach der Schur verstanden, die zur Erzeugung hochwertiger Wollen beitragen:

Zucht. Die Merkmale der Wollleistung weisen zwischen und selbst innerhalb der Rassen recht große Variationen auf, für die mittlere bis hohe Erblichkeitsgrade gemessen wurden. Folglich kann die Wollqualität durch die Auswahl entsprechend veranlagter Zuchttiere recht gut gesteuert werden. So gilt es, die Herde von Zeit zu Zeit hinsichtlich ihrer rassetypischen Wollmerkmale, insbesondere der Feinheit, zu kontrollieren, um ggf. durch die Auswahl eines feineren oder gröberen Zuchtbockes wieder die erwünschte Wolle zu erhalten. Aber auch bei der Einstellung weiblicher Nachzuchten ist auf deren Wolleigenschaften zu achten.

Der Züchter sollte ebenfalls bedenken, dass die ausschließliche Selektion auf Fleischleistung auf die Dauer zu einer Verfeinerung der Wolle und zu einem abnehmenden Reinwollertrag führt. Zuchttiere mit Wollfehlern müssen unbedingt von der Zucht ausgeschlossen werden, damit sich ein solcher Mangel nicht in der Herde etabliert.

Wegen ihrer hohen Wollqualität waren es immer wieder die Merinos, die im Rahmen der Kombinations- oder Veredelungskreuzung zur Verbesserung der Wollleistung beitrugen.

Haltung. Durch unsachgemäße Haltung kann es zu Verschmutzungen und hartnäckigem Einnisten von Pflanzenteilen in die Wolle kommen, sodass die Wolle an Wert verliert. Daher ist es ratsam, Disteln, Kletten und Dornen auszuzäunen bzw. im Gehüt zu vermeiden oder vor dem Weidegang zu entfernen. Während der Herbstweide auf Zwischenfrüchten oder dem Pferchen auf Lehmäckern bei nasser Witterung kommt es häufig zu starken Verschmutzungen der Wolle, sodass der Reinwollgehalt, der für den Preis des Woll-Loses eine wichtige Rolle spielt, stark beeinträchtigt wird. Geringer Flächenbesatz und das Pferchen auf möglichst begrünten Flächen können die Wolle sauber halten.

Entsprechend ist im Stall darauf zu achten, dass über saubere und trockene Einstreu eine Verkotung der Wolle vermieden wird. Das Einfüttern von Heusamen und Ährenteilen in die Nacken- und Schulterwolle bei der Raufenfütterung muss durch den richtigen Sprossenabstand und ein Nackenbrett sowie das Austreiben der Herde vor der Raufenfüllung verhindert werden. Auch die Stalldecke sollte bei Über-Kopf-Lagerung des Futters keine Pflanzenteile durchrieseln lassen.

Feucht-warmes Stallklima begünstigt die Gelbfärbung der Wolle, die sich nur schwer oder gar nicht entfernen lässt. Auch hohe Ammoniak-(NH_3-)gehalte der Stallluft können Gelbschweißigkeit verursachen und sogar zum Brüchigwerden der Wolle führen. Man sollte immer daran denken, dass Schafe, nicht nur für die Erzeugung hochwertiger Wollen, keinen warmen, sondern einen zugfreien Stall mit ausreichendem Luftaustausch brauchen.

Kennzeichnung

Die Zeichnung eines Schafes sollte nie mit Öl- oder Lackfarben vorgenommen werden. Hier sind nur auswaschbare Zeichenfarben (Siromark) zu verwenden, die im Handel erhältlich sind.

Fütterung

Hohe Wollleistungen können nur bei gutem Futterzustand erreicht werden. Eine ungenügende Nährstoffversorgung der Schafe äußert sich häufig in glanzlosem und trockenem Vlies sowie in einer Verfeinerung der Wollhaare. So verursachen gelegentliche Hungerzeiten wechselnde Feinheiten der Wollfasern (Untreue), die die Qualität der Wolle stark beeinträchtigen. Folglich wächst die Wolle während besonderer Leistungsphasen (Hochträchtigkeit, Säugezeit) umso feiner, je weniger dem höheren Nährstoffbedarf nachgekommen wird.

Behandlung gegen Außenparasiten

Mit einer regelmäßigen Badebehandlung der Schafe können Woll- und Hautparasiten (Schaflausfliege, Haarlinge, Milben) bekämpft werden, die die Wollmenge und die Wollqualität ungünstig beeinflussen.

Schur

Vorselektieren der Schafe nach Wollqualität, Sauberkeit am Schurplatz, Lüften, Trocknen, Bereißen und sachgemäße Lagerung der geschorenen Wolle sind wichtige Voraussetzungen zur Gewinnung hochwertiger Wollen.

10.4.6 Wollfehler

Wollfehler können erblich bedingt sein, aber auch auf mangelhafte Haltung und Fütterung sowie falsche Behandlung der geschorenen Wolle zurückgeführt werden (Tab. 37).

Tab. 37: Die wesentlichsten Wollfehler und -mängel beim Schaf

Wollfehler	Ursache	Beschreibung	Nachteile	Vermeidung
Verschmutzung	erblich und umweltbedingt erblich: innerhalb einer Rasse und Herde unterschiedlich starkes Auftreten. Umwelt: feucht-warmes Stallklima, hoher NH_3-Luftgehalt	auswaschbare oder nicht auswaschbare Gelbfärbung der Wolle durch verstärkte Pigmentanreicherung des Wollschweißes; nicht auswaschbare Form nimmt mit zunehmender Vergilbung zu, ist am Tier nicht von auswaschbarer Gelbfärbung unterscheidbar	schlechte Färbeeigenschaften: bes. bei hellen Farbtönen, geringere Haltbarkeit und Elastizität	Zuchtausschluss, Verbesserung des Stallklimas
Filz	erblich bedingt, tritt aber verstärkt bei hoher Feuchtigkeit auf	zerstörte Stapelbildung und verfilztes Vlies durch ein übermäßiges Auftreten von Binderhaaren	Filz ist nur durch Zerreißen zu lösen, für die Verarbeitung geminderter Wert	Zuchtausschluss, Verbesserung des Stallklimas
Stieligkeit	erblich bedingt, gefördert durch unzureichende Nährstoffversorgung	die Kräuselung tritt stärker als halbbogig (normal=) auf und führt zu einstieligem Stapelbau, Stapelschluss ist noch gegeben (Überbogigkeit, markierte Wolle)	geringere Haltbarkeit	Zuchtausschluss, angemessene Futterversorgung
Zwirn	wie Stieligkeit	stark überbogige Kräuselung mit verzwirnten Wollhaaren, Wollfasern sind überfein und brüchig, geringerer Stapelschluss; vorrangig an Bauch und Unterarm	geringere Haltbarkeit, schwierigere Verarbeitung	Zuchtausschluss, angemessene Futterversorgung
Untreue	umweltbedingt, geringe Nährstoffversorgung (Hungerzeiten), Krankheiten, ungünstige Witterung	z.T. stark wechselnde Feinheit des Wollhaares im Laufe des Längenwachstums (abgesetzte Wolle, Hungerwolle)	geringere Haltbarkeit	Verbesserung der Haltungsverhältnisse
Offenes Vlies	erblich bedingt	Stapel halten nicht zusammen, das Vlies fällt mehr oder weniger stark auseinander; tritt besonders bei feinwolligen Rassen auf	Staub und Schmutz dringt in das Vlies ein und zerreibt den schützenden Fettfilm auf den Haaren, sodass diese trocken und spröde werden	Zuchtausschluss
Verschmutzung	haltungsbedingt	Verschmutzung, meist Verkleben der Spitzen, durch Erdteile oder Kot	verminderter Verarbeitungswert, geringerer Reinwollgehalt	begrünte Pferchflächen, geringerer Pferchbesatz, saubere Einstreu
Eingefütterte Wolle	haltungsbedingt	Raufutterteile gelangen bei der Raufenfüllung oder beim Fressen in die Nacken- und Schulterwolle	die eingefütterten Pflanzenteile sind nicht mehr aus der Wolle zu entfernen, sodass diese Wollteile herauszulösen sind	Schafe bei Fütterung austreiben, Nackenbrett an Raufen, Sprossenabstand verringern
Ektoparasiten	umwelt-/haltungsbedingt	Schaflausfliege, Haarlinge, Milben usw. sitzen im Vlies bzw. auf der Haut	beeinträchtigen Wollwachstum (Quantität u. Qualität)	regelmäßiges Baden der Herde
Wollverderb	behandlungsbedingt	nach der Schur kann Restfeuchte und Körperwärme aus dem Vlies nicht entweichen, wenn die Wolle sofort in Säcken verpackt oder unsachgemäß gelagert wird	bei Wärme und Feuchtigkeit vermehren sich Bakterien stark, bewirken Schimmelbildung und greifen die Wolle an; Verarbeitungswert oft völlig verloren	Verpackung und Lagerung sauberer, trockener Wollen

10.5 Felle

Als Fell wird die abgezogene Haut mit den gewachsenen Wollhaaren bezeichnet. Felle werden auch heute noch für zahlreiche Zwecke verwendet, z. B. für Sitzbezüge, Dekoration, Kinderwagendecken, Bettvorleger, Bekleidung, Handschuhe, Schuhe usw. Wegen des geringen wirtschaftlichen Wertes für den Schafhalter bleiben die Felle aber nur ein Nebenprodukt, dessen Pflege sich jedoch stets auszahlt. Felle können auch hohe individuelle Werte haben, die aus persönlichen Erinnerungen und Erfahrungen mit dem jeweiligen Tier erwachsen.

Anders ist es bei den eigens auf Fellleistung gezüchteten Rassen, wie z. B. den Karakulschafen, deren ein bis zwei Tage alte Lämmer die Felle für den Persianerpelz liefern.

Der Gebrauchswert der Felle richtet sich im Wesentlichen nach deren Reißfestigkeit, Hitzebeständigkeit und Waschbarkeit. Diese und weitere Qualitätsmerkmale können von der Haltung bis zur Gerbung stark beeinflusst werden. Vom Schafhalter und Schlachter sind dabei folgende Dinge zu beachten:

- Haltung: Mechanische Einwirkungen wie Schurverletzungen, Verletzungen durch Einrichtungsgegenstände oder Hundebisse können zu einem lückigen Fell führen, wenn sie bis zur Schlachtung nicht abgeheilt und nachgewachsen sind. Außenparasiten und Hautpilze zerstören die Lederhaut und beeinträchtigen Haltbarkeit und Bewuchs des Felles.
- Schlachtung: Lediglich das Öffnen der Bauchdecke (auf der Bauchseite vom Maul bis zum Schwanz) sowie das Ausbeinen sollten mit dem Messer erfolgen. Der Schlachtkörper muss dann regelrecht aus dem Fell herausgedrückt werden, ohne spitze Gegenstände, Schlagwerkzeuge oder Druckluft zu gebrauchen. Andernfalls wird meist der lockere Gewebeaufbau des Schaffelles beschädigt, sodass das Rohfell nicht sachgerecht weiter bearbeitet werden kann.
- Abkühlung: Durch ein- bis zweistündiges Ausbreiten muss das abgezogene Rohfell von der Körpertemperatur auf etwa 20 °C abkühlen.
- Konservierung und Lagerung: Durch die Konservierung werden die Rohfelle bis zur Gerbung vorübergehend haltbar gemacht. Abkühlung und Konservierung hemmen die Aktivität der Fäulnisbakterien, welche die Rohfelle zersetzen.
  Sicherste und zuverlässigste Konservierung ist die Salzkonservierung. Dazu muss das mit der Fleischseite nach oben (Wolle nach unten) ausgebreitete Fell gleichmäßig mit Salz (30 bis 40 % des Fellgewichts) bestreut werden. Die durch das Salz aus der Haut gezogene Flüssigkeit läuft am besten ab, wenn die Felle etwas schräg gelagert werden. Dabei können sie auch bis zu einer maximalen Höhe von 60 cm übereinander gelegt werden. Nach vier bis sieben Tagen hat die Flüssigkeitsabsonderung nachgelassen, sodass nach

Entfernen der Salzreste und Nachsalzen mit frischem Salz die Felle zusammengefaltet und für einige Monate bis zur Gerbung gelagert werden können. Die Felle dürfen aber niemals in luftundurchlässigen Behältnissen (z. B. Plastiksäcken) lagern!
Felle können auch durch Einfrieren oder Trocknen bis zum Gerben haltbar gemacht werden. Die letztgenannte Methode ist jedoch unter unseren Klimaverhältnissen mit Risiken behaftet.
- Abgabe zum Gerben: Um sicherzugehen, dass man das eigene zum Gerben eingesandte Fell wieder zurückerhält, kann es gekennzeichnet werden. Dabei hat sich am besten das Einschlagen von Ziffern oder Zeichen mit einem sog. Nadelstempel im Nacken bewährt. Unbedingt ratsam ist es, den späteren Verwendungszweck des zu gerbenden Felles anzugeben, damit die Gerbung auf die jeweiligen Anforderungen, die an das Fell gestellt werden, abgestimmt werden kann.

Durch das Zurichten (Gerben) der vorübergehend konservierten Felle sollen diese in ein dauerhaft haltbares Produkt umgewandelt werden. Das Zurichten ist ein aufwendiger Prozess, der aus zahlreichen Arbeitsgängen besteht. Wichtigste Schritte sind:
- Reinigung der Felle von Salz, Schmutz, Pflanzenteilen, Blut, Fleisch-, Fett- und Bindegewebe,
- Einweichen der Felle (sog. Weiche) in Wasser, damit sie wieder ihren ursprünglichen Wassergehalt (wie am lebenden Tier) erhalten,
- Wäsche, falls die Wolle noch von Dungresten, Wollfett und Schweiß durchsetzt ist,
- Vorbehandlung des Pelzleders mit Säuren und Salz, die das Fasergefüge auflockern und das Eindringen der Gerbstoffe ermöglichen,
- Zugabe von Gerbstoffen; Chromsalze z. B. führen zu einem etwas grünlichen Leder; Aldehydgerbstoffe fördern die Waschbarkeit des Felles; Alaun: Mineralgerbung mit Aluminiumsulfat oder Kalialaun führt zu hellem Pelzleder (Weißgerbung), bewirkt aber keine wirklich dauerhafte Gerbung; synthetische Gerbstoffe, Aluminiumgerbstoffe, Kombination von Gerbstoffen,
- Einfetten und Trocknen der Felle,
- Bearbeitung der Haare soweit noch erforderlich.

Die Kosten einer Schaffellgerbung liegen je nach Fellgröße, Gerbmethode und Gerberei etwa zwischen 25–45 €. Es ist unbedingt davon abzuraten, die einzelnen Schritte der Gerbung selbst ohne den nötigen Fachverstand und das erforderliche Gerät vorzunehmen. Zum einen lassen sich in Heimarbeit keine Qualitätsfelle erzeugen, zum anderen führt die nicht sachgerechte Entsorgung der Gerbemittel zu erheblichen Umweltbelastungen.

10.6 Schafmilch

Die Milch ist sowohl für die Lämmer als auch für den Menschen von hohem Wert.

Die unmittelbar nach der Lammung gebildete Kolostralmilch (Biestmilch) enthält etwa doppelt so viele Inhaltsstoffe (Eiweiß, Fett, Milchzucker) und Trockensubstanz wie normale Milch und verfügt darüber hinaus auch über Antikörper (Gammaglobuline) zum Aufbau des Immunsystems beim Lamm. Durch die frühzeitige und ausreichende Aufnahme dieses Kolostrums erhält das Lamm optimale Startbedingungen. Nach etwa drei Tagen zeigen veränderte Farbe, Geruch und Konsistenz an, dass es sich wieder um normale Milch handelt. Im späteren Verlauf der natürlichen Lämmeraufzucht kommt dem hohen Nährwert der Milch weiterhin eine große Bedeutung zu.

Die vom Menschen genutzte Schafmilch stammt in Deutschland fast ausschließlich vom Ostfriesischen Milchschaf, das wegen seiner hohen Laktationsleistung von 500 bis 700 kg und Spitzenleistungen von 1200 kg (Laktationsdauer 300 Tage) weltweit Anerkennung gefunden hat. Die Milchinhaltsstoffe der Schafmilch liegen im Vergleich zur Kuh- und Ziegenmilch deutlich höher (Tab. 38). Neben einem recht hohen Vitamingehalt weist die Schafmilch gegenüber Kuhmilch einen hohen Gehalt an Orotsäure auf (350 mg/l, Kuhmilch 100 mg/l), der besondere Eigenschaften für die Zellregeneration im menschlichen Organismus nachgesagt werden.

Milchleistung und Inhaltsstoffe werden durch mehrere Faktoren beeinflusst:

- Rassen: Die Milchmengenleistung ist stark genetisch fixiert und unterscheidet sich zwischen den Rassen erheblich. Auch in den Milchinhaltsstoffen zeigen sich deutliche Rassedifferenzen.
- Laktationsphase: Die Milchmenge nimmt bis etwa vier bis sechs Wochen nach der Lammung zu und fällt dann bis zum 280. bis 300. Laktationstag auf Null ab. Die Fett- und Eiweißgehalte erhöhen sich mit fortschreitender Laktation, der Milchzuckergehalt verringert sich.
- Alter: Die maximale Milchleistung wird in der dritten Laktation erreicht (20 bis 30 % über der Erstlaktation). Während der dritten bis sechsten Laktation bleibt die Milchleistung relativ stabil und sinkt anschließend deutlich ab.
- Haltung und Fütterung: Gute Haltungsbedingungen und optimale Fütterung sind eine wesentliche Voraussetzung für die Ausschöpfung einer hohen Milchleistungsveranlagung. Bei ungünstigen Witterungsverhältnissen wird weniger Futterenergie für die Aufrechterhaltung des Wärmehaushaltes benötigt, sodass für die Milchbildung weniger Nährstoffe zur Verfügung stehen. Bei erhöhter Futterversorgung, insbesondere mit Eiweiß, steigt die Milchmengenleistung sowie die Konzentration von Fett, Eiweiß und Milchzucker.

Tab. 38 Konzentration der Schafmilch im Vergleich zu Kuh- und Ziegenmilch (Krömker 2006)

Tierart	Trockensubstanz (%)	Fett (%)	Eiweiß (%)	Milchzucker (%)
Schaf	19,3	7,4	5,5	4,8
Ziege	13,2	3,5	2,9	4,1
Kuh	12,7	4,0	3,4	4,8

- Gesundheitszustand: Beeinträchtigung der Gesundheit durch Infektionen, Parasiten, Verdauungsstörungen usw. schlagen sich sofort auf die Milchleistung nieder.
- Melk- bzw. Saugaktivität: Durch mehrmaliges Melken oder die hohe Saugaktivität mehrerer Lämmer erfährt die Milchdrüse eine stärkere Stimulanz, sodass mehr und sogar fettreichere Milch erzeugt wird. Mutterschafe mit Zwillingslämmern liefern im Durchschnitt 40 % mehr Milch als Mutterschafe mit Einlingen.

Die Qualität der Milch kann der Schafhalter selbst schon anhand von Geruch, Geschmack und Farbe kontrollieren. Geruch und Geschmack können beispielsweise durch Futtermittel (z. B. Silagen, Kohl), längeres Stehenlassen im Stall oder die Verwendung stark parfümierter Seifen beeinträchtigt werden. Die Farbe der Schafmilch muss leuchtend weiß erscheinen. Eine flockige Konsistenz weist auf eine bakteriologische Belastung der Milch hin, sodass sie weder für das Lamm noch für den menschlichen Genuss genutzt werden darf.

Beim Melken müssen Hände, Euter und Melkgeräte gründlich gereinigt werden, um nicht die gewonnene Milch mit Schmutz, Staub und Keimen zu belasten. Vor dem eigentlichen Melkbeginn sollten die Euter auf Verhärtungen und Verletzungen geprüft werden. Ratsam ist es, den ersten Milchstrahl hinsichtlich Flocken zu prüfen. Bestände bis zu 20 bis 25 Schafe werden in der Regel mit der Hand gemolken, da die Investition einer Melkanlage nicht lohnt. Nach dem Melken muss die Milch möglichst bald in einem eigens dafür hergerichteten Raum gekühlt und anschließend weiterverarbeitet werden.

Schafmilch ist zur Herstellung verschiedener Käsesorten, Joghurt, Butter und Kefir geeignet und auch als frische Trinkmilch begehrt. Die Qualität der zahlreichen Schafmilchprodukte kann sich zum Teil erheblich unterscheiden, da nach den gültigen Bestimmungen die Beimischung hoher Kuhmilchanteile zur Erzeugung von Schafmilcherzeugnissen zulässig ist.

11 Markt und Vermarktung

Fleisch und Wolle haben im Laufe der vergangenen Jahrzehnte ihre Wertigkeit vertauscht. Heute stammen mehr als 90 % der Erlöse (ohne Prämien) aus dem Schlachttierverkauf und nur etwa 5–8 % aus der Wollerzeugung.

11.1 Der Lammfleisch- und Wollmarkt

Tab. 41 zeigt, dass in Deutschland die Eigenerzeugung von Schaf- und Ziegenfleisch (2012 38 000 t, der Anteil von Ziegenfleisch fällt kaum ins Gewicht) nur mit einem Selbstversorgungsanteil von 48 % ausreicht, um den Bedarf zu decken. Daher gelangen preiswerte Importe, vornehmlich aus Neuseeland, auf den deutschen Markt, stellen hier aber eine harte Konkurrenz für die deutschen Lammfleischproduzenten dar. Um den Wettbewerb mit der ausländischen Importware bestehen zu können, müssen die deutschen Schafhalter

- qualitativ hochwertige Schlachtlämmer erzeugen und diese dem Handel in möglichst großen, einheitlichen Chargen zur Verfügung stellen,
- die Qualität des deutschen Frischlamms gegenüber der etwa drei Monate alten Gefrierware aus dem Ausland hervorheben
- und Lammfleisch im Jahresablauf möglichst kontinuierlich anbieten.

Durch den Rückgang der Schafzahlen in Deutschland ging auch die Eigenerzeugung zurück, was in einigen Regionen zu einer Verknappung von Lämmern führte. Vor allem während der Monate März und April ist die Selbstversorgung i. d. R. knapp, da zum einen die Nachfrage deutlich erhöht ist (um das Osterfest wird mehr Lammfleisch verzehrt) und zum anderen in dieser Zeit nur wenige deutsche Lämmer schlachtreif sind. Da der Preis von Angebot und Nachfrage bestimmt wird, sind auch das hohe Preisniveau im Frühjahr und gewisse Preisabschläge im Herbst (hohes Schlachtlammaufkommen) erklärbar.

Insgesamt sind in den vergangenen 10 Jahren steigende Preise für Schlachtlämmer letztlich auch aufgrund der leicht rückläufigen Produktion zu beobachten (Abb. 88).

Der geringe Pro-Kopf-Verbrauch (2012 = 0,9 kg) hat vermutlich folgende Gründe:

- geringes Angebot durch den Handel (Lammfleisch wird nicht von allen Metzgern angeboten)
- geringe Verbraucheraufklärung über die Lammfleischqualität. Immer noch wird fälschlich das von früher bekannte Hammelfleisch dem heute erzeugten Lammfleisch gleichgesetzt.

- der leicht arteigene Geschmack, der von einigen Verbrauchern nicht akzeptiert wird
- der hohe Verbraucherpreis, der meist weit über dem von Rind-, Schweine- und Geflügelfleisch liegt.

Der **Wollmarkt** wurde in Deutschland in den Jahren 2010–2012 durch eine Eigenproduktion von ca. 13 000 t und einer Importmenge von etwa 30 000 t bestimmt. Der Selbstversorgungsgrad für Wolle lag damit bei etwa 30 %. Bedingt durch eine höhere Nachfrage wurden 10 Jahre zuvor noch größere Wollmengen importiert, was zu einem Selbstversorgungsgrad von nur ca. 20 % führte.

Die Durchschnittspreise bewegten sich in den vergangenen 10 Jahren zwischen 0,7 bis 1,2 Euro/kg Rohwolle. Seit 2011 sind hingegen auch höhere Preise von 1,50 € und mehr gezahlt worden.

Tab. 41: Der Markt für Schaf- und Ziegenfleisch in Deutschland und der Europäischen Union (FAO 2014)

		2000	2004	2008	2012
Bruttoeigenerzeugung	D	48	49	39	38
(1000 t)	EU	1296	1169	1090	1002
Importe	D	41	32	38	41
(1000 t)	EU	439	402	416	372
Exporte	D	4	5	9	9
(1000 t)	EU	409	201	219	230
Verbrauch	D	1,0	0,9	0,9	0,9
(kg/Kopf + Jahr)	EU	3,0	2,7	2,5	2,3
Selbstversorgungsgrad	D	54	59	51	48
(%)	EU	75	74	73	73

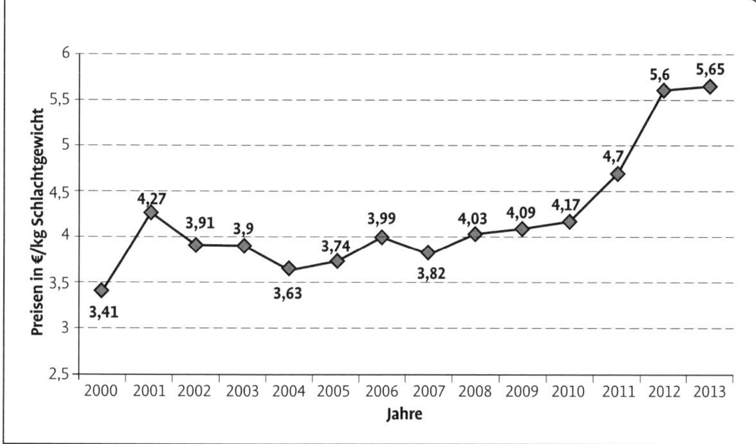

Abb. 88. Preise im Jahresmittel für Schlachtlämmer in Deutschland in den Jahren 2000–2013 (AMI 2013).

11.2 Vermarktung von Fleisch und Wolle

Fleisch

In der Bundesrepublik gelangen etwa 50–60 % der Lämmer bereits über selbstständig organisierte Vermarktung direkt zum Verbraucher, sodass nur max. die Hälfte der erzeugten Schlachtlämmer für die Marktentwicklung zur Verfügung steht. Dabei ist angesichts des geringen Schaf- und Lammfleischverzehrs (1,0 kg/Kopf und Jahr) und des steigenden Qualitätsbewusstseins der Verbraucher davon auszugehen, dass der Markt mehr Lammfleisch aufnehmen kann.
Vor diesem Hintergrund hat sich die 1989 gegründete **Wirtschaftsvereinigung Deutsches Lammfleisch (WDL)** die Aufgabe gestellt

- Maßnahmen einzuleiten und zu fördern, die auf die Verbesserung der Produktion und des Absatzes von deutschem Lammfleisch sowie der Produkte aus deutscher Schafhaltung gerichtet sind
- Forschungen auf dem Gebiet der Lammfleischerzeugung und -vermarktung und die Bildung von Fachgremien zu unterstützen.

In der WDL haben sich Lammfleischvermarkter und die Landesschafzuchtverbände zusammengeschlossen.

Abb. 89. Fleischtheke eines Direktvermarkters.

Über Erzeugergemeinschaften, wie sie in einigen Bundesländern existieren, werden die unterschiedlichen Lämmerqualitäten (bedingt durch unterschiedliche Rassen und Mastverfahren) zu einheitlichen Partien zusammengefasst, um so die Absatzmöglichkeiten zu verbessern. Dabei spielt in den letzten Jahren vermehrt auch die Region als typisches Markenzeichen für Qualität und Herkunft eine zentrale Rolle (z. B. Württemberger Lamm, Hohenloher Lamm, Elbe Lamm, etc.).

Für die Vermarktung von Lamm- bzw. Schaffleisch müssen die direktvermarktenden Betriebe und die Lebensmittelunternehmen lebensmittelrechtliche Vorschriften beachten, wie sie in Kap. 15.3 ausgeführt sind.

Im Rahmen der **Direktvermarktung** lassen sich vor allem hochwertige Schlachtlämmer bzw. Spezialprodukte, wie z. B. Salzwiesenlämmer, Osterlämmer, Schnucken usw., zu meist deutlich höheren Preisen vermarkten. Der kritische Verbraucher kann sich dabei einen Eindruck von den Haltungsbedingungen verschaffen und sichergehen, wirklich Qualitätslammfleisch aus naturnaher Haltung zu beziehen.

Für eine erfolgreiche Direktvermarktung von Lammfleisch sind jedoch folgende Dinge zu bedenken:

Höherer Arbeitseinsatz: Neben dem eigentlichen Verkauf müssen weitere Arbeitsgänge wie Auswahl der Tiere, Schlachten oder Schlachten lassen, ggf. mit Zerlegung, Verpackung, Anlieferung, Werbung usw., einkalkuliert werden, die insgesamt sehr zeitaufwendig sind. Oftmals haben die Kunden auch Interesse an einer Betriebsbesichtigung, was zeitlich kaum leistbar ist, aber zu einer guten Kundenbindung führt.

Erscheinungsbild und Kundenfreundlichkeit: Bei der Direktvermarktung müssen der Betrieb und der Betriebsleiter ein möglichst überzeugendes Bild abgeben und das Vertrauen der Verbraucher gewinnen. Entscheidend ist dabei persönliches Auftreten, Kompetenz, Ausstrahlung und Höflichkeit der Menschen, die für die Vermarktung zuständig sind. Auftritt und Service muss der hohen Qualität der Produkte angemessen sein. Dabei können eine einheitliche Kleidung, Ordnung und Sauberkeit sowie ein hohes Serviceangebot echte Wettbewerbsvorteile sein. Auch ist es wichtig Fragen der Kunden mit Fachwissen beantworten zu können.

Öffentlichkeitsarbeit: Eine aktive und gute Öffentlichkeitsarbeit ist für jeden Direktvermarkter elementar. Neben der reinen Bewerbung der Produkte wird dabei der Faktor „Vertrauen" immer bedeutender. Einhalten von Absprachen, aufrichtige Kommunikation und freundliches Auftreten sind der Maßstab. Kernbotschaften dabei sind Gesundheit, tiergerechte Haltung (z. B. natürliche Aufzucht, Weidehaltung), Regionalität sowie Landschaftspflege.

Hilfreiche Maßnahmen der Öffentlichkeitsarbeit können sein:

- „Gläserne Produktion“ bzw. „Tag der offenen Tür“ als Event gestalten.
- Aufbau einer ansprechenden Homepage mit Erlebnischarakter.
- Werbemittel (Flyer, Plakate usw.) gründlich planen bzw. zielgerichtet einsetzen, da dieser Kommunikationsweg heute im digitalen Zeitalter nicht immer zielführend ist. Es ist wichtig, gedruckten Werbemitteln einen Mehrwert zu geben – z. B. Rezept für die Zubereitung des Lammfleisches, etc.

Bei allen Maßnahmen sowie bei persönlichen Auftritten ist die Wirkung der „Mund zu Mund“ Propaganda nicht zu unterschätzen. Vor allem unzufriedene Kunden kommunizieren ihre Erfahrungen häufig weiter.

Betriebsstandort: Jeder Betrieb, der einen Markt bedienen will, sollte im Vorfeld klären wie groß das Absatzpotenzial für seine Lammerzeugnisse oder auch weitere Ergänzungsprodukte ist. Ein vergleichsweise hohes Absatzpotenzial für Direktvermarktung besteht vor allem dort, wo Bevölkerungsdichten (Ballungsräume), gute Verkehrsanbindung oder aktive Tourismusgebiete bestehen (=> Marktanalyse). Gleichzeitig gilt es zu prüfen, ob in der Region schon andere Schafbetriebe ihr Lammfleisch selbst vermarkten (=> Konkurrenzanalyse).

Die Bereitschaft der Kunden entfernt gelegene Einkaufsstellen anzufahren hat in den letzten Jahren deutlich abgenommen. Erreichbar-

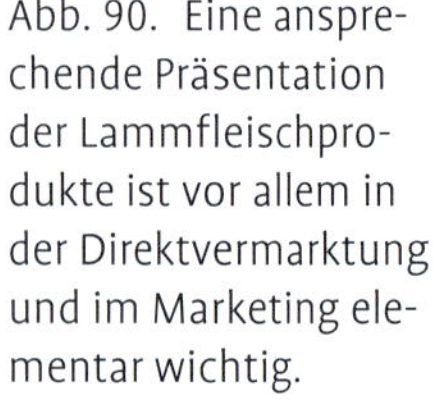

Abb. 90. Eine ansprechende Präsentation der Lammfleischprodukte ist vor allem in der Direktvermarktung und im Marketing elementar wichtig.

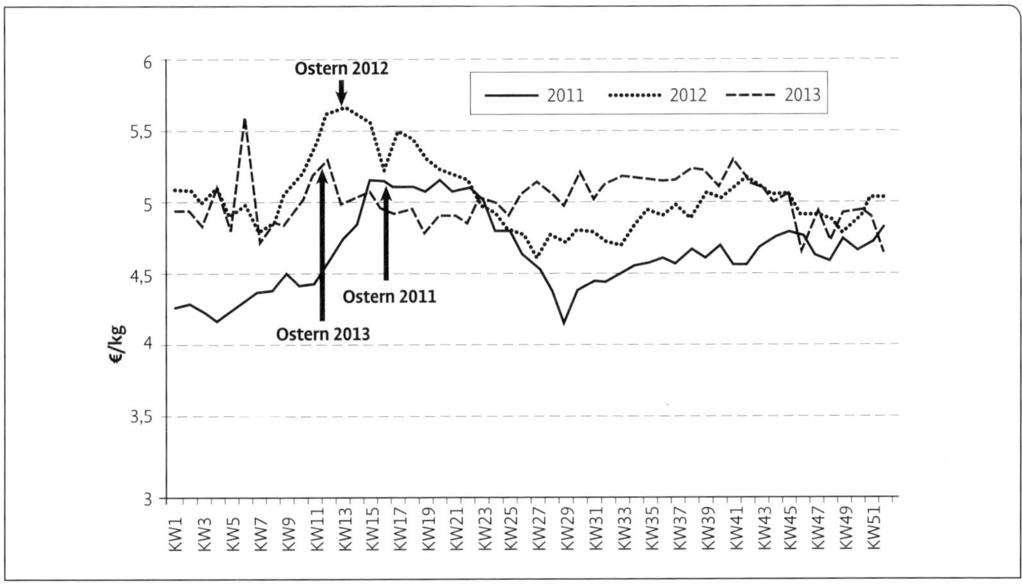

Abb. 91. Jahreszeitliche Preisentwicklungen nach Kalenderwochen für Schlachtlämmer (Warmschlachtgewicht in €/kg, ohne MwSt.) in den Jahren 2011–2013.

keit und Infrastruktur eines Hofladens gewinnen daher zusätzliche Bedeutung.

Bei Besuch von Wochenmärkten bzw. der Belieferung von Einzelhändlern ist der Betriebsstandort von nachgeordneter Bedeutung – steht aber dennoch in einem engen Zusammenhang mit der Öffentlichkeitsarbeit.

Bestimmungen beim Selbstschlachten: Im Gegensatz zum Rinderhalter darf der Schafhalter seine Tiere selbst schlachten, wenn er über eine Sachkundebescheinigung (zu erhalten über Veterinäramt) verfügt. Berufsschäfer mit Ausbildung erhalten diese Bescheinigung ohne weitere Prüfung.

Folgende Punkte müssen gewährleistet sein:

- Lebend- und Fleischbeschau aller für den Verkauf vorgesehener Tiere,
- Töten nur nach Betäubung der Schlachttiere,
- Anforderungen an Räume, die der Gewinnung und Behandlung von Fleisch dienen gemäß der Fleischhygiene-Verordnung (siehe Kap. 15.3). Für eine entsprechende Schlacht- und Vermarktungseinheit mit Schlachtraum, Fett-/Blutabscheider, Zerlegeraum, Kühl- und Verkaufsraum müssen je nach verfügbaren Räumlichkeiten zwischen 40 000–100 000 € investiert werden.

Insofern und auch angesichts weiter steigender rechtlicher Forderungen an das Schlachten und Vermarkten, ist es heute zu empfehlen, das Schlachten über einen örtlichen Metzger/Schlachthof zu organisieren und die Schlachtware dann auf dem eigenen Betrieb zu vermarkten.

Steuerrechtliche Bestimmungen: Nach dem geltenden Steuerrecht ist die Selbstvermarktung nicht mehr als landwirtschaftliche, sondern als gewerbliche Tätigkeit einzustufen, wenn

- die Schlachtkörper regelmäßig in bratfähige Teilstücke zerlegt oder Wurstwaren hergestellt werden,
- ein Handelsgeschäft außerhalb der Hofanlagen zwecks Vermarktung betrieben wird oder
- der Gesamtumsatz zu mehr als 30 % durch zugekaufte Produkte erwirtschaftet wird.

Für den Schafhalter lassen sich folgende Empfehlungen für einen gesicherten und lukrativen Absatz von Schlachtlämmern zusammenfassen:

- Direktvermarktung zur Erzielung höherer Preise, soweit die Voraussetzungen für diese Vermarktungsform erfüllt werden können.
- Erzeugung qualitativ hochwertiger und marktgerechter Schlachtkörper (fleischreich und fettarm). Vom Markt werden bevorzugt leichtere, aber vollfleischige Schlachtkörper unter 20 kg nachgefragt.
- Vermarktung nicht zu den Zeiten mit dem höchsten Schlachtlämmeraufkommen (Juli–September), sondern Verlagerung des Vermarktungstermins in das Frühjahr, wenn höhere Preise gezahlt werden. Dieses kann beispielsweise durch Haltung asaisonaler Rassen, die Vorverlegung der Ablammzeit oder eine Veränderung der Aufzucht- und Mastintensitäten zur Erzielung einer früheren/späteren Schlachtreife erreicht werden. Keinesfalls aber darf diese Maßnahme zu einer verminderten Schlachtkörperqualität führen.

Wolle

Die einstige Vermarktung der Wolle über die Deutsche Wollverwertung wird nach Auflösung dieser Organisation heute über den freien Handel betrieben. Kleine Wollverarbeitungsunternehmen kaufen die Wolle zu Tageshöchstpreisen von einzelnen Sammelstellen auf.

12 Landschaftspflege

Die Schafhaltung hat von jeher gestaltenden und pflegenden Einfluss auf die Landschaft ausgeübt. Zahlreiche bekannte Kulturlandschaften, wie die Lüneburger Heide, die Hohe Rhön, die Schwäbische und Fränkische Alb und weitere, sind in ihrer heutigen Ausbildung das Resultat jahrhundertelanger Schafbeweidung.

12.1 Bedeutung der Landschaftspflege

Seit einiger Zeit ist das Schaf als Landschaftspflege in den Vordergrund gerückt, da diverse Flächen aufgrund unzureichender Wettbewerbsfähigkeit brachfielen und die Forderungen nach extensiver und naturschutzkonformer Beweidung ökologisch wertvoller Standorte zunahmen.

In Deutschland werden durch die ca. 2,3 Mio. Schafe etwa 300 000 ha besonders schützenswerter Standorte nach dem Prinzip „Schutz durch Nutzung" gepflegt, sodass durch eine Offenhaltung der Landschaft, der Nutz- und Ressourcenwert, das Landschaftsbild sowie die Artenvielfalt erhalten werden. Bei einem Basispflegesatz von 150–200 €/ha entspricht dieses einer Dienstleistung von 45–60 Mio. € jährlich, die die Schafhaltung einbringt. Etwa 80 % der Berufsschäfer sind mehr oder weniger in die Landschaftspflege eingebunden und 30–50 % sind davon abhängig (Völl 2011). Die Pflegeflächen sind vorrangig in von der Natur benachteiligten Regionen gelegen und verteilen sich auf unterschiedlichste Vegetations- und Standorttypen: Wacholder-, Zwergstrauch- und Calluna-Heiden,

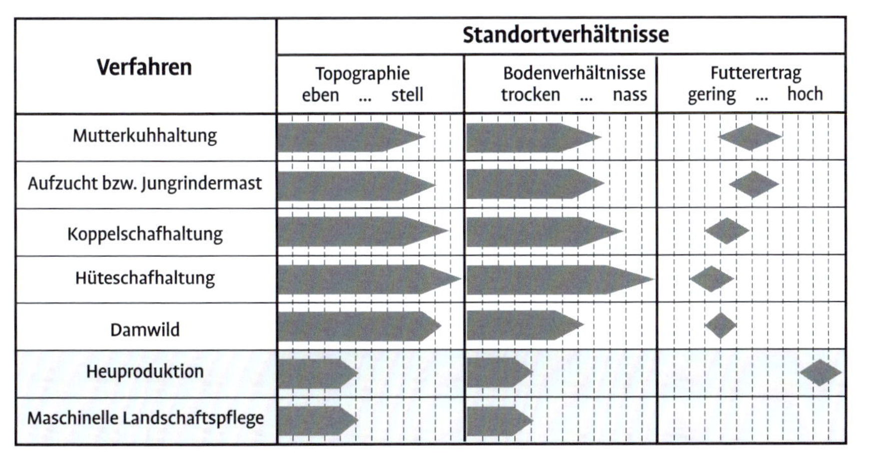

Abb. 92. Potenzial der Standortanpassung verschiedener extensiver Nutzungsverfahren.

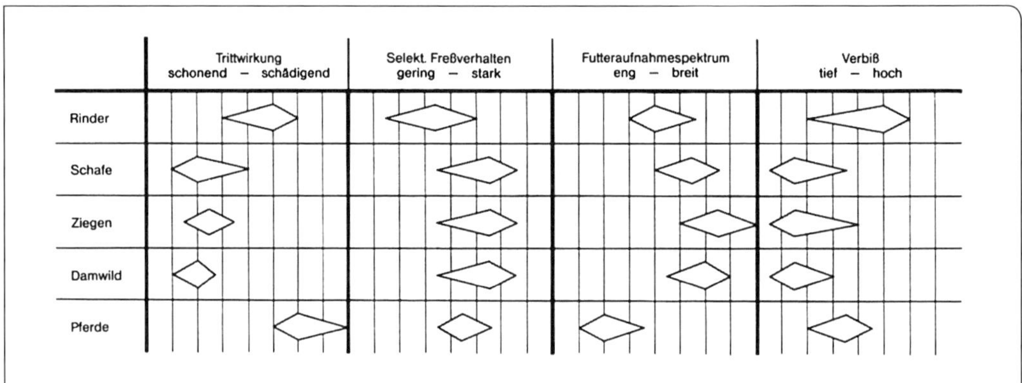

Abb. 93. Pflegeeigenschaften verschiedener Nutztierarten. Extreme Besatzdichten und Rassen können das Spektrum der dargestellten Weideeigenschaften noch vergrößern.

Kalkmagerrasen, Borstgrasrasen sowie Flussufer, Moorgebiete, Deichanlagen, Truppenübungsplätze usw. Ungünstige Standortverhältnisse (z. B. Hanglagen, Feuchtgebiete) lassen vielerorts auch keine maschinelle Pflege zu.

Zahlreiche Erfahrungen haben gezeigt, dass die Schafbeweidung sowohl großflächiger Landschaften als auch kleiner Biotope meist die kostengünstigste, natürlichste und zweckmäßigste Pflegemaßnahme ist.

Auch die Fähigkeit sich an die unterschiedlichen Standortverhältnisse anzupassen ist bei der Schafhaltung, vor allem der Hüteschafhaltung, gegenüber anderen extensiven Nutzungsverfahren besonders ausgewiesen (Abb. 92).

12.2 Die Pflegeleistung von Schafen

Aus ökologischer Sicht wird die Pflegeeignung durch die Auswirkung der Beweidung auf die Grünlandnarbe, den Pflanzenbestand und ggf. die Tierwelt und das Landschaftsbild bewertet. Im Hinblick auf eine nutzbringende Standortpflege sind folgende Faktoren zu berücksichtigen.

Tierart

Kleine Wiederkäufer unterscheiden sich von Rind und Pferd durch
- eine schonendere Trittwirkung, die besonders auf empfindlichen Weichböden und an Hanglagen (Erosionsgefahr) bedeutungsvoll ist;
- die bodenfestigende Wirkung der kleinen Schafsklauen (Trippelwalze), die z. B. auf Deichanlagen die Einwanderung von Wühlmäusen verhindert;
- ein ausgeprägt selektives Fressverhalten. Entsprechend des Nährstoffbedarfs und der Schmackhaftigkeit fressen Schafe zuerst die hochwertigsten Pflanzen und Pflanzenteile aus dem Aufwuchs heraus;

- die Aufnahme eines breiteren Futterspektrums (ungeachtet der Rassenunterschiede), das bei höherem Beweidungsdruck bis hin zu Hartgräsern, Busch- und Laubwerk reicht. Mit der Integration eines Ziegentrupps in die Schafherde wird die gesamte Vegetation, vor allem Sträucher und Büsche, noch gleichmäßiger und schärfer verbissen.

Rassen
Grundsätzlich kann jede Schafrasse in der Landschaftspflege wertvolle Dienste leisten, soweit der Standort ihren Ansprüchen gerecht wird. Hier ermöglicht die große Rassenvielfalt eine gute Anpassung an die verschiedenen Standorttypen. Große, wüchsige Rassen wie beispielsweise Texel sind auf guten Weiden geeignet, die nur etwa halb so schweren Schnucken vor allem zur Pflege der Calluna-Heiden. Mit abnehmender Standortqualität nehmen der Anspruch an Futterqualität und -menge sowie das Reifegewicht der jeweiligen Pflegerasse ab.

Die Frage der Rasseneignung ist also stets in Abhängigkeit zur Standortqualität, also vom Futteraufwuchs, zu beantworten.

Haltungsform und Beweidungsmanagement
Jede Beweidung bringt nur dann ökologischen Nutzen, wenn die Beweidungsintensität (Besatzdichte, Beweidungsdauer und -häufigkeit) sowie der Beweidungszeitpunkt den gegebenen Standortverhältnissen

Abb. 94. Für die Pflege der Wacholderheiden ist gerade die Hüteschafhaltung meist die beste und einzige Alternative.

zu empfehlen. Dieser Zeitrahmen kommt ebenso den Schafhaltern entgegen, die nach dem Prinzip "kurze Weidezeiten und lange Ruhezeiten" auch versuchen, die Verwurmung der Schafe durch diese Maßnahme zu begrenzen. Allerdings sollte dann in der wachstumsintensiven Jahreszeit der starke Aufwuchs über eine Mahd genutzt werden.
Besatzstärke: Je nach Futterleistung des Standortes und je nach Pflegeziel ist eine Besatzstärke von etwa 2–10 Mutterschafen/ha zu empfehlen (siehe auch Tab. 43).
Beweidungszeiten: Eine Beweidung im Winterhalbjahr kann einen zusätzlichen und wertvollen Pflegeeffekt aus naturschutzfachlicher Sicht bringen, wenn die überständigen Gräser/Pflanzen als ‚Heu auf dem Halm' aufgenommen werden. Typischerweise zu erkennen auf den Winterweiden der Hütebetriebe, aber auch in der Koppelschafhaltung mit anteiligem Winterweidebetrieb. Allerdings liegen bisher kaum Angaben über die Futterwertparameter von Winterweideflächen vor.
Hütetechnik: Bei engem Gehüt wird ein schneller und gleichmäßiger Verbiss der Gesamtvegetation erzielt, während bei weitem Gehüt die Schafe deutlich stärker selektieren und damit vorrangig die nährstoffreicheren Futterpflanzen aufnehmen. Dagegen bewirkt nur ein Herüberziehen über die Flächen lediglich ein Niederwalzen der Vegetation und somit keinen Pflegeeffekt durch Verbiss.
Schnittnutzung: Heu von Naturschutzflächen mit vergleichsweise späterem Schnitttermin (Blütezeit) eignet sich in der Regel nur zur Deckung des Erhaltungsbedarfs.
Ergänzende Pflegemaßnahmen: Bei einer zu geringen Beweidungsintensität (Besatzstärke, Weidedauer, Beweidungshäufigkeit) muss oft ein zusätzlicher Schnitt (Mulchen) durchgeführt werden, um einer übermäßigen Ausbreitung von nicht verbissenen und ungeliebten Pflanzen entgegenzuwirken.

Grundsätzlich ist festzuhalten, dass eine hohe Beweidungsintensität zu einem gleichmäßigeren Verbiss der Vegetation führt (auch weniger begehrte Pflanzen werden aufgenommen und zurückgedrängt, da weniger selektive Futteraufnahme). Bei dieser aus Sicht des Naturschutzes oft gewünschten Weideintensität ist die Nährstoffversorgung der Mutterschafe hingegen beeinträchtigt. Demgegenüber ermöglicht eine selektive Unterbeweidung zwar eine bessere Versorgung der Schafe (nur die nährstoffreichsten und schmackhaftesten Pflanzen und Pflanzenteil werden gefressen), jedoch findet so oft keine hinreichende Flächenpflege aus naturschutzfachlicher Sicht statt (hohe Weidereste). Dabei ist zu berücksichtigen, dass Schafweiden mit Naturschutzcharakter einen ohnehin geringeren Energiegehalt aufweisen als Wirtschaftsgrünland (Leberl 2012) und dass mögliche Beweidungsauflagen die Futterqualität und damit den Beweidungswert zusätzlich herabsetzen. Auch ist zu bedenken, dass Extensivflächen wie z. B. flachgründige Hutungen auf Magerrasen besonders empfindlich auf Wassermangel reagieren. In Zeiten anhaltend geringer Niederschläge sinken die Futtererträge auf solchen Flächen überdurchschnittlich schnell, da raschere Verholzungen der Pflanzen eintreten mit der Folge noch weiter reduzierter Futterverdaulichkeit und Energiegehalte. Bei längeren Trockenperioden und entsprechender Verknappung von Weidefutter wäre es daher ratsam den Schäfereien Ausgleichsflächen zur Verfügung zu stellen und/oder eine Beifütterung zu möglichen bzw. zu gestatten. Oberstes Ziel muss es stets sein, die Attraktivität der Pflegebeweidung für die Schäferei zu erhalten, da andernfalls die Pflegebeweidung schon kurzfristig nicht mehr gesichert ist.

Weitere Ausführungen zum Thema Weideführung, Futterwerten, Fressverhalten und Weidepflege in Kap. 8 ‚Grünlandwirtschaft'.

Die **Vorzüge der Schafbeweidung** im Rahmen der Landschaftspflege sind vielfältig:

- Im Gegensatz zur mechanischen Pflege (Mahd, Mulchen) erhält die Schafhaltung eine weide- und standorttypische Vegetationsgesellschaft, bei der auch die faunistische Artenvielfalt (Insekten, Laufkäfer, etc.) kaum beeinträchtigt wird. Bei der mechanischen Einwirkung moderner Mähgeräte werden zahlreiche Tiere getötet. Hier ist nicht nur an Jungwild und Bodenbrüter zu denken, sondern insbesondere auch an zahlreiche Insekten, die von der

Tab. 43: Schafhaltung in Abhängigkeit von der Futterwüchsigkeit des Standortes (Schumacher et al. 1995)

Nährstoffertrag der Weidefläche (KStE/ha)	Biotoptyp	entsprechender Heuertrag (dt/ha)	Besatzstärke bei 180 Weidetagen* (PE**/ha)	Besatzstärke bei vollständiger Gewinnung des Winterfutters (GV***/ha + Jahr)
300–450	Ärmste Berghutungen, Heiden/Pfeifengrasbestände	ca. 15	1,8–2,8	0,1–0,2
450–750	Geringe Almen, Borstgrasrasen	15–25	2,8–4,6	0,2–0,35
750–1000	Mittlere Almen, Kalkmagerrasen	25–35	4,6–6,1	0,35–0,46
1000–1300	Nassweiden, Rotschwingel-Magerweiden	35–45	6,1–8,0	0,46–0,6
1300–2000	Extensives Grünland, trockene Weidelgras-Weiden	45–70	7,0–12,3	0,6–0,9

* bei längerer Weideperiode entsprechend weniger Mutterschafe
** 1 PE = Produktionseinheit = 1 Mutterschaf + 1 Lamm + 0,02 Schafböcke = 0,15 GV
*** 1 GV = Großvieheinheit = 6,6 PE Schaf (= 500 kg Lebendgewicht)

Sogwirkung eines Kreiselmähers erfasst werden. Darüber hinaus ist die Schafbeweidung in der Regel die deutlich kostengünstigere Pflegevariante (siehe unten).

- Durch die große Vielfalt an Rassen und Betriebsformen besitzt das Schaf eine große Anpassungsfähigkeit an unterschiedliche Standort- und Haltungsbedingungen.
- Grundsätzlich ist das Schaf aufgrund seines geringen Futteranspruchs (insbesondere bei Landschafen, güsten und niedertragenden Mutterschafen) sowie aufgrund der Fähigkeit zum selektiven Verbiss ideal zur Nutzung ertragsarmer Standorte geeignet. Hochtragende und laktierende Mutterschafe können hingegen auf Magerrasen nicht hinreichend ernährt werden.
- Das Schaf trägt durch Tritt und Verbiss zur Festigung des Bodengefüges und der Grasnarbe sowie zur Sukzessionskontrolle bei.
- Bei extensiver Beweidung/weitem Gehüt werden Bodenbrüter wie Kiebitz, Uferschnepfe oder Rotschenkel kaum gestört. Vor allem während der Brutzeit muss aber auf eine besonders extensive Beweidung (2 Schafe/ha) geachtet werden, um Gelege möglichst wenig zu beeinträchtigen (Hälterlein 2002).
- Durch den Weidegang werden Blütenstände ausgeschlagen, sodass die Bestäubung und das Auskeimen von Pflanzen gefördert werden. Dabei ist auch das Zertreten der klebrigen Spinnennetze als potenzielle Bienenfalle positiv zu bewerten.
- Insekten wie Schmetterlinge, wärmeliebende Laufkäfer, etc. profitieren von der Beweidung, vor allem durch das Kurzhalten der Vegetation und durch die Öffnung verfilzter Flächen sowie die Vermehrung der Blütenstände.
- Im Rahmen der Hüteschafhaltung können auch offene, nicht eingezäunte Landschaften gepflegt, ein Nährstoffaustrag sowie ein Biotopverbund durch Artentransfer erzielt werden.
- Bei den Produkten der Schafhaltung, Fleisch und Wolle, handelt es sich bundes- und EU-weit nicht um Überschussprodukte.
- Der Einsatz der Schafhaltung in der Landschaftspflege erfordert relativ geringe Investitionen.
- Die Schafhaltung stellt besonders in Tourismus- und Erholungsgebieten einen hohen Schauwert (Attraktivität) dar.
- Durch regionsbezogene Vermarktungskonzepte können unter Einbeziehung von Schafhaltern, Naturschutz, Tourismus und der Gastronomie Synergieeffekte genutzt werden. Typische Beispiele dafür sind das Altmühltaler Lamm im Nordwesten Bayerns, das Bergwinkellamm im Main-Kinzig-Kreis oder das Rhönlamm.

12.3 Die wirtschaftliche Situation der Schafhaltung in der Landschaftspflege

Je futterärmer, trittempfindlicher und schwieriger der Pflegestandort, desto größer ist die Bedeutung der Schafhaltung, insbesondere der Hüteschafhaltung als Landschaftspfleger. Denn gerade solche Standorte gehören zu den ökologisch wertvollen Arealen mit prägenden und regionstypischen Landschaftsbildern Und können oft nicht anderweitig (z.B: durch Maschinen) gepflegt werden.

Vor diesem Hintergrund ist es dringlich, die Existenzfähigkeit der Schafhaltung nachhaltig zu sichern und schwierige Situationen und Rahmenbedingungen abzumildern.

Um wirtschaftlich existieren zu können, muss die Schafhaltung marktgerechte, d. h. vollfleischige, junge Schlachtlämmer erzeugen. Diese Zielsetzung ist bei den geringen Futtererträgen der benachteiligten Pflegeflächen und wegen der häufig begrenzten Flächenverfügbarkeit häufig nur schwierig zu erreichen. Dabei können auch Auflagen zur Beweidungsintensität und -zeit seitens des Naturschutzes vielerorts die Erwirtschaftung eines ausreichenden Betriebsergebnisses zusätzlich erschweren. Dieses gilt vor allem dann, wenn keine (hinreichenden) Prämien oder Ausgleichsgelder für die erbrachte Pflegeleistung gezahlt werden.

Zur Lösung dieses Spannungsfeldes bieten sich folgende Ansatzpunkte:

1. Der Schafhalter sollte prüfen, ob es Produktionsreserven gibt oder das Produktionsverfahren besser auf die Verhältnisse der Landschaftspflege anzupassen ist.

Zum Beispiel:

- Versetzen der etwa sechs bis acht Wochen alten Ganglämmer in intensivere Mastbetriebe (ggf. in Verbindung mit einer Gebrauchskreuzung). Mit den „leeren" Mutterschafen und ohne die futteranspruchsvollen Lämmer bietet sich dann die Pflegenutzung ertragsarmer Standorte an.
- Einkreuzung oder Umstellung auf genügsamere Rassen (Landschafe) und Selbstvermarktung besonderer Qualitäten zu hohen Preisen.
- Aufbauend auf der Selbstvermarktung: Abgabe von Tierpatenschaften, Tag der offenen Tür usw.
- Verkauf von Nebenprodukten, z. B. Schafdung (angerottet, gut verrottet oder von speziellen Erdwärmern in Humus umgesetzt) für verschiedene Pflanzenkulturen.
- Oft ist es auch hilfreich, einen Beratungsdienst für Schafhaltung mit einzubeziehen oder Gespräche mit Vertretern des Naturschutzes und der Kommunen bezüglich möglicher Optimierungsansätze im Produktionsablauf oder den Rahmenbedingungen zu führen.

2. Vonseiten des Naturschutzes dürfen keine Beweidungsrichtlinien vorgegeben werden, die für die Schafhaltung nicht tragbar sind. Eine auch für die Schafhaltung akzeptable Kompromisslösung muss durch Absprachen gefunden werden.
3. Gemeinde, Kreis und Land haben großes Interesse und Nutzen an der Landschaftspflege durch die Schafhaltung. So sollten Kommunen und Landkreise die Ansprüche der Schäfer, insbesondere der Hüteschäfer, bei ihren Planungen mit berücksichtigen (Pachtangebote von Sommer-, Herbst- und Winterweiden und ertragsreicheren Ausgleichsflächen, Schaffung bzw. Berücksichtigung von Trieb- und Wasserversorgungsmöglichkeiten, ...)
4. Weiterhin müssen die öffentlichen Träger die erbrachte Dienstleistung ‚Erhaltung der Kulturlandschaft' finanziell honorieren (z. B. durch Vertragsnaturschutz), wie es auch am Markt für Naturalprodukte (Fleisch, Wolle) üblich ist. Das Einkommen in der Schafhaltung besteht heute grundsätzlich aus der Kombination von Lammfleisch- bzw. Lämmerverkauf und Prämien (Landschaftspflege, Betriebsprämien...).

Die Höhe der Pflegeprämien sollte sich vorrangig an den zusätzlichen Aufwendungen orientieren, die ein Schäfer mit dem Pflegeeinsatz seiner Schafherde zu erbringen hat (z. B. Fahrten zu den weiter entfernten Flächen, Investitionen für zusätzliche Zäune, Arbeitsaufwand für Zaunbau auf steinigem Untergrund, etc.). Gleichermaßen sollten mögliche Minderleistungen der Schafe, bedingt durch die zumeist ertragsarmen Biotope oder Beweidungsauflagen, als entgangener Nutzen mitberücksichtigt werden. In der Praxis variieren die tatsächlich gezahlten Pflegeprämien noch erheblich. Unabhängig von möglichen Pachtzahlungen schwanken solche Pflegesätze etwa zwischen 0 und 400 €/ha und Jahr.

Um angemessene Pflegesätze einer Schäferei unter Landschaftspflegebedingungen abschätzen zu können, wurden vom Kuratorium für Technik und Bauwesen in der Landwirtschaft (KTBL) und der Vereinigung Deutscher Landesschafzuchtverbände (VDL) ökonomische Erfolgsparameter anhand von bundesweiten Betriebsanalysen bewertet (Schroers et al. 2014). Diese Kalkulationen wurden für verschiedene Biotoptypen durchgeführt, wobei die erbrachten Marktleistungen den jeweiligen Kosten gegenübergestellt wurden, also eine Ganzjahresbetrachtung für das gesamte Produktionsverfahren, ohne Einbeziehung von Förderungen bzw. Pflegeprämien. Die genannten ökonomischen Erfolgsgrößen stellen Größenordnungen für Kosten bzw. Entlohnung der Schafbetriebe für die Dienstleistung Landschaftspflege dar. Um eine Vergleichbarkeit zu gewährleisten, wurden die Berechnungen auf folgende Annahmen bezogen: 400 Mutterschafe, 200 Sommerweidetage (Landschaftspflege), Produktpreise entsprechen Abgabepreisen an den Handel, Lohnansatz 15 €/Std., Zinssatz für in Betriebsmitteln gebundenes Kapital 4 %.

Die ökonomischen Parameter (Tab.44) machen deutlich, dass die Schafhaltung auf keinem der genannten Biotoptypen ein positives Betriebsergebnis erzielt, sondern ausschließlich Defizite. Die einzelkostenfreien Leistungen (Marktleistungen abzüglich aller der Schafhaltung zuzuordnenden Kosten) werden für den Betrieb, für ein Mutterschaf/Jahr bzw. Mutterschaf/Tag sowie für einen Hektar Pflegefläche und Jahr ausgedrückt. Die aus Naturschutzsicht meist wertvollere Hütehaltung verursacht meist um 30–40 % höhere Kosten als

Tab. 44: Ökonomische Erfolgsgrößen der Landschaftspflege mit Schafen (400 MS*, 200 Sommerweidetage), Schroers et al. 2014

Kennzahl	Einheit	Streuobstwiese Landschafe		Feuchtwiese Fleischschafe		Küstendeich Fleischschafe	Flussdeich Fleischschafe		Heide Kleinrah. Landschafe	Magerweide Landschafe	
		Koppelhaltung	Hütehaltung	Koppelhaltung	Hütehaltung	Koppelhaltung	Koppelhaltung	Hütehaltung	Hütehaltung	Koppelhaltung	Hütehaltung
Landschaftspflegefläche	ha LP*	53	53	49	49	50	63	63	267	120	120
Beweidungshäufigkeit	Tage	2	2	3	3	1	2	2	1	1	1
Mittlere Schlaggrößen	ha	2	2	5	5	10	5	5	5	2	2
Mittlere Beweidungsdauer	Tage/Schlag	15	8	16	20	200	17	16	4	9	3
DAKfL*	€/Jahr	-22 883	-37 885	-16 579	-32 379	-24 127	-34 290	-36 188	-64 981	-30 911	-45 017
EKfL*	€/Jahr	-41 764	-56 415	-35 550	-51 015	-42 764	-56 273	-54 717	-83 511	-49 875	-63 546
DAKfL*	€/MS + Jahr	-57	-95	-41	-81	-60	-86	-90	-162	-77	-113
EKfL*	€/MS + Jahr	-104	-141	-89	-128	-107	-141	-137	-209	-125	-159
DAKfL*	€/ha LP* + Jahr	-429	-710	-339	-662	-483	-546	-575	-244	-258	-375
EKfL*	€/ha LP* + Jahr	-783	-1058	-727	-1043	-855	-895	-871	-313	-416	-530
DAKfL*	€/MS + Tag	-0,29	-0,47	-0,21	-0,40	-0,30	-0,43	-0,45	-0,81	-0,39	-0,56
EKfL*	€/MS + Tag	-0,52	-0,71	-0,44	-0,64	-0,53	-0,70	-0,68	-1,04	-0,62	-0,79

* Erläuterungen:
MS = Mutterschaf
LP = Landschaftspflegefläche
DAKfL = Direkt- und arbeitserledigungskostenfreie Leistungen: Marktleistungen abzgl. variable Kosten und Arbeitserledigungskosten
EKfL = Einzelkostenfreie Leistungen: Marktleistungen abzgl. variable Kosten, Arbeitserledigungskosten, Gebäudekosten, Flächenkosten und Rechtekosten (Opportunitätskosten für Verpachtung)

die Koppelhaltung (gilt nicht für die Beweidung von Flussdeichen). Gleichermaßen führen die weniger produktiven Landschafe erwartungsgemäß zu geringeren Betriebsergebnissen.

Aus den Zahlen ist zu folgern, dass für eine wirtschaftliche Stabilisierung der Schafhaltung als Landschaftspfleger, die Schäfereien durch Förderungen (Betriebsprämien, Agrarumweltmaßnahmen), Pflegeprämien, etc. in Höhe von 35 000 € bis 80 000 € (EKfL je nach Standort und Rahmenbedingungen) jährlich unterstützt werden müssten.

Erfreulich ist in diesem Zusammenhang, dass der Europäische Gerichtshof (EuGH) entschieden hat, dass Prämienansprüche auch für Naturschutzflächen gewährt werden müssen. Damit kann auch der Schäfer auf diese Fördermöglichkeit zurückgreifen (Völl 2011).

Für eine flächenspezifische Bewertung der Aufwendungen für eine schafgebundene Pflege wurde von Kibler, Christ und Aponte (2015) ein Programm entwickelt, dass unter Eingabe entsprechender Flächendaten konkrete Werte für eine Entlohnung der Schäfer herleitet. Diese, für den Naturschutz, Landkreise und Kommunen hilfreichen Kalkulationen ermöglichen eine objektive Einschätzung von Pflegesätzen in zahlreichen Praxisfällen.

Zusammenfassend kann gesagt werden, dass die volkswirtschaftlich so bedeutungsvolle Landschaftspflege mittel- und langfristig nur durch eine rentable Schafhaltung erhalten bleiben kann.

13 Erkrankungen des Schafes

Krankheiten führen zu Leistungsminderungen oder gar zu Totalverlusten einzelner Tiere oder wesentlicher Herdenteile. Damit wird die Wirtschaftlichkeit der Schafhaltung entscheidend belastet bzw. unrentabel. Daher kommt dem frühzeitigen Erkennen, der Diagnose, der zweckmäßigen Vorbeuge und Therapie eine entscheidende Bedeutung zu.

Die Krankheitsbereitschaft des Einzeltieres ist abhängig von seiner körperlichen Verfassung (Konstitution) und der Veranlagung (Disposition). Innere Krankheitsursachen sind abhängig von der Organbeschaffenheit, vom Geschlecht und/oder von der allgemeinen Abwehrbereitschaft (Resistenz). Äußere Krankheitsursachen sind Erreger wie Viren, Bakterien, Parasiten, Pilze, Gifte und sonstige Umweltfaktoren.

13.1 Verhalten des kranken Schafes

Bei Beobachtung der Schafherde in Ruhe kann der Schafhalter kranke Tiere durch ihr Verhalten erkennen. Kranke Tiere machen vielfach einen müden, matten und teilnahmslosen Eindruck, sind oft verkrampft oder stehen gekrümmt mit gesenktem Kopf da. Die Tiere legen sich öfter ab. Die Futter- und Wasseraufnahme ist vermindert oder wird völlig verweigert, der Kotabsatz setzt aus oder es zeigt sich Durchfall (verschmutzter After). Das Wiederkauen wird völlig eingestellt. Die Schleimhäute der Augen, der Maulhöhle und der Nase können gerötet, blass, verwaschen oder gelblich verfärbt sein. Die Atmungsfrequenz kann erhöht oder auch vermindert, unregelmäßig und flach sein. Häufig ist Husten, begleitet von Nasenausfluss zu hören. Gewöhnlich besteht Fieber (Temperatur > 39 °C), Abweichungen nach unten (< 37 °C) sind besonders bedenklich, da davon ausgegangen werden kann, dass die Abwehrkräfte schwinden. Die Wolle wird stumpf und fällt teilweise großflächig aus.

Häufig treten beim Fluchttier Schaf die Erkrankungssymptome erst sehr spät auf. Im Falle von langsam verlaufenden, chronischen Infektionskrankheiten sind die Symptome meist unklar und wenig auffällig. Deutlicher sind erste Krankheitsanzeichen bei schnell verlaufenden, akuten Erkrankungen zu erkennen. Nur bei frühzeitigem Erkennen einer Erkrankung ist eine rechtzeitige Therapie möglich und kann zu einer Ausheilung ohne Schaden führen.

Die höheren Besatzdichten, die längere und häufigere Beweidung einer Weidefläche, aber auch die kürzeren Tierbeobachtungszeiten führen in der Koppelschafhaltung im Allgemeinen zu einer häufigeren Erkrankungsrate als im Hütebetrieb.

In diesem Buch können nur die wichtigsten Erkrankungen der Schafe ausführlicher behandelt werden.

13.2 Bestimmungen und Empfehlungen

Einige Krankheiten mit Seuchencharakter werden vor allem wegen ihres hohen Gefahrenpotenzials von Staats wegen bekämpft und in der Liste **der anzeigepflichtigen Krankheiten** geführt. Tierhalter und alle Personen, die mit diesen Tieren beruflich umgehen, sind auf Basis des Tiergesundheitsgesetzes (22.5.2013) verpflichtet, jeden Verdacht auf eine dieser Krankheiten dem Veterinäramt unverzüglich anzuzeigen. Zuwiderhandlungen sind strafbar und ziehen den Verlust der Entschädigung der Tierverluste und die u. U. anzuordnender Bestandskeulung nach sich.

Zu den anzeigepflichtigen Seuchen, die Schafe/Ziegen betreffen, zählen heute: Aujeszkysche Krankheit, Blauzungenkrankheit, Bruzellose der Rinder, Schweine, Schafe und Ziegen, infektiöse Epididymitis (Bruc. ovis), Bovine Virus Diarrhoe (BVD), Maul- und Klauenseuche, Milzbrand, Pest der Kleinen Wiederkäuer, Pockenseuche der Schafe und Ziegen, Rauschbrand, Rifttal-Fieber, Transmissible spongiforme Enzephalopathie (Traberkrankheit (Scrapie) der Schafe und Ziegen), Tollwut.

Tierkrankheiten, die zwar nicht planmäßig von Staats wegen bekämpft, aber besonders beobachtet werden, sind in der **Liste der meldepflichtigen Krankheiten** geführt. Zur Meldung verpflichtet sind hier nicht die Tierhalter, sondern Tierärzte und Untersuchungsstellen, die diese Krankheiten diagnostizieren.

Zu dem meldepflichtigen Krankheiten, die Schafe/Ziegen betreffen können, zählen: Aborte durch Campylobacter, Chlamydienabort des Schafes, Echinokokoase, Leptospirose, Listeriose, Maedi/Visna, Paratuberkulose, Q-Fieber, Toxoplasmose, Schmallenbergvirus.
Der Schafhalter sollte beachten, dass verschiedene Krankheiten des Schafes auch auf andere Tierarten und selbst den Menschen übertra-

Abb. 95. Spritzen und Eingabegeräte. Von links nach rechts: Eingabestücke, lang gebogen und hankenförmig. Silikonöl zur Dichtungspflege aller Spritzen. Eingabespritze für kleinere Bestände. Drenchmatik-Spritze ‚Protector' mit Schlauchanschluss zu einem Rückenbehälter: Dosierung in 2–2,5 cm³-Schritten. Drenchmatik ‚Europlex' mit Mauleingabestück oder Injektionsnadel und Schlauch zum Rückenbehälter. Großvolumige Eingabespritze (hell), 70 cm³ Fassungsvermögen, selbstansaugend, für kleinere Bestände.

gen werden können. Dazu zählen z. B. Bruzellose, Q-Fieber, Listeriose, Tollwut, Chlamydien und Lippengrind. Folglich sollte ein hygienisch risikoloser Umgang mit anscheinend gesunden und besonders mit offensichtlich erkrankten Tieren bestehen.

Aufgrund der Vorschriften des Arzneimittelgesetzes ist eine Abgabe von Medikamenten auf Vorrat an den Tierbesitzer nicht möglich. Eine Stallapotheke sollte in Absprache mit dem Haustierarzt bei Auftreten von Problemen im Bestand entsprechend geführt werden. Stets vorrätig und sauber aufbewahrt sollten sich im Bestand finden:

- Eingabespritzen und Pistolen, ggf. Injektionspistolen, Einmalspritzen und Kanülen,
- Thermometer und Scheren, ggf. eine Klemme (Blutungen aus dem Nabel),
- Desinfektionsmittel (z. B. Alkohol, Jodlösung) zur Versorgung kleinerer Wunden und Verletzungen sowie zur Nabeldesinfektion,
- Einmalhandschuhe bei eitrigen Verletzungen und lange Handschuhe (Rektalhandschuhe) bei Geburtshilfe,
- Verbandsmaterialien zum Anlegen eines Klauenverbandes,
- Wundsprays oder Heilsalben zur Wundversorgung.

13.3 Parasiten

Parasiten leben auf Kosten der Tiere, die sie befallen (Wirte). Sie sind Schmarotzer und lassen sich wie folgt unterteilen:

Außenparasiten (Ektoparasiten): Gliedertiere wie Milben, Zecken und Insekten, die auf dem Wirtstier leben, also auf der Haut und im Vlies.

Innenparasiten (Endoparasiten):

- einzellige Lebewesen (Protozoen), z. B. Kokzidien;
- Würmer, die sich in Plattwürmer, zu denen die Saugwürmer wie Leberegel und die Bandwürmer zählen, und Rundwürmer, denen die Magen-Darm- und Lungenwürmer zugeordnet werden.
  Diese siedeln sich in den inneren Organen des Wirtsorganismus an.

Innenparasiten, die vor allem durch den Weidebetrieb in das Tier gelangen, zählen zu den wirtschaftlich bedeutendsten Erkrankungen der Schafe. Sie führen in der Schafhaltung zu verminderter Leistungsfähigkeit bis hin zu Totalverlusten.

13.3.1 Außenparasiten

Milben

Räude ist eine hoch ansteckende, stark juckende Hauterkrankung, die durch Milben hervorgerufen wird. Symptome können je nach Milbenart und Lokalisation der Erkrankung variieren.

Die **Körperräude** wird von der Psoroptesmilbe hervorgerufen. Die Milbe besiedelt meist die dicht bewollten Körperregionen wie Hals,

Rücken und Rumpf. Betroffene Schafe zeigen starken Juckreiz durch starkes Kratzen und Scheuern. Die Tiere sehen aus wie gerupft und magern ab. Die Erkrankung tritt meist in den Wintermonaten auf.

Die Sarcoptesmilbe verursacht hauptsächlich Hautveränderungen im Kopfbereich der Schafe, weswegen bei Befall mit ihr von **Kopfräude** gesprochen wird.

Die Chorioptesmilbe siedelt sich bevorzugt an den Beugeseiten der Vordergliedmaßen an. Man spricht von **Fußräude**, die durch Krusten und Bläschenbildung besonders zwischen den Afterklauen auffällt. Befallene Tiere benagen die juckenden Hautpartien stark.

Eine Diagnose des Räudebefalls erfolgt durch Entnahme eines Hautgeschabsels an den veränderten Hautpartien, mit Nachweis der typischen Milben.

Haarlinge

Haarlinge, auch Sandläuse genannt, ernähren sich von Hautschuppen und brauchen ihren Wirt zum Überleben. Die streng wirtsspezifischen, 1–2 mm großen Ektoparasiten sind im Vlies der Schafe gut zu erkennen. Sie verursachen einen starken Juckreiz und führen vor allem in den Wintermonaten zu einer Beunruhigung in der betroffenen Herde. Durch das häufige Scheuern und Kratzen entstehen Schäden in der Wolle. Eine Verbreitung erfolgt durch Körperkontakt.

Läuse

Diese Blutsauger sind beim Schaf selten zu finden. Sie siedeln bevorzugt an Körperstellen mit weicher Haut und führen ebenfalls zu Juckreiz und bei starkem Befall auch zu Blutarmut.

Schaflausfliegen

Die 4–5 mm große Lausfliege ist rostbraun gefärbt und ernährt sich vom Blut ihres Wirtes. Die Tiere leben im Vlies der Schafe, kriechen aber auch kurzfristig auf andere Haustiere und den Menschen. In betroffenen Herden fällt eine starke Unruhe auf und besonders junge befallene Lämmer leiden häufig unter Blutarmut. Nach der Schafschur nimmt der Befall mit Schaflausfliegen in einer Herde stark ab.

Zecken

Vor allem der Holzbock *(Ixodes ricinus)* und die Schafzecke *(Dermacentor marginatus)* spielen in der Schafhaltung eine Rolle. Während die Schafzecke eher im Frühjahr auftritt und auf die südlichen Regionen Deutschlands beschränkt ist, kommt der Holzbock vom zeitigen Frühjahr bis in den späten Herbst vor. Ein Zeckenbefall ist bei Scheitelung des Vlieses besonders in der Nackenregion, aber auch am Innenschenkel gut erkennbar. Zecken spielen als Überträger ansteckender Krankheiten bei Mensch und Tier eine Rolle, wobei in der

Schafhaltung die Übertragung von Q-Fieber von wesentlicher Bedeutung ist.

Fliegenmaden
Verschiedene Fliegenarten, insbesondere die grünblau schillernde Goldfliege, setzen ihre Eier in oder auf offene Wunden oder in feuchte oder verschmutzte Wollabschnitte (Regenfäule oder kotverschmutzte Afterregion nach Durchfall). Auch der mit Moderhinke befallene Zwischenklauenspalt ist bevorzugter Ablageort von Fliegeneiern. Die schlüpfenden Larven dringen in die Haut ein und verursachen stark riechende Hautentzündungen, die nicht selten mit einer starken Beeinträchtigung der betroffenen Schafe einhergehen. Eine gründliche Säuberung, ggf. Ausscheren der betroffenen Körperstellen und eine Behandlung mit Insektiziden ist erforderlich.

Behandlungsmethoden bei Ektoparasitenbefall
Die Behandlung von Außenparasiten kommen mehrere Behandlungsverfahren zur Anwendung. Neben der Badebehandlung, kommen Sprüh-, Aufguss- oder Injektionspräparate bei den unterschiedlichen Außenparasiten zur Anwendung. Dabei sollte sich die Auswahl des Präparates nach dem vorhandenen Parasiten und die Häufigkeit der Anwendung nach dem Lebenszyklus (Räudemilben) richten. Insbesondere bei der Räudemilbenbekämpfung darf die Umgebungsbehandlung von Stallungen, Zäunen und Pfählen und auch anderer im Stall lebender Tiere nicht vergessen werden. Ebenso richtet sich die Auswahl der geeigneten Bekämpfungsverfahren nach der Jahreszeit und auch die Länge des Vlieses ist ausschlaggebend.

Die Behandlung im **Tauchbad** eignet sich zur Bekämpfung aller Außenparasiten. Hierbei werden die Tiere in stationären oder auch mobilen Badeanlagen (siehe Kap. 9.6) für etwa eine Minute gebadet. Dabei empfiehlt sich als optimaler Behandlungszeitpunkt ein Termin 6–8 Wochen nach der Schur, da hier das Vlies noch nicht zu lang ist und eine Durchfeuchtung bis auf die Haut erfolgen kann. Auch sollte trockenes, warmes Wetter gewählt werden, da ein nasses Vlies die Wirksamkeit des Bademittels herabgesetzt. Beim **Sprühverfahren** werden die Tiere komplett mit der Badelösung eingesprüht. Hierbei muss man auf eine Benetzung aller Körperregionen geachtet werden.

Die Anwendung von **Pour-on-Präparaten** bei Haarlings- oder Lausfliegenbefall und auch zur Insektenabwehr erfolgt durch das Auftragen der empfohlenen Dosis in der Rückenlinie. Auch hier wird die beste Wirksamkeit bei kurzer Wolle etwa 2–3 Wochen nach der Schur erreicht. Eine Wirksamkeit gegen Milben, die sich in die Haut eingraben besteht nicht, daher ist dieses Verfahren mit den zugelassenen Medikamenten nicht bei der Räudebekämpfung anwendbar.

Abb. 96. Eine mobile Badeanlage für Schafe wie sie z. B. von einigen Schafgesundheitsdiensten unterhalten wird.

Die Verwendung der makrozyklischen Laktone als **Injektionspräparate** bekämpft alle Außenparasiten, die in der Haut leben bzw. sich vom Blut der Wirtstiere ernähren. Lediglich die Bekämpfung der Haarlinge ist mit diesem Verfahren nur sehr eingeschränkt möglich, da sich in den Hautschuppen nur geringe Wirkstoffkonzentrationen ansammeln.

13.3.2 Innenparasiten

Innen- (Endo-)parasiten verursachen die verlustreichsten und häufigsten Erkrankungen beim Schaf; sie reichen von verminderten Leistungen bis hin zu Todesfällen.

Die Innenparasiten sind Würmer oder Einzeller, die in zahlreichen Arten vorkommen (Tab. 45).

Bezeichnend für alle Würmer ist deren **Entwicklung** innerhalb wie auch außerhalb der Schafe. Einige Wurmarten benötigen außerhalb des Schafes dazu einen Zwischenwirt (z. B. der Große Leberegel die Zwergschlammschnecke), andere wieder nicht. Für die meisten Endoparasiten ist das Schaf der sog. Endwirt, d. h. in ihm entwickeln sie sich zur Geschlechtsreife und produzieren Eier. Zwischenwirt ist das Schaf bei mehreren Arten von Hundebandwürmern (siehe Tab. 45).

Die größte wirtschaftliche Bedeutung kommt in der Schafhaltung den Magen-Darm Würmern (Magen-Darm-Strongyliden, MDS) zu. Die unterschiedlichen Arten siedeln sich im Labmagen oder den unterschiedlichen Darmabschnitten an und können hohe Schäden und Todesfälle verursachen. Der Entwicklungszyklus aller MDS ist weitgehend gleich und spielt bei der Bekämpfung und Management eine wichtige Rolle. Die Eier der MDS werden mit dem Kot ausgeschieden und verseuchen die Umwelt der Schafe. Über das Larvenstadium L1, das bereits im Ei vorhanden ist, entwickeln sich die Parasiten zum infektionsfähigen Stadium L3. Diese Entwicklung ist abhängig von Temperatur und Feuchtigkeit. Die L3 klettern an den feuchten Grashalmen hoch und werden von den kleinen Wiederkäuern beim Fressen mit aufgenommen. Damit beginnt die Entwicklung zum geschlechtsreifen Parasiten im Tier. Nach der Paarung beginnt das Weibchen mit der Eiablage, die wieder mit dem Kot ausgeschieden wird. Die Zeit von der Aufnahme der L3 bis zur Ausscheidung der Eier wird Präpatenzzeit genannt und ist je nach aufgenommener Wurmart unterschiedlich. Einige Würmer (z. B. der rote gedrehte Magenwurm) überwintern im Schaf, ohne dass eine Eiausscheidung erfolgt. Bei Haken- und Zwergfadenwürmern dringen die Larven durch die Haut ein und wandern über das Blut und die Lungen in den Darm ein.

Besonders im Frühjahr, kurz vor oder nach der Geburt der Lämmer scheiden die Mutterschafe enorme Mengen von Wurmeiern aus, was zu einer starken Verseuchung der Weiden im Frühjahr und damit zu einer frühen Infektion der Lämmer führt.

Die **Symptome** eines Wurmbefalls sind unterschiedlich und abhängig von Art des Wurmes, dem Ort der Ansiedlung und der Anzahl der Parasiten. Dem roten gedrehten Labmagenwurm kommt dabei als Blutsauger eine besondere Bedeutung zu. Diese Würmer ernähren sich von Blut (15 ml/1000 Würmer) und schädigen die Schleimhaut des Labmagens. Bei einem Befall mit diesem Wurm werden die Tiere blutarm, zeigen blasse Schleimhäute, Mattigkeit und Abmagerung. Plötzliche Todesfälle kommen vor, wohingegen Durchfall nicht auftritt. Bei Befall mit den meisten anderen MDS sind Durchfälle ein Hauptsymptom. Die Tiere magern ab. Bei starkem Befall bildet sich der „Flaschenhals“, ein Ödem im Kehlgangsbereich. Besonders betroffen sind meist die jungen Lämmer, da sich erst mit zunehmendem Alter eine Immunität ausbildet. Es handelt sich aber um keine stabile, lang anhaltende Immunität und Stressfaktoren, wie andere Erkrankungen oder schlechte Fütterung, können Erkrankungssymptome auslösen.

Zur Einschätzung des Wurmbefalls am Tier können der Grad der Anämie (Blutarmut), der BCS (Body Condition Score) oder der Grad der Verschmutzung der Analregion bestimmt werden. Eine parasitologische Kotuntersuchung verschiedener Gruppen (Lämmer, Zutreter, Alter) zeigt den Befallsgrad und Art der Würmer auf und hilft bei der Wahl des Wurmmittels und der Auswahl der zu behandelnden Tiere.

Vorbeuge und Behandlung: Eine Behandlung der Schafe soll Schäden, die durch die Wurminfektion bei den Tieren, insbesondere den Lämmern, auftreten können, verhindern, es soll aber auch die Bildung von Resistenzen bei den Würmern als Antwort auf die regelmäßige Behandlung vermieden werden. Auch die Haltung und das

Weidemanagement spielen hierbei eine große Rolle. Tab. 46 zeigt die aktuellen Wurmmittel aus den vier Wirkstoffgruppen. Dabei ist die Mehrzahl der Produkte ohne Zulassung für Milch liefernde Tiere, was eine Behandlung von Milchschafen in der Laktation problematisch macht. Diese Betriebe sind umso mehr auf Managementmaßnahmen angewiesen. Das Vorkommen resistenter Würmer ist in Deutschland mittlerweile verbreitet und besonders in der Gruppe der Benzimidazole sind heute viele resistente Wurmpopulationen anzutreffen. Zur Verlangsamung der Resistenzbildung in den Herden ist eine routinemäßige Behandlung aller Tiere einer Herde mit dem heutigen Kenntnisstand abzulehnen. Vor einer Entwurmung sollte immer eine Kotprobenuntersuchung durchgeführt werden. Anhand dieser Ergebnisse sollte kritisch hinterfragt werden, ob eine Behandlung zu diesem

Tab. 45: Beschreibung der wichtigsten Parasiten aus unseren Regionen

Klasse	Vertreter	Fachbezeichnung	Bedeutung, Symptome, Bekämpfungsmaßnahmen	Größe u. Sitz im Tier
Einzeller (Protozoen)	Kokzidien	Eimeria spp. (15 Arten)	Durchfallerkrankung (wässrig-schleimig, ggf. auch blutig) vorrangig bei 4–10 Wo. alten Lämmern, führt zu Abgeschlagenheit und Gewichtsabnahme, bei starkem Befall auch zu Todesfällen und Kümmerung, Altschafe sind Kokzidienträger und Ausscheider. Aufnahme der Kokzidien über verschmutzte Euter, Tränken, Futter. Unsaubere Einstreu, hoher Besatz u. feucht-warme Umwelt führen zu hohem Kokzidiendruck. Maßnahmen: Diagnose über Kotproben und mit Untersuchungen des Bestandes, Verbesserung der Haltung und Hygiene, Stressvermeidung, Behandlung als Metaphylaxe mit speziellen Kokzidienpräparaten, bei entsprechendem Befund Gabe von Sulfonamiden über 3–5 Tage, wirtsspezifisch.	mikroskopisch klein beide im Dünndarm
	Kryptosporidien	Cryptosporidium parvum	Seltenes Auftreten, faulig riechender, grün-gelber Durchfall im Alter von 4–14 Tagen, Symptome: Abmagerung, Mattigkeit, Erkrankungsdauer bis 1 Woche, nicht wirtsspezifisch, Zoonose.	
Saugwürmer (Trematoden)	Großer Leberegel	Fasciola hepatica	Nur in einzelnen Gebieten (z. B. Niederungen, Flussufer, Feuchtlagen) bedeutungsvoll. Schwere Krankheitsverläufe (Abmagerung, Blutarmut, Gelbsucht) meist im Spätherbst nach Ansteckung im Sommer. Zwergschlammschnecke = Zwischenwirt Maßnahmen: Ausschalten des Zwischenwirtes und Verhinderung der Aufnahme der Dauerstadien durch Auszäunen/Trockenlegung von Feuchtflächen, gezielte Behandlung der infizierten Tiere, mit dem Ziel den großen Leberegel zu eliminieren.	2–3 cm beide in Gallengängen der Leber schmarotzend
	Kleiner Leberegel	Dicroelium dentriticum	Besonders am Muschelkalkstandort, weniger schädigend, weniger verbreitet, selten behandlungsbedürftig. Kl. Leberegel braucht Schnecken und Ameisen als Zwischenwirt. Aufnahme mit dem Weidefutter.	0,2–1 cm

Tab. 45: Beschreibung der wichtigsten Parasiten aus unseren Regionen (Fortsetzung)

Klasse	Vertreter	Fachbezeichnung	Bedeutung, Symptome, Bekämpfungsmaßnahmen	Größe u. Sitz im Tier
Bandwürmer (Cestoden)	Wiederkäuerbandwurm	Moniezia expansa	Ein Lämmerproblem (schlechte Entwicklung, Abmagerung, Mattigkeit u. ggf. Tod), Altschafe sind weitgehend immun. Aufnahme über Weidefutter. Zwischenwirt = Moosmilbe. Maßnahmen: Behandlung der Lämmer ca. 3 Wochen nach Weideaustrieb, mit spezifischem Bandwurmmittel oder einigen der „weißen“ Mittel (Benzimidazole) in empfohlener Dosierung, Aufstallung für 2–3 Tage unterbricht die Weideverseuchung, vorbeugende Bekämpfung der Moosmilben ist nicht möglich.	4–6 m Dünndarm
	Formen der Hundbandwürmer	Echinococcus	Schaf = Zwischenwirt, Hund = Endwirt, der mit seinem Kot eiertragende Bandwurmsegmente ausscheidet. Schafe infizieren sich durch Aufnahme von Gras, das durch Hundekot verunreinigt ist. Der Kreislauf schließt sich, wenn finnenhaltige Schlachtabfälle nicht abgekocht an die Hunde verfüttert werden. Die Finnen befinden sich in Muskulatur, den inneren Organen oder dem Gehirn. Sie lösen selten Erkrankungen aus, sondern fallen erst bei der Schlachtung auf.	
Rundwürmer (Nematoden)	1 großer Lungenwurm	Dictyocaulus filaria	Trockener, z. T. quälender Husten, häufig auch Nasenausfluss, schlechte Gewichtsentwicklung, ggf. auch Bronchitis, Lungenentzündung und Verenden nach bakterieller Sekundärinfektion z. B. mit Pasteurellen.	3–10 cm
	4 kleine Lungenwürmer	Muellerius Protostrongylus	Relativ harmlos, können aber Wegbereiter für bakterielle Infektionen der Luftwege sein, Schnecke als Zwischenwirt erforderlich. Aufnahme der Lungenwürmer jeweils mit dem Weidefutter. Maßnahmen: Nur begrenzte Wirkung der Wurmmittel, siehe auch Bekämpfungsmaßnahmen (Text).	beide in Lungen, Bronchien 1–4 cm
	Magendarmwürmer (MD) ca. 12 Arten	1. Haemonchus 2. Ostertagia-davor 3. Trichostrongylus 4. Nemalodirus	Größte Bedeutung, weit verbreitet. Durchfall, Abmagerung, Blässe, ggf. Tod. Aufnahme mit dem Weidefutter (siehe Magen-Darm-Würmer) Maßnahmen: siehe Bekämpfungsmaßnahmen (Text).	0,3–0,8 cm Lagmagen, Dünndarm
	Zwergfadenwurm (= MD)	Strongyloides	Bei hohem Kotbesatz auf der Weide u. im Stall (verschmutzte Einstreu). Dringen über Haut und Milch in Lämmer ein. Symptome: Husten, später Durchfall, Kümmerer Maßnahmen: Hygiene (bes. im Stall), Wurmkur.	0,4–0,6 cm Dünndarm
	Peitschenwurm (= MD)	Trichuris	Geringe Pathogenität. Bei starkem Befall: meist Durchfall. Aufnahme über Futter.	Dickdarm 3,5–8 cm
	Haarwurm (= MD)	Capillaria	Selten, geringe Bedeutung.	Dünndarm

Zeitpunkt bei allen Tieren notwendig ist. Nach erfolgter Behandlung mit einem Wurmmittel sollte immer nach etwa 10 Tagen eine Kontrollkotprobe zur Überprüfung des Behandlungserfolges untersucht werden. In Tab. 47 stehen wichtige Grundregeln, die bei Wurmmitteleinsatz beachtet werden sollten.

Durch ein gutes Weidemanagement muss erreicht werden, das der Infektionsdruck auf der Weide nicht zu hoch wird. Hierbei helfen Maßnahmen wie kurze Beweidungsintervalle und rechtzeitige Weidewechsel, ebenso wie eine geringe Besatzdichte. Bei feucht-warmem Wetter liegt die Entwicklung zur L3 etwa bei 5–7 Tagen,das heißt ein Weidewechsel nach etwa 4 Tagen verhindert eine schnelle Infektion,

Abb. 97. Verwurmtes Schaf. Ein Schaf mit starkem Magen-Darm-Wurmbefall zeigt struppiges Fell und Abmagerung (Quelle: Bayer AG, Geschäftsbereich Veterinär).

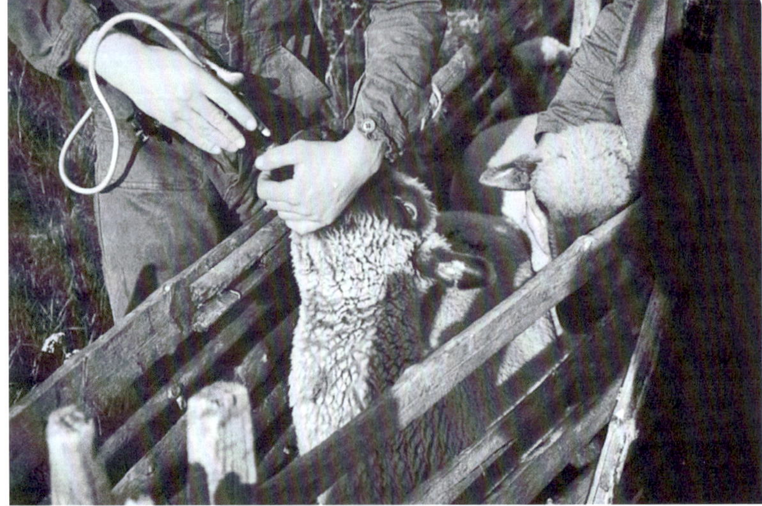

Abb. 98. Bei der Eingabe von Wurmmitteln ist darauf zu achten, dass das Mundstück der Eingabepistole seitlich bis zum Zungengrund eingeführt wird (Quelle: Bayer-AG).

besonders der empfindlichen Lämmer. Um die Wurmbürde auf den Weiden zu verringern, helfen Maßnahmen wie eine Zwischennutzung zur Heu- oder Silageernte, aber auch eine Wechselbeweidung mit Rindern und Pferden ist hier von Vorteil.

Eine Weide gilt erst dann wieder als „sauber" (frei von ansteckungsfähigen Wurmlarven), wenn ein Jahr lang keine Schafe oder Ziegen darauf standen. Da die im Wurzelwerk der Weiden überwin-

Tab. 46: Im Handel erhältliche Wurmmittel 2015

Wirkstoffgruppe/ Wirkstoff	Handelspräparate und deren Wirksamkeit							Wartezeit in Tagen	
		MD	gL	kL	B	gLe	kLe	Fleisch	Milch
Benzimidazole	Panacur Susp./Boli	x	x	(x)	x	–	–	16	7
	Fenbendatat 5%	x	–	–	–	–	–	10	/
	Oxfenil 2,265%	x		–	x	–	–	14	/
	Valbazen 1,9%	x	x	(x)	x	x[2]	x[3]	10	5
	Albendazol 10%	x	x	–	x	x	–	14	/
	Fasinex 10%	–	–	–	–	x	–	50	/
	Endofluke	–	–	–	–	x	–	56	/
	Rintal 1,9%	x	–	–	–	–	–	14	4
Levamisole	Belamisol 10	x	x	–	–	–	–	8	/
	Concurat-L 10%	x	x	–	–	–	–	21	/
	Ripercol	x	x	(x)	–	–	–	21	/
	Levamisol 100 mg/ml	x	x	(x)	–	–	–	14	/
Makrozyklische Laktone	Dectomax	x	x	(x)	–	–	–	70	/
	Cydectin 0,1%	(x)[4]	x	(x)	–	–	–	14	5
	Qualimec 1%	x	x	(x)	–	–	–	42	/
AADs	Zolvix	x	–	–	–	–	–	7	/
Spezialpräparate	Flukiver 50 mg/ml	(x)[5]	–	–	–	x	–	42	/
	Cestocur 25 mg/ml	–	–	–	–	–	–	0	0
Kombi-Präpräparate	Flukiver Combi	x	x	–	x	x	–	65	/
	Cydectin TriclaMox	x	x	–	–	x	–	31	/

MD – Magen-Darm-Würmer; gL/kL – großer/kleiner Lungenwurm, B – Bandwürmer; gLe/kLe – großer/kleiner Leberegel; / keine Anwendung bei Schafen, deren Milch zur Lebensmittelgewinnung dient.
Wirksamkeiten: x = Magen-Darm-Würmer; (x) = Teilwirkung; Milch [1] = Milch darf nicht für den menschlichen Verzehr genutzt werden; [2] = wirksam nur bei doppelter Dosis; [3] = wirksam nur bei vierfacher Dosis; [4] = fünfwöchiger Schutzeffekt vor Neuansteckung mit Larven der wichtigsten MD (auch Benzimidazol-resistente Magenwürmer); [5] = wirksam gegen Gedrehten Magenwurm (auch Benzimidazol-resistente Magenwürmer) mit 6 Wochen anhaltendem Schutz

terte Wurmbrut bis höchstens Ende Juni des neuen Jahres am Leben bleibt, besteht die Möglichkeit, alljährlich ein anderes Teilgebiet der Weideflächen bis inkl. Juni von der Beweidung auszusparen und hier in der ersten Jahreshälfte Heu- oder Silagewerbung zu betreiben.

Die Vorausweide von Lämmern, die mit den Muttern Weidegang genießen, bietet den Jungtieren eine parasitenarme Fläche und eine bessere Futtergrundlage. Allerdings lehrt ein solcher Weideschlupf

Tab. 47: Die wichtigsten Maßnahmen zur Parasitenbehandlung im Überblick
Bei der Wurmmittelapplikation: – Jährlicher Wechsel der Wirkstoffgruppe, Wurmmittel nie unterdosieren – die Dosis auf die schwersten Tiere einstellen (Testwiegung), um Resistenzen bei den Würmern zu vermeiden. – Funktion der Eingabepistole vor der Wurmkur mittels Wasser und Messzylinder überprüfen. – Keine bzw. verhaltene Fütterung 12 Stunden vor und nach der oralen Wurmmitteleingabe, da so das Wurmmittel länger und konzentrierter einwirkt. – Vorschriftsmäßige Lagerung der Wurmmedikamente. – Wurmkuren nach jeweiligem Befund durchführen (Auffälligkeiten, Kotproben) – Zukaufstiere vor der Herdeneingliederung kontrolliert entwurmen (Quarantäne, Wurmkur, Kotkontrolle 10 Tage nach Wurmkur). – Bei der Wurmkur müssen die präparateabhängigen Wartezeiten bei Fleisch- und Milchnutzung beachtet werden. – Kontrolle des Entwurmungsergebnisses 8–10 Tage nach der Behandlung durch Kotprobenuntersuchung. – Nicht alle Tiere behandeln: nur Erstsommrige und Alttiere, die Anzeichen einer Verwurmung zeigen.
Bei der Weideführung und im Stall: – Regelmäßige Umtriebsweide: kurze Beweidung, lange Beweidungspausen, Portionsweide. – Feuchte Weideplätze auszäunen. – Triebwege, die auch von anderen Herden genutzt werden, meiden bzw. schnell überwinden. – Stall- und Pferchaustrieb erst nach dem Abtrocknen des Morgentaus. – Düngegaben von Kalkstickstoff schädigen Zwischenwirt und Wurmbrut. – Besatz- und Belegdichte auf der Weide begrenzen (mindert Parasitendruck). – Gute Stallhygiene, insbesondere durch ausreichend saubere Einstreu.

Tab. 48: Wie erhalte ich eine Kotuntersuchung?
Eine Laboruntersuchung von Kotproben auf Wurmbefall bietet eine wertvolle diagnostische Hilfe. Sie kann bei der Entscheidung helfen, ob eine Wurmkur kurzfristig nötig ist und welches Mittel eingesetzt werden sollte.
Probennahme: Kot von mind. 6–8 Tieren einer Herde mit Zeige- und Mittelfinger direkt aus dem Mastdarm (Plastikhandschuh) gewinnen oder von frisch abgesetztem Kot jeweils eine gut pflaumengroße Sammelkotprobe. Je (Alters-)Gruppe sollte eine Probe vorliegen. **Versand:** Kotproben in Plastiktüten oder einer sauberen Dose an die zuständige Untersuchungsstelle (z. B. Schafgesundheitsdienste) möglichst umgehend übersenden. Probeentnahme und Versand sollten nicht zum Ende der Woche erfolgen. **Begleitschreiben:** Ein Begleitschreiben muss neben der Besitzeranschrift noch folgende Hinweise enthalten: – Nummer der Proben (z. B. Nr. 1: Sammelkotprobe von Mutterschafen), – Angaben zum Bestand: Herdengröße, Rasse, Haltungsform, – Datum der letzten Wurmkur, eingesetztes Wurmmittel.

den Lämmern auch im späteren Alter selbst kleinste Löcher im Zaun aufzuspüren und hier hindurch zu schlüpfen.

Für die Hüteschafhaltung besteht beim Kreuzen von Wanderwegen die Gefahr, resistente Wurmstämme aufzunehmen. Der Wanderschäfer sollte bereits von anderen Herden belaufenen Triebwege und Weiden möglichst schnell im engen Gehüt überwinden, damit die Schafe hier kein Futter aufnehmen.

Da die Wurmlarven gerade feuchte Grashalme recht hoch erklimmen und damit in besonderem Maße mit dem Gras aufgenommen werden, ist der Stall- oder Pferchaustrieb erst nach dem Abtrocknen des Taues ratsam.

13.4 Bakterielle Infektionskrankheiten

Bakterien sind kleine Lebewesen (Mikroorganismen), die nützlich (z. B. Pansenbakterien, Bakterienkulturen zur Milchverarbeitung) oder schädlich (Krankheitserreger) sein können. Sie vermehren sich besonders schnell unter feucht-warmen Bedingungen. Da Bakterien einen eigenen Stoffwechsel besitzen, können sie durch bestimmte Medikamente, z. B. Antibiotika und Sulfonamide, bekämpft werden.

Aborte

Es gibt zahlreiche, bakterielle Erreger, die zu Aborten führen können. Es können Verlammungen in allen Stadien der Trächtigkeit auftreten, sowie lebensschwache Lämmer geboren werden, die häufig innerhalb der ersten Lebenstage verenden. Haupterreger im Abortgeschehen sind Chlamydien, *Salmonella abortus ovis*, Coxiellen und Campylobacter. Neben diesen treten aber auch parasitäre Aborterreger (Toxoplasmen) oder auch nicht infektiöse Ursachen auf.

Treten in einem Bestand gehäuft Aborte auf, sollten zur Diagnosesicherung unbedingt Feten und Nachgeburtsteile in einem Labor untersucht werden. Dadurch können schnell wirksame Maßnahmen zur Minimierung der Folgeschäden ergriffen werden.

Chlamydien-Aborte

Dieser Abort wird durch ein sehr kleines Bakterium, *Chlamydophila abortus*, verursacht. Die Verbreitung erfolgt über das Fruchtwasser und die Nachgeburt. Auch über Milch, Harn und Kot kann der Erreger in geringen Mengen ausgeschieden werden. Die Aufnahme erfolgt oral. Danach gelangen die Erreger auf dem Blutweg in die Gebärmutter und verursachen dort Entzündungen in der Plazenta, die zu Ernährungsengpässen der Feten und damit zum Absterben führen.

Die Krankheit ist auf den Menschen übertragbar.

Charakteristisch für das Vorliegen sind Aborte am Ende der Trächtigkeit. Es können auch lebensschwache Lämmer geboren werden. Frühgeburten treten eher selten auf. Die Muttertiere zeigen selten

Krankheitssymptome und werden häufig komplikationslos wieder tragend. Bei den Mutterschafen bildet sich eine gute Immunität aus, sodass sie bei einer nachfolgenden Trächtigkeit nicht mehr abortieren.

Behandlung und Vorbeugung: Verlammende Mutterschafe sind von der Herde zu separieren, Feten und Nachgeburten sollten möglichst vollständig eingesammelt und unschädlich beseitigt werden. Eine Behandlung aller hochtragenden Schafe mit Tetrazyklinen oder eine Notimpfung durch den Haustierarzt führt innerhalb von wenigen Tagen zu einer Abnahme der Abortfälle.

Zutreter und Zukaufstiere sollten in Problemherden vor dem ersten Decken geimpft werden.

Der Chlamydienabort ist meldepflichtig!

Q-Fieber

Der Erreger dieser Erkrankung ist eine Legionellenart *Coxiella burnetti*. Die Infektion verläuft in den meisten Schafherden ohne besondere Krankheitserscheinungen. Selten treten Aborte auf. Eine Übertragung auf den Menschen ist möglich und verursacht dort grippeähnliche Symptome bis hin zu schweren Lungenentzündungen und chronischen Verläufen. Eine Infektion findet häufig über das Einatmen von erregerhaltigem Staub oder Zeckenkot statt. Die Coxiellen sind in der Umwelt monatelang überlebensfähig.

Die Infektion verläuft nach einer Inkubationszeit von 1–3 Monaten meist symptomlos und kann durch den Nachweis von Antikörpern in Blut oder Milch diagnostiziert werden. Während einer Dauer von 5–7 Wochen werden zahllose Coxiellen mit den Sekreten und Exkreten ausgeschieden. Die Krankheitserreger werden besonders unter der Geburt mit den Geburtsflüssigkeiten ausgeschieden. Andere Symptome wie Lungenentzündungen, Fieber oder Leistungsabfall verlaufen nur unterschwellig und werden häufig übersehen. Der Nachweis der Erreger gelingt aus Abortmaterial oder Vaginaltupfern, die indirekte Diagnose kann bei den Muttertieren über Blutprobenuntersuchung gestellt werden.

Behandlung und Vorbeugung: Eine Behandlung mit Tetrazyklinen ist zwar möglich, reduziert die Aborte nur wenig und verhindert die Ausscheidung der Coxiellen nicht. Bei Q- Fieber Aborten sollte der Standort der Herde möglichst nicht verändert werden, um eine Ausbreitung des Erregers zu verhindern. Eine Ablammung im Stall ist empfehlenswert. Die Nachgeburten sollten eingesammelt und entsorgt werden. Eine Impfung, die in Deutschland nur für Rind und Ziege zugelassen ist, kann die Erregerausscheidung deutlich senken. Durchseuchte, nicht tragende Schafe stellen keine Infektionsquelle da. Der Staub in den Ställen oder von Weiden auf denen infizierte

Tiere gelammt haben, sowie die mit Zeckenkot durchsetzte Wolle enthalten hohe Mengen infektiösen Materials.
Q-Fieber ist meldepflichtig.

Euterentzündungen (Mastitis)

Euterentzündungen werden gewöhnlich durch eine Infektion mit bakteriellen Erregern verursacht. Meist handelt es sich um Mischinfektionen. Die wichtigsten Erreger sind neben *Staph. aureus* und Pasteurellen auch Streptokokken und Colibakterien. Die Mikroorganismen gelangen häufig über den Strichkanal, seltener über die Blutbahn in das Euter. Wegbereiter sind häufig sog. Milchräuber, die beim Saugakt von hinten den Strichkanal verletzen. Auch verschmutzte Einstreu spielt bei der Erregerübertragung eine Rolle.

Bei plötzlich auftretenden akuten Fällen ist die betroffene Hälfte vergrößert, vermehrt warm, gerötet und schmerzhaft. Die Schafe entlasten das Hinterbein der betroffenen Seite und zeigen Lahmheitssymptome. Das Allgemeinbefinden kann sich sehr schnell verschlechtern – verminderte Fresslust, Mattigkeit und Fieber sind deutliche Anzeichen. In der Regel ist die Milch schon sichtbar verändert (flockig, wässrig, blutig). Nach überstandener Mastitis oder seltenen chronischen Verläufen bleibt die Euterhälfte meist verhärtet. Es kommt zum sog. Steineuter, in dem häufig keine Milch mehr gebildet wird.
Behandlung und Vorbeuge: Eine Behandlung muss unverzüglich erfolgen, da der Krankheitsverlauf sehr schnell und schwer ist und häufig tödlich endet. Vor der Behandlung sollte aber immer eine Milchprobe aus der betroffenen Hälfte gezogen werden, um mittels Erregernachweis und Resistenztest einen Überblick über die Erreger zu bekommen und die richtige Behandlung durchführen zu können. Bei schweren Allgemeinstörungen ist immer eine systemische Behandlung angezeigt. Dabei können Antibiotika mit Entzündungshemmern kombiniert werden. Ein Einbringen von Euterinjektoren macht nur Sinn, sofern noch Milch gebildet wird. Das entzündete Euter muss regelmäßig ausgemolken werden. Die Therapie sollte über mind. 3 Tage bis zur deutlichen Besserung fortgeführt werden. Auch die Einreibung mit Eutersalben kann heilungsfördernd wirken.

Die erkrankten Tiere sollten mit Lämmern von der Herde separiert werden. Das Ausmelken darf keinesfalls in die Einstreu erfolgen, da hier eine Erregerverbreitung gefördert wird.

Bei Auftreten von Euterproblemen in der Herde sollte vermehrt auf saubere Einstreu und Hygiene geachtet werden. Milchräuber müssen aus der Herde genommen werden.

Pasteurellose (Schafrotz)

Die Pasteurellose ist die häufigste Form der Lungenentzündungen beim Schaf und verursacht besonders in der Stallhaltungsperiode hohe Verluste und wirtschaftliche Schäden. Es handelt sich um eine Faktorenkrankheit, bei denen die Abwehr der Schafe geschwächt ist. Zu einem Ausbruch der Erkrankung führen meist mehrere belastende Umweltfaktoren (Futterumstellung, -qualität, schlechtes Stallklima, weitere Krankheiten), sowie eine Kombination mehrerer Erreger.

Dabei hängt der Schweregrad der Erkrankung auch von der betroffenen Altersgruppe ab. Neugeborene und etwas ältere Lämmer erkranken mit hohem Fieber, Abgeschlagenheit und verstärkter Atmung. Auch ein septikämischer Verlauf mit plötzlichen Todesfällen kommt vor. Ältere Tiere zeigen einen harten Husten mit schleimigem Nasenausfluss und Fieber. Es sind rasselnde Atemgeräusche zu hören. Jüngere Lämmer sterben häufig auch trotz wiederholter Behandlung, bei älteren Tieren zeigt sich meist ein chronischer Verlauf mit schlechter Gewichtszunahme und Zurückbleiben hinter der Herde. Beim Schlachten zeigen diese Tiere verklebte Lungen und dunkelrosa verfärbte Randbereiche.

Behandlung und Vorbeuge: Um eine gezielte Behandlung der erkrankten Tiere mit wirksamen Antibiotika einzuleiten, sollte eine Probenentnahme mittels Nasentupfer durchgeführt werden. Bei plötzlichen Todesfällen im Bestand, kann die Erregerisolierung aus der Lunge direkt in einer Sektion durchgeführt werden. Auch die Untersuchung von veränderten Schlachtlungen kann nützlich sein.

Belastende Situationen (Absetzen der Lämmer) dürfen nicht in eine Erkrankungsphase hinein vorgenommen werden. Alle Veränderungen müssen schrittweise und unter sorgsamer Beobachtung durchgeführt werden.

Nach Erregerfeststellung besteht die Möglichkeit einer Impfung sowohl über die Muttertiere, als auch der Lämmer. Bei ungenügendem Erfolg der Handelsvakzine können aus den angezüchteten Keimen stallspezifische Vakzinen hergestellt werden, jedoch führt eine Impfung ohne begleitende Verbesserung der Umwelt häufig nicht zu langfristigen Erfolgen.

Lämmerlähme

Vor und unmittelbar nach der Geburt können verschiedene Bakterienarten durch den noch nicht geschlossenen Nabelstumpf eindringen. Diese führen bald nach der Geburt zu Nabelentzündungen. Die Lämmer sind matt und abgeschlagen, die Nabelumgebung ist zum Bauchinnern hin mehr oder weniger verdickt und schmerzempfindlich und enthält häufig blutig-eitriges Sekret. Die Verbreitung der Erreger erfolgt über den Blutkreislauf und je nach Ansiedlungsort in den Gelenken kommt es unterschiedlichen Lahmheiten. Die betroffenen Gelenke erscheinen verdickt und vermehrt warm. Sind mehrere Gelenke betroffen, liegen die Lämmer häufig fest. Sie nehmen keine

Milch mehr auf und magern ab. Ohne Behandlung sterben die Tiere.

Behandlung und Vorbeuge: Bei befallenen Lämmern sollte eine ausreichend lange antibiotische Behandlung durchgeführt werden. Lämmer, bei denen mehrere Gelenke betroffen sind, sind jedoch oft auch

Tab. 49: Clostridieninfektionen und ihre Symptome (aus Winkelmann 2004)

Krankheit	Krankheitserscheinung/Vorbeugung, Behandlung
Wundinfektionen	
Wundstarrkrampf (*Clostridium tetani*)	– Muskelzuckungen, Streckkrämpfe, sägebockartige Haltung des Körpers; oft nach schlechter Nebeldesinfektion bei Neugeborenen, nach Kastration und Schwanzkupieren – Impfung mit Kombinationsvakzine (Tetanus und Enterotoxämie) der Muttertiere und der Lämmer im Alter von 4 Wochen – Behandlung: aussichtslos
Rauschbrand (*Clostridium chauvoei*)	– blutige Muskelentzündung mit Gasbildung – schmerzhafte Muskelschwellung, z. B. Geburtsweg, Unterbauch, Beckenmuskulatur – nur örtlich auftretende Erkrankung: Norddeutschland, Voralpen – anzeigepflichtige Erkrankung – Behandlung: keine
Pararauschbrand Bradsot (*Clostridium septicum, Clostridium novyi* Typ A)	– oft Scheiden- und Gebärmutterbrand, hochgradige Schwellung im Wundbereich, Fieber, Sekret oft mit Gasblasen durchmischt, übel riechend – vorbeugend: Sauberkeit in der Umgebung der Schafe, Wundbehandlung mit antibiotischen Pudern und Salben, Wunddesinfektion (Jodtinktur); Impfung mit Kombinationsvakzinen – Behandlung: frühzeitige hoch dosierte Gabe von Antibiotika
Enterotoxämien	
Lämmerdysenterie, bösartige Lämmerruhr (*Clostridium perfringens* Typ B)	– Todesfälle bei 1 bis 3 Tage alten Lämmern, kurze Krankheit mit schmerzempfindlichem Bauch, gelblicher, danach brauner und blutiger Durchfall – Vorbeugung: Immunisierung der Muttertiere 2-mal bis 3 Wochen vor dem Ablammen, Sauberkeit und Desinfektion im Ablammstall – Behandlung: Antibiotika, hoch dosiert mit Flüssigkeit, meist zu spät
sogenannte „Milchkolik", Enteroxämie (*Clostridium perfringens* Typ D)	– plötzliche Todesfälle bei gut genährten Einzellämmern, Tod in 1 bis 12 Stunden, wird oft nicht gleich erkannt – Vorbeugung: siehe „Lämmerdysenterie"
„Breinierenerkrankung" (*Clostridium perfringens* Typ D)	– Erkrankung mit plötzlichen Todesfällen bei Sauglämmern im Alter von 1 bis 2 Monaten und bei 6 bis 11 Monate alten Mastlämmern sowie bei erwachsenen Schafen und Ziegen; erkrankte Tiere zeigen Speicheln, angestrengte Atmung, Krämpfe, Zusammenstürzen, Festliegen meist in Verbindung mit reichlich Fütterung hoher Stärkeanteil, eiweißreiches Grünfutter, übermäßige Milchaufnahme, wenig Raufaser, fast immer sind besonders wohlgenährte Tiere betroffen – Vorbeugung: Immunisierung der Muttertiere 2-mal, Immunisierung der Lämmer im Alter von etwa 4 Wochen, rohfaserreiche Fütterung, langsame Futterumstellung – Behandlung: fast immer aussichtslos

mit einer frühzeitigen Behandlung nicht mehr zu retten. Vorbeugend muss auf Sauberkeit in den Ablammbuchten geachtet, und in Problembeständen sollte eine Nabeldesinfektion nach der Geburt durchgeführt werden. Dabei sind Tinkturen, die sowohl austrocknend und desinfizierend wirken, zu bevorzugen.

Clostridien

Clostridien sind Sporenbildner und sind weltweit verbreitet. Die Sporen dieser Bakterien kommen als Dauerstadien im Boden vor und dringen über Verletzungen in den Körper ein. Dort vermehren sie sich und bilden Toxine, die die typischen Krankheitserscheinungen hervorrufen. Zu diesen Wundinfektionen gehört z. B. der Tetanus (Wundstarrkrampf).

Auch Clostridien, die im Darm gesunder Tiere vorkommen, können bei abrupten Futterwechseln (Eiweiß ↑) und Stress zu einer überschießenden Toxinproduktion angeregt werden, die dann über den Blutkreislauf verteilt werden und Symptome hervorrufen. Zu diesen Enterotoxämien zählt unter anderem die häufig bei Lämmern auftretende Breinierenerkrankung.

In Tab. 49 sind die wichtigsten Clostridienerkrankungen und deren Bekämpfungsmöglichkeiten aufgezählt.

Listeriose

Bei der Listeriose handelt es sich um eine ansteckende, bakterielle Erkrankung, die vor allem zu Gehirnhautentzündung, seltener auch zu Aborten führt. Die Bakterien leben im Boden und sind äußerst widerstandsfähig. Häufig gelangen sie mit dem Futter zu den Tieren. Hauptinfektionsquelle ist eine schlecht gesäuerte Silage, die bei der Werbung durch Erdanteile verschmutzt wurde und in der sich die Erreger vermehren können. In Stresssituationen (schlechtes Stallklima, hohe Besatzdichte) können Tiere aller Altersklassen erkranken.

Typische Erkrankungssymptome einer Gehirnlisteriose sind meist einseitige Lähmungen im Gesicht (Ohren, Speichelfluss, Maulwinkel), geringe oder keine Futteraufnahme, Wickelkauen, Bewegungsstörungen bis hin zum Festliegen. Die betroffenen Tiere verenden meist innerhalb weniger Tage. Dabei treten die Symptome häufig erst zwei bis drei Wochen nach Aufnahme auf.

Behandlung und Vorbeuge: Nach den ersten Krankheitssymptomen muss das infektionsverdächtige Futter gewechselt werden. Eine Behandlung mit Antibiotika hat nur bei frühzeitiger Einleitung Erfolg. Liegen die Tiere bereits fest, sollten die Tiere getötet werden. Für eine ausreichende Versorgung mit Flüssigkeit muss gesorgt werden. Die wichtigste Vorbeuge ist die Verfütterung einer einwandfreien Silage (pH Wert unter 5). Verdächtige Silageabschnitte sollten bereits vor

dem Verfüttern verworfen werden. Eine Erwärmung sollte vermieden werden.
Die Listeriose ist eine meldepflichtige Erkrankung.

Moderhinke (Krümme)
Die Moderhinke ist eine Klauenerkrankung, die aufgrund ihrer weiten Verbreitung für die Schafhaltung von großer Bedeutung ist. Moderhinke ist ein weiteres prägnantes Beispiel einer Faktorenkrankheit. Sie entsteht durch das Zusammenspiel zweier Bakterienarten: einem Haupterreger (Dichelobacter nodosus), der nur in der Schafklaue längere Zeit überleben kann und außerhalb davon nur wenige Tage (unter 1 Woche) sowie dem Wegbereiter *Fusobacterium necrophorum*.

Letzterer ist ständig in Kot und feuchter Einstreu beheimatet und kann somit auch auf die Haut im Zwischenklauenspalt gelangen, wo er oberflächliche Hautveränderungen verursacht, die bereits zu Lahmheiten führen. Der Haupterreger, der meist von Schaf zu Schaf übertragen wird, führt zum eigentlichen Krankheitsprozess: Ausgehend vom Zwischenklauenspalt unterminiert er die Klauensohle bis hin zur Klauenspitze sowie die äußere Klauenwand. Dabei kommt es zur entzündlich-degenerativen Umbildung der darunterliegenden Lederhaut, die sehr schmerzempfindlich ist. Die Folge sind unterschiedliche Grade der Lahmheit und bei längerem Fortdauern Abmagerung und Leistungsverlust. Kennzeichnend ist der widerlich-süßliche Geruch der schmierigen Entzündungsprodukte, die beim Ausschneiden der Klauen zutage treten. Erste Krankheitsanzeichen der Moderhinke zeigen sich durch hinkende Schafe, die wegen der schmerzhaften Klauenentzündung die befallenen Klauen weniger belasten. Im fortgeschrittenen Stadium fressen die Schafe kniend auf den Vorderwurzelgelenken oder liegen sogar fest.

Der Schweregrad und die Ausbreitungsdynamik der Infektion in der Herde sind vor allem abhängig von Wärme und Nässe des Bodens unter dem Huf. Begünstigend wirken Mängel in der Klauenpflege, nasse, schwülwarme Witterung (aufgeweichte Klauen), aber auch individuelle sowie rassespezifische Unterschiede in der Anfälligkeit für diese Erkrankung. Von großer Bedeutung ist jedoch die Erkenntnis, dass ohne die Anwesenheit des Haupterregers das spezifische Bild der Moderhinke nicht zustande kommt, und dass es möglich ist, diesen durch konsequente Bekämpfungsmaßnahmen zu tilgen.
Vorbeuge und Behandlung: Bei der Moderhinke handelt es sich fast immer um eine Herdenerkrankung. Daher ist es wichtig, immer alle Tiere der Herde zu kontrollieren, um schon leicht erkrankte Schafe, die noch nicht durch Lahmheiten auffallen, herauszufinden und zu behandeln. Die befallenen Klauen sollten soweit ausgeschnitten werden, dass alles lose Horn entfernt wird. Dabei ist darauf zu achten, dass die Lederhaut geschont wird. Auf keinen Fall sollte der früher

sehr empfohlene tiefe Klauenschnitt durchgeführt werden, da die Schäden an der Lederhaut zu irregulärem Klauenwachstum führen und dem Erreger das Einnisten in diesen Klauen erleichtern. Die Klauenwerkzeuge sollten während der Klauenpflege immer wieder gereinigt und desinfiziert werden, um eine Verschleppung zu vermeiden. Klauenspäne sollten beseitigt werden. Geringgradige Veränderungen im Zwischenklauenspalt können lokal mit antibiotikahaltigen Sprays, die eine gute Kriechwirkung besitzen, behandelt werden. Bei bösartigen Verläufen der Moderhinke oder hochgradigen Klauenveränderungen sollte vor der Klauenpflege eine systemische Behandlung mit wirksamen Antibiotika erfolgen. Die Klauen können so von innen heraus bereits abheilen, der Erreger wird abgetötet und der Klauenschnitt, etwa 7 Tage später, kann schonender vorgenommen werden. Eine Trennung der gesunden von den erkrankten Tieren führt zur Unterbrechung des Ausbruchs. Eine Impfung kann die Dauer und Schwere der Erkrankung deutlich reduzieren. Sie kann aber auch zur Vorbeuge eingesetzt werden. Auch Klauenbäder helfen, die Ausbreitung in einer Herde einzudämmen und Ausbrüchen vorzubeugen. Dabei eignet sich besonders Zinksulfat, da es als Durchlaufbad in der Vorbeuge, aber auch als Standbad mit einer Einwirkzeit von bis zu 45 Min. in der Therapie ganzer Herden eingesetzt werden kann. Zink durchdringt die Klauen, je länger die Einwirkzeit dauert. Das Zinksulfatbad wird auch während der Behandlung nicht schwächer oder inaktiviert, was eine Wiederverwendung möglich macht. Da Antibiotika für die Anwendung im Fußbad nicht zugelassen sind, ist hier nur eine Umwidmung in seltenen begründeten Fällen möglich. Aus rechtlichen Gründen ist auch die Anwendung von Kupfersulfat und auch Formalin in der Moderhinkebehandlung nicht möglich. Begleitend zu allen

Abb. 99. Die Schonhaltung des Beines deutet auf eine Klauenerkrankung hin. Auch bei Euterentzündung wird das Hinterbein der befallenen Euterhälfte nicht belastet.

Therapiemaßnahmen müssen therapieresistente Schafe identifiziert und gemerzt werden, da es sonst immer wieder zu Rückschlägen in der Sanierung kommt. Auch die Selektion von Mutterschafen, die in betroffenen Herden nicht erkranken, trägt zu einer besseren Resistenz bei. Bei Einstallung von Zukaufstieren in den Betrieb sollte auf jeden Fall ein besonderes Augenmerk auf die Klauengesundheit gelegt und vor Integration in die eigene Herde ein Fußbad durchgeführt werden.

13.5 Viruskrankheiten

Viren sind sehr kleine Lebewesen, die nur durch ein Elektronenmikroskop sichtbar sind. Viren können sich nur in lebenden Zellen vermehren, sind also auf einen lebenden Organismus (z. B. Tier) angewiesen. Viren können nicht mit Antibiotika bekämpft werden.

Lippengrind

Lippengrind ist eine Hauterkrankung, die durch ein sehr widerstandsfähiges und hoch ansteckungsfähiges Virus hervorgerufen wird und auch den Menschen befallen kann. Sie tritt an nicht bewollten Körperstellen (Lippen und Maul, Euter, Füße) zuerst mit Bläschen und Pusteln auf, aus denen sich nach dem Platzen auffällige Krusten und Borken bilden. Bei bösartigen inneren Verlaufsformen sind auch Zunge und Schleimhäute von Maulhöhle, Rachen sowie Speiseröhre betroffen. Die reine Virusinfektion dauert 3–4 Wochen. Danach fallen die Hautkrusten ab, und es kommt zur völligen Abheilung. Größere Komplikationen treten auf, wenn an den Befallsorten durch zusätzliche Bakterienbesiedelung eitrige Entzündungen auftreten (Sekundärinfektion).

Das Virus wird mit der Bläschenflüssigkeit und den trockenen Borken ausgeschieden. Die Übertragung erfolgt durch den direkten Kontakt zu anderen Tieren oder indirekt über Tränke, Futtermittel und Geräte. Häufig sind es die sog. Milchräuber (fremdsaugende Lämmer), die diese Hauterkrankung über die Euter im Bestand schnell verbreiten. Dabei ist zu bedenken, dass Schafe, die nach überstandener Lippengrindinfektion nun keine äußerlich sichtbaren Symptome mehr zeigen, das Virus aber weiterhin ausscheiden.

Vorbeuge und Bekämpfung: Vorbeugend fremde Tiere nur aus gesunden Beständen nach mindestens zweiwöchiger Isolierung (Quarantäne) in die eigene Herde übernehmen. Erkrankte Tiere sollten – wenn möglich – von der Herde abgetrennt werden. Borken und Krusten nie gewaltsam entfernen. Zur Behandlung von bakteriellen Sekundärinfektionen können örtliche oder allgemeine Antibiotikagaben (Salben und Injektion) verabreicht werden. Ferner können helfen: Wundbehandlungen durch Einpinseln mit einer Jodlösung. Aufweichen der Borken mit Zink-, Lebertran- oder Salizylsalben, bei schwerwiegenden Verläufen der bösartigen Form des Lippengrinds, besteht die Möglichkeit, einen Lebendimpfstoff einzusetzen.

Stets müssen beim Umgang mit erkrankten Schafen Gummihandschuhe getragen werden, da sich auch der Mensch infizieren kann! Nach dem Durchseuchen baut sich im Allgemeinen eine recht belastbare Immunität auf.

Maul- und Klauenseuche (MKS, anzeigepflichtig)
Deutschland ist seit Jahren frei von dieser Infektion, die aber in Südosteuropa noch vorkommt und in 2001 auch in einigen westeuropäischen Ländern aufflammte; es besteht also eine ständige Einschleppungsgefahr. Die Krankheitsanzeichen sind beim Schaf i. d. R. weniger auffälliger als beim Rind. Insbesondere kann die Blasen(Aphten-)bildung in der Maulhöhle und im Zwischenklauenspalt sehr diskret auftreten bzw. durch gleichzeitig vorhandene andere Lahmheitsursachen kaschiert sein. Erkrankte Tiere zeigen auch Mattigkeit und Fressunlust. Sind junge Lämmer anwesend, zeigt sich die MKS allerdings sehr deutlich durch Todesfälle auf Grund degenerativen Veränderungen im Herzmuskel(„Tigerherz"). Ansteckung durch Speichel, Kot, Harn, Milch, Futtermittel, infizierte Weiden und Geräte.
Vorbeuge und Bekämpfung: Die tierseuchenrechtlichen Maßnahmen werden vom Amtstierarzt mitgeteilt.

Maedi/Visna (meldepflichtig)
Aus Island stammende Bezeichnung für zwei Verlaufsformen einer Virusinfektion bei Schafen. Maedi bezeichnet eine langsam fortschreitende Lungenentzündung, Visna eine fortschreitende Gehirnrückenmarksentzündung. Beide sind unheilbar. Die Infektion erfolgt meist schon früh über erregerhaltige Muttermilch und bleibt lebenslang bestehen. Bei enger Aufstallung und hohem Infektionsdruck hat auch der horizontale Übertragungsweg durch Tröpfcheninfektion (Nasensekret) erhebliche Bedeutung. Typische Krankheitsanzeichen der Maedi sind Atemnot, besonders beim Laufen, Leistungsverlust und allmähliche Abmagerung. Bei der selteneren Gehirnform kommt es zu fortschreitender Nachhandschwäche und Bewegungsstörungen. Auch ZNS Störungen wie Blindheit und Juckreiz kommen vor. Zum Krankheitsausbruch kommt es rasseabhängig frühestens nach 1 Jahr oder auch überhaupt nicht. Texel-, Kamerun- und Milchschafe zählen zu den empfindlichsten Rassen. Dagegen reagiert das Merinolandschaf weitestgehend unempfindlich bei Maediinfektionen (keine Symptome). Nur eine Blutuntersuchung kann sicheren Aufschluss über die Infektionslage geben.
Vorbeuge und Behandlung: Mangels Therapiemöglichkeiten muss die Bekämpfung erfolgen durch die systematische Ermittlung und Entfernung von Infektionsträgern mithilfe wiederholter Bestands-

Blutuntersuchungen sowie durch den Aufbau eines geschlossenen Bestands, um Neueinschleppungen zu verhindern. Bei Ziegen führt eine Variante des gleichen Erregers zur Caprinen Arthritis und Encephalitis (CAE), sodass gegenseitige Ansteckungsgefahr bestehen kann. Im Rahmen von freiwilligen Sanierungsverfahren sind daher Schafe als auch Ziegen zu behandeln.

Blauzungenkrankheit (Bluetongue)

Blauzungenkrankheit wird durch ein Orbivirus der Familie der Reoviren ausgelöst. Sie kommt vor allem in wärmeren Ländern in den Tropen und Subtropen vor. Erstmals ist sie jetzt in Deutschland (August 2006) mit einer starken Ausbreitungstendenz aufgetreten.

Das Virus wird durch Insekten, die Stechgnitze (Culicoides), übertragen. Die Mücken werden vor allem zwischen Abend- und Morgendämmerung aktiv. Unter 12 °C reduzieren sie ihre Aktivitäten beträchtlich. Eine direkte Übertragung von Tier zu Tier ist nicht möglich. Betroffen sind vor allem Schafe, Rinder und Ziegen. Fleisch und Milch können verzehrt werden, da die Blauzungenkrankheit auf den Menschen nicht übertragbar ist.

Symptome. Am häufigsten treten klinische Symptome bei Schafen auf. Bei Rind und Ziege verläuft die Krankheit in aller Regel nur in Form einer stillen Infektion ohne sichtbare Krankheitszeichen. Diese Tiere bilden das Reservoir für das Blauzungenviraus, da die Viren im Körper sehr lange überleben können. Etwa 8 Tage nach der Infektion ist eine erhöhte Körpertemperatur (40 °C) und Apathie feststellbar. Die Mundschleimhaut rötet sich, die Tiere speicheln, die Zunge schwillt und wird blau. Der Kronsaum an den Klauen rötet sich, tragende Tiere können abortieren. Dazu können Geschwüre der Mundschleimhaut mit Ausfluss und Ödemen der Haut auftreten. Die Sterblichkeit ist vor allem bei Lämmern hoch, die Erholphase ist sehr lange. Bei männlichen Tieren kann es – zumindest vorübergehend – zu einer Unfruchtbarkeit (spermatologischen Abweichungen) kommen.

Vorbeuge und Behandlung. Es gibt derzeit keine nachhaltige Behandlungsmöglichkeit. Durch die in den Jahren 2008 – 2010 erfolgte obligatorische Impfung der Rinder-, Schaf- und Ziegenbestände wurde diese Seuche getilgt. Deutschland ist seit 15.2.2012 frei von Blauzungenkrankheit. Derzeit ist es in das Ermessen der Tierbesitzer gestellt, seine Tiere impfen zu lassen. In der Regel werden die Kosten von der Tierseuchenkasse bzw. dem Land übernommen.

Die Blauzungenkrankheit ist anzeigepflichtig und auf den Menschen nicht übertragbar.

Schmallenberg-Virus (SBV)

Erreger dieser Krankheit ist das Schmallenberg-Virus, ein Erreger der Gattung der Orthobunyaviren. Diese Gattung umfasst vor allem Viren, die durch Insekten übertragen werden. Ihr Hauptverbreitungsgebiet ist Afrika, Asien und Ozeanien. In Europa waren diese Viren bisher nur selten zu beobachten. SBV ist in Deutschland erstmals im Herbst 2011 bei drei Kühen in der Nähe der Stadt Schmallenberg aufgetreten. Die Krankheit zeigt eine Verbreitungstendenz von Nordwest nach Südost. Auch in Holland, Belgien und Frankreich konnte SBV im Herbst 2011 nachgewiesen werden. Für den Menschen ist SBV nach dem derzeitigen Kenntnisstand nicht gefährlich.

Nach dem heutigen Kenntnisstand wird angenommen, dass blutsaugende Insekten (Vektoren) das SBV auf Ziegen, Schafe und Rinder übertragen. In der kühlen Jahreszeit ist daher kaum mit Neuinfektionen zu rechnen. Direkte Übertragungen von Tier zu Tier scheinen nicht möglich zu sein. Infiziert werden vor allem Wiederkäuer wie Rinder, Schafe und Ziegen. Bisher sind in der Mehrzahl Schafe infiziert worden. Inwieweit Rehe und Hirsche erkranken, ist bis jetzt nicht bekannt. Fleisch und Milch können bedenkenlos verzehrt werden, da die Krankheit nicht auf den Menschen übertragbar ist.

Symptome: Das Wissen über die Krankheit ist derzeit noch lückenhaft. Bei einer Infektion der Schafe in der 4. bis 7. Trächtigkeitswoche kommt es meist zu einer ausgeprägten Virämie und in deren Folge zu Missbildungen beim Fötus oder gar zum Absterben desselben. Im Vordergrund steht eine Lückenbildung im Gehirn bis zum völligen Verlust des Großhirns. Diese Veränderungen lösen unterschiedliche pathologische Veränderungen wie Missbildungen, Gelenkversteifung der Extremitäten in Beugestellung, fixierte Kopffehlstellung u. Ä. aus. Früh- oder Totgeburten sowie die Geburt lebensschwacher missgebildeter Lämmer sind häufig zu beobachten. Auffällig ist, dass es meist zu einer Häufung dieser Symptome innerhalb einer Herde kommt. Erfolgt die Infektion dagegen vor oder nach dieser kritischen Phase, so sind im Allgemeinen keine oder nur unauffällige Symptome (Virämie) wie Fieber, Durchfall oder geringgradiger Milchrückgang zu beobachten.

Vorbeuge und Behandlung: Irgendwelche Behandlungsmöglichkeiten gibt es derzeit nicht. In der Zwischenzeit wurde festgestellt, dass bei infizierten Tieren eine Immunreaktion ausgelöst wird. Ein Impfstoff ist bereits in der Entwicklung und in Frankreich und Großbritannien im Einsatz. Es besteht die Hoffnung, dass mit diesem neuen Impfstoff in absehbarer Zeit diese Krankheit, ähnlich wie die Blauzungenkrankheit, wirksam bekämpft werden kann.

Der direkte Nachweis des SBV geschieht mittels PCR im Serum von akut infizierten adulten Tieren. Die Proben sollten von klinisch kranken Tieren, also während der Vektorensaison, entnommen werden. Erste direkte Nachweise des Erregers in Gnitzen (Culicoides ssp.) sind in Belgien und Dänemark gelungen.

Das Schmallenberg-Virus (SBV) ist meldepflichtig.

13.6 Krankheiten durch andere Erreger

Scrapie (Traberkrankheit)

Erreger ist ein virusähnlicher, sehr widerstandsfähiger Eiweißkörper (Prionprotein), der bei Schaf und Ziege zu zentralnervösen Störungen führt. Es wird in eine klassische und eine atypische Scrapie unterschieden. Die Symptome der klassischen Scrapie beginnen mit Juckreiz (die Tiere zeigen Scheuerstellen an verschiedenen Körperteilen), dann folgen Schreckhaftigkeit, Zittern (oft Lippenzittern), Zähneknirschen und unkontrollierter traberähnlicher Gang. Ein paar Wochen nach den ersten Anzeichen verenden die Tiere.

Die atypische Form verläuft in der Regel symptomlos.

Behandlung und Vorbeugung: Eine Behandlung erkrankter Tiere ist nicht möglich.

Im Zusammenhang mit der BSE der Rinder hat auch die Traberkrankheit eine besondere Bedeutung in der Überwachung erlangt. Es handelt sich um eine **anzeigepflichtige Tierseuche**, die von amtlicher Seite bekämpft wird. Bei Verdacht auf einen Ausbruch sind Tierhalter und Tierärzte zur Anzeige verpflichtet. Die europäische Union hat ein umfangreiches Überwachungsprogramm bei verendeten und geschlachteten Schafen sowie ein Zuchtprogramm auf Resistenz gegen die Scrapie/BSE veranlasst. Der in diesen Programmen erlangte Status der Herde, sowie die Art des Prionproteins (klassisch/atypisch/BSE) werden bei Art und Umfang der Bekämpfungsmaßnahmen berücksichtigt. Erkrankte Mutterschafe übertragen den Erreger auf ihre Lämmer; eine Ansteckung und Erregerverbreitung ist auch über Fruchtwasser und Nachgeburt möglich. Nach der Infektion können bis zu 3 Jahre bis zum Krankheitsausbruch vergehen.

13.7 Verdauungs- und Stoffwechselstörungen

Pansenazidose

Die Pansenazidose tritt auf, wenn vom Wiederkäuer plötzlich übermäßige Mengen leicht verdaulicher Kohlenhydrate (Getreide, Brot, Obst etc.) aufgenommen werden. Das Pansenmilieu sinkt in den sauren Bereich, die Pansenbakterien sterben ab. Betroffene Schafe können je nach Schweregrad Symptome von Appetitmangel, Koliken, Durchfall bis hin zu schweren Allgemeinstörungen und Todesfällen ausbilden.

Behandlung und Vorbeuge: Bei leichteren Fällen der Erkrankung kann die Zufuhr von Frischwasser und das Einbinden eines Heuseils ins Maul schon zur Verbesserung des Allgemeinzustandes führen. Durch das Heu im Maul wird der Speichelfluss angeregt, der im Pansen neutralisierend wirkt. Bei schwereren Symptomen werden puffernde Substanzen verabreicht und ggf. Infusionen nötig. An die Therapie schließt sich eine rohfaserreiche Fütterung an. Pansensaftübertragungen können den Wiederaufbau einer gesunden Pansenflora beschleunigen.

Es sollte immer eine schrittweise Gewöhnung an kohlenhydratreiche Fütterung durchgeführt werden, wobei darauf zu achten ist, das vor Aufnahme von z. B. Kraftfutter eine gute Grundlage aus strukturiertem Futter (Heu) im Pansen geschaffen wird. Größere Mengen Kraftfutter sollten auf mehrere kleinere Gaben verteilt werden.

Pansenalkalose (Pansenfäule)
Ein Überangebot von Eiweiß in der Fütterung, aber auch die Verfütterung von stark verschmutzten oder vergorenen Futtermitteln, kann zu einem Überangebot von Ammoniak führen, welches im Pansen nicht mehr abgebaut werden kann und in den Organismus gelangt. Meist sind mehrere Tiere einer Herde betroffen. Es zeigen sich Fressunlust, fehlende Wiederkautätigkeit, übelriechender Durchfall bis hin zum Schwanken und Festliegen.
Behandlung und Vorbeuge: Das betroffene Futtermittel sollte abgesetzt und durch gutes Raufutter, ggf. ergänzt mit Rübenschnitzeln, ersetzt werden. Zum Aufbau der Pansenflora kann auch hier eine Übertragung von frischem Pansensaft erfolgen.

Pansenblähung
Bei der Aufgasung des Pansens muss man zwei verschiedene Formen unterscheiden.

Bei der Entstehung der **dorsalen Gasblase**, kann das entstehende Pansengas nicht mehr abgerülpst werden. Dies passiert, wenn z. B. die Speiseröhre oder der Magenausgang durch einen Fremdkörper verlegt sind. Es handelt sich meist um eine Einzeltiererkrankung.

Die **schaumige Gärung** tritt häufig als Herdenerkrankung bei plötzlichen Futterwechseln, aufblähenden Futtermitteln, wie z. B. Raps, Luzerne, Rübenblätter und Klee, auf. Auch bei gefrorenem Futter kann die schaumige Gärung auftreten. Die Gase sind in kleine Bläschen gebunden und können nicht mehr abgerülpst werden.

Bei beiden Formen der Pansenblähung entsteht besonders auf der linken Körperseite eine starke Auftreibung in der linken Flanke. Die Tiere verharren in einer steifen Körperhaltung und leiden zunehmend an Atemnot. Ohne Behandlung kommt es zum Kreislaufzusammenbruch und Todesfällen.
Behandlung und Vorbeuge: Die Behandlung der dorsalen Gasblase erfolgt durch Überprüfung der Durchgängigkeit der Speiseröhre und Entfernung der Fremdkörper. Unterstützend können krampflösende Medikamente gegeben werden.

Bei der schaumigen Gärung muss die Aufnahme des verursachenden Futtermittels unterbunden werden und oberflächenentspannende Mittel (z. B. Methylsilox®) eingegeben werden. Stehen solche Mittel nicht zur Verfügung, kann versucht werden, mit Salatöl eine Oberflächenentspannung herbeizuführen. Anschließend sollten die Schafe mit gutem Heu gefüttert werden. Auch hier sollte eine langsame Gewöhnung an die entsprechenden Futtermittel vorgenommen und immer wieder Raufutter zur freien Aufnahme angeboten werden.

Trächtigkeitskrankheit (Ketose)
Während des letzten Trächtigkeitsmonats findet ein starkes Wachstum der Föten statt, sodass vor allem mehrlingsträchtige Mutterschafe in dieser Phase ein energiereiches Futter benötigen, da die wachsenden Lämmer das Pansenvolumen immer mehr einengen und nicht mehr genügend Raufutter zur Bedarfsdeckung aufgenommen werden kann. Ist jedoch die Nährstoffversorgung unzureichend, so wird körpereigenes Fett des Mutterschafes abgebaut, um das Energiedefizit zu decken. Die dabei entstehenden Ketonkörper zeigen Störungen des Kohlenhydratstoffwechsels an. Stressfaktoren wie Transporte, krasse Futterwechsel, geringe Bewegungsmöglichkeit und Zwangssituationen fördern oder lösen das Krankheitsgeschehen oft erst aus. Das Krankheitsbild ist geprägt durch Mattigkeit, Fressunlust, schwankende Bewegungen, Krämpfe, Festliegen und ggf. Verenden. Die Diagnose kann mithilfe von Ketonteststreifen für den Harn gestellt werden. Häufig kommt die Ketose zusammen mit erniedrigten Ca-Werten (s. unten) bei hochtragenden Schafen vor und erschwert eine eindeutige Diagnosestellung. Eine klare Abgrenzung ist nur mittels Blutuntersuchung möglich.
Behandlung und Vorbeuge: Bei der Erstbehandlung von festliegenden, hochtragenden Mutterschafen sollte immer eine Kombinationsbehandlung gegen die Ketose und Calciummangel gleichzeitig erfolgen, da das Ergebnis der Blutuntersuchungen nicht abgewartet werden kann. Das betroffene Tier sollte oral mit glukoplastischen Stoffen, wie z. B. Na-Propionat und subkutan mit Kalziumborogluconat versorgt werden. Schafe, die noch stehen können, sollten möglichst viel bewegt werden, damit die Ketonkörper über die Muskulatur abgebaut werden können (Winkelmann und Ganter 2008). Vorbeugend sollte eine bedarfsgerechte Fütterung erfolgen.

13.8 Mineral- und wirkstoffbedingte Erkrankungen

Kupfervergiftung, Kupfermangel
Schafe reagieren sehr empfindlich auf kupferhaltige Futtermittel (Vergiftung). Meist sind es kupferhaltige Mineralfutter, Fertigfutter oder Milchaustauscher, die für andere Tierarten vorgesehen sind, beim Schaf aber Vergiftungserscheinungen hervorrufen. So können Schafe entweder durch Durchfall schnell verenden (akuter Verlauf) oder längere Zeit ein gestörtes Allgemeinbefinden, Fressunlust und dunklen Harn aufweisen (chronischer Verlauf).

Lämmer können aber auch infolge von Kupfermangel in den ersten Lebenswochen eine verminderte Vitalität und später eine Lähmung der Hinterhand aufweisen.

Vorbeuge und Bekämpfung: Beachtung der Kupfergehalte der einzelnen Futtermittel.

Magnesiummangel (Weidetetanie)

Tritt vor allem auf bei hochtragenden und säugenden Mutterschafen, wenn diese auf frischen wüchsigen Weiden (ggf. hohe Stickstoffdüngung) ihr Tagesfutter aufnehmen. Schnell gewachsenes junges Gras ist sehr eiweißreich, besitzt aber nur eine geringe Konzentration von nutzbarem Magnesium. Erste Krankheitsanzeichen sind Muskelzuckungen und -krämpfe sowie Festliegen. Bei akutem Verlauf verenden die Tiere nach wenigen Stunden. Die Weidetetanie kommt häufig erst nach Stresseinwirkungen (Transport, schlechte Futterkondition etc.) zum Ausbruch.
Vorbeuge und Bekämpfung: Vorbeugend sollte in gefährdeten Gebieten ein Mineralfutter mit hohen Magnesiumoxidgehalten (> 5 %) eingesetzt, Weideflächen mit magnesiumhaltigem Dünger gestreut und während der Weidezeit zusätzlich Raufutter angeboten werden. Erkrankte Tiere müssen vom Tierarzt mit Magnesium-Kalzium-Lösungen per Injektion versorgt werden.

Kalzium-Mangel

Meist erkranken hochtragende Mutterschafe, wenn die Früchte aufgrund ihres hohen Wachstums viel Kalzium benötigen und die Kalziumversorgung zu gering ist. Dann mobilisieren die Mutterschafe körpereigenes Kalzium (Kalziumabbau), sodass der Kalziumspiegel im Blut fällt. Die Folgen sind Symptome wie unkoordinierte Bewegungen, Festliegen mit gestrecktem Kopf, Ohren und Füße fühlen sich kalt an. Die Diagnose erfolgt über eine Blutuntersuchung.
Vorbeugung und Bekämpfung: Vorbeugend muss auf eine ausreichende Kalziumversorgung geachtet werden. Kalziumlösungen sollten vom Tierarzt als Depot mit bis zu 50 ml unter die Haut gespritzt werden.

Harngrieß und Harnsteine

Diese Erkrankung kommt fast ausschließlich bei männlichen Tieren vor. Vor allem in der Mast mit Getreide kommen sehr phosphorreiche und eher kalziumarme Futtermittel zum Einsatz. Es bildet sich Harngrieß, der sich zu Steinen weiterentwickelt. Weitere Faktoren, die diese Erkrankung begünstigen sind eine zu geringe Wasseraufnahme und Stress im Rahmen von Transporten und Umstallungen. Die Harnsteine verlegen den Penisfaden an der Harnröhrenspitze, können aber auch an der Umschlagstelle im Beckenbereich hängen bleiben. Der Harnabfluss ist verlegt, es kommt zum Rückstau in die Harnblase und auch in die Nieren. Die Tiere zeigen zunächst Koliksymptome und Fressunlust. Zähneknirschen und Harndrang, ohne Harn absetzen zu können, folgen. Der Unterbauch um den Penis ist wässrig angeschwollen und häufig bläulich verfärbt. Die Tiere liegen viel und verenden letztendlich an einer Urämie (Harnvergiftung). Platzt die Harnblase, kommt es vorübergehend zu einer Besserung des Allgemeinbefindens, die Tiere verenden aber trotzdem.

In Zusammenhang mit dem Vorbericht und der Untersuchung des vorgelagerten Penis kann die Diagnose häufig leicht gestellt werden. Zur Überprüfung des Harnabsatzes kann dem betroffenen Bock ein Handtuch um den Bauch gebunden werden. Dies sollte innerhalb weniger Stunden nass durchtränkt sein.

Behandlung und Vorbeuge: Sitzen die Steine am Ausgang der Harnröhre im so genannten Penisfaden, kann dieser mit einem Scherenschlag abgeschnitten werden. Kann danach Harn abgesetzt werden, sind die Erfolgsaussichten sehr gut. Wird kein Harn abgesetzt, sitzen noch Steine weiter oben in der Harnröhre. Die Behandlungsaussichten sind dann schlecht. Ein operativer Eingriff ist nur bei frühzeitigem Eingreifen sinnvoll, bei fortgeschrittenem Krankheitsgeschehen und schlechtem Allgemeinzustand sollte der Bock getötet werden. Eine Verwertung des Tierkörpers ist wegen des Harngeruchs nicht möglich.

Vorbeugend sollte phosphorarmes (Mineral-)Futter eingesetzt und ein Ca:P-Verhältnis von 3:1 angestrebt werden. Auch hohe Trinkwasseraufnahmen, die durch Anbieten von Viehsalz erreicht werden, wirken einer Harnsteinbildung entgegen. (siehe auch Kap. 7.1.3 und Kap. 7.2.4)

Rachitis, Knochenweiche

Rachitis ist die Folge eines unzureichenden Ca:P-Verhältnisses bei gleichzeitigem Mangel an Vitamin D. Lämmer bleiben in der Entwicklung zurück, zeigen ein untypisches Bewegungsverhalten und bei hochgradiger Rachitis verkrümmte Beine. Bei Mutterschafen können Knochenbrüche und Brunstschwäche die Folge sein. Die Krankheit tritt vor allem während der Stallzeit bei ungenügender Mineralstoffversorgung und geringer Sonneneinstrahlung (durch Sonnenlicht wird Vitamin D gebildet) auf.

Vorbeuge und Bekämpfung: Beste Vorbeuge ist durch vitaminiertes Mineralfutter, helle Ställe und winterlichen Auslauf zu erreichen. Zur Behandlung werden Vitamin-D-Gaben durch den Tierarzt empfohlen.

Weißmuskelkrankheit

Eine Unterversorgung mit Vitamin E und Selen führt bei den Lämmern zu Zerstörungen von Muskelgewebe in unterschiedlichem Ausmaß. Junge Lämmer zeigen meist Veränderungen an Herz- und Skelettmuskulatur, welche sich in schlaffen Lähmungen äußert. Die Tiere sterben an Herzversagen. Ältere Lämmer zeigen Bewegungsstörungen

und einen aufgekrümmten Rücken. Die Tiere kümmern und magern ab. Eine Verdachtsdiagnose kann durch eine Untersuchung im Blut abgeklärt werden.
Behandlung und Vorbeuge: Bei rechtzeitiger Behandlung der erkrankten Tiere mit Vit. E/Selen-Injektionslösungen kann eine Besserung erreicht werden. Die Vit. E/Selenversorgung über die Gabe von Mineralfutter sollte angepasst werden, und in bekannten Mangelgebieten kann die vorbeugende Verabreichung von Vit. E- und Selen-Präparaten an tragende Mutterschafe und Lämmer erfolgen.

13.9 Vergiftungen durch Futtermittel

Vergiftungen können beim Schaf auf verschiedene Weise hervorgerufen werden:

- Durch bestimmte Pilze (z. B. Aflatoxine), die sich in den Futtermitteln angesiedelt haben und sog. Mykotoxine (Pilzgifte) ausscheiden. Symptome sind sehr unterschiedlich und reichen von Futterverweigerung und Kümmern bis zu Durchfall und Nierenschädigungen. Auch Scheidenvorfälle und Aborte können beobachtet werden. Kommen vor allem in Getreide und Kraftfuttermischungen vor, insbesondere, wenn das Mischfutter Nussschrote enthält.
- Durch Pflanzen, die Giftstoffe beinhalten. Eiben, Rhododendron, Lupinen dürfen nicht frisch oder als Gartenabschnitte aufgenommen werden. Auch Adlerfarn, Herbstzeitlose, Brennender Hahnenfuß und Jakobskreuzkraut enthalten Giftstoffe, werden aber vom Schaf unter normalen Bedingungen kaum aufgenommen. Vergiftungszeichen können Krämpfe, Atemlähmung, zentralnervöse Störungen und Tod sein.
- Durch Schwermetalle, insbesondere Kupfer (siehe oben) und Blei (z. B. bleihaltige Wasserleitungen).

Vorbeuge und Bekämpfung: Vorbeugend müssen die o. g. belasteten Futtermittel gemieden und im Krankheitsfall sofort entzogen werden. Bei akut verlaufenden Vergiftungen kommt die tierärztliche Hilfe oft zu spät.

14 Die Wirtschaftlichkeit der Schafhaltung

Für den Schafhalter, insbesondere den Berufsschäfer, ist die Kalkulation und Berechnung des Betriebseinkommens aus der Schafhaltung von entscheidender Bedeutung. Dabei sind durch Rentabilitätsvergleiche zu den Vorjahren auch die Ursachen für eventuelle Mehr- oder Mindereinnahmen aufzuspüren, sodass anhand dessen entsprechende produktionstechnische und organisatorische Konsequenzen zur Optimierung des Betriebsergebnisses ergriffen werden können.

14.1 Berechnung der Wirtschaftlichkeit

Die Wirtschaftlichkeit eines Betriebszweiges wird durch die Berechnung von Deckungsbeitrag und Betriebseinkommen (Gewinn) gemäß der in Tab. 50 + 51 dargestellten Beispielskalkulationen festgestellt.

Einnahmen (Geldrohertrag):

- Marktleistungen aller verkauften Produkte (Lämmer, Altschafe, Wolle, Felle, usw.)
- zusätzliche Einnahmen (Pensionsvieh, Tierpatenschaften, usw.)
- Zulagen/Förderungen (Betriebsprämien, Zahlungen aus Agrarumweltprogrammen, usw.)

Variable Kosten: Kosten, die sich mit der Intensität und der Herdengröße verändern (Kosten für Futter, Tierarzt, usw.)
Deckungsbeitrag: Einnahmen abzüglich der variablen Kosten; gibt Auskunft, inwieweit alle übrigen Kosten (Festkosten, Lohn, ...) durch die Einnahmen gedeckt sind.
Festkosten: Nicht veränderliche Kosten, die jedes Jahr in etwa gleicher Höhe anfallen.
Gewinn bzw. Betriebszweigergebnis: Einnahmen pro Mutterschaf bzw. für den Betriebszweig abzüglich aller dem Betriebszweig zuzuordnenden Kosten.
Faktorverwertung: Gibt an, wie viel Gewinn pro eingesetztem Produktionsfaktor (Fläche, Arbeit) erwirtschaftet wird in €/ha bzw. €/Akh.

Die Beispielkalkulationen (Tab. 50 + 51) zeigen in der Praxis erzielte betriebswirtschaftlich relevante Parameter und Ergebnisse wie sie unter den aktuellen Rahmenbedingungen erzielt werden. Die Beispielkalkulation kann mit veränderten Preisen, Leistungen und betriebsspezifischen Leistungen und Kosten für den eigenen Betrieb nachvollzogen werden.

Tab. 50: Wirtschaftlichkeitsberechnung für eine Koppelschafhaltung

Rahmendaten					
Standort	25 ha, mittlere Ertragslage				
Herde	200 Mutterschafe in Koppelhaltung, Fleischschafe				
Aufzuchtergebnis	1,5 aufgezogene Lämmer/MS + Jahr				
Bestandsergänzung	0,2 Lämmer/MS + Jahr (aus eigener Nachzucht)				
Nutzungsdauer MS	5 Jahre				
Weide- und Stalltage	235/130 Tage				
Einnahmen	**Einheit**	**a) Abgabe an Handel**		**b) Direktvermarktung (80%)**	
		€/Einheit	**€/MS**	**€/Einheit**	**€/MS**
Marktleistungen:					
1,3 Lämmer	21 kg SKG	5,00 €/kg	136,50	11 €/kg	240,20
				5,0 €/kg	27,30
0,2 Altschafe	70 kg LG	0,60 €/kg	8,40	0,60 €/kg	8,40
Wolle	5 kg	0,60 €/kg	3,00	0,60 €/kg	3,00
Zulagen:					
Zahlungsanspruch n. GAP 2015[1] (Basisprämie + Greening)		277 €/ha	34,60	277 €/ha	34,60
Zuschlag (0–30 ha)[2]		50 €/ha	6,30	50 €/ha	6,30
Summe Einnahmen			**188,80**		**319,80**
Variable Kosten:					
Kraft- und Mineralfutter	70 kg × 0,28 €/kg		19,60		19,60
Grundfutter (Weide, Heu, Silage, ...)			38		38
Tierarzt, Medikamente, Klauenpflege			10		10
Tierkennzeichnung, Schur			5		5
Bockhaltung			4		4
Beitrag (ZV, Versich., Tierseuchenkasse, Berufsgenoss.)			5		5
Verlustausgleich			3		3
Energie, Wasser, Geräte, Zäune			10		10
Schlachtkosten, Fleischbeschau			–		28
Zinsansatz für Tierkapital			3		3
Summe Variable Kosten			**97,60**		**125,60**
Deckungsbeitrag			**91,20**		**194,20**
Festkosten					
Stall, Einrichtungen[3) 5)]			50/–		50/–
Verkaufsraum, Einrichtung, Kühlzelle[4]			–		8,30
Maschinenkosten			10		10
Zinsansatz			4		5
Summe Festkosten[5]			64/14		72,30/22,30
Gewinn je MS – ohne Arbeitskosten[5]			27,20/77,20		121,90/171,90
Betriebszweigergebnis (200 MS) – ohne Arbeitskosten[5]			5 435/15 435		24 383/34 383
Anteil Zulagen am Gewinn[5]			150%/53%		34%/24%
Arbeitskosten	a) 8 Akh/MS à 15 €		120		
	b) 11 Akh/MS à 15 €				165
Faktorverwertung:					
– Arbeit €/Akh[5]			3,40/9,60		11,10/15,60
– Fläche €/ha[5]			420,60/617,40		975,30/1375,30

[1] Zahlungen gemäß Agrarreform 2015 (GAP, Gemeinsame Agrarpolitik)
[2] Zuschlag für Betriebe bis 30 ha gemäß Umverteilungsprämie (GAP)
[3] Stallkosten 120.000 €, 600 €/ MS, Abschreibung 12 Jahre
[4] Einrichtungen für DV (Verkaufsraum, etc.) 30.000 €, 150 €/ MS, Abschreibung 10 Jahre
[5] erster Wert mit Berücksichtigung der Kosten für Stallneubau, zweiter Wert ohne Stallbaukosten (abgeschriebener Stall)

Tab. 51. Wirtschaftlichkeitsberechnung für eine Hüteschafhaltung

Rahmendaten					
Standort	5 ha eigen, 130 ha kommunale Pflegefläche (benachteiligte Region)				
Herde	600 Mutterschafe in Hütehaltung, Merinolandschafe				
Aufzuchtergebnis	1,3 aufgezogene Lämmer/MS + Jahr				
Bestandsergänzung	0,2 Lämmer/MS + Jahr (aus eigener Nachzucht)				
Nutzungsdauer MS	5 Jahre				
Weide- und Stalltage	280/85 Tage				
Einnahmen	**Einheit**	**a) Abgabe an Handel**		**b) Direktvermarktung (80%)**	
		€/Einheit	**€/MS**	**€/Einheit**	**€/MS**
Marktleistungen:					
1,1 Lämmer	21 kg SKG	5,00 €/kg	115,50	11 €/kg	221,80
				5,10 €/kg	23,10
0,2 Altschafe	70 kg LG	0,60 €/kg	8,40	0,60 €/kg	8,40
Wolle	5 kg	0,60 €/kg	3,00	0,60 €/kg	3,00
Zulagen:					
Zahlungsanspruch nach GAP 2015[1)] (Basisprämie + Greening) auf 105 ha	105 ha	277 €/ha	48,50	277 €/ha	48,50
Agrarumweltprogramm/ LP-Prämie[2)]	130 ha	150 €/ha	32,50	150 €/ha	32,50
Summe Einnahmen			**207,90**		**337,20**
Variable Kosten:					
Kraft- und Mineralfutter (MS + Lä.)	60 kg × 0,28 €/kg		16,80		16,80
Grundfutter (Weide, Heu, Silage, ...)			26		26
Tierarzt, Medikamente, Klauenpflege			7		7
Tierkennzeichnung, Schur			5		5
Bockhaltung			4		4
Beitrag (ZV, Versich., Tierseuchenk., BG*)			5		5
Verlustausgleich			3		3
Energie, Wasser, Geräte, Zäune			10		10
Schlachtkosten, Fleischbeschau			–		28
Zinsansatz Tierkapital (6%)			3		3
Summe Variable Kosten			**79,80**		**107,80**
Deckungsbeitrag			**128,10**		**229,40**
Festkosten					
Stall, Einrichtungen[3)] [5)]			70/–		70/–
Verkaufsraum, Einrichtung, Kühlzelle[4)]			–		8,30
Maschinenkosten			8		8
Zinsansatz			4		4
Summe Festkosten[5)]			**82/12**		**90,30/20,30**
Lohnkosten: 1 Fremd-AK (20 000 €/Jahr)			33		33
Gewinn je MS – mit Lohnkosten[5)]			13,10/83,10		106,10/176,10
Betriebszweigergebnis (600 MS) – mit Lohnkosten[5)]			7 845/ 49 845		63 681/ 105 681
Anteil Zulagen am Gewinn			61,9%/ 87,6%		76,3%/ 46,0%
Arbeitskosten	a) 10 Akh/MS à 15 €		150		
	b) 13 Akh/MS à 15 €				195
Faktorverwertung:					
– Arbeit €/Akh[5)]			1,30/8,30		8,20/13,50
– Fläche €/ha[5)]			58,10/369,20		471,70/782,80

[1)] Zahlungen gemäß Agrarreform 2015 (GAP, Gemeinsame Agrarpolitik)
[2)] Zahlungen gemäß der Agrarumweltprogramme der Länder (GAP) bzw. Pflegeprämien der Kommunen
[3)] Stallkosten 500 000 €, 833 €/MS, Abschreibung 12 Jahre
[4)] Einrichtungen für DV (Verkaufsraum, etc.) 50 000 €, 83 €/MS, Abschreibung 10 Jahre
[5)] erster Wert mit Berücksichtigung der Kosten für Stallneubau, zweiter Wert ohne Stallbaukosten (abgeschriebener Stall)

14.2 Einflüsse auf die Rentabilität der Schafhaltung

14.2.1 Einnahmen

Die Höhe der Marktleistungen hängt vorrangig vom produktionstechnischen Können, den Marktpreisen und der Standortgüte ab. Im Einzelnen handelt es sich um folgende Faktoren:

Produktivitätszahl

Eine hohe Produktivitätszahl ist Voraussetzung für eine rentable Schafhaltung. Eine Erhöhung um 10 % steigert bei den in Tab. 50 + 51 angenommenen Preisen den Deckungsbeitrag pro Mutterschaf um über 10 € (Abgabe an Handel) bzw. um über 22 € (Direktvermarktung). Ein ähnlich hoher Einfluss der Produktivitätszahl wird im Schafreport Baden-Württemberg (2011) dargestellt (siehe Abb. 100). Dabei ist zu bedenken, dass Ablammraten von mehr als 170 % meist nur bei optimalem Management zu einer Rentabilitätsverbesserung führen, da bei höheren Drillings- und Vierlingsanteil die Verluste oft zunehmen.

Produktpreis

Er übt den größten Einfluss auf den wirtschaftlichen Erfolg der Schafhaltung aus. Höhere Preise sind zu erzielen durch:

- Ausnutzung von Preisschwankungen: Zu Zeiten des höchsten Lämmeranfalls (Juli–Nov.) werden niedrige, bei Lämmerknappheit bzw. erhöhter Nachfrage (März–Juni) hohe Preise gezahlt. Eine zeitliche Verschiebung der Erzeugung schlachtreifer Lämmer ist möglich durch
  - eine höhere Aufzucht- und Mastintensität, wodurch die um 15 bis 20 % schneller wachsenden Bocklämmer das Mastendgewicht vor dem Absinken der Preise erreichen können,
  - frühe Schlachtung (der Markt verlangt leichte Lämmer!) oder
  - durch asaisonal brünstige Rassen, die eine kontinuierliche bzw. vorverlegte Ablammung ermöglichen. Eine Abweichung vom optimalen Ablammtermin (Feb.–März) kann jedoch das Ablammergebnis um 0,1 bis 0,2 % und ggf. auch die Mastleistung der Lämmer beeinträchtigen.
- Selbstvermarktung: Besonders in der Nähe von großen Verbrauchermärkten (Städten, Ballungszentren) sind über die Vermarktung hoher Schlachtkörper- und Fleischqualitäten Preiszuschläge bis über 100 % möglich. Jedoch sollte dabei auch der hohe zeitliche (Verkauf, Kundenbetreuung) und technische (Schlacht-, Zerlege-, Kühl-, Verkaufsräume etc.) Aufwand beachtet werden (siehe auch Kap. 11 Markt und Vermarktung).

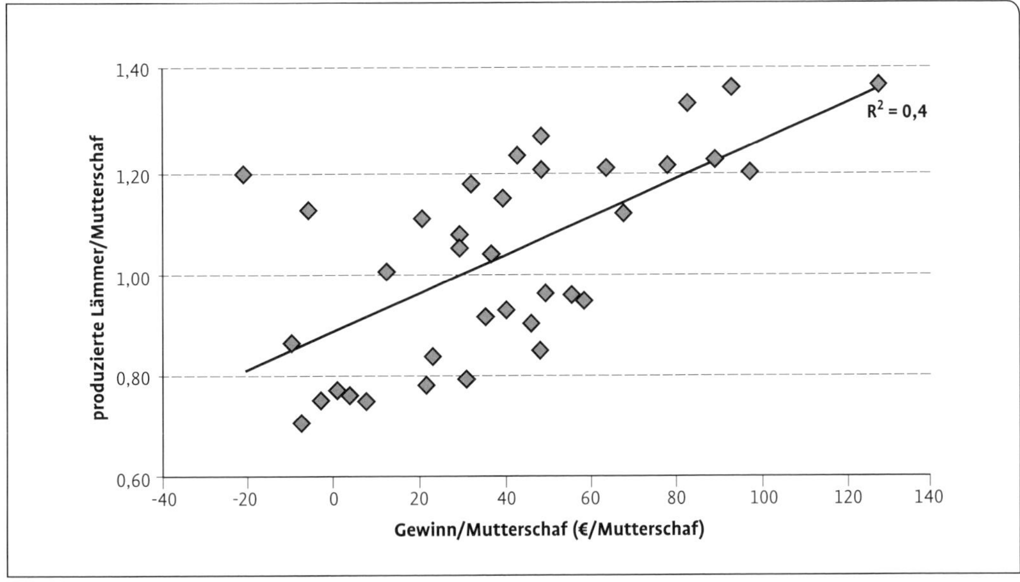

Abb. 100. Gewinn je Mutterschaf und produzierte Lämmer je Mutterschaf (Schafreport 2011)

Produktqualität

Erzeugungsziel ist ein marktgerechtes und hochwertiges Schlachtlamm, das bei hoher Handelsklasseneinstufung (S, E, U) vom Vermarkter gut bezahlt wird. Darunter sind vollfleischige Schlachtkörper mit mittlerer, gut verteilter Fettabdeckung und schmackhaftem Fleisch zu verstehen. Zur Erfüllung dieser Ansprüche müssen Lämmer während der Jugendphase ihr Fleischbildungsvermögen voll ausschöpfen, also hohe Zunahmen aufweisen, ohne zu verfetten. Unter extensiven Standortverhältnissen reichen dazu häufig die Nährstoffverhältnisse nicht aus, sodass höhere Mengen von kostentreibendem Zukaufsfutter eingesetzt werden müssen. Besser ist es jedoch, die Lämmer zur Ausmast an einen Betrieb in günstigerer Lage abzugeben, wo sie mit hochwertigem Grundfutter billiger gemästet werden können. So können durch ein arbeitsteiliges System hohe Schlachtlammqualitäten und wirtschaftliche Vorteile erzielt werden.

Zulagen/Prämien und weitere Einnahmen

Wie den Beispielkalkulationen zu entnehmen ist, tragen die Zulagen in erheblichem Umfang zum Betriebseinkommen bei. Ohne diese wäre kein positives Betriebsergebnis zu erzielen. In der flächenintensiven Hütehaltung liegen die Zulagen sogar höher als der erzielte Gewinn (sieheTab. 50+51). Dabei werden durch die Übernahme von Landschaftspflegefunktionen noch sehr hilfreiche zusätzliche Prämien gewährt. Die gemäß Agrarreform aufgelegten Agrarumweltprogramme sind in den einzelnen Bundesländern jedoch nicht einheitlich gestaltet, sodass sich die hieraus resultierenden Prämien in den Regionen zum Teil deutlich unterscheiden. Nach Untersuchungen der KTBL (Schroers et al. 2014) ist keines der 11 in Deutschland untersuchten Schafhaltungsverfahren in der Lage ohne Prämien ein positives Betriebsergebnis zu erzielen. So zeigen die Betriebszweigergebnisse bei einer Herdengröße von 400 Mutterschafen Defizite zwischen 35 000 und 80 000 € (siehe auch Kap. 12.3).

Einige Schafhalter haben sich darüber hinaus weitere Einnahmequellen eröffnet, zum Beispiel Pensionsviehhaltung, Verkauf von Qualitätsdung, Abgabe von Tierpatenschaften usw.

14.2.2 Kosten

Futter

Die Futterkosten machen mit etwa 50 % den größten Anteil der variablen Kosten in der Schafhaltung aus. Je mehr billiges Grundfutter eingesetzt werden kann, desto preiswerter ist die gesamt Fütterung. Folglich ist eine ausreichende Verfügbarkeit von kostengünstigem Grünland bzw. Grundfutter von zentraler Bedeutung für die Rentabilität in der Schafhaltung. Gerade dann, wenn geringe Pachten zu zahlen sind und Prämien/Zulagen für das Grünland gewährt werden, wird der Vorteil von Grundfutter gegenüber Kraftfutter deutlich. Das gilt vor allem für die ökologische Schafhaltung, wo die Kraftfutterpreise vergleichsweise hoch sind. Dort, wo Kraftfutter als leistungssteigerndes Produktionsmittel gebraucht wird (laktierende Mutterschafe, Mastlämmer) muss es zwar sparsam, darf aber nicht zu restriktiv eingesetzt werden.

Stallzeit

Die während der Stallzeit eingesetzten Futtermittel sind teurer und der Arbeitsaufwand für Betreuung sowie Fütterung liegt, besonders in der Koppelschafhaltung, höher als während der Weideperiode. Folg-

Tab. 52: Futterkosten (Vollkosten) in Abhängigkeit von der Futterart ohne Berücksichtigung von Lagerraum (€/MJ ME) (LEL 2014)

	Weide		Grünfutter		Grassilage		Heu		Kraftfutter	
	Standweide extensiv	Portionsweide	3 Nutz. ungünstig	3 Nutz. günstig	3 Nutz. eigen	5 Nutz. eigen	2 Nutz. extensiv	5 Nutz.	konv.	ökol.[1]
Mit Berücksichtigung von Prämien	0,10	0,11	0,14	0,17	0,21	0,19	0,22	0,24	0,33	0,52
Ohne Berücksichtigung von Prämien	0,21	0,17	0,21	0,21	0,29	0,24	0,34	0,33		

[1] Jilg (2012)

lich können die Gesamtkosten über die Verkürzung der winterlichen Aufstallungsdauer verringert werden. Den Hüteschäfer kostet jeder Stalltag etwa 0,30–0,70 €/Mutterschaf.

Festkosten
Festkosten, wie Abschreibung von Gebäuden und Maschinen, belasten vor allem kleine Bestände, da sich hier die Festkostenbelastung auf nur wenige Tiere verteilt. Insofern ist es von erheblichem Vorteil, wenn bereits abgeschriebene Altgebäude in der Schafhaltung zur Verfügung stehen.

Die Werte in Tab. 50 + 51 zeigen, dass durch den Wegfall der hohen Festkostenbelastung bei abgeschriebenen Ställen erheblich verbesserte Betriebsergebnisse erzielt werden.

14.2.3 Arbeitszeit- und Flächenverwertung

Mit der jeweils eingesetzten Arbeit und Fläche gilt es, einen möglichst hohen Gewinn zu erzielen. Die Arbeitszeit- und Flächenverwertung (bzw. -produktivität) ist umso größer, je weniger Arbeit oder Fläche für die Erzielung des gleichen Betriebseinkommens aufgewendet werden muss. Große Bestände, widerstandsfähige Rassen, eine Konzentration der Lammzeit und ein arbeitswirtschaftlich günstiger Stall sind die wesentlichen Voraussetzungen für einen geringen Arbeitszeitbedarf pro Mutterschaf und damit für eine hohe Arbeitsproduktivität.

Eine hohe Flächenproduktivität wird durch hohe Besatzdichten, ein optimales Düngeniveau und geschickte Weideführung erzielt.

14.3 Optimierungsansätze

Die Schafhaltung kann bereits seit Jahrzehnten allein über die Lammfleischerzeugung keine hinreichenden Betriebsergebnisse erwirtschaften. Insofern sind Zuwendungen wie sie die Agrarpolitik und/oder Landschaftspflegefunktionen ermöglichen eine zentrale Voraussetzung für die Existenzsicherung von Schäfereien.

Gleichzeitig müssen aber auch Verbesserungspotenziale in den Schäfereien selbst zur Verbesserung der Wirtschaftlichkeit ausgelotet werden. Folgende Ansätze bestehen:

Externe Faktoren/Rahmenbedingungen:

- Prämien auf der Grundlage GAP ausschöpfen,
- Mit Kommunen bzw. flächenverantwortlichen Landschaftspflegeverträge/Pachten, Herbst- und Winterweideflächen, Triebwege, etc. verhandeln, sichern,
- Lämmerpreise des Handels sind als gegeben hinzunehmen. Eine Anpassung der Vermarktung in Jahreszeiten mit hohen Preisen wäre möglich (s. o.).

Interne Faktoren:
- Leistungsverbesserung:
  - Fruchtbarkeitsmanagement: Vorbereitungsfütterung der Mutterschafe auf Deckzeit, Bockzuteilung prüfen und ggf. optimieren => hohe Lämmerzahl,
  - Lämmeraufzucht prüfen/verbessern: ausreichende Anzahl hinreichend großer Ablammbuchten, Leistungskontrolle bei Mutterschaf und Lamm, leistungsgerechte Fütterung von Mutterschafen und Lämmern, Einsatz fleischbetonter Vaterrassen prüfen => marktfähige Lämmer,
  - Herdenmanagement: Weideplan aufstellen, Ablammzeiten auf Futterangebot und/oder saisonale Lämmerpreise anpassen, Parasitenbehandlungen richtig terminieren, Herdendokumentation,
  - Fütterung: Rationsberechnungen durchführen, ggf. Leistungsgruppen einrichten, Futterqualitäten untersuchen lassen (LUFA), Kraftfuttereinsatz prüfen,
  - Zucht: Selektion auf konditionsstarke stabile Mutterschafe, mit hoher Grundfutterverwertung, Parasitenresistenz, gute Milchleistung (Lämmerwachstum), problemlose Ablammung und Mütterlichkeit,
  - Möglichkeiten der Direktvermarktung prüfen, aber mit hinreichend kritischer Kalkulation.
- Reduzierung der Aufwendungen:
  - Ausnutzung kostengünstiger Futtermittel und abgeschriebener Stallgebäude,
  - Nutzung kostengünstiger Arbeitskräfte,
  - Gemeinsamer Einkauf von Betriebsmitteln (mit anderen Betrieben)
  - Stall/Technik: optimierte Arbeitswirtschaft im Stall (Futtervorlage, Einrichtungen, ...),
  - Außenwirtschaft mit anderen Landwirten organisieren oder Fremdmechanisierung (z. B. über Maschinenring) prüfen,
  - Flexible Beweidung mit vermehrtem Koppeln (Hüteschäferei),
  - Ablammperioden auf begrenzte Zeitfenster konzentrieren.

Beratung/Weiterbildung:
- Nutzung von Beratungs- und Weiterbildungsangeboten, Betriebsanalysen zulassen,
- Austausch mit Berufskollegen.

14.4 Die Schafhaltung im wirtschaftlichen Vergleich

Die Gegenüberstellung betriebswirtschaftlich maßgebender Kriterien der Koppel- und Hüteschafhaltung zeigt, dass sich die Haltungsformen zum Teil deutlich voneinander unterscheiden (Tab. 53). Neben Unterschieden im Betriebstyp sind die Abweichungen im Allgemeinen auf die extensiven Haltungsbedingungen und die geringen Ansprüche an Stall und Futter in der Hütehaltung zurückzuführen.

Zur Kalkulation der Wirtschaftlichkeit gehört letztlich auch die Frage, mit welchem Produktionsverfahren der Betriebsleiter seine betriebliche Ausstattung (Flächen, Arbeitskraft, Stallraum usw.) am gewinnbringendsten ausnutzen kann. Lassen seine betrieblichen Verhältnisse also auch eine wirtschaftlichere Nutzungsform als die Schafhaltung zu, so entstehen sog. Nutzungskosten. Darunter ist der Betrag zu verstehen, den eine Nutzungsalternative (z. B. Mutterkuhhaltung) erwirtschaftet, die die Grünlandfläche oder die Arbeitsstunden besser verwertet.

Aus dem Vergleich der Ergebnisse der Testbetriebsbuchführung Baden-Württemberg geht hervor, dass die Schafhaltung etwas höhere Gewinne erzielt als die Mutterkuhhaltung, jedoch leicht unterhalb der Milchviehhaltung liegt. Diese Betriebsgewinne werden aber nur über sehr hohen Zulagen bzw. Zuschüsse erzielt (Abb. 101). Vielerorts ist die Schafhaltung jedoch die einzige Nutzungsalternative, da kleinparzellierte Flächen, geringe Arbeitskapazitäten (Nebenerwerb), geringer Futteraufwuchs (absolute Schafweiden) und Nutzungsauflagen des Naturschutzes keine andere Bewirtschaftung zulassen.

Tab. 53: Vergleichende Bewertung betriebswirtschaftlicher Kriterien in der Koppel- und Hüteschafhaltung

	Koppelschafhaltung (KH)	Hüteschafhaltung (HH)	Bewertung der KH (gegenüber HH)
Standortqualität	intensiv	extensiv	○
Erwerbstyp	oft Nebenerwerb	Haupterwerb	○
∅ Bestandsgrößen	meist klein – mittel	groß	–
Kraftfutteraufwand	höher	geringer	–
Faktorverwertung			
Arbeit	höher	geringer	+
Fläche	höher	geringer	+
Anzahl Stalltage	höher	geringer	–
Gebäudeaufwand	höher	geringer	–
Eignung Landschaftspflege	bedingt	sehr gut	–
Soziale Belastung	keine	oft vorhanden	+

○ weder vor- noch nachteilig für die Koppelschafhaltung
\+ vorteilhaft für die Koppelschafhaltung
– nachteilig für die Koppelschafhaltung

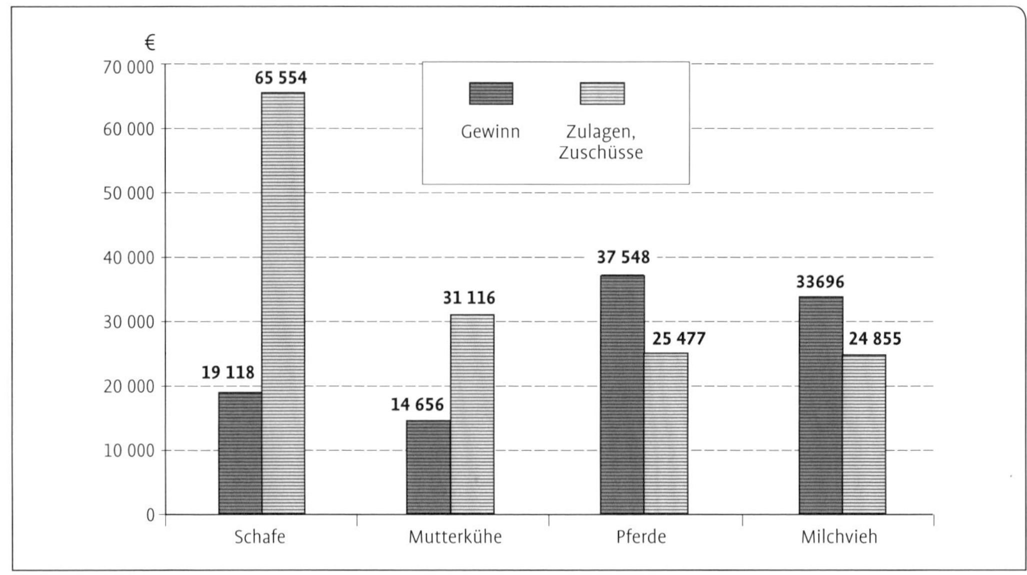

Abb. 101. Wirtschaftlichkeit der Schafhaltung im Vergleich mit anderen Futterbaubetrieben 2010 (Schafreport 2011).

So bleibt festzustellen, dass unter vergleichbaren Bedingungen das Betriebsergebnis der Schafhaltung etwa mit dem der Mutterkuhhaltung und Weidebullenmast konkurrieren kann. Das Vordringen der Schafhaltung auf intensivere Standorte ist sogar ein Hinweis darauf, dass bei hohem produktionstechnischen Können und günstigen Produktionsverhältnissen die Lammfleischerzeugung wirtschaftlich überlegen sein kann.

15 Gesetzliche Rahmenbedingungen

15.1 Tierschutzrechtliche Vorschriften

Gerade die Unwissenheit mancher Tierhalter hinsichtlich der biologischen Grundbedürfnisse der von ihnen betreuten Tiere ist häufig Grund für das Eingreifen der für den Tierschutz zuständigen Behörden, in der Regel sind dies die unteren Veterinärbehörden der Stadt- und Landkreise.

Bei der Haltung von kleinen Wiederkäuern sind die allgemeinen tierschutzrechtlichen Vorschriften einzuhalten. Besonders betont wird im **Tierschutzgesetz** die Verantwortung des Menschen für das Tier als Mitgeschöpf, dessen Leben und Wohlbefinden es zu schützen gilt.

Es sind drei **Grundsätze** einzuhalten:

„Wer ein Tier hält, betreut oder zu betreuen hat,

- muss das Tier seiner Art und seinen Bedürfnissen entsprechend angemessen ernähren, pflegen und verhaltensgerecht unterbringen,
- darf die Möglichkeit des Tieres zu artgemäßer Bewegung nicht so einschränken, dass ihm Schmerzen oder vermeidbare Leiden oder Schäden zugefügt werden,
- muss über die für eine angemessene Ernährung, Pflege und verhaltensgerechte Unterbringung des Tieres erforderlichen Kenntnisse und Fähigkeiten verfügen."

Das **Tierschutzgesetz** geht nur in wenigen Fällen konkret auf das Schaf ein.

Mit § 5 dieses Gesetzes (Eingriffe an Tieren) wird ausdrücklich zugelassen, dass „... für das Kastrieren von unter vier Wochen alten männlichen Rindern, Schafen und Ziegen, sofern kein von der normalen anatomischen Beschaffenheit abweichender Befund vorliegt, eine Betäubung nicht erforderlich ist". Auch nicht für das Kürzen des Schwanzes von unter acht Tagen alten Lämmern, z. B. mittels elastischer Ringe.

Aufgrund neuer Erkenntnisse über die Schmerzempfindung Neugeborener sollte jedoch eine Betäubung bzw. die Anwendung schmerzlindernder Mittel erfolgen!

Eine Betäubung ist weiter ausdrücklich nicht erforderlich „für die Kennzeichnung von Schafen und Ziegen durch Ohrtätowierung sowie durch Ohrmarke und injektierten Mikrochip".

In der **Tierschutz-Nutztierhaltungsverordnung** werden zwar einige allgemeine Anforderungen genannt (z. B. Beschaffenheit von Haltungseinrichtungen, Fütterungs- und Tränkeinrichtungen, Witterungsschutz bei Weidehaltung, Aufzeichnungspflichten über die täglichen Kontrollen, die tierärztliche Behandlung und die Verluste), es fehlen jedoch konkrete Vorgaben für die Haltung von kleinen Wiederkäuern.

Diese finden sich, allerdings nur als Empfehlungen, jedoch über das **Europäische Übereinkommen zum Schutz von Tieren in landwirtschaftlichen Tierhaltungen** dennoch rechtsverbindlich in einer Veröffentlichung des Europarates:

Dessen Ständiger Ausschuss hat bereits 1992 eine **Empfehlung für das Halten von Schafen** herausgegeben.

Darin werden neben der **Betreuung** und **Kontrolle** der Schafe (Klauenpflege, Parasitenbehandlung, Erkrankungen usw.) auch Mindestanforderungen an **Gebäude, Einfriedungen und Einrichtungen** sowie das **Management** im Zusammenhang mit der Schafhaltung rechtsverbindlich festgeschrieben.

Weiter konkretisiert werden die allgemeinen Halterpflichten u. a. durch die ständige Rechtsprechung sowie durch gutachterliche Stellungnahmen, zu denen auch die Merkblätter der Tierärztlichen Vereinigung für Tierschutz e. V. (TVT) gezählt werden (Nr. 91: „Hinweise für die Wanderschafhaltung in der kalten Jahreszeit" sowie Nr. 131.11: „Nutzung von Schafen im sozialen Einsatz"). Hier findet sich beispielsweise die verbreitete Forderung hinsichtlich des Platzbedarfes von 2,0 m^2 Stallfläche und 6 m^2 Laufbereich im Freien pro Tier.

Weitere tierschutzrechtliche Vorschriften regeln den Transport und das Schlachten von Tieren.

15.1.1 Verordnungen zum Schutz von Tieren beim Transport

Grundsätzlich ist es verboten, kranke oder verletzte Tiere zu befördern. Eine Ausnahme stellt der **Transport zur tierärztlichen Behandlung** dar oder wenn der Transport keine zusätzlichen Leiden verursacht; in Zweifelsfällen ist ein Tierarzt hinzuzuziehen.

Schafe in fortgeschrittenen Trächtigkeitsstadien (über 135 Tage) sowie Tiere, die vor weniger als 7 Tagen geboren haben, dürfen ebenfalls nicht transportiert werden. Das Gleiche gilt für Jungtiere, deren Nabelwunde noch nicht vollständig verheilt ist.

Laktierende Schafe, die ohne Nachkommen transportiert werden, müssen spätestens nach jeweils 12 Stunden gemolken werden.

Während des Transports sind erkrankte oder verletzte Tiere unverzüglich abzusondern. Sie müssen von einem Tierarzt untersucht und behandelt und unter Vermeidung unnötiger Leiden erforderlichenfalls notgeschlachtet oder getötet werden.

Für den Transportvorgang selber gibt es Bestimmungen zur Verladedichte (alle Tiere müssen stehen, sich jedoch auch hinlegen können), zum Verladevorgang (nicht an den Ohren, an den Beinen, am Schwanz usw. ziehen), zu den Verladeeinrichtungen (z. B. Vermeidung von Verletzungen), zur Versorgung der Tiere (je nach Transportdauer) und zu den Transportmitteln (Lüftung, rutschfester Boden, Einstreu usw.).

Für **gewerbliche Transporteure** gelten zusätzliche Bestimmungen.

Bei grenzüberschreitenden Transporten (EU-Mitgliedsstaaten oder Drittländer) sind entsprechende Bescheinigungen mitzuführen. Näheres erfährt man bei der zuständigen Veterinärbehörde der jeweiligen Stadt- und Landkreise.

Auf jeden Fall muss das transportierende Personal entsprechend sachkundig sein. Gewerbliche Beförderer benötigen zusätzlich eine förmliche Zulassung durch die zuständige Behörde. Beim Transport haben sie außerdem eine Transporterklärung mit Angaben über Herkunft, Versand- und Bestimmungsort sowie Verladezeitpunkt mitzuführen.

Transporte zu Schlachtstätten im Inland dürfen nicht länger als 8 Stunden dauern, sofern keine unvorhersehbaren Umstände eintreten.

Transporte von mehr als 8 Stunden Dauer dürfen nur mit eigens dafür zugelassenen Transportfahrzeugen durchgeführt werden.

15.1.2 Tierschutz-Schlachtverordnung

Grundsätzlich gilt, dass Tiere so zu betreuen, ruhig zu stellen, zu betäuben, zu schlachten oder zu töten sind, dass bei ihnen nicht mehr als unvermeidbare Aufregung, Schmerzen, Leiden oder Schäden verursacht werden.

Die Betäubungs- oder Tötungsverfahren müssen für die jeweilige Tierart und Altersgruppe zugelassen sein. Für Schafe sind ausschließlich Bolzenschuss und elektrische Durchströmung, für Tiere unter 10 kg Lebendgewicht auch der Kopfschlag als Betäubungsverfahren zugelassen.

Die Vorschriften gelten in vollem Umfang auch bei Hausschlachtungen.

Personen, die Tiere im Zusammenhang mit ihrer beruflichen Tätigkeit schlachten, sowie vor der Schlachtung betäuben, müssen im Besitz einer gültigen **Sachkundebescheinigung** sein. Diese wird auf Antrag erteilt, wenn die Sachkunde im Rahmen einer erfolgreichen Prüfung nachgewiesen worden ist oder wenn ein entsprechendes berufliches Abschlusszeugnis vorgelegt wird (z. B. Fleischer/Fleischerin, Tierwirt/Tierwirtin, Tierpfleger/Tierpflegerin, Landwirt/Landwirtin).

Unter Schlachten versteht man das Töten von Tieren durch Blutentzug.

Schächten, also Schlachten ohne vorherige Betäubung, ist nur mit Ausnahmegenehmigung erlaubt. Dies gilt vor allem auch beim jährlich stattfindenden islamischen Opferfest.

Nach dem Tierschutzgesetz muss jedes Tier vor der Schlachtung betäubt werden, um dessen Schmerzempfinden auszuschalten. Für ein betäubungsloses Schlachten muss das jeweils zuständige Veterinäramt eine Ausnahmegenehmigung erteilen.

Grundsätzlich darf nur für und von solchen Personen geschächtet werden, denen zwingende religiöse Vorschriften den Verzehr von Fleisch nicht geschächteter Tiere verbieten. Nach der Rechtsprechung des Bundesverfassungsgerichts vom 15.01.2002 (1 BvR 1783/99) muss dies „substantiiert und nachvollziehbar" dargelegt werden. Außerdem muss die hierfür notwendige Sachkunde nachgewiesen werden. Die Schlachtstätten müssen außerdem speziell dafür zugelassen worden sein. Alle genehmigten Schlachtungen sind vom zuständigen Veterinäramt zu überwachen.

Von einzelnen islamischen Gruppierungen werden Betäubungsarten, wie die Elektrokurzzeitbetäubung der Schlachttiere, vor dem Entbluten als mit den religiösen Vorschriften vereinbar akzeptiert.

Fundstellen:

- Tierschutzgesetz **(TierSchG)** in der Fassung der Bekanntmachung vom 18. Mai 2006 (BGBl. I, S. 1206, 1313), zuletzt geändert durch Artikel 20 des Gesetzes vom 9. Dezember 2010 (BGBl. I. S. 1934).
- Verordnung zum Schutz landwirtschaftlicher Nutztiere und anderer zur Erzeugung tierischer Produkte gehaltener Tiere bei ihrer Haltung (Tierschutz-Nutztierhaltungsverordnung – **TierSchNutztV**) vom 25. Oktober 2001, zuletzt geändert durch die vierte Verordnung zur Änderung der Tierschutz-Nutztierhaltungsverordnung vom 1. Oktober 2009 (BGBl. I S. 2759).
- Europaratsempfehlung für das Halten von Schafen und Ziegen (Ständiger Ausschuss des Europäischen Übereinkommens zum Schutz von Tieren in landwirtschaftlichen Tierhaltungen) angenommen am 6.11.1992 (Erste Bekanntmachung der deutschen Übersetzung vom 7.2.2000, BAnz. Nr. 89a vom 11.5.2000). Merkblatt Nr. 91 und Nr. 131.11 über Wanderschafe bzw. Schafe im sozialen Einsatz.
- Verordnung (EG) Nr. 1/2005 des Rates vom 22. Dezember 2004 über den Schutz von Tieren beim Transport und damit zusammenhängenden Vorgängen sowie zur Änderung der Richtlinien 64/432/EWG und 93/119/EWG und der Verordnung (EG) Nr. 1255/97 (ABl. EU L 3 S. 1), berichtigt am 27. April 2006 (ABl. EU L 113 S. 26).
- Verordnung zum Schutz von Tieren beim Transport und zur Durchführung der Verordnung (EG) Nr. 1/2005 des Rates (Tierschutztransportverordnung – TierSchTrV) vom 11. Februar 2009 (BGBl. I S. 375).
- Verordnung zum Schutz von Tieren im Zusammenhang mit der Schlachtung oder Tötung (Tierschutz-Schlachtverordnung – Tier-

SchlV) vom 3. März 1997 (BGBl. I S. 405), geändert mit Verordnung vom 4. Februar 2004 (BGBl. I S. 214), zuletzt geändert durch BMELVBerG vom 13. April 2006 (BGBl. I S. 855).

15.2 Viehverkehrsverordnung

Die Viehverkehrsverordnung ist eine tierseuchenrechtliche Vorschrift. Sie wurde erlassen, um der ständigen Seuchengefahr entgegenzuwirken. Das Zusammenbringen und Befördern von Tieren unterschiedlicher Herkunft birgt die Gefahr in sich, dass durch unerkannt erkrankte Tiere solche Krankheiten weiterverbreitet werden. Im Seuchenfall ist es entscheidend, den Standort der entsprechenden Tiere rasch eruieren zu können, um alle Maßnahmen ergreifen zu können und die Ausbreitung einer Seuche zu verhindern. Es ist deshalb unerheblich, ob die Tiere nur als sogenannte „Hobbytiere“ oder vorrangig gewerbsmäßig als landwirtschaftliche Nutztiere gehalten werden. Schafhalter sind von der Verordnung betroffen im Zusammenhang mit:

1. Anzeige und Betriebsregistrierung

Wer bestimmte Tiere u. a. Schafe halten will, hat seinen Betrieb spätestens bei Beginn der Tätigkeit der zuständigen Behörde (Veterinäramt) anzuzeigen. Ein entsprechendes Formular ist bei jedem Veterinäramt erhältlich.

Es ist folgendes anzugeben:

- Name, Anschrift,
- Zahl der durchschnittlich gehaltenen Tiere,
- ihre Nutzung und ihr Standort.

Änderungen sind unverzüglich mitzuteilen.

Jeder Betrieb erhält eine Registriernummer unter Verwendung des vom statistischen Bundesamt herausgegebenen Gemeindeschlüsselverzeichnisses und wird in eine bundesweite Datenbank (HI-Tier) eingetragen. Diese Registrier-/Unternehmensnummer ist Grundvoraussetzung für die Beantragung von Ohrmarken und die vorgeschriebenen Meldungen an die zentrale Datenbank (HI-Tier).

2. Stichtagsmeldung

Jeder Schafhalter hat bis zum 15. Januar eines jeden Jahres die Anzahl der jeweils am 1. Januar (Stichtag) im Bestand vorhandenen Schafen bei der zuständigen Stelle anzuzeigen.

Dabei sind Schafe getrennt und unter Angabe der Produktionsrichtung (Zucht, Mast, Milch) sowie nach Altersgruppen bis einschließlich 9 Monate, von 10 bis 18 Monaten und ab 19 Monaten zu melden.

Diese Meldung kann per Post oder Fax an die zuständige Stelle im jeweiligen Bundesland oder elektronisch über die HIT-Datenbank (www.hi-tier.de) erfolgen.

Zuständige Stellen sind z. B. die Landesverbände für Leistungsprüfung in der Tierzucht **(LKV)**.

3. Kennzeichnung

Schafe sind innerhalb von 9 Monaten nach der Geburt bzw. falls das Tier vor dieser Zeit aus dem Geburtsbetrieb verbracht wird, dann vor dem Verbringen, zu kennzeichnen. Hätte es diese Kennzeichnungspflicht bereits 2001 gegeben, wäre im Verlauf des Maul- und Klauenseuchengeschehens in Großbritannien Tausenden von gesunden Schafen und Ziegen die Tötung erspart geblieben. Eine gezielte Verhinderung der Seuchenverschleppung durch Verfolgung von Tierbewegungen war damals nur sehr schwer möglich.

Tiere, die ab dem 9. Juli 2005 geboren wurden: Kennzeichnung mit zwei gelben Ohrmarken mit tierindividuellen Ohrmarkennummer („gelbe Doppelohrmarken").

Für Tiere, die vor dem 9. Juli 2005 geboren wurden sowie für Mastlämmer unter 12 Monaten Schlachtalter, die nicht in andere Mitgliedstaaten verbracht oder in Drittländer exportiert werden, gelten die bisherigen Kennzeichnungsvorschriften (eine weiße Bestandsohrmarke).

Für Tiere, die ab dem 1. Januar 2010 geboren wurden: Tiere, die älter als 12 Monate sind und/oder ins Ausland verbracht werden, müssen wie folgt gekennzeichnet werden:

- Kennzeichen: gelbe Ohrmarke mit individueller Ohrmarkennummer (s. o.),
- Kennzeichen: elektronisches Kennzeichen (derzeit **elektronische** Ohrmarken).

Tiere, die ab dem 1.Januar 2010 geboren wurden und innerhalb von 12 Monaten nach der Geburt in Deutschland zur Schlachtung kommen, können wie bisher mit einer einfachen, weißen Bestandsohrmarke gekennzeichnet werden.

Verliert ein Schaf eines oder beide Kennzeichen oder ist ein Kennzeichen unlesbar geworden, so sind unverzüglich neue Ohrmarken zu beantragen und das Schaf unverzüglich erneut zu kennzeichnen. Ein Tierhalter darf ein Schaf nur dann in seinen Bestand übernehmen, wenn das Schaf oder die Ziege gemäß der Viehverkehrsverordnung gekennzeichnet ist.

Zugekaufte **Tiere aus Drittländern** (nicht EU-Länder) müssen spätestens 14 Tage nach dem Passieren der Grenzkontrollstelle umgekennzeichnet werden. Auch dies ist umgehend in das Bestandregister einzutragen.

Die Ohrmarken sind bei den zuständigen Stellen, wie z. B. den Landeskontrollverbänden LKV), unter Angabe der Adresse und der Betriebsnummer zu beziehen.

4. Bestandsregister
Jeder Schafhalter hat ein Register zu führen. Dabei ist die Gesamtzahl der am 1. Januar eines jeden Jahres im Bestand vorhandenen Schafe sowie die Zu- und Abgänge unter Angabe der jeweils vorgeschriebenen Kennzeichnung (z. B. Ohrmarke) einzutragen.

Die Eintragungen sind unverzüglich und in dauerhafter Weise vorzunehmen. Das Bestandsregister ist chronologisch, mit fortlaufenden Seitenzahlen, in gebundener oder elektronischer Form zu führen.

Beim Zugang muss Name und Anschrift des früheren Besitzers sowie das Zugangsdatum angegeben werden, bei der Abgabe Name und Anschrift des Erwerbers und das Abgangsdatum.

Nach dem letzten Eintrag ist das Bestandsregister mindestens 3 Jahre lang aufzubewahren. Die Aufbewahrungspflicht gilt auch, wenn die Schafhaltung aufgegeben wurde.

Entsprechende Formulare können bei der zuständigen Veterinärbehörde angefragt werden.

5. Begleitpapier
Verlassen Schafe den Bestand, so hat der abgebende Tierhalter ein Begleitdokument auszustellen. Das vollständig ausgefüllte Begleitpapier begleitet die Tiere bis zum Empfängerbetrieb und ist dem Empfänger bei der Übergabe auszuhändigen. Der Empfänger hat das Begleitpapier vom Tage der Aushändigung an mindestens 3 Jahre aufzubewahren.

Entsprechende Formulare können bei der zuständigen Veterinärbehörde angefragt werden.

6. Bestandsveränderungen/Tierübernahme
Wer Schafe in seinen Bestand übernimmt, hat dies der von der zuständigen Behörde beauftragten Stelle innerhalb von 7 Tagen nach der Übernahme anzuzeigen. Dies muss per Meldekarte/per Internet unter Angabe der Anzahl der in den Bestand verbrachten Tiere, der Registriernummer des Betriebs, des Datums des Verbringens, der Registriernummer des abgebenden Betriebs, des Datums des Zugangs – falls abweichend vom Datum des Verbringens, erfolgen.

Zuständige Stellen sind i.d.R. die Landesverbände für Leistungsprüfung in der Tierzucht **(LKV)**.

7. Transport und Ausstellungen
Weitere Bestimmungen regeln die Beschaffenheit sowie die Reinigung und Desinfektion von **Viehtransportfahrzeugen**, das Abhalten von

Schafausstellungen, Schafmärkten und Veranstaltungen ähnlicher Art sowie Regelungen für **Viehhandelsunternehmen, Transportunternehmen** und **Sammelstellen**.

Grundsätzlich gilt es bestimmte Anzeige- und Genehmigungspflichten zu beachten.

Beispielsweise sind Viehausstellungen, Viehmärkte und Veranstaltungen ähnlicher Art vom Veranstalter mindestens 4 Wochen vor Beginn bei der zuständigen Behörde (Veterinäramt) anzuzeigen. Diese prüft dann, ob wegen des Auftretens oder der Gefahr des Auftretens einer Tierseuche die Veranstaltung nur mit Auflagen (beispielsweise Mitführen von Gesundheitsbescheinigungen) durchgeführt werden kann oder sogar verboten werden muss.

8. Reinigung und Desinfektion

Viehtransportfahrzeuge sind nach jedem **Transport** zu reinigen und zu desinfizieren. Dies gilt nicht für nichtgewerbliche bestandseigene Fahrzeuge, mit denen nur Vieh aus dem eigenen Bestand transportiert wird.

Werden die Tiere allerdings auf Sammelstellen oder Schlachthöfe transportiert, müssen die Fahrzeuge bevor sie diese wieder verlassen, auf jeden Fall gereinigt und desinfiziert werden. Dies ist in ein **Desinfektionskontrollbuch** einzutragen. Jeder, der Schafe zum Schlachthof transportiert, muss daher ein Desinfektionskontrollbuch führen, auch wenn er kein gewerblicher Transporteur oder Viehhändler ist.

9. Prämienrechtliche Regelungen

Eine nicht ordnungsgemäße Kennzeichnung, evtl. nicht durchgeführte Meldungen, kein ordnungsgemäß geführtes Bestandsregister können sich neben den ordnungs- und strafrechtlichen Maßnahmen auch auf die Höhe der beantragten **Prämienzahlungen** bei antragstellenden Betrieben auswirken. Die Gewährung von Direktzahlungen wird im Zuge der Agrarreform ab 2005 auch von der Einhaltung anderweitiger fachrechtlicher Vorschriften aus den Bereichen Umwelt, Futtermittel- und Lebensmittelsicherheit, Tiergesundheit (einschließlich Tierkennzeichnung) und Tierschutz abhängig gemacht. Die Einhaltung anderweitiger Verpflichtungen wird auch als **Cross Compliance** bezeichnet.

Kontrollmaßnahmen: Es werden basierend auf einer Risikoanalyse bestimmte Betriebe ausgewählt und systematisch kontrolliert. Hierzu kommen noch anlassbezogene Kontrollen (Cross-Checks).Geprüft werden die Kennzeichnung der Tiere, die Meldungen und das Bestandsregister.

Prüfkriterien:

- Stimmt die Anzahl der im Betrieb vorhandenen Schafe mit der Zahl der Tiere im Bestandsregister überein?

- Sind alle Tiere im Bestand rechtskonform gekennzeichnet?
- Sind die abgelesenen Kennzeichnungselemente im Bestandsregister verzeichnet?
- Ist überhaupt ein Bestandsregister vorhanden? Wird es vollständig, aktuell und chronologisch geführt?
- Sind die Stichtagsmeldungen und Tierübernahmemeldungen durchgeführt worden?

Falls Ohrmarken verloren gehen oder unleserlich geworden sind, wird geprüft, ob die erforderliche **Nachkennzeichnung** veranlasst wurde bzw. ob eine schuldhafte Verzögerung eingetreten ist.

Werden **Verstöße** festgestellt, sind diese als leicht, mittel und schwer zu bewerten.

- Leichte Verstöße: bis 12 % der Schafe haben Kennzeichnungsmängel (keine oder unzulässige Ohrmarken), das Bestandsregister ist unvollständig, Stichtagsmeldung, kein Begleitpapier vorhanden oder keine Übernahmemeldung durchgeführt.
- Mittlere Verstöße: 12 bis 35 % der Tiere weisen Kennzeichnungsmängel auf oder das Bestandsregister wird nicht aktuell geführt.
- Schwere Verstöße: mehr als 35 % der Tiere mit Kennzeichnungsmängeln oder fehlendes Bestandsregister.

Rechtsgrundlagen:

- Verordnung (EG) Nr. 21/2004 vom 17.12.2003 zur Einführung eines Systems zur Kennzeichnung und Registrierung von Schafen und Ziegen und zur Änderung der VO (EG) Nr. 1782/2003 sowie der RL 92/102/EWG und 64/432/EW (ABl. EU Nr. L 5 S. 8)
- Viehverkehrsverordnung – in der Fassung der Bekanntmachung vom 3. März 2010 (BGBl. I S. 230) in der jeweils geltenden Fassung.

15.3 Lebensmittelrecht bei der Vermarktung

Seit 01.01.2006 gilt in allen Mitgliedsstaaten das neue Lebensmittelrecht der EU. Es besteht aus der lebensmittelrechtlichen **Basisverordnung 178/2002**, der **Verordnung 852/2004 über Lebensmittelhygiene** und der **Verordnung 853/2004 mit speziellen Hygienevorschriften für Lebensmittel tierischer Herkunft**. Diese Vorschriften richten sich an die entsprechenden Lebensmittelunternehmer.

Ergänzt wird das Hygienepaket durch die **Verordnung 854/2004** über die amtlichen Überwachungsmaßnahmen **bei Erzeugnissen tierischer Herkunft** und der **Verordnung 882/2004 über amtliche**

Kontrollen zum Lebensmittel- und Futtermittelrecht, die sich an die zuständigen Überwachungsbehörden richten.

Das neue Lebensmittelrecht befasst sich mit allen Produktions-, Verarbeitungs- und Vertriebsstufen von Lebensmitteln wie auch von Futtermitteln, die für der Lebensmittelgewinnung dienende Tiere hergestellt oder an sie verfüttert werden. Jeder der auf diesen Gebieten tätig ist, betreibt somit ein „Lebensmittelunternehmen", egal ob es auf Gewinnerzielung ausgerichtet ist oder nicht.

Es gilt, ein hohes Maß an Gesundheitsschutz für den Menschen sicherzustellen. Dieses Ziel kann nur erreicht werden, wenn ausschließlich sichere Lebensmittel in Verkehr gebracht werden.

Lebensmittel gelten als nicht sicher, wenn davon auszugehen ist, dass sie gesundheitsschädlich bzw. für den Verzehr durch den Menschen ungeeignet sind. Bei Tieren, die der Lebensmittelgewinnung dienen gilt dieses Grundprinzip auch für die Futtermittel.

Verantwortlich ist der jeweilige Lebensmittelunternehmer, beginnend von der Urproduktion bis zum Endverbraucher. Er hat dafür zu sorgen, dass im jeweiligen Abschnitt der gesamten Lebensmittelkette die Lebensmittelsicherheit nicht gefährdet wird. Zu diesem Zweck müssen, außer bei der Primärproduktion, Programme und Verfahren angewendet werden, die auf der Grundlage der HACCP-Grundsätze beruhen.

Ein HACCP-Konzept ist somit zwar vorerst nicht erforderlich für das Melken und die Abgabe der Milch unmittelbar an den Endverbraucher, auch nicht für das Mästen der Tiere, die für die Fleischgewinnung vorgesehen sind, sehr wohl jedoch für die Verarbeitung der Milch zu Milcherzeugnissen und das Schlachten sowie die nachfolgenden Verarbeitungsschritte.

Die landwirtschaftlichen Betriebe müssen jedoch auch bei der Urproduktion Leitlinien für eine gute Verfahrens- und Hygienepraxis beachten.

Das HACCP-Konzept

HA = Hazard Analysis (Gefahrenanalyse)
CCP = Critical Control Points (kritische Lenkungspunkte)

Es handelt sich um ein System, das dazu dient, bedeutende gesundheitliche Gefahren durch Lebensmittel zu identifizieren, zu bewerten und zu beherrschen.

Demnach sind spezifische Gesundheitsgefahren für den Verbraucher zu identifizieren sowie die Wahrscheinlichkeit und Bedeutung ihres Auftretens zu bewerten.

Folgende Gesundheitsgefahren sind zu berücksichtigen:

- **Chemische Gesundheitsgefahren**
  (Rückstände, Toxine, Kontaminanten usw.)

- **Physikalische Gesundheitsgefahren**
  (Metall- oder Glassplitter bzw. sonstige Fremdkörper)
- Mikrobiologische Gesundheitsgefahren
  (Krankheitserreger wie Salmonellen, Listerien, Campylobacter, *Bacillus cereus* usw.)

Aufgrund der Gefahrenanalyse sind die notwendigen vorbeugenden Maßnahmen festzulegen, mit denen sich die ermittelten Gefahren bereits während der Herstellung des Lebensmittels vermeiden, ausscheiden oder zumindest auf ein akzeptables Maß vermindern lassen.

Ein derartiges System ist vor allem in Betrieben mit feststehenden, sich ständig wiederholenden Arbeitsabläufen anwendbar. Es muss in geeigneter Form dokumentiert und weiter entwickelt werden.

Man kann allerdings davon ausgehen, dass die Identifizierung der kritischen Kontrollpunkte in bestimmten Lebensmittelunternehmen nicht möglich ist und dass eine gute Hygienepraxis in manchen Fällen, z. B. bei der Schlachtung, die Überwachung der kritischen Kontrollpunkte ersetzen kann.

Ein weiterer wichtiger Aspekt ist die **Rückverfolgbarkeit** des Lebensmittels und seiner Zusatzstoffe auf allen Stufen der Lebensmittelkette. Es gilt das Prinzip: „Einen Schritt nach vorn und einen Schritt zurück". Außer bei der Abgabe an den Endverbraucher, dessen Adresse nicht erfasst werden muss.

Alle Lebensmittelunternehmer müssen außerdem ihre Betriebe bei der zuständigen Überwachungsbehörde melden und Änderungen mitteilen, da solche Betriebe entweder einer Registrierungs- oder Zulassungspflicht unterliegen.

15.4 Allgemeine Hygienevorschriften

Verordnung (EG) Nr. 852/2004

Im **Anhang I** der Verordnung finden sich die allgemeinen Hygienevorschriften für die Primärproduktion und damit zusammenhängende Vorgänge (Transport, Lagerung und Behandlung von Primärerzeugnissen am Erzeugungsort, einschließlich lebender Tiere).

Primärerzeugnisse sind dadurch gekennzeichnet, dass ihre Beschaffenheit nicht wesentlich verändert wird.

Allgemeine Anforderungen:

- Schutz der Primärerzeugnisse vor Kontaminanten,
- Einhaltung tierschutz- und tierseuchenrechtlicher Vorschriften,
- Reinigung und Desinfektion von Anlagen, Geräten usw.,
- Sicherstellung der Sauberkeit von Schlachttieren.

Anhang II gilt für die nachgeordneten Produktions-, Verarbeitungs- und Vertriebsstufen von Lebensmitteln. Geregelt werden die allgemeinen räumlichen Anforderungen (hygienische Oberflächen, Handwaschbecken, Toiletten, Beleuchtung, Belüftung usw.), die Vorschriften für Ausrüstungen, den Transport, die Abfälle, die persönliche Hygiene und die Schulung des Personals sowie Vorschriften zum Verpacken von Lebensmitteln und die Wärmebehandlung, beispielsweise von Konserven.

Weitergehende spezifische Hygienevorschriften für tierische Lebensmittel regelt die Verordnung (EG) Nr. 853/2004.

In den Anlagen finden sich Anforderungen für unterschiedliche Arten von tierischen Erzeugnissen wie Fleisch, Geflügelfleisch, Fisch, lebende Muscheln, Milch und Milcherzeugnisse, Eier und Eiprodukte, Gelatine usw.

Es werden darin die zusätzlichen, über die allgemeinen Hygienevorschriften hinausgehenden räumlichen und produktspezifischen Anforderungen festgelegt.

Die EU-Verordnungen gelten unmittelbar in jedem Mitgliedsstaat. Sie regeln jedoch nicht alles bis ins letzte Detail. Das zum Teil weiterführende nationale Lebensmittelrecht musste daher angepasst werden. Diese Anpassung ist erfolgt über das im Jahre 2005 erlassene Gesetz zur Neuordnung des Lebensmittel- und Futtermittelrechts und zwar über den Artikel 1, das **Lebensmittel- und Futtermittelgesetzbuch (LFGB)**. Dort finden sich auch die Bestimmungen über Straftaten und Ordnungswidrigkeiten.

Zu beachten sind außerdem die Durchführungsvorschriften zum gemeinschaftlichen Lebensmittelhygienerecht **(Lebensmittelhygiene-VO und Tierische Lebensmittelhygienevorordnung)**. Dort finden sich nähere Regeln zu allgemeinen Hygieneanforderungen, zu Schulungen und den erforderlichen Fachkenntnissen, zur Abgrenzung des Einzelhandels und zur Abgabe kleiner Mengen von Primärerzeugnissen wie z. B. Rohmilch ab Hof).

Auch die Herstellung bestimmter traditioneller Lebensmittel und die Herstellung von Hart- und Schnittkäse in Betrieben der Alm- oder Alpwirtschaft wurden darin berücksichtigt. Hier gelten zum Teil erleichterte Bedingungen.

Zur **Vermarktung des Fleisches von kleinen Wiederkäuern** wurden bereits Ausführungen gemacht. An dieser Stelle daher nur eine kurze Zusammenfassung:

- Alle gewerblichen **Schlachtbetriebe** mussten von der zuständigen Behörde zugelassen werden.
  Die Zulassung wurde auf Antrag und unter Vergabe einer Zulassungsnummer erteilt sofern der Betrieb nachgewiesen hat, dass er die EU-Anforderungen voll erfüllt hat.
  Betriebe, die neu errichtet werden, dürfen erst beginnen, wenn die Zulassung ausgesprochen wurde.
- Für **Hausschlachtungen** (Fleisch eigener Tiere, das ausschließlich im eigenen Haushalt verwendet und nicht in einer gewerblichen Schlachtstätte erschlachtet wird) gelten weiterhin keine räumli-

chen Anforderungen. Die Lebendtier- und Fleischuntersuchung muss jedoch auch in diesen Fällen durchgeführt werden.
Eine Lebensuntersuchung muss nur dann durchgeführt werden, wenn beim Schlachttier Anzeichen gesundheitlicher Beeinträchtigungen vorhanden sind.
Der Tierbesitzer muss nachweisen können, dass alle Rechtsvorschriften eingehalten worden sind.

- Sämtliche Schlachtungen müssen rechtzeitig bei der zuständigen Behörde angemeldet werden. Diese veranlasst dann die **amtliche Schlachttier- und Fleischuntersuchung**. Das genusstaugliche Fleisch wird entsprechend gekennzeichnet. Nicht für den menschlichen Verkehr geeignete Teile (Augen, Geschlechtsorgane und Konfiskat) sowie das sogenannte Risikomaterial werden beschlagnahmt und müssen nach tierkörperbeseitigungsrechtlichen Vorschriften entsorgt werden.
  Risikomaterial wird blau eingefärbt und unter amtlicher Überwachung entsorgt. Dies muss durch entsprechende Dokumente belegt werden können. Die bei Rindern vorkommende BSE-Erkrankung (Rinderwahn) kann auch bei Schafen und Ziegen zu vergleichbaren Erkrankungen führen. Verursacht wird die Erkrankung durch pathologisch veränderte Eiweißkörper (Prionen), die sehr widerstandsfähig gegen Erhitzung sind. Da solche Erreger in bestimmten Geweben gehäuft vorkommen können, hat man diese Gewebe sicherheitshalber als so genanntes spezifisches Risikomaterial (SRM) vom menschlichen Verzehr ausgeschlossen.
  SRM bei Schafen und Ziegen, die älter als 12 Monate sind (ein bleibender Zahn hat das Zahnfleisch durchbrochen) sind:
  • Schädel, einschließlich Hirn, Augen und Mandeln sowie das Rückenmark.
  SRM bei Schafen und Ziegen aller Altersklassen (auch Lämmer):
  • Milz und Hüftdarm (Ileum).
  Jeder Schlachtbetrieb muss sich die Entsorgung des SRM unter Angabe von Menge, Art und Adresse des Transporteurs bzw. der Tierkörperbeseitigungsanstalt bestätigen lassen. Dies gilt auch für den Tierhalter im Falle einer Hausschlachtung (Entsorgungsbestätigung bzw. Handelspapier).

Anforderungen an Rohmilch und verarbeitete Milcherzeugnisse
Diese finden sich in Abschnitt IX der Verordnung (EG) Nr. 853/2004.

Sie unterscheiden sich in Hygienevorschriften für die **Rohmilcherzeugung**, die der Primärproduktion unterliegt und in solche für **Milcherzeugnisse**.

I. Rohmilcherzeugung

- **Anforderungen an den Tierbestand**
  Die Rohmilch muss von gesunden Tieren stammen. Zumindest dürfen keine Erkrankungen vorliegen, die über die Milch weiterverbreitet werden können. Bei der Anwendung von Arzneimitteln ist die Wartezeit einzuhalten.
  Der Tierbestand muss amtlich anerkannt brucellosefrei sein, wobei Deutschland als brucellosefreies Land gilt. Durch Stichprobenuntersuchungen ist dieser Status jährlich zu überprüfen.
  Werden Schafe zusammen mit Kühen gehalten, so müssen diese Schafe auf Tuberkulose untersucht und getestet werden.
- **Anforderungen an die Milcherzeugerbetriebe**
  Räume und Ausrüstungsgegenstände wie Melkgeschirr, Behälter und Tanks müssen in hygienisch einwandfreiem Zustand gehalten werden. Sie müssen sich leicht reinigen und desinfizieren lassen.
  Das Melken muss ebenfalls hygienisch einwandfrei erfolgen. Euter und Zitzen müssen sauber sein, veränderte Milch, auch solche von behandelten Tieren, ist auszusondern.
  Sofort nach dem Melken ist die Milch an einen sauberen Ort zu verbringen und zu kühlen (auf 8 °C bei täglich Abholung und 6 °C bei nicht täglicher Abholung).
  Das Personal hat saubere Schutzkleidung zu tragen. Außerdem muss am Melkplatz eine geeignete Handwascheinrichtung vorhanden sein.
- **Kriterien für Rohmilch**
  1. Kuhmilch: ≤ 100 000 Keime/ml
     ≤ 400 000 somatische Zellen
  2. Schaf- und Ziegenmilch: ≤ 1 500 000 Keime/ml
  Bei Herstellung von Rohmilcherzeugnissen aus Schaf- und Ziegenmilch:
  ≤ 500 000 Keime/ml
  Für somatische Zellen wurden keine Grenzwerte festgelegt.
  Die Untersuchungen müssen vom Betriebsinhaber veranlasst werden, wobei monatlich mindestens zwei Proben zu untersuchen sind. Der über zwei Monate berechnete geometrische Mittelwert darf die genannten Grenzwerte nicht übersteigen. Falls dies der Fall sein sollte, ist die Milch nicht verkehrsfähig. Der Lebensmittelunternehmer muss Grenzwertüberschreitungen außerdem der zuständigen Behörde melden.
- **Milch ab Hof – Abgabe**
  Die Abgabe von Milch ab Hof an den Endverbraucher kann nach wie vor nach nationalen Regeln erfolgen. Bis zum Erlass von Durchführungsvorschriften des Bundes, die im Verlauf des Jahres 2006 erlassen werden sollen, gelten daher nach wie vor die alten Regelungen:

- Anzeige der Milch ab Hof – Abgabe bei der zuständigen Behörde,
- Abgabe nur im Erzeugerbetrieb an Endverbraucher,
- Abgabe nur von Milch des eigenen Betriebes, kein Zukauf,
- Milch muss vom selben Tag oder vom Vortag stammen,
- Hinweisschild an der Abgabestelle „Rohmilch, vor dem Verzehr abkochen".

II. **Vorschriften für Milcherzeugnisse**
Es gelten die allgemeinen Hygienevorschriften. Darüber hinaus ist zu prüfen, ob je nach den Vermarktungswegen, eine Zulassung als milchwirtschaftliches Unternehmen erforderlich ist. Dies ist beispielsweise der Fall, wenn die Erzeugnisse nicht ausschließlich an Endverbraucher abgegeben werden sollen.
Kühlung: Die zu verarbeitende Milch ist auf maximal 6 C herunterzukühlen.
Hitzebehandlung: Es sind die für Pasteurisierung, UHT-Erhitzung und Sterilisierung vorgegebene Parameter einzuhalten.

Temperatur, Druck, Versiegelung und Mikrobiologie sind regelmäßig zu kontrollieren und zu dokumentieren. Dabei sind die HACCP-Grundsätze anzuwenden.
Etikettierung: Rohmilcherzeugnisse sind als solche zu kennzeichnen. Z. B.: „aus Rohmilch hergestellt". Ansonsten gelten die üblichen Kennzeichnungsvorschriften für Fertigpackungen einschließlich der **Identitätskennzeichnung** bei Erzeugnissen aus zugelassenen Betrieben.

Rechtsgrundlagen
- Verordnung (EG) Nr. **178/2002** des Europäischen Parlaments und des Rates vom 28. Januar 2002 zur Festlegung der allgemeinen Grundsätze und Anforderungen des Lebensmittelrechts, zur Errichtung der Europäischen Behörde für Lebensmittelsicherheit und zur Festlegung von Verfahren zur Lebensmittelsicherheit (Amtsblatt Nr. L 031 vom 01/02/2002 S. 0001–0024), zuletzt geändert durch Verordnung (EG) Nr. 1642/2003 vom 22. Juli 2003 (Amtsblatt Nr. L 245, S. 4).
- Verordnung (EG) Nr. **852/2004** des Europäischen Parlaments und des Rates vom 29. April 2004 über Lebensmittelhygiene.
- Verordnung (EG) Nr. **853/2004** des Europäischen Parlaments und des Rates vom 29. April 2004 mit spezifischen Hygienevorschriften für Lebensmittel tierischen Ursprungs (ABl. EG L 139 S. 55), berichtigt am 25. Juni 2004 (ABl. EG L 226 S. 22).
- Verordnung (EG) Nr. **854/2004** des Europäischen Parlaments und des Rates vom 29. April 2004 mit besonderen Verfahrensvorschriften für die amtliche Überwachung von zum menschlichen Verzehr bestimmten Erzeugnissen tierischen Ursprungs (ABl. L 139

S. 206), geändert durch Artikel 60 der Berichtigung der VO (EG) Nr. 882/2004 vom 28. Mai 2004 (ABl. L 191 S. 1, 35) berichtigt am 25. Juni 2004 (ABl. L 226 S. 83).

- Verordnung (EG) **Nr. 882/2004** des Europäischen Parlaments und des Rates vom 29. April 2004 über amtliche Kontrollen zur Überprüfung der Einhaltung des Lebensmittel- und Futtermittelrechts sowie der Bestimmungen über Tiergesundheit und Tierschutz (ABl. EU Nr. L 165 S. 1, Nr. L 191 S. 1).
- Lebensmittel-, Bedarfsgegenstände- und Futtermittelgesetzbuch (Lebensmittel- und Futtermittelgesetzbuch – **LFGB**) vom 1. September 2005 (BGBl. I S. 2618).
- Verordnung zur Durchführung von Vorschriften des gemeinschaftlichen Lebensmittelrechts vom 8. August 2007 in der Fassung vom 11. Mai 2010 (BGBI. K S. 612) Artikel 1: Lebensmittelhygiene-Verordnung – **LMHV** und Artikel 2: Tierische Lebensmittel-Hygieneverordnung – Tier-LMHV

Service

Tab. 54: Auszug aus den DLG-Futterwerttabellen (1997)

Futtermittel	Trockenmasse g/kg FM*	je kg Trockenmasse Rohprotein g	Rohfaser g	Umsetzbare Energie MJ
Grünfutter, Wurzel, Knollen (frisch):				
Grünland (intensiv), 4 u. mehr Nutzungen, grasreich				
1. Aufwuchs	160	235	172	11,97
– im Schossen	170	225	204	11,48
– Beginn des Ähren-/Rispenschiebens	220	187	261	10,53
– Beginn der Blüte				
2. und folgende Aufwüchse				
– unter 4 Wochen	160	235	207	10,53
– 7–9 Wochen	200	190	266	9,99
Grünland, 2–3 Nutzungen, klee- u. kräuterreich				
1. Aufwuchs				
– Beginn des Ähren-/Rispenschiebens	160	184	188	11,48
– Beginn der Blüte	200	177	262	10,36
2. und folgende Aufwüchse				
– unter 4 Wochen	170	202	187	11,27
– 7–9 Wochen	210	181	257	10,07
Grünland im Alpenraum, 2–3 Nutzungen, 40–60% Gräser				
1. Aufwuchs				
– im Schossen	190	118	171	9,03
– im Ähren-/Rispenschieben	190	145	229	9,23
– Beginn der Blüte	220	136	256	8,62
2. und folgende Aufwüchse				
– im Schossen	180	166	194	8,91
– im Ähren-/Rispenschieben	210	159	224	8,22
– Beginn der Blüte	230	129	252	7,77
Extensivgrünland Zweischnittwiese (Mahd Mitte Juli)				
1. Aufwuchs				
– im Ähren-/Rispenschieben	260	114	262	8,88
– Ende Blüte	250	94	315	8,70
Rotklee				
1. Aufwuchs				
– in der Knospe	160	193	213	10,68
– Beginn der Blüte	220	161	261	9,82
– Mitte bis Ende der Blüte	250	150	296	9,34
Weißklee				
1. Aufwuchs				
– vor der Blüte	120	256	148	10,66
– Ende der Blüte	140	196	209	10,23
Luzerne				
1. Aufwuchs				
– in der Knospe	170	219	238	9,83
– Beginn der Blüte	200	187	286	9,37
– Mitte bis Ende der Blüte	230	175	327	8,77

Tab. 54: Auszug aus den DLG-Futterwerttabellen (1997) (Fortsetzung)				
Futtermittel	Trockenmasse	je kg Trockenmasse		
	g/kg FM*	Rohprotein g	Rohfaser g	Umsetzbare Energie MJ
Raps				
– in der Blüte	120	194	184	10,66
– Ende der Blüte	130	180	253	10,23
Mais (Kolbenanteil mittel: 25–35%)				
– Beginn der Kolbenbildung	170	104	258	10,11
– in der Milchreife	210	90	223	10,70
– Beginn der Teigreife	250	79	244	10,23
– Ende der Teigreife	320	83	226	10,32
– Maiskörner	640	106	27	13,78
Zuckerrübe (sauber)	230	62	54	12,56
Futterrübe (sauber, gehaltvoll)				
– Blätter	160	157	125	9,89
– Rübe	150	77	64	11,96
Kartoffeln	220	96	27	13,08
Mohrrüben, Wurzeln	110	92	93	12,15
Apfeltrester (frisch)				
– Malus sylvestris	220	66	216	9,68
Biertreber	240	253	178	10,91
Schlempe				
– Getreide	75	302	91	13,28
– Kartoffeln	60	307	72	12,01
Nassschnitzel	160	99	209	11,60
Heu:				
Grünland (intensiv), 4 u. mehr Nutzungen, grasreich				
1. Aufwuchs:				
– Beginn des Ähren-/Rispenschiebens	860	126	275	10,13
– Beginn der Blüte	860	111	303	9,69
2. und folgende Aufwüchse				
– unter 4 Wochen	860	165	238	10,23
– 7–9 Wochen	860	127	306	8,88
Grünland, 2–3 Nutzungen, klee- u. kräuterreich				
1. Aufwuchs				
– volles Ähren-/Rispenschieben	860	123	275	9,41
– Beginn der Blüte	860	103	301	9,08
2. und folgende Aufwüchse				
– unter 4 Wochen	860	171	231	9,61
– 7–9 Wochen	860	146	302	8,17
Grünland im Alpenraum 2–3 Nutzungen, 40–60% Gräser				
1. Aufwuchs (Wiese, Heu belüftet) im Ähren-/Rispenschieben	890	137	260	10,17
– Beginn der Blüte	880	119	288	9,68
2. und folgende Aufwüchse (Wiese, Grummet belüftet)				
– im Ähren-/Rispenschieben	890	138	250	9,91
– Beginn der Blüte	870	128	283	9,71

Tab. 54: Auszug aus den DLG-Futterwerttabellen (1997) (Fortsetzung)

Futtermittel	Trockenmasse	je kg Trockenmasse		
	g/kg FM*	Rohprotein g	Rohfaser g	Umsetzbare Energie MJ
Stroh				
– Hafer	860	35	440	6,74
– Weizen	860	37	429	6,37
– Roggen	860	37	472	6,00
– Gerste	860	39	442	6,80
Silagen:				
Grünland (intensiv, 4 u. mehr Nutzungen, grasreich				
1. Aufwuchs				
– Beginn des Ähren-/Rispenschiebens	350	184	214	10,85
– Beginn der Blüte	350	155	276	10,02
2. und folgende Aufwüchse				
– unter 4 Wochen	350	186	213	9,92
– 7–9 Wochen	350	136	295	9,22
Grünland, 2–3 Nutzungen, klee- u. kräuterreich				
1. Aufwuchs				
– volles Ähren-/Rispenschieben	350	158	245	10,62
–Beginn der Blüte	350	149	273	9,84
2. und folgende Aufwüchse				
– unter 4 Wochen	350	183	206	10,43
– 7–9 Wochen	350	146	272	9,13
Grünland im Alpenraum 2–3 Nutzungen				
1. Aufwuchs (Wiese, Silage)				
– im Ähren-/Rispenschieben	340	150	258	10,33
– Beginn der Blüte	360	136	286	10,08
2. und folgende Aufwüchse (Wiese, Silage)				
– im Ähren-/Rispenschieben	380	155	256	9,93
– Beginn der Blüte	350	157	284	9,52
Maissilagen (Kolbenanteil mittel: 25–35%)				
– Beginn der Kolbenbildung	170	101	277	9,61
– in der Milchreife	210	93	233	10,12
– Beginn der Teigreife	250	86	248	10,05
– Ende der Teigreife	320	82	235	10,41
Obsttrester Apfel				
– Malus sylvestris	230	69	248	10,10
Futterraps				
– in der Blüte	130	172	202	10,37
– Ende der Blüte	140	168	264	9,38
Handels- und andere Futtermittel				
Ackerbohnen, Samen	880	298	89	13,92
Baumwollextraktionsschrot				
– aus teilgeschälter Saat	900	412	185	10,95
– aus ungeschälter Saat	900	358	258	9,56
Gerste, Körner	880	119	52	12,93
Gerstenkleie	890	138	153	10,81

Tab. 54: Auszug aus den DLG-Futterwerttabellen (1997) (Fortsetzung)

Futtermittel	Trockenmasse	je kg Trockenmasse		
	g/kg FM*	Rohprotein g	Rohfaser g	Umsetzbare Energie MJ
Hafer, Körner	880	121	116	11,48
Leinextraktionsschrot	890	385	103	12,04
Mais, Körner	880	106	26	13,29
Maiskeimextraktionsschrot				
– Maismühlenindustrie	890	132	81	12,44
Maiskeimkuchen				
– Maismühlenindustrie	910	134	70	12,75
Melasseschnitzel	910	126	157	12,09
Rapsextraktionsschrot				
– „00"-Typ	890	399	131	11,99
– alte Sorten	890	394	138	11,40
Roggen, Körner	880	112	27	13,31
Roggenkleie	880	163	83	10,67
Sojaextraktionsschrot				
– aus geschälter Saat, dampferhitzt	890	548	39	13,73
– aus ungeschälter Saat, dampferhitzt	880	510	67	13,75
Sojaprotein-Konzentrat	920	681	39	–
Weizen, Körner	880	158	25	13,44
Weizenkleie	880	160	134	9,92
Zuckerrübenschnitzel	900	53	54	12,47

* FM = Frischmasse
Vegetationsstadien (Grünland): Im Schossen: Weidereife; Beginn des Ähren-/Rispenschiebens: Heureife; Beginn der Blüte: Siloreife

Wichtige Adressen: Schafzuchtverbände, Schafgesundheitsdienste, Untersuchungsämter

Bundesweite Verbände

Vereinigung Deutscher Landesschafzuchtverbände e. V. (VDL)
Haus der Land- und Ernährungswirtschaft
Claire-Waldoff-Straße 7, 10117 Berlin
Tel.: 030/31904–540, Fax: 030/31904–549
E-Mail: info@schafe-sind-toll.com

Zuchtverband für Ostpreußische Skudden und Rauhwollige Pommersche Landschafe e. V.
Stevede 56, 48653 Coesfeld, Tel.: 02541/9689452
E-Mail: d.hemming@schafzuchtverband.de www.schafzuchtverband.de

Verband Deutscher Gotlandschafzüchter e. V.
Gartenstadtstr. 69, 09221 Neukirchen
Tel. 0371 228132

Arbeitsgemeinschaft Deutscher Fuchsschafzüchter
Spitalstr. 5, 97514 Oberaurach-Unterschleichach
Tel.: 09529 9500019
E-Mail: micha_vdlinden@web.de

Vereinigung Deutscher Rhönschafzüchter
Kleebachstr. 16, 35428 Langgöns-Dornholzhausen
Tel. 06447/6617

Arbeitsgemeinschaft Brillenschafe
Mitterfelden, 83404 Ainring,
Tel. 08654 8154

Gesellschaft zur Erhaltung alter und gefährdeter Haustierrassen e. V. (GEH)
Walburger Strasse 2, 37213 Witzenhausen
Tel.: 05542–18 64, Fax: -72560
E-Mail: info@g-e-h.de

AAH – Arbeitsgemeinschaft zur Zucht Altdeutscher Hütehunde
c/o Susanne Zander, Allerbogen 12, 29223 Celle
Tel/Fax: 05141–900600
E-Mail: s.zander@A-A-H.de www.a-a-h.org

Arbeitsgemeinschaft Border Collie Deutschland e. V.
Frauke Spengler, An der Autobahn 1, 56766 Ulmen
E-Mail: Frauke.Spengler@web.de www.abcdev.de

Baden-Württemberg

Landesschafzuchtverband Baden-Württemberg e. V.
Heinrich-Baumann-Str. 1–3, 70190 Stuttgart
Tel.: 0711/166 55 40, Fax : 0711/166 55 41
E-Mail: www.schafe-bw.de

Schafherdengesundheitsdienst Aulendorf
Talstraße 17, 88326 Aulendorf,
Tel. 07525/942–270, Fax 07525/942–288
E-Mail: tgdaulendorf@tsk-bw-tgd.de

Schafherdengesundheitsdienst Freiburg
Am Moosweiher 2, 79108 Freiburg
Tel. 0761/1502–266, Fax 0761/1502–298
E-Mail: tgdfreiburg@tsk-bw-tgd.de

Schafherdengesundheitsdienst Karlsruhe
Weißenburger Str. 3, 76187 Karlsruhe
Tel. 0721/926–7211, Fax 0721/926–7210
E-Mail: tgdkarlsruhe@tsk-bw-tgd.de

Schafherdengesundheitsdienst Stuttgart
Schaflandstr. 3/3, 70736 Fellbach
Tel. 0711/3426–1360, Fax 0711/3426–1359
E-Mail: tgdstuttgart@tsk-bw-tgd.de

Bayern
Landesverband Bayerischer Schafhalter e. V. und Bayerische Herdbuchgesellschaft für Schafzucht e. V.
Haydnstr. 11, 80336 München
Tel. 089/536226–27, Fax 089/5439543
E-Mail: LV.schafeBY@t-online.de

Tiergesundheitsdienste Bayern e. V.
sfgd@tgd-bayern.de

Schafgesundheitsdienst Grub
Senator-Gerauer-Str. 23, 85586 Poing,
Tel. 089/9091–260, Fax 089/089/9091–202

Schafgesundheitsdienst Deggendorf
Hindenburgstr. 33, 94469 Deggendorf
Tel. 0991/3712–80, Fax 0991/3712–817

Schafgesundheitsdienst Bayreuth
Adolf-Wächter-Str. 12, 95447 Bayreuth
Tel. 0921/7648–00, Fax 0921/76480–10

Schafgesundheitsdienst Ansbach
Nageler Str. 50, 91522 Ansbach
Tel. 0981/9720–10, Fax 0981/9720–129

Berlin-Brandenburg
Schafzuchtverband Berlin-Brandenburg e. V.
Neue Chaussee 6, 14550 Groß Kreutz
Tel.: 03 32 07/5 41 68, Fax: 03 32 07/5 41 69
E-Mail: info@szvbb.de

Schafherdengesundheitsdienst Potsdam
Pappelallee 20, 14469 Potsdam
Tel. 0331/5688–256, Fax 0331/5688–257
E-Mail: ursula.kraemer@lvlf.brandenburg.de

Veterinär- u. Lebensmittelüberwachungsamt
Friedrich-Ebert-Straße 79–81 (Haus 2),
14469 Potsdam
Tel.: 0331 289–1817, Fax 0331 289–3139
E-Mail: veterinaerwesen@rathaus.potsdam.de

Hessen
Hessischer Schafzuchtverband e. V.
Kölnische Str. 48–50, 34117 Kassel
Tel. 0561/16984
E-Mail: www.schafe-hessen.de

Schaf- und Ziegengesundheitsdienst
Marburger Str. 54, 35396 Gießen
Tel. 0641/3006–780
E-Mail: r.vollmer@lhl.hessen.de

Staatliches Veterinäruntersuchungsamt Kassel
Schafgesundheitsdienst
Druselstr. 67, 34131 Kassel
Tel. 0561/31010, Fax 0561/3010–242
E-Mail: veterinaer@kassel.de

Mecklenburg-Vorpommern
Landesschaf- und Ziegenzuchtverband Mecklenburg-Vorpommern e. V.
Karow, Zarchliner Str. 7, 19395 Plau am See
Tel. 038738 730–71, Fax 038738 730–50
E-Mail: schafzucht@rinderallianz.de

Landesveterinär- und Lebensmitteluntersuchungsamt Mecklenburg-Vorpommern
Thierfelderstr. 18, 18059 Rostock
Tel. 0381/4035–0, Fax 0381/4001–510

Niedersachsen
Landesschafzuchtverband Niedersachsen e. V.
Johannssenstr. 10, 30159 Hannover
Tel: 0511–32 97 77, Fax: 0511–300 4386
E-Mail: schafzuchtverband@lwk-niedersachsen.de

Landes-Schafzuchtverband Weser-Ems e. V.
Mars-la-Tour-Str. 6, 26121 Oldenburg
Tel. 0441–82123, Fax 0441–8859483
E-Mail: info@schafzuchtverband-weser-ems.de

Stader Schafzuchtverband e. V.
Stader Str. 4, 27404 Heeslingen
Tel. 04281–3951, Fax 04281–80462
E-Mail: dr.wilke@t-online.de

Verband Lüneburger Heidschnuckenzüchter e. V.
Johannssenstr. 10, 30159 Hannover
Tel. 0511/32 97 77, Fax 0511/300 43 86
E-Mail: info@heidschnucken-verband.de

Tiergesundheitsdienst der Landwirtschaftskammer Niedersachsen
Galtener Str. 20, 27323 Sulingen
Tel. 04271/945200, Fax 04271/945222

Schaf- und Ziegengesundheitsdienst (SZGD) Hannover
Klinik für kleine Klauentiere
Bischofsholer Damm 15, 30173 Hannover
Tel. 0511/856–7585, Fax 0511/856–7590

Landwirtschaftskammer Niedersachsen
Fachbereich Tiergesundheit
Mars-la-Tour 1, 26121 Oldenburg
Tel. 0441/801–644

Tiergesundheitsamt Hannover
Heisterbergallee 12, 30453 Hannover
Tel. 0511/1665–6

Nordrhein-Westfalen
Landesverband Rheinischer Schafzüchter e. V.
Endenicher Allee 60, 53115 Bonn
Tel. 0228 7031303, Fax 0228 636682
E-Mail: VRHS-Bonn@web.de

Vereinigung Nordrhein- Westfälische Herdbuch-Schafzüchter e. V.
Bleichstr. 41, 33102 Paderborn
Tel. 05251- 32561, Fax: 05251- 34393
E-Mail: schafzucht.westfalen@t-online.de

Schaf- und Ziegengesundheitsdienst der Landwirtschaftskammer
Siebengebirgsstraße 200, 53229 Bonn,
Tel. 0228/703–2322
E-Mail: info@lwk.nrw.de

Tiergesundheitsdienst Münster der Landwirtschaftskammer
Nevinghoff 40, 48147 Münster
Tel. 0251/2376–704

Rheinland-Pfalz
Landesverband der Schafhalter Rheinland-Pfalz e. V.
Burgenlandstr. 7, 55543 Bad Kreuznach
Tel. 0671- 793129, Fax 0671 793229
E-Mail: lv-schafe@t-online.de

Landesuntersuchungsamt Rheinland-Pfalz
Blücherstr. 34, 56073 Koblenz
Tel. 0261/9149–599, Fax 0261/9149–570
E-Mail: poststelle.fbtmko@LUA.RLP.de

Saarland
Landesverband der Schaf– u. Ziegenhalter im Saarland e. V.
Bei Landwirtschaftskammer für das Saarland
Dillinger Str. 67, 66822 Lebach,
Tel.: 06881 928201, Fax 06881 928100
E-Mail: lwk-saar-schmitt@t-online.de

Landesamt für Verbraucher-, Gesundheits- und Arbeitsschutz
Abt. Veterinärmedizin
Hellwigstr. 8–10, 66121, Saarbruecken
Tel.: 0681/3000–570, Fax: 0681/3000–571
www.lvga.saarland.de

Sachsen
Sächsischer Schaf– und Ziegenzuchtverband e. V.
Lausicker-Str. 26, 04668 Grimma
Tel. 03437 942280, Fax: 03437 942281
E-Mail: sszv_grimma@sszv.de

Sächsische Tierseuchenkasse
Löwenstraße 7a, 01099 Dresden
Tel. 0351/80608–0, Fax 0351/80608–12
E-Mail info@tsk-sachsen.de

Sachsen-Anhalt
Landesschafzuchtverband Sachsen-Anhalt e. V.
Angerstr. 6, 06118 Halle (Saale)
Tel. 0345/5214941, Fax 0345/5214951
E-Mail: info@lsv-st.de
Tiergesundheitsdienst Sachsen-Anhalt
Hegelstraße 39, 39104 Magdeburg
Tel. 0391/7 32 50–0, Fax 0391/73250 20
E-Mail: f.pfeifer@tierseuchenkassesachsen-anhalt.de

Schleswig-Holstein
Landesverband Schleswig-Holsteinischer Schafzüchter e. V.
Steenbeker Weg 151, 24106 Kiel
Tel. 0431 332608, Fax 0431 35007
E-Mail: www.schafzucht-kiel.de

Landeslabor (Lebensmittel-, Veterinär- und Umweltuntersuchungsamt)
Max-Eyth-Str. 5, 24537 Neumünster
Tel. 04321 904–5, Fax 04321 904–619
E-Mail: info@lvua-sh.de

Landwirtschaftliche Untersuchungs- und Forschungsanstalt (LUFA) und Institut für Tiergesundheit Lebensmittelqualität (ITL)
Dr. Hell-Str. 6, 24107 Kiel
Tel. 0431/12280 Fax 0431/12 28 498
E-Mail: zentrale@lufa-itl.de

Thüringen
Landesverband Thüringer Schafzüchter e. V.
Schwerborner-Str. 29, 99087 Erfurt
Tel. 0361 7498070, Fax 0361 74980718
E-Mail: Thueringer.schafzuchtverband@t-online.de

Schafgesundheitsdienst Thüringer, Tierseuchenkasse
Victor Goerttler Str. 4, 07745 Jena
Tel. 03641/885512, Fax 03641/885555
E-Mail: direkt@thueringertierseuchenkasse.de

Literaturverzeichnis

AMI (2013): Schlachtlämmer auf Rekordpreisniveau, Presseinformation, Agrarmarkt Informations-Gesellschaft mbH, Bonn.

Bauschmann, G. (2008): Landschaftspflege mit Schafen und Ziegen, Gesellschaft zur Erhaltung alter und gefährdeter Haustierrassen e. V., www.g-e-h.de/geh-scha/landsch.htm.

BMELV (2008): Hygienische Qualität von Tränkewasser, Orientierungsrahmen zur Futtermittelrechtlichen Beurteilung. www.bmelv.de.

Briemle, G., Jilg, Th., Speck, K. (2001): Schafpferch-Versuche: Keine Erhöhung des Mineralstickstoffgehaltes (Nmin) im Boden. Landwirtschaftliches Zentrum Baden-Württemberg.

Briemle, G.; Rück, K.: Ampferbekämpfung durch Schafbeweidung, Ergebnisse aus einem 5jährigen Freilandversuch, Landinfo 3/2006.

Burgkart, M. (1998): Praktische Schafhaltung, Verlags Union Agrar.

DLG (2005): Kleiner Helfer für die Berechnung von Futterrationen, Wiederkäuer und Schweine, 1. Auflage, DLG-Verlag.

Eichberg, C. (2011): Ried und Sand, Restitution und Management von Offenland-Sandvegetation, Fachtagung ‚Management des grünen Bandes', Eisenach Nov. 2011.

Elsässer, M., (2002): Stumpfblättriger Ampfer. Biologie, Vermeidung, Bekämpfung
Merkblätter für die umweltgerechte Landbewirtschaftung, Nr. 22; Hrsg.: Ministerium für Ernährung und Ländlichen Raum, Baden-Württemberg.

Emmerich, Ganter, Wittek (2013): Dosierungsvorschläge für Arzneimittel bei kleinen Wiederkäuern und Neuweltkameliden, Schattauer.

v. Engelhardt, W.; Breves, G.(2000): Physiologie der Haustiere, 1. Auflage.

Ewald, H. O. (2013): Wolfsschutzratgeber, Tipps zur Wolfsabwehr, www.weidezaun.info.de.

FAO (2014): FAO-Statistik, Food Balance, European Union, http://faostat3.fao.org

FAOstat 2014: Statistische Erhebungen der Food and Agriculture Organization (FAO) http://faostat.fao.org/site/339/default.aspx

Fischer, F. (1998): Schafe verbinden Lebensräume Deutsche Schafzucht 19, 462–463.

Ganter, M., Benesch, C., Bürstel, D., Ennen, S., Kaulfuß, K.-H., Mayer, K., Moog, U., Moors, E., Seelig, B., Spengler, D., Strobel, H., Tegtmeyer, P., Voigt, K., Wagner, H. W. (2012): Empfehlungen für die Haltung von Schafen und Ziegen der deutschen Gesellschaft für die Krankheiten der kleinen Wiederkäuer, Fachgruppe der DVG, Teil 2; Tierärztliche Praxis, G 06/2012, S. 393–394.

Gauly, M., Benda, I. (2009): Haltungsverfahren in der Schafhaltung, KTBL Fachartikel, www.ktbl.de.

GEH (2012): Rassenbeschreibung Schafe, Merinofleischschafe, www.g-e-h.de.

Hälterlein, B. (2002): Was wissen wir über den Einfluss der Salzwiesenbewirtschaftung an der Nordseeküste auf Brutvögel? Sind Nationalparkzielsetzung und Brutvogelschutz hier vereinbar? Nationalparkamt Schleswig-Holsteinisches Wattenmeer; www. wattenmeer-nationalpark.de/main.htm.

Henseler, S. (2014): Untersuchungen zu Einfachgebrauchskreuzungen beim Merinolandschaf, Dissertation Universität Hohenheim.

Hoy, S. (2009): Nutztierethologie, Ulmer, S. 142–146.

Intervet; Kompendium der Fortpflanzung, Kapitel 5, S. 316–318.

Jilg, Th. (2012) : Fütterung von Kleinwiederkäuern im ökologischen Landbau, Vortrag Bioaustria in Wels 1.2.2012.

Jilg, Th. (2012): Die Weidesaison beginnt – worauf ist bei Weidezäunen für Schafe und Ziegen zu achten? Landwirtschaftliches Zentrum für Viehhaltung, Grünlandwirtschaft, Milchwirtschaft, Wild, Fischerei Baden-Württemberg (LAZBW).

Kibler, T.; Christ, G.; Aponte, T. (2015): Herleitung von Beweidungssätzen in der schafgebundenen Landschaftspflege, Bachelorarbeit Fakultät Agrarwirtschaft, Hochschule für Wirtschaft und Umwelt (HfWU) Nürtingen-Geislingen

v. Korn, St., Baulain, U., Arnold, M., Brade, W. (2005): Nutzung von Magnet-Resonanz-Tomographie und Ultraschalltechnik zur Bestimmung des Schlachtkörperwertes beim Schaf, Züchtungskunde77 (5), S. 382–393.

v. Korn, St., Jaudas, U.; Trautwein, H. (2013): Landwirtschaftliche Ziegenhaltung, 2. Aufl. Ulmer Verlag.

v. Korn, St.; Kintzel, U.; Fischer, G.; Glöckler (1996): Mit Kreuzungslämmern zu besseren Mast- und Schlachtleistungen. Deutsche Schafzucht 5, 104–106

Krömker, V. (2006): Kurzes Lehrbuch Milchkunde und Milchhygiene, Paray Verlag.

KTBL 2009: Haltungsverfahren in der Schafhaltung, Baukost 2.10; www.ktbl.de/baukost2.

Leberl, P. (2012): Vegetation und Futterwert von Schafweiden in Baden-Württemberg, Leitfaden Schafhaltung, Ein Nachhaltigkeitsprojekt des Landes Baden-Württemberg, MLR 2012.

LEL (2014): Kalkulationsdaten Futterbau, Kalkulationsdatensammlung wichtiger Futterbauverfahren Vers. 3.8, Ernte 2014, Landesanstalt für Entwicklung der Landwirtschaft und der ländlichen Räume, Schwäbisch Gmünd.

Martin, J. (2008): Grünlandwirtschaft – Futterqualität für die Weidemast, Landesforschungsanstalt für Landwirtschaft und Fischerei MV, Vortrag Klockenhagen, Oktober 2008.

MLR (2012): Ein Nachhaltigkeitsprojekt des Landes Baden-Württemberg zur Weiterentwicklung der Schafhaltung – Leitfaden Schafhaltung in Baden-Württemberg, Ministerium für Ländlichen Raum und Verbraucherschutz Baden-Württemberg, August 2012.

Nickel, R., Schummer, A., Seiferle, E. (2004): Lehrbuch der Anatomie der Haustiere, Band 2, Eingeweide, 9. Auflage, Verlag Paul Parey.

Oppermann, R., Schmitz, S., Lamprecht, F. (2004): Projekt Schafbeweidung und Naturschutz. Projektbericht im Auftrag von PLENUM Reutlingen. S. 15.

Ringdorfer, F. (2011): Mit Fleischrassewiddern zur erfolgreichen Lammfleischerzeugung, Schafe und Ziegen aktuell, Heft 1, S. 4–5.

Romberg, F.-J. (2009): Zuchtwertschätzung auf Fleischleistung beim Schaf, Dienstleistungszentrum Ländlicher Raum, Rheinland-Pfalz, Abteilung Tierzucht und Tierhaltung.

Sambraus, H. H. (2001): Atlas der Nutztierrassen, Eugen Ulmer Verlag, Stuttgart.

Schafreport (2011): Ergebnisse der Schafspezialberatung in Baden-Württemberg, Landesanstalt für Entwicklung der Landwirtschaft und der ländlichen Räume, Schwäbisch Gmünd.

Schlolaut, W., Wachendorfer, G. (2006): Handbuch Schafhaltung, Verlagsunion Agrar.

Schroers, J. O.; Bruser, J.; Diener, J.; Franke, H.; Gertenbach, M.; Riedel, E.; Ritter, A.; Siersleben, K.; Walther, R.; Wohlfahrt, A. (2014): Landschaftspflege mit Schafen, Datensammlung des Kuratoriums für Technik und Bauwesen in der Landwirtschaft, KTBL

Schumacher, W.; Münzel, M., Riemer, S. (1995): Die Pflege der Kalkmagerrasen. Beih. Veröffentlichung Naturschutz Landschaftspflege Baden-Württemberg 83, 37–63.

Spengler, D.; Strobel, H.; Axt, H.: Wasserbedarf und Wasserversorgung kleiner Wiederkäuer bei Weidehaltung, Amtstierärztlicher Dienst, 1/2014, S. 25.

Statistisches Bundesamt 1960–2014: Viehbestände in den Jahren 1960–2014, Fachserie 3, Reihe 4. 1.

Strittmatter, Knut (2005): Entwicklung, Stand und Perspektiven der Schafproduktion in Deutschland, Züchtungskunde, 77, (6) S. 496–501.

Strobel, H.(2009): Klauenpflege Schaf und Ziege, 1. Aufl., Ulmer, S. 28–29, S. 66–70.

TGRDEU (2014): Rassenbeschreibung Schafe, Zentrale Dokumentation Tiergenetischer Ressourcen in Deutschland, http://tgrdeu.genres.de/index/index.

TVT (2000): Töten von Nutztieren durch Halter oder Betreuer, Merkblatt Nr. 75 der Tierärztlichen Vereinigung für Tierschutz (TVT).

TVT (2006): Hinweise für die Wanderschafhaltung in der kalten Jahreszeit, Tierärztliche Vereinigung für Tierschutz e. V., November 2006, Merkblatt Nr. 91.

VDL (2010): Schafhaltung in der Bundesrepublik Deutschland2008, Vereinigung Deutscher Landesschafzuchtverbände, Berlin.

VDL (2014): Rassen- und Zuchtzielbeschreibungen, Vereinigung Deutscher Landesschafzuchtverbände, Berlin, http://www.schafe-sind-toll.com/zucht/rasse-und-zuchtzielbeschreibungen/.

Völl, S. (2011): Schäfer gemeinsam erfolgreich vor dem EuGH, Pressemitteilung der Vereinigung Deutscher Landesschafzuchtverbände (VDL).

Wenzler, J.-G. (2014): Erstmals Zuchtwerte beim Schaf, Landesschafzuchtverband Baden-Württemberg, www.schaf-bw.de.

Wilkens, J., Ruten, W. (2013): So werden die Zuchtwerte für Schafe geschätzt. Deutsche Schafzucht Nr. 8, S. 4–6.

Winkelmann, J.; Ganter, M. (2008): Farbatlas Schaf- und Ziegenkrankheiten, Ulmer Verlag, S. 115–117.

Zupp, W. (2005): Leistungen von Fleischschaf-Vaterrassen in der Gebrauchskreuzung, Landesforschungsanstalt Mecklenburg-Vorpommern.

Bildquellen

AID-Bonn: Abb. 103, 106
Dierichs, G., Bonn: Abb. 102, 108, 127
Fa. Allié – Agrartechnik: Abb. 31, 71
Fa. Bayer-AG: Abb. 98
Fa. Bayer-AG Geschäftsbereichereich Veterinär: Abb. 97
Fa. Rappa-Fencing: Abb. 59, 71
Familie Neumann, Hof Meerheck
Landesschafzuchtverband Baden-Württemberg: Abb. 21
Kuhn, Regina: Abb. 109, 110, 111
Mauritius-images: Abb. 4
Muth, Frauke: Abb. 89
Strobel, Heinz: Titelbild
Volk, Fridhelm: Abb. 94, 114

Die Zeichnungen wurden, wenn nicht anders vermerkt, von Brigitte Zwickel-Noelle, Ditzingen nach Vorlagen des Autors gefertigt.
Artur Piestricow, Stuttgart, fertigte folgende Zeichnungen: Abb. 1- 3, 17, 18, 22, 48, 49, 50, 53, 83, 88, 91–93, nach Vorlagen des Autors.

Die Autoren

Prof. Dr. Stanislaus von Korn ist Fachgebietsleiter Tierzucht und Tierhaltung an der Hochschule für Wirtschaft und Umwelt Nürtingen-Geislingen, Studiengang Agrarwirtschaft.

Dr. Daniela Bürstel vom Schafherdengesundheitsdienst in Fellbach (Tierseuchenkasse BW) betreut seit Jahren zahlreiche Schafherden und berät die Betriebsleiter für die Erhaltung der Herdengesundheit.

Dr. Ulrich Jaudas setzte sich an der Landesberufsschule Hohenheim (Schäferschule) langjährig für die Ausbildung junger Schäfer ein.

Dr. Gerhard Stehle verfügt in seiner Funktion als Amtstierarzt beim Veterinäramt über umfangreiche Kenntnisse und Erfahrungen bei allen Rechtsfragen der Schaf- bzw. Tierhaltung.

Sachregister

Die in diesem Buch enthaltenen Empfehlungen und Angaben sind vom Autor mit größter Sorgfalt zusammengestellt und geprüft worden. Eine Garantie für die Richtigkeit der Angaben kann aber nicht gegeben werden. Autor und Verlag übernehmen keinerlei Haftung für Schäden und Unfälle.

Bibliografische Information der Deutschen Nationalbibliothek
Die Deutsche Nationalbibliothek verzeichnet diese Publikation in der Deutschen Nationalbibliografie; detaillierte bibliografische Daten sind im Internet über http://dnb.d-nb.de abrufbar.

Wollgrasweg 41, 70599 Stuttgart (Hohenheim)
E-Mail: info@ulmer.de
Internet: www.ulmer-verlag.de
Lektorat: Werner Baumeister, Anna Häusler
Herstellung: Silke Reuter
Satz: pagina GmbH, Tübingen
Druck und Bindung: Friedrich Pustet, Regensburg
Printed in Germany

ISBN 978-3-8001-7981-7

BERGIN® Globulac L

Biestmilchersatz oder -ergänzung
mit BERGOPHOR MSS

- hochkonzentrierte probiotische Milchsäurebakterien
- Amino-Glycin-Spurenelemente
- hochkonzentrierte Biestmilch- und Eipulver-Immunglobuline mit breitem Antikörperspektrum
- -Vitalstoffe

BERGIN® Lämmerfit

der kraftvolle „Startschuss“ ins Lämmerleben

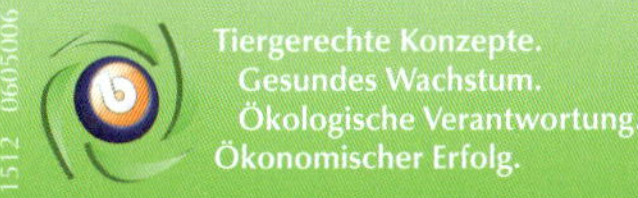

1512 0605006

FÜTTERN MIT SYSTEM

Bergophor Futtermittelfabrik
Dr. Berger GmbH & Co. KG
95326 Kulmbach · Tel. 09221 806-0
www.bergophor.de